高等职业教育教学改革精品教材

机械识图与制图

主　编　刘家平　余东满
副主编　刘立新
参　编　郭　威　李晓静　张玉华
主　审　唐建生

机 械 工 业 出 版 社

本书讲解机械识图与制图的方法。全书共分九章，主要内容包括制图基本知识、正投影法、基本体及其表面交线、轴测图、组合体、机械图样画法、标准件和常用件、零件图、装配图等，并按最新国标附录了大量数据表以供查用。

本书是以培养高级技能应用型人才为目标，以《技术制图》、《机械制图》等最新国家标准为指导思想，以职业教育为对象，以就业培养为导向，根据教学和生产实际需要编写的。与之配套使用的《机械识图与制图习题集》同时出版。

本书可作为高职高专和成人教育学院机械类专业的教材，也可作为非机械类专业的教材，并供有关工程技术人员参考。

本书配有电子教案，凡使用本书作为教材的教师可登录机械工业出版社教育服务网 www. cmpedu. com 下载。咨询邮箱：cmpgaozhi@ sina. com。咨询电话：010-88379375。

图书在版编目（CIP）数据

机械识图与制图/刘家平，余东满主编. —北京：机械工业出版社，2012.9（2024.6 重印）
高等职业教育教学改革精品教材
ISBN 978-7-111-39092-3

Ⅰ.①机… Ⅱ.①刘…②余… Ⅲ.①机械图-识别-高等职业教育-教材②机械制图-高等职业教育-教材 Ⅳ.①TH126

中国版本图书馆 CIP 数据核字（2012）第 220564 号

机械工业出版社（北京市百万庄大街 22 号 邮政编码 100037）
策划编辑：崔占军 边 萌 责任编辑：陈 宾 崔占军 王 丹
版式设计：霍永明 责任校对：任秀丽
封面设计：鞠 杨 责任印制：张 博
北京中科印刷有限公司印刷
2024 年 6 月第 1 版第 11 次印刷
184mm×260mm · 14 印张 · 345 千字
标准书号：ISBN 978-7-111-39092-3
定价：45.00 元

电话服务
客服电话：010-88361066
010-88379833
010-68326294

网络服务
机 工 官 网：www. cmpbook. com
机 工 官 博：weibo. com/cmp1952
金 书 网：www. golden-book. com
机工教育服务网：www. cmpedu. com

前　言

本书是根据目前高等职业教育的发展要求，以增强实用性、提高应用能力和综合素质为目的，在认真总结和充分吸收高职高专教育“机械制图”课程教学改革成功经验的基础上编写的。

本书具有以下特点：

1. 基础理论按“实用为主，必须和够用为度”为原则安排。教材对传统的机械制图理论进行了优化组合，贯彻最新国家制图标准，删除了大量学而不用的知识。

2. 基本知识广而不深，图示和识图技能贯穿始终。高等职业教育是成熟理论的应用性教育，教材应以掌握概念、强化应用、培养能力为重点。本书减少了对基本知识的过度深究，减轻了学生的学习负担，实现了真正意义上学用结合。

3. 以读图为主线，以例代理为风格。教材选用了大量实例，以加强图示表达和识图能力为目的，以实例训练为手段，易学易懂。

本书可作为高职高专和成人教育学院机械类专业的教材，也可作为非机械类专业的教材并供有关工程技术人员参考。

书中带“*”号标题者为选讲部分。为方便读者学习，本书还配有习题集。

本书由刘家平、余东满任主编。参加本书编写工作的有河南工业职业技术学院刘家平（第1、2、7章）、余东满（第3、6章及附录）、刘立新（第8章）、郭威（第5章）、李晓静（第9章）、张玉华（第4章）。

本书由河南工业职业技术学院唐建生教授进行了仔细审阅，提出了许多宝贵意见和建议，在此表示衷心的感谢。

本书在编写过程中得到了河南工业职业技术学院机械工程系的领导和机械制图课程组老师的热情指导和帮助，在此一并表示感谢。

由于我们的水平有限，加之经验不足，书中缺点、错误在所难免，恳请读者批评指正。

编　者

目　　录

绪论

开卷之前，读者应了解以下要点机械制图的研究对象、学习本课程后应达到的目标、学习本课程的基本方法。

1. 本课程的研究对象

本课程的研究对象是机械图样，机械图样是生产中最常见的技术文件，是按一定的投影方法及有关规定和要求绘制的图样，包括零件图和装配图。机械制图是研究如何准确地表达和认识机器的零、部件的形状、尺寸，以及制造和检验该零、部件时所需要的技术要求的一门学科，也就是如何绘制和识读机械图样的学科。无论是机器的设计、制造还是维修，都必须依赖机械图样才能进行，机械图样已成为人们表达机械设计意图和交流技术思想的工具。因此，机械工程图样又称为机械工程技术界的语言，它既是人类语言的补充，也是人类的智慧和语言在更高技术发展阶段上的具体体现。

2. 本课程的目标与任务

（1）掌握正投影法的基本原理和作图方法。

（2）快速识读和绘制中等复杂程度的零件图和装配图。

（3）正确使用常用的绘图工具，并具有一定的绘图技能和技巧。

（4）培养和发展学生的空间想象能力。

（5）养成认真负责的工作态度和一丝不苟的工作作风。

3. 本课程的学习方法

机械制图是一门实践性较强的技术基础课，主要内容须通过画图和看图的实践才能掌握，因此，在学习时应注意以下几点：

（1）认真听课和复习，牢固掌握正投影法的基本原理和作图方法。注重由物画图，由图想物，掌握图与物之间的关系及规律，逐步提高自己的空间想象能力。

（2）重视实践，树立理论联系实际的学风。及时完成规定的练习和作业，是学好本课的重要环节。在完成作业的过程中来掌握绘图仪器和工具的正确使用，不断提高绘图技巧，并遵守国家标准的有关规定，养成良好的作图习惯。

（3）充分认识图样在生产中的重要性，任何差错都会给生产造成损失。因而在画图和读图的训练中，要注意培养学生耐心细致的工作作风和严肃认真的工作态度。

第 1 章　制图基本知识

基本要求：掌握机械制图标准和绘图基本技能，包括国家标准《技术制图》和《机械制图》中的有关规定，绘图工具的使用方法，平面图形的画法及尺寸标注。这是绘制和识读机械图样的基础。

1.1　机械制图国家标准的基本规定

机械制图国家标准是绘制和阅读机械图样的准则和依据，必须认真学习和遵守。我国国家标准（简称国标）的代号为“GB”，如 GB/T 14689—2008，其中“GB/T”为推荐国家标准的代号，它是“国家标准/推荐性”汉语拼音的缩写，“14689”为标准的批准顺序号，“2008”表示该标准发布的年号。

1.1.1　图纸幅面与格式（GB/T 14689—2008）

1. 图纸幅面

图纸幅面是指由一定的图纸宽度与长度组成的图面。

为了使图纸幅面统一，便于装订和保管的要求，绘制工程图样时，应按以下规定选用图纸幅面。

（1）应优先采用表 1-1 中规定的基本幅面，其幅面尺寸见表 1-1。

表 1-1　图纸的基本幅面尺寸　（单位：mm）

<table>
<tr><td>幅面代号</td><td>A0</td><td>A1</td><td>A2</td><td>A3</td><td>A4</td></tr>
<tr><td>$B \times L$</td><td>841 × 1189</td><td>594 × 841</td><td>420 × 594</td><td>297 × 420</td><td>210 × 297</td></tr>
<tr><td>e</td><td colspan="2">20</td><td colspan="3">10</td></tr>
<tr><td>c</td><td colspan="3">10</td><td colspan="2">5</td></tr>
<tr><td>a</td><td colspan="5">25</td></tr>
</table>

注：表中各参数含义在以下各图中示明。

（2）五种幅面 A0、A1、A2、A3、A4 中，A0 幅面最大，其面积约为 $1m^2$。每一种幅面的宽（B）与长（L）比约为 $1:\sqrt{2}$。

2. 图框格式

在图纸上必须用粗实线画出图框，图框格式分为不留装订边和留装订边两种，但同一产品的图样只能采用一种格式。

（1）不留装订边的图框格式如图 1-1 所示，尺寸按表 1-1 的规定。

（2）留装订边的图框格式如图 1-2 所示，尺寸按表 1-1 的规定。

3. 标题栏的方位

每张图样都必须画出标题栏，标题栏的位置应位于图纸的右下角，看图的方向一般与标

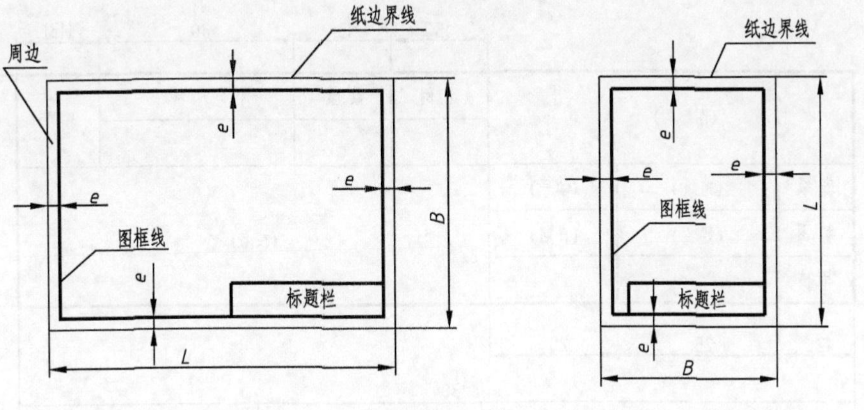

a)　　b)

图 1-1　不留装订边的图框格式

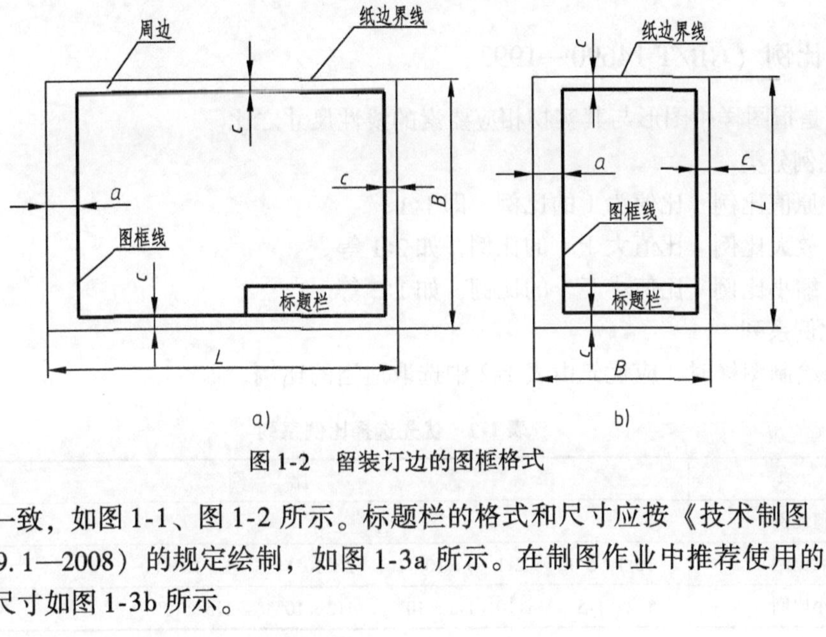

a)　　b)

图 1-2　留装订边的图框格式

题栏的方向一致，如图 1-1、图 1-2 所示。标题栏的格式和尺寸应按《技术制图　标题栏》（GB/T 10609.1—2008）的规定绘制，如图 1-3a 所示。在制图作业中推荐使用的零件图标题栏格式和尺寸如图 1-3b 所示。

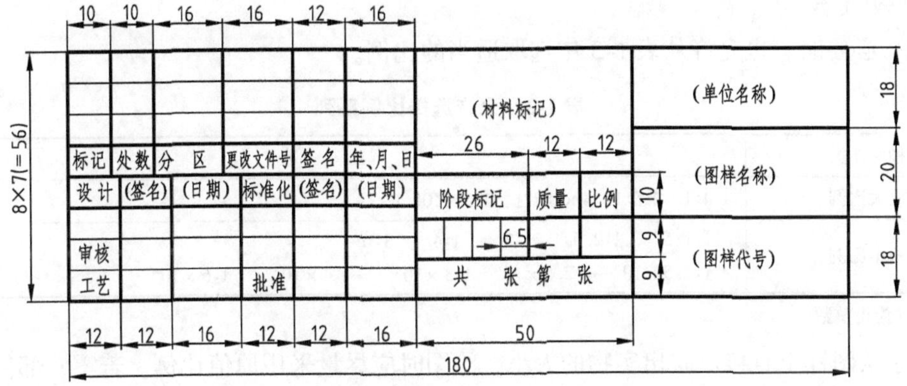

a) 国标规定的标题栏格式和尺寸

图 1-3　标题栏的格式和尺寸

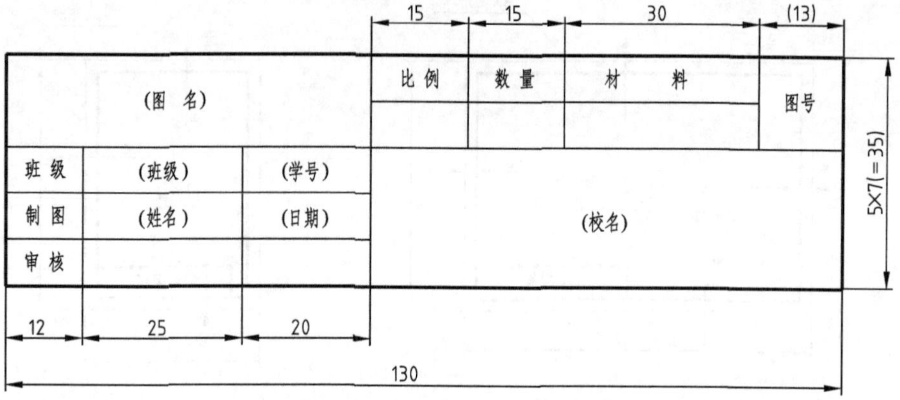

b) 制图作业中推荐使用的零件图标题栏格式和尺寸

图 1-3 标题栏的格式和尺寸（续）

1.1.2 比例（GB/T 14690—1993）

比例是指图样中图形与其实物相应要素的线性尺寸之比。

1. 比例分类

（1）原值比例 比值为 1 的比例，即 1:1。

（2）放大比例 比值大于 1 的比例，如 2:1 等。

（3）缩小比例 比值小于 1 的比例，如 1:2 等。

2. 比例系列

（1）绘制图样时，应优先由表 1-2 中选取适当的比例。

表 1-2 优先选择比例系列

种 类	比 例
原值比例	1:1
放大比例	10:1 5:1 2:1 $5\times10^n:1$ $2\times10^n:1$ $1\times10^n:1$
缩小比例	1:2 1:5 1:10 $1:1\times10^n$ $1:2\times10^n$ $1:5\times10^n$

注：n 为正整数。

（2）必要时，也允许从表 1-3 中选取适当的比例。

表 1-3 允许选择比例系列

种 类	比 例
放大比例	4:1 2.5:1 $4\times10^n:1$ $2.5\times10^n:1$
缩小比例	1:1.5 1:2.5 1:3 1:4 1:6 $1:1.5\times10^n$ $1:2.5\times10^n$ $1:3\times10^n$ $1:4\times10^n$ $1:6\times10^n$

注：n 为正整数。

为了从图样上直接反映出实物的大小，绘图时应尽量采用原值比例。若零、部件太大或太小，可采用缩小或放大比例。

3. 比例标注方法

（1）同一零、部件的各个视图应采用相同的比例，并在标题栏中填写，如1:1、1:2、5:1等。

（2）当某个视图采用不同的比例时，必须在该视图名称下方标注出比例，如：

$$\frac{I}{2:1} \qquad \frac{A}{5:1} \qquad \frac{B—B}{2.5:1}$$

（3）不论图形按何种比例绘制，所标注的尺寸应为所表达零、部件的实际尺寸，且为零、部件的最后完工尺寸，与图形的比例和绘图的准确度无关，如图1-4所示。

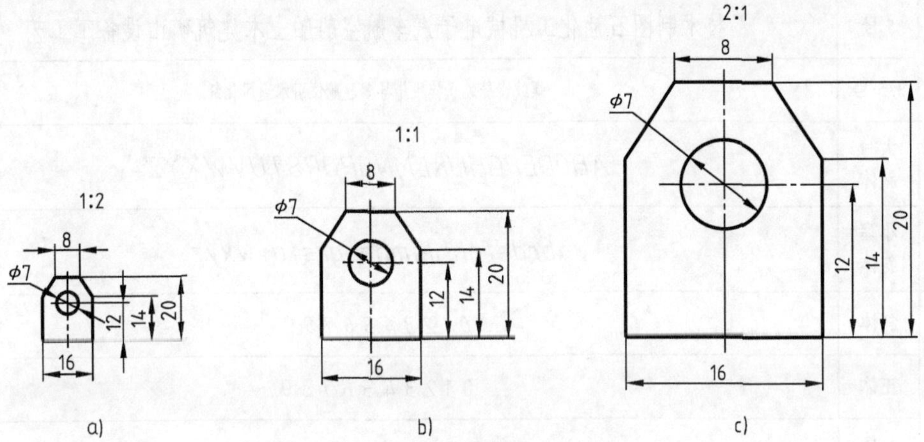

图1-4　用不同的比例画出的图形

1.1.3　字体（GB/T 14691—1993）

图样中书写的字体主要有汉字、数字和字母。

1. 基本要求

（1）图样中书写的字体，必须做到“字体工整、笔画清楚、间隔均匀、排列整齐”。

（2）字体的字号，即字体高度（h），分为八种：1.8，2.5，3.5，5，7，10，14，20（单位为mm），如需要书写更大的字，其字体高度应按$\sqrt{2}$倍的比率递增。

（3）汉字应写成长仿宋体字，并应采用国家正式公布的简化字。汉字的高度h不应小于3.5mm，其字宽一般为字高h的$1/\sqrt{2}$。

书写长仿宋体字的要领是：横平竖直、注意起落、结构匀称、填满方格。初学者应打格子书写，首先从总体上分析字形及结构，以便书写时布局恰当。书写时，笔画应一笔写成，不要勾描。

（4）字母和数字可写成斜体和直体。斜体字字头向右倾斜，与水平基准线成75°，用于单独的尺寸标注中。直体字用于与汉字混合书写的叙述中。

2. 字体示例

汉字、数字和字母的示例见表1-4。

1.1.4　图线（GB/T 4457.4—2002）

1. 图线的线型及应用

绘图时应采用国家标准规定的图线。

表 1-4 字体

字体		示例
长仿宋体汉字	10号	字体工整、笔画清楚、间隔均匀、排列整齐
	7号	横平竖直 注意起落 结构均匀 填满方格
	5号	技术制图石油化工机械电子汽车航空船舶土木建筑矿山设备工工艺
	3.5号	螺纹齿轮端子接线指导驾驭舱位引水通风化纤
拉丁字母	大写斜体	*ABCDEFGHIJKLMNOPQRSTUVWXYZ*
	小写斜体	*abcdefghijklmnopqrstuvwxyz*
阿拉伯数字	斜体	*0 1 2 3 4 5 6 7 8 9*
	正体	0 1 2 3 4 5 6 7 8 9
罗马数字	斜体	*I Ⅱ Ⅲ Ⅳ Ⅴ Ⅵ Ⅶ Ⅷ Ⅸ Ⅹ*
	正体	I Ⅱ Ⅲ Ⅳ Ⅴ Ⅵ Ⅶ Ⅷ Ⅸ Ⅹ

机械制图国家标准中，规定了15种基本图线，常用图线的线型、宽度和在图样上的一般应用见表1-5，应用举例如图1-5所示。

表 1-5 图线的线型及应用

图线名称	线型	图线宽度	在图样上的一般应用
粗实线		d	可见轮廓线 相贯线
细实线		$d/2$	过渡线 尺寸线及尺寸界线 剖面线 重合断面的轮廓线 螺纹牙底线及齿轮齿根线 引出线
波浪线		$d/2$	断裂处的边界线 视图和剖视图的分界线
双折线		$d/2$	断裂处的边界线
虚线		$d/2$	不可见轮廓线 不可见过渡线
细点画线		$d/2$	轴线 对称中心线 齿轮的分度圆和分度线

（续）

图线名称	线　型	图线宽度	在图样上的一般应用
粗点画线	——·——————·——	d	限定范围表示线
双点画线	——··——————··——	$d/2$	相邻辅助零件的轮廓线 极限位置的轮廓线 假想投影轮廓线 中断线

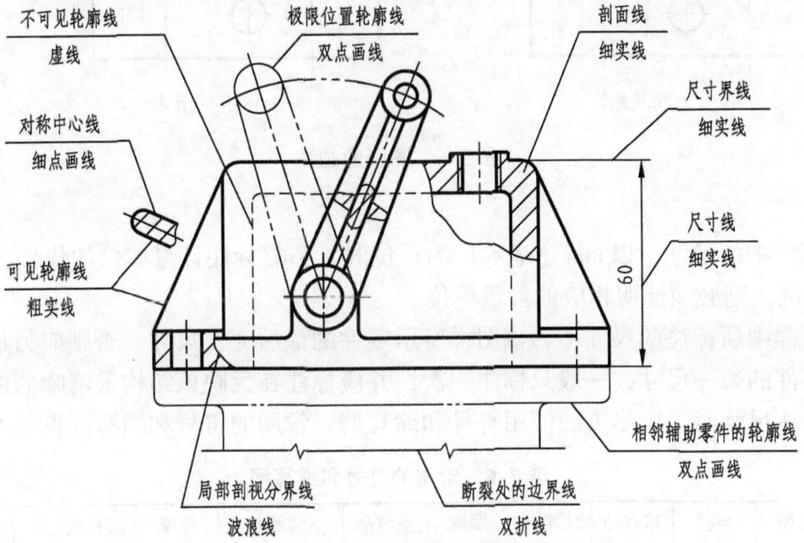

图1-5　各种图线应用举例

在机械图样中，图线的宽度只有粗线和细线两种，其粗线的宽度为 d，细线的宽度为 $d/2$。在同一图样中，同类图线的宽度应一致。

各种图线的线型宽度中，d 应按图样的大小和复杂程度在公比为 $1:\sqrt{2}$ 的数系 0.18，0.25，0.35，0.5，0.7，1，1.4，2（单位 mm）中选择。

2. 图线的画法

（1）两条平行线之间的最小间隙不得小于 0.7mm。

（2）点画线、双点画线的首尾两端应是线段。点画线应以长划相交，点画线超出图形轮廓约 3~5mm。当虚线处于粗实线的延长线上时，细虚线与粗实线间应有空隙，如图 1-6 所示。

（3）较小的圆形中心线可用细实线代替，如图 1-6a 所示。

1.1.5　尺寸注法（GB/T 4458.4—2003）

尺寸是图样的重要内容之一，是制造零件的直接依据，是图样中指令性最强的部分。因此，在标注尺寸时，必须严格遵守国家标准的有关规定，做到“正确、完整、清晰、合理”，否则会引起读图混乱，甚至给生产带来损失。

1. 标注尺寸的基本规则

（1）零件的真实大小应以图样上所注的尺寸数值为依据，与图形的大小及绘图的准确

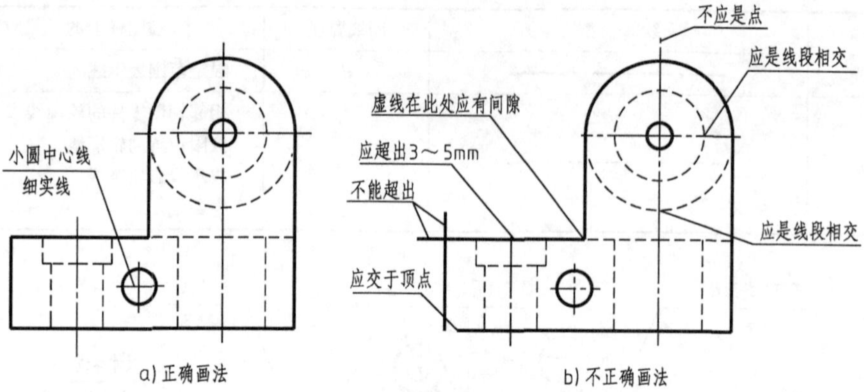

图 1-6 图线的画法

度无关。

（2）图样中的尺寸，以 mm（毫米）为单位时，不需标注计量单位的代号或名称；如果采用其他单位，则必须注明相应的计量单位。

（3）图样中所标注的尺寸，为该图样所示零件的最后完工尺寸，否则应另加说明。

（4）零件的每一尺寸，一般只标注一次，并应标注在反映该结构最清晰的图形上。

（5）标注尺寸时，应尽可能使用符号和缩写词。常用的符号和缩写词见表 1-6。

表 1-6 常用的符号和缩写词

名词	直径	半径	球直径	球半径	厚度	正方形	45°倒角	深度	沉孔或锪平	埋头孔	均布
符号或缩写词	*ϕ*	*R*	*Sϕ*	*SR*	*t*	□	*C*	↧	⌴	∨	EQS

2. 尺寸的组成

每个尺寸都由尺寸界线、尺寸线和尺寸数字三个要素组成，如图 1-7 所示。

（1）尺寸界线　用细实线绘制，由图形的轮廓、轴线或对称中心线引出，也可以利用轮廓线、轴线或对称中心线作为尺寸界线，表示尺寸的范围。

（2）尺寸线　用细实线绘制，不能与其他图线重合或画在其延长线上，如图 1-7 所示。

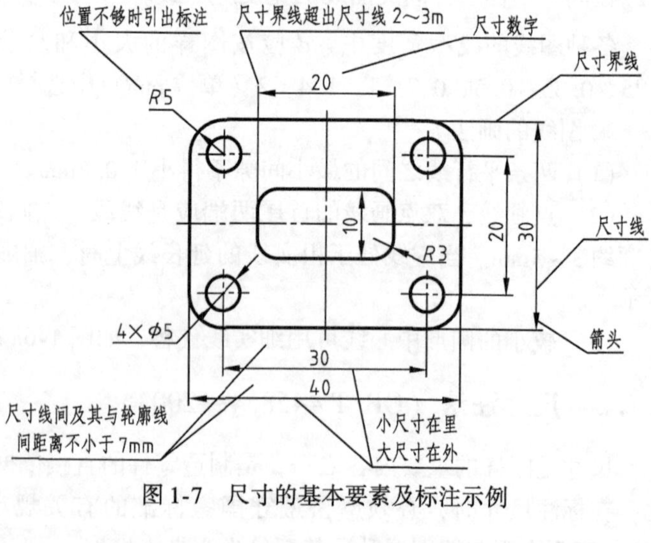

图 1-7 尺寸的基本要素及标注示例

尺寸线终端有箭头、圆点和斜线三种形式。箭头的形式如图 1-8a 所示，适用于各种类型的图样；斜线用细实线绘制，其方向以尺寸线为准，逆时针旋转 45°，如图 1-8b 所示。当尺寸线的终端采用斜线形式时，尺寸线与尺寸界线必须相互垂直。同一张图样中，只能采用一种尺寸线终端形式，机械图样中常采用箭头。

（3）尺寸数字 对线性尺寸的尺寸数字，一般应注写在尺寸线的上方或中断处，如图1-7所示。

尺寸数字的方向，应按图 1-9a 所示的方向填写，尽可能避免在图示 30°范围内标注尺寸。当无法避免时，可按图 1-9b 所示的形式标注。

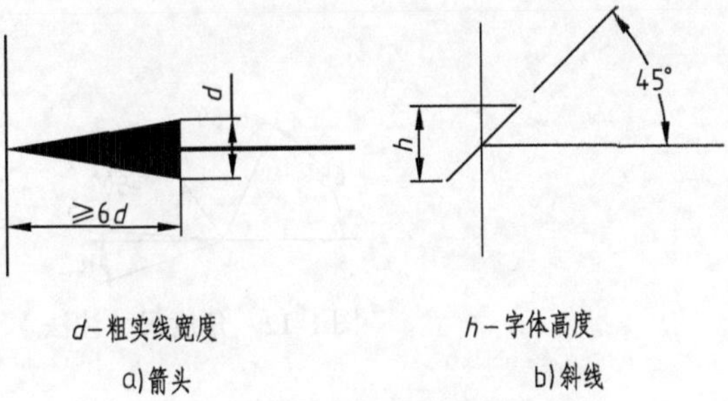

图 1-8 尺寸线的终端

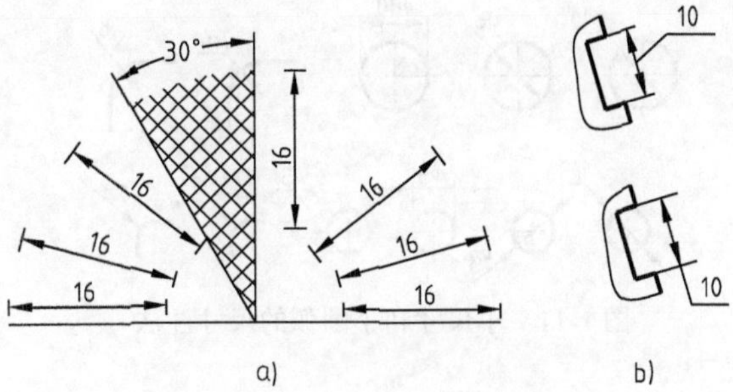

图 1-9 线性尺寸的数字注写方向

尺寸数字不允许被任何图线所通过。当不可避免时，应把图线断开，如图 1-10 中 $S\phi20$ 所示。

3. 常见尺寸的注法

（1）线性尺寸注法 标注线性尺寸时，尺寸线必须与所标注的线段平行，尺寸界线一般应与尺寸线垂直，并超出尺寸线 2～3mm。当有几条互相平行的尺寸线时，大尺寸应注在小尺寸外面，以免尺寸线与尺寸界线相交，尺寸线间及其与轮廓线距离不应小于 7mm，如图 1-7 所示。

（2）圆、圆弧及球面尺寸注法 圆须注出直径，且在尺寸数字前加注符号“Φ”；圆弧须注出半径，且在尺寸数字前加注符号“R”；标注球面的直径或半径时，应在符号“Φ”或“R”前加注符号“S”，如图 1-10 所示。

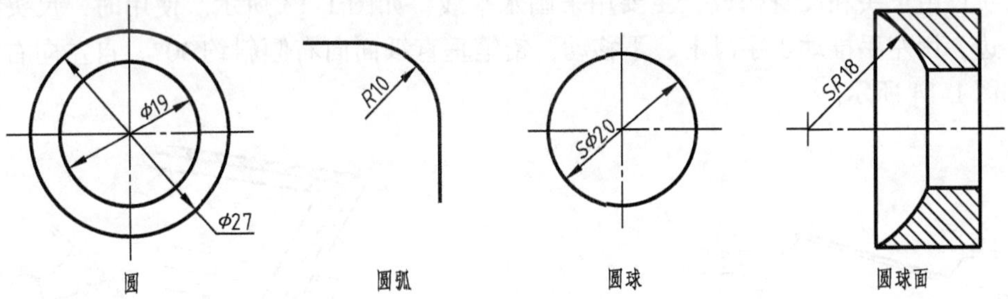

图 1-10 圆、圆弧及球面尺寸注法

（3）小尺寸和小圆弧尺寸注法 当标注的尺寸较小，没有足够的位置画箭头或注写尺寸数字时，最外两端箭头可画在尺寸界线外面，中间可用斜线或小圆点代替箭头；尺寸数字也可写在尺寸界线外面或引出标注，如图 1-11 所示。

（4）角度尺寸注法 标注角度尺寸时，尺寸界线应沿径向引出。尺寸线是以角度顶点为圆心的圆弧。角度的数字一律写成水平方向，一般填写在尺寸线的中断处，必要时可以写在尺寸线的上方或外面，也可引出标注，如图 1-12 所示。

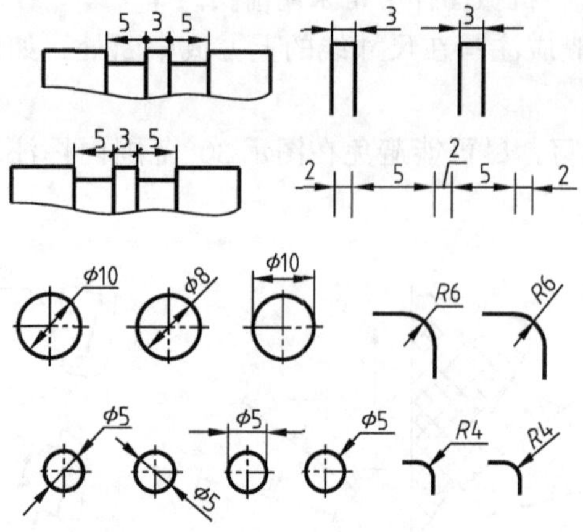

图 1-11 小尺寸和小圆弧的尺寸注法

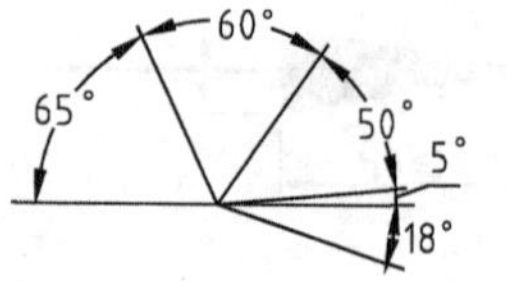

图 1-12 角度尺寸注法

1.2 绘图的工具及其使用

虽然目前工程图样已经逐步用计算机绘制，但尺规制图仍是工程技术人员必备的基本技能，同时也是学习和巩固投影理论知识不可忽视的训练方法，因此，必须熟练掌握常用绘图工具和用品的使用方法。

1.2.1 图板和丁字尺

1. 图板

图板是供铺放、固定图纸用的矩形胶合板，如图 1-13 所示，图板要求板面平整光滑，左侧为导边，必须平直。使用时，应注意保持图板的整洁完好。

2. 丁字尺

丁字尺由尺头和尺身构成，主要用来画水平线，如图 1-13 所示。使用时，尺头紧靠图板的导边，用左手推动丁字尺上、下移动，铅笔垂直纸面向右倾斜约 30°，自左向右画水平线，如图 1-14 所示。

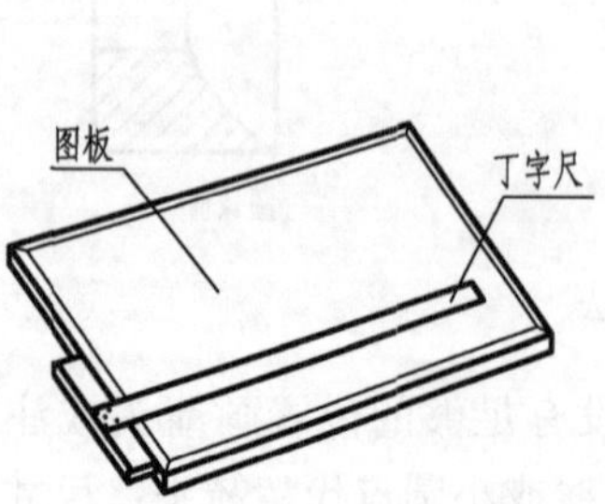

图 1-13 图板和丁字尺

图 1-14 用丁字尺画水平线

1.2.2 三角板和铅笔

1. 三角板

三角板由45°和30°（60°）两块合为一副。三角板和丁字尺配合使用，可绘制垂直线，如图1-15所示，或绘制倾斜线，如图1-16所示，还可绘制一些常用的特殊角度，如15°及15°的倍角，如图1-17所示。

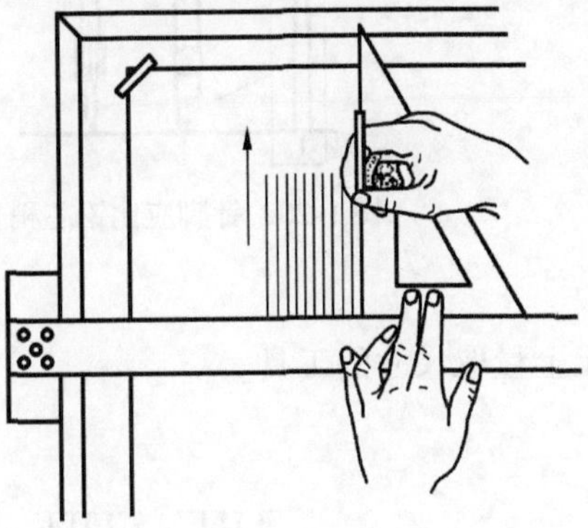

图1-15　垂直线的画法

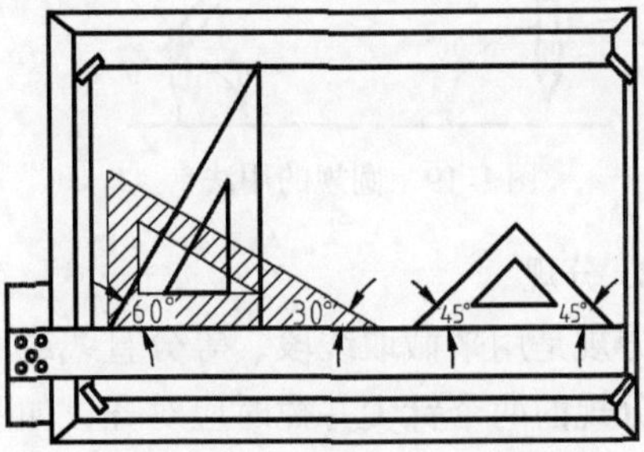

图1-16　倾斜线的画法

2. 铅笔

绘图铅笔分硬、中、软三种。标号有：6H、5H、4H、3H、2H、H、HB、B、2B、3B、4B、5B和6B等十多种。H表示硬性铅笔，H前面的数字越大，表示铅芯越硬（淡）。HB为中等硬度（即软硬适中）。B表示软性铅笔，B前面的数字越大，表示铅芯越软（黑）。

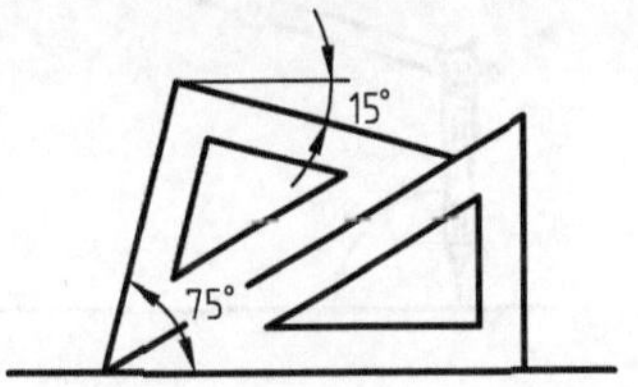

图1-17　三角板画15°、75°角

绘制图形底稿时，建议采用H或2H铅笔，并削成尖锐的圆锥形，如图1-18a所示；描黑底稿时，建议采用B或2B铅笔，削成扁铲形，如图1-18b所示。铅笔应从没有标号的一端开始使用，以便保留软硬的标号，如图1-18c所示。

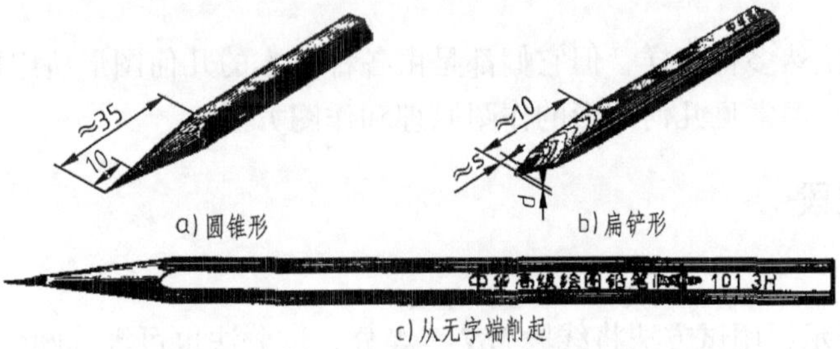

图1-18　铅笔的削法

1.2.3　圆规和分规

1. 圆规

圆规主要用来画圆或圆弧。圆规的附件有钢针插脚、铅芯插脚和延伸插杆等。

画圆时，圆规的钢针应使用有肩台的一端，并使肩台与铅芯尖平齐。圆规的使用方法如图1-19、图1-20、图1-21所示。

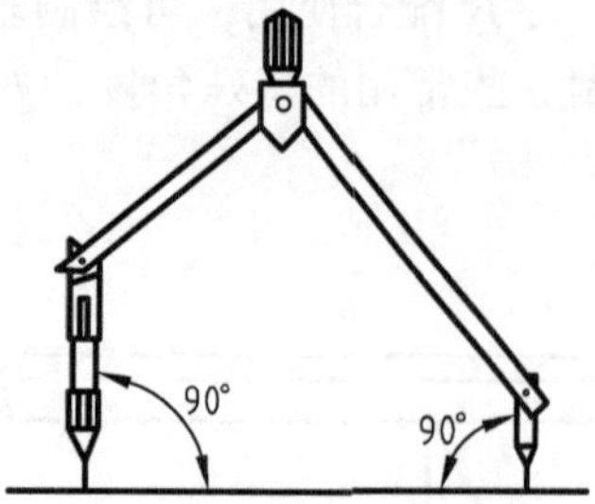

图 1-19　圆规的用法

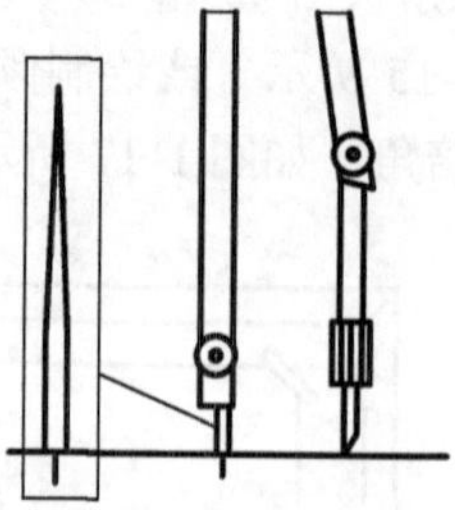

图 1-20　针脚应比铅芯稍长

2. 分规

分规是用来截取线段、等分直线或圆周以及从尺上量取尺寸的工具。

分规的两个针尖并拢时应对齐，如图 1-22 所示。

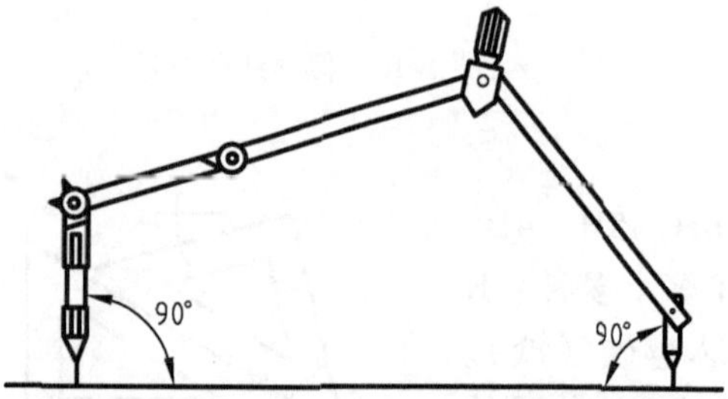

图 1-21　加入延伸杆画较大半径的圆

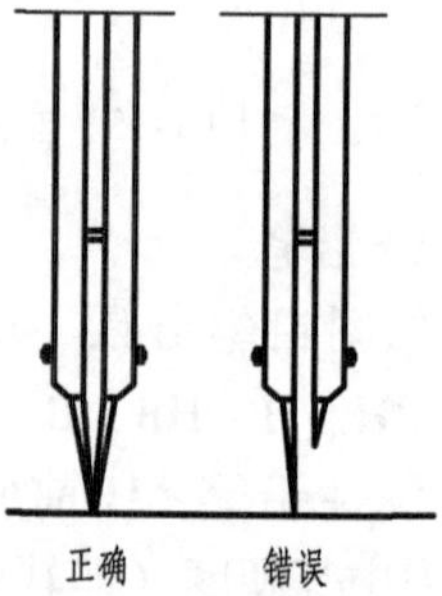

图 1-22　针尖对齐

除上述工具和仪器外，学习时必备的绘图用品还有橡皮、小刀、砂纸、胶带纸等。

1.3　几何作图

零件的形状虽然多种多样，但它们都是由各种基本的几何图形所组成。因此，绘制机械图样时，应首先掌握常见几何图形的作图原理和作图方法。

1.3.1　等分线段

1. 试分法

如图 1-23 所示，用试方法将线段 *MN* 三等分。试分法也可等分圆弧线段（自己试作）。

2. 平行线法

如图 1-24 所示，用平引线法将线段 *MN* 三等分。平行线法只适用于直线段。

图 1-23　用试分法等分线段

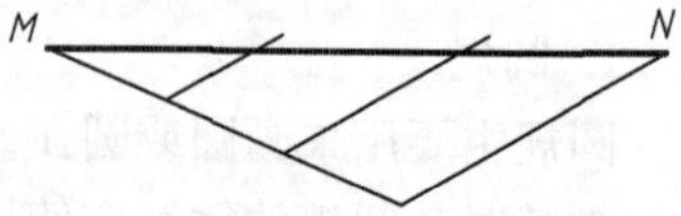

图 1-24　用平行线法等分线段

1.3.2　作正多边形

1. 圆周的三、六、十二等分

可有两种作图方法。用圆规等分圆周的作图方法如图1-25所示；用30°三角板和丁字尺配合的作图方法如图1-26所示。

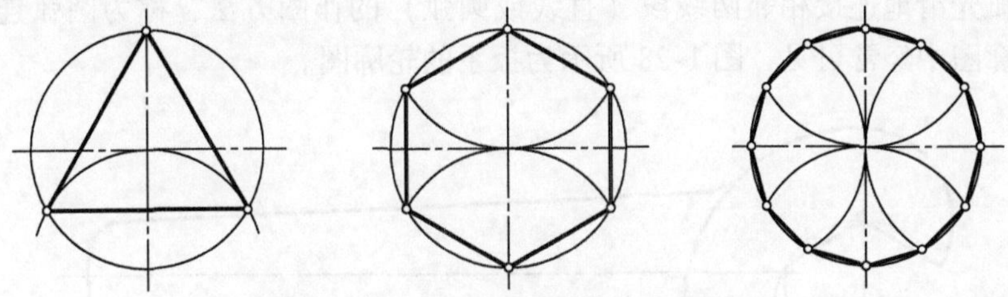

图1-25　用圆规等分圆周作正多边形

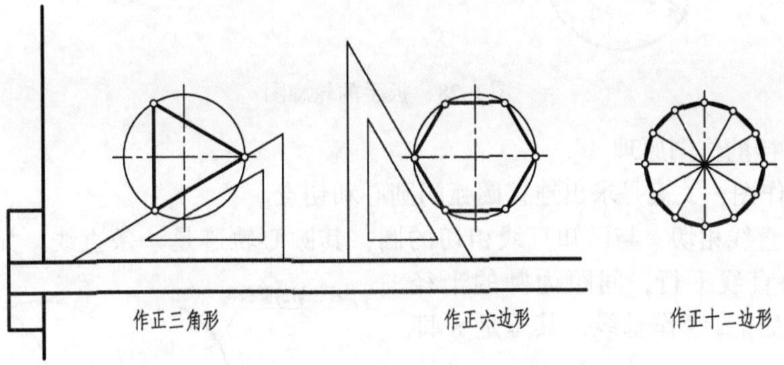

图1-26　用三角板与丁字尺配合等分圆周作正多边形

在上述作图中，将各等分点依次连线，即可分别作出圆的内接正三角形、正六边形和正十二边形。如需改变正三角形和正六边形和正十二边形的方位，可通过调整三角板的放置方法来实现。

2. 圆周的五、十等分

如图1-27所示，将圆周五、十等分的作图步骤如下：

（1）二等分半径 *OB*，得点 *M*；

（2）以点 *M* 为圆心，*MC* 长为半径画弧，与 *OA* 相交于点 *N*；

（3）线段 *CN* 即为内接正五边形的边长，以此长度在圆周上连续截取，即得5个等分

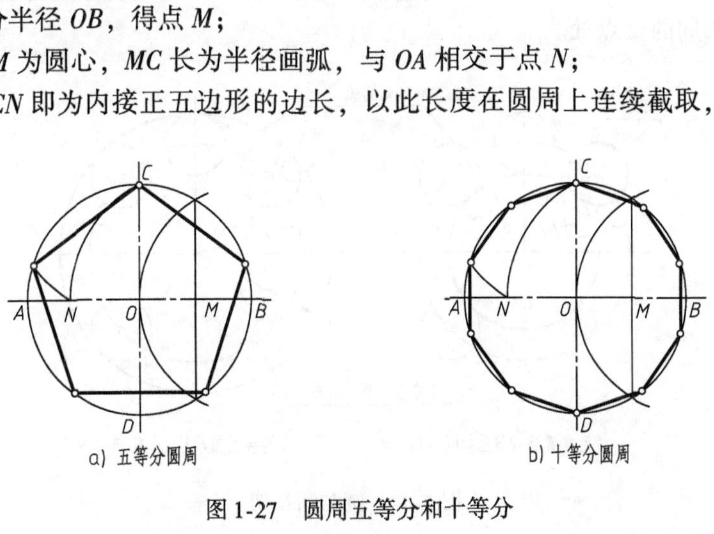

图1-27　圆周五等分和十等分

点，过各等分点依次连线即为圆的内接正五边形；

（4）在图1-27b中，线段 *ON* 的长度即为内接正十边形的边长，以此长度在圆周上连续截取，即得10个等分点，过各等分点依次连线即得正十边形。

1.3.3 弧线连接

用一圆弧光滑地连接相邻两线段（直线或圆弧）的作图方法，称为圆弧连接。圆弧连接在零件轮廓图中经常可见，图1-28所示为扳手的轮廓图。

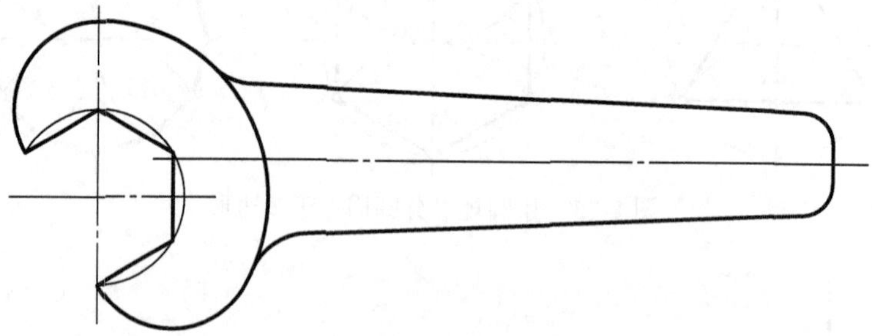

图1-28 扳手的轮廓图

1. 圆弧连接的作图原理

圆弧连接作图，关键是求出连接圆弧的圆心和切点。

（1）圆与直线相切　与已知直线相切的圆，其圆心轨迹是一条直线，如图1-29所示。该直线与已知直线平行，间距为圆的半径 *R*。自圆心向已知直线作垂线，其垂足 *K* 即为切点。

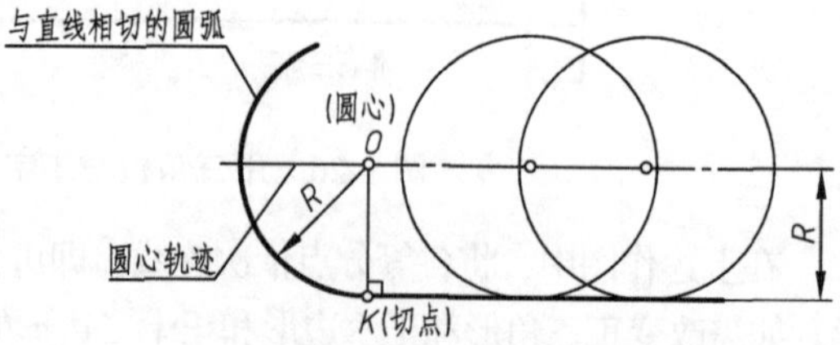

图1-29 圆与直线相切

（2）圆与圆相切　如图1-30所示，与已知圆相切的圆，其圆心轨迹为已知圆的同心圆。同心圆的半径，根据相切情况而定，即：两圆外切时，为两圆半径之和，如图1-30a所示；两圆内切时，为两圆半径之差，如图1-30b所示。其切点在两圆心的连线（或其延长线）与圆周的交点处。

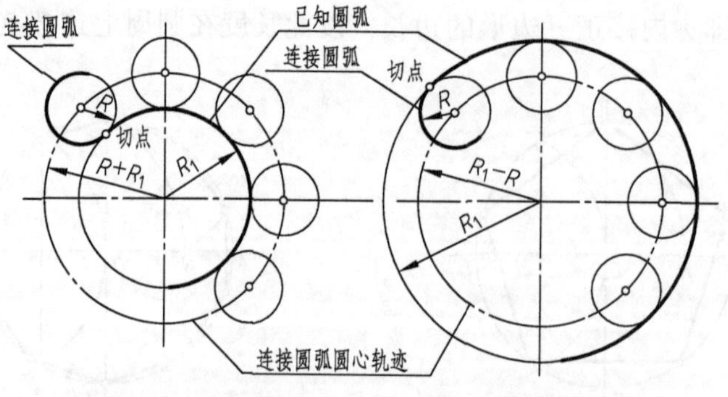

a) 连接圆弧 R 与已知圆弧 R_1 外切　b) 连接圆弧 R 与已知圆弧 R_1 内切

图1-30 圆与圆相切

2. 用圆弧连接相交两直线

（1）当两直线相交成钝角或锐角时，如图1-31a、b所示，其作图步骤如下：

1）作与已知角两边分别相距为 R 的平行线，交点 O 即为连接弧圆心；

2）由 O 点分别向已知角两边作垂线，其垂足 M、N 即为切点；

3）以 O 为圆心，R 为半径在两切点 M、N 之间画连接圆弧即为所求。

（2）当两直线相交成直角时，如图1-31c所示，其作图步骤如下：

1）以角顶为圆心，R 为半径画弧，交直角两边于 M、N；

2）别以 M、N 为圆心，R 为半径画弧，相交得连接弧圆心 O；

3）以 O 为圆心，R 为半径在 M、N 间画连接圆弧即为所求。

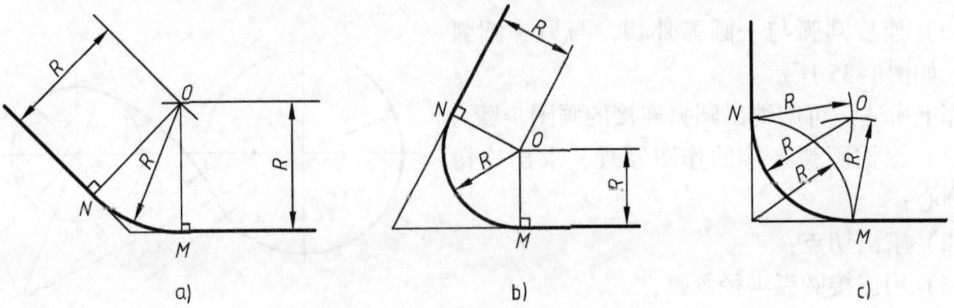

图1-31　用圆弧连接相交两直线

3. 用圆弧连接一已知直线和一已知圆弧

（1）连接弧与已知弧外切　以已知半径 R 画弧，连接直线 AB，并外切于半径为 R_1 的圆弧，如图1-32a所示。其作图步骤如下：

1）先以 O 为圆心，以 $R+R_1$ 为半径画弧；

2）作距 AB 为 R 的平行线 KL，使其交所画圆弧于 O_1 点，即得连接弧圆心；

3）连接 O 和 O_1，与圆弧相交于 M 点，再由 O_1 作 AB 的垂线得 N 点，则 M 和 N 两点即为切点；

4）再以 O_1 为圆心，以 R 为半径画 MN 弧，即得所求的连接圆弧。

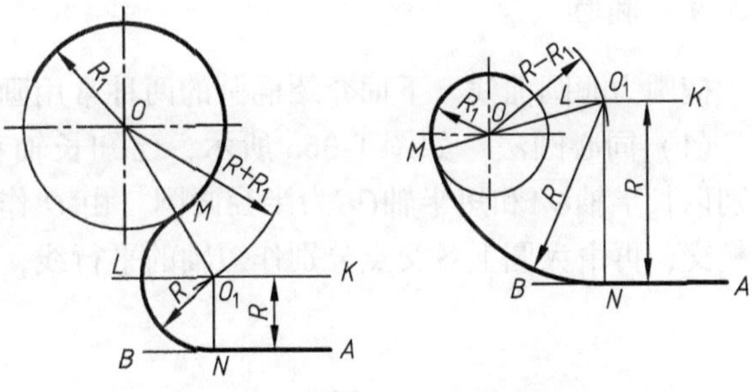

a) 连接圆弧与已知圆弧外切　　b) 连接圆弧与已知圆弧内切

图1-32　用圆弧连接已知直线和已知圆弧

（2）连接弧与已知弧内切　以已知半径 R 画弧，连接直线 AB，并内切于半径为 R_1 的已知圆弧，如图1-32b所示。

这一问题的作图步骤与外切连接相同，因为是内切，故连接弧的圆心是平行线 KL 与半径为 $R-R_1$ 的圆弧的交点。

4. 用圆弧连接两已知圆弧

这类连接可分为如下三种情况：

（1）连接圆弧与两圆弧外切，如图1-33所示。

（2）连接圆弧与两圆弧内切，如图1-34所示。

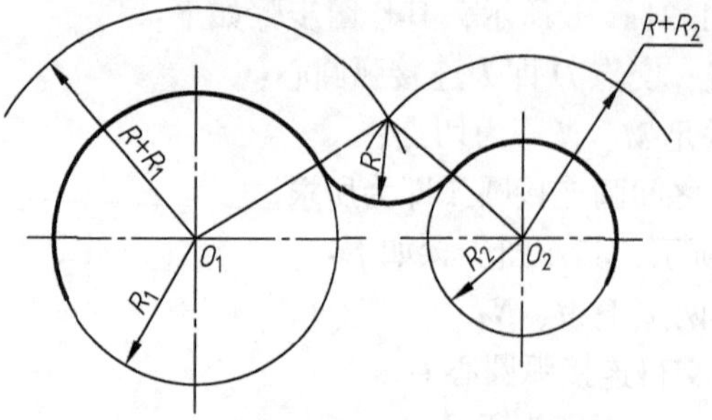

图 1-33 连接圆弧与两已知圆弧外切

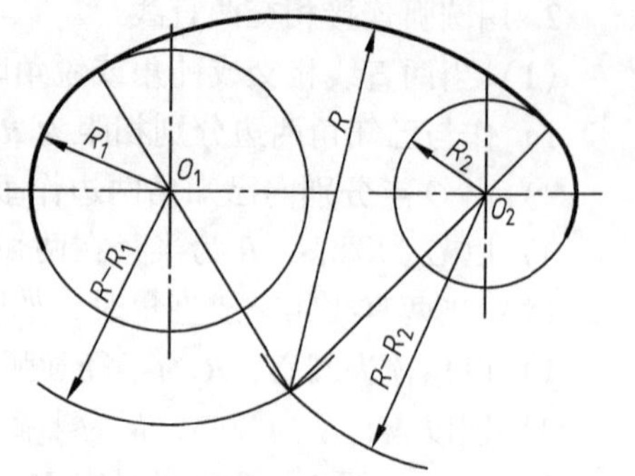

图 1-34 连接圆弧与两已知圆弧内切

(3) 连接圆弧与一圆弧外切，与另一圆弧内切，如图 1-35 所示。

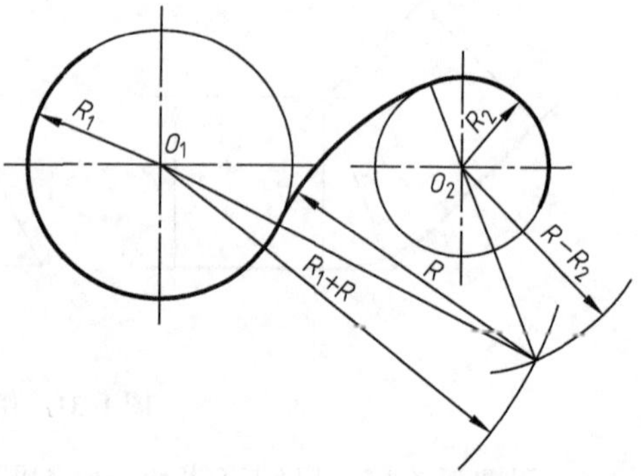

图 1-35 连接圆弧与两已知圆弧内外切

综上所述，可归纳出圆弧连接的画图步骤：

(1) 根据圆弧连接的作图原理，求出连接弧的圆心；

(2) 求出切点；

(3) 用连接圆弧半径画弧；

(4) 描深，为保证连接光滑，一般应先描圆弧，后描直线；当几个圆弧相连接时，应依次相连。

1.3.4 椭圆

椭圆为非圆曲线。下面介绍椭圆的两种常用画法。

(1) 同心圆法 如图 1-36a 所示，已知长轴和短轴作椭圆，其画法是：以 O 为圆心，分别以长半轴$\overline{OA}$和短半轴$\overline{OC}$为半径画圆。由 O 作若干射线（一般作圆 12 等分射线）与两圆相交，再由大圆上各交点分别作短轴的平行线，由小圆上各交点分别作长轴的平行线，其

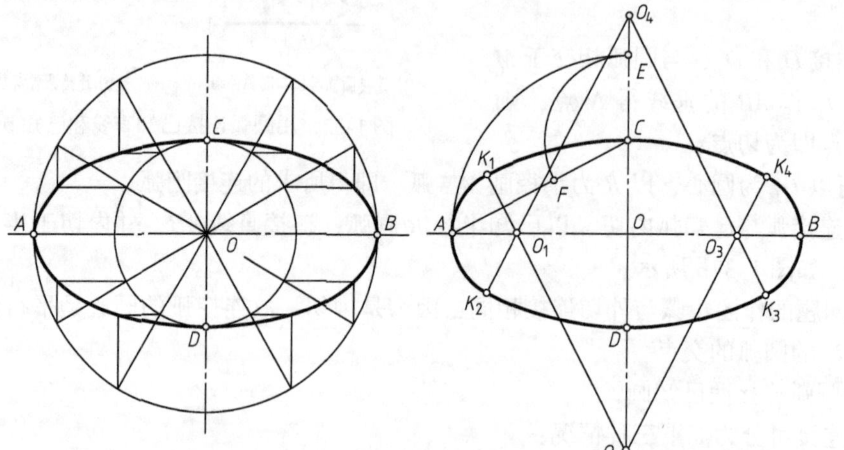

a) 同心圆法　　b) 四心圆弧法

图 1-36 椭圆的近似法画

对应线相交即可得椭圆上的各点。最后，将这些点依次光滑连成椭圆。

（2）四心圆弧法 如图 1-36b 所示，已知长轴和短轴作椭圆，其画法是：连接长、短轴的端点 A、C，取 $\overline{CF}=\overline{CE}=\overline{OA}-\overline{OC}$。作 AF 的中垂线，与两轴交于 O_1、O_2，再取对称点 O_3、O_4。分别以 O_2、O_4、O_1、O_3 为圆心，以 $\overline{O_2C}$、$\overline{O_4D}$、$\overline{O_1A}$、$\overline{O_3B}$ 为半径画弧，拼成近似椭圆，切点为 K_1、K_2、K_3、K_4。

1.3.5 斜度与锥度

1. 斜度

斜度是指一直线或平面对另一直线或另一平面的倾斜程度。其大小用两直线或两平面夹角的正切来表示，如图 1-37a 所示。AC 对 AB 的斜度为

$$S=H/L=\tan\alpha=1:n$$

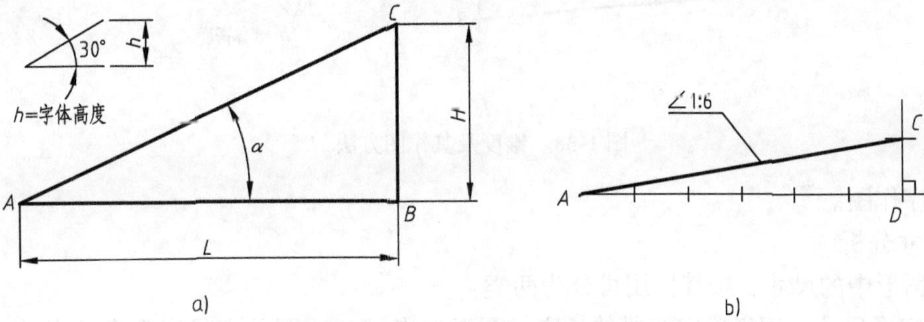

图 1-37 斜度及其作图方法

在图样中，斜度常以 1:n 的形式标注。图 1-37b 为相对水平方向斜度为 1:6 的作法：由 A 在水平线 AB 上取 6 个单位长度得 D。由 D 作 AB 的垂线 DC，取 DC 为 1 个单位长度。连接 A 和 C，即得相对水平方向斜度为 1:6 的斜线。

斜度的符号用细实线绘制，如图 1-37a 所示，标注方法见图 1-37b。要注意，斜度符号中斜线所示的方向应与斜度的方向一致。

2. 锥度

锥度是指正圆锥的底圆直径与圆锥高度之比，如图 1-38a、b 所示，即锥度为

$$C=\frac{D}{H}=\frac{D-d}{h}=2\tan\frac{\alpha}{2}=1:n$$

在图样中，锥度常以 1:n 的形式标注。图 1-38c 为锥度 1:6 的作法：由 S 在水平线上取 6 个单位长度得 O。由 O 作 SO 的垂线，分别向上和向下量取半个单位长度，得 A 和 B。过 A 和 B 分别与 S 相连，即得 1:6 的锥度。

锥度符号的画法如图 1-38d 所示。锥度的标注方法如图 1-38c 所示，锥度的符号的方向应与锥度的方向一致。

1.3.6 平面图形作图步骤

平面图形由许多线段连接而成，这些线段的相对位置和连接关系，靠给定的尺寸来确定。画图时，只有通过分析尺寸和线段间的关系，才能明确该平面图形应从何处着手，以及

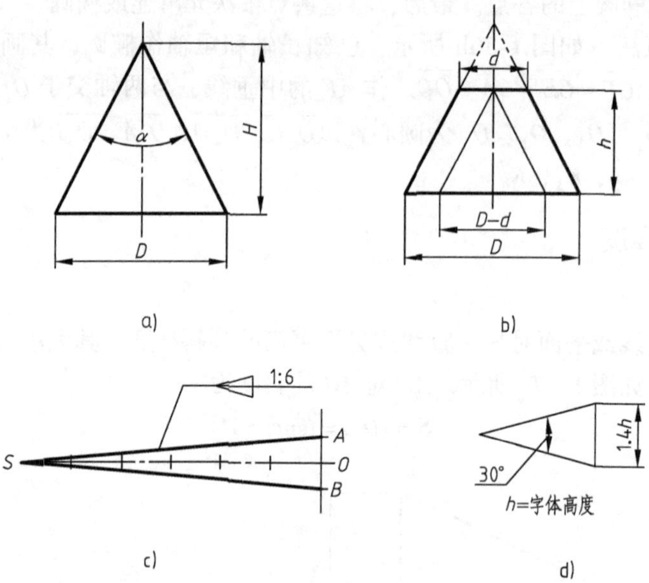

图 1-38 锥度及其作图方法

按什么顺序作图。

1. 尺寸分析

平面图形中的尺寸，按其作用可分为两类：

(1) 定形尺寸 用于确定线段的长度、圆弧的半径（或圆的直径）和角度的大小等尺寸，称为定形尺寸。如图 1-39 中的 $\phi5$、$\phi20$、$R10$、$R15$、$R12$、15 等。

(2) 定位尺寸 用于确定线段在平面图形中所处位置的尺寸，称为定位尺寸。如图 1-39 中的尺寸 8，确定了 $\phi5$ 的圆心位置；75 间接地确定了 $R10$ 的圆心位置；45 确定了 $R50$ 圆心的一个坐标值。

定位尺寸须从尺寸基准出发进行标注。确定尺寸位置的几何元素称为尺寸基准。在平面图形中，几何元素是指图形中的点和线。图 1-39 中的 A 为上下（高度）方向的尺寸基准，B 为左右（长度）方向的尺寸基准。

标注尺寸时，应首先确定图形长度方向和高度方向的基准，再依次注出各线段的定位尺寸和定形尺寸。

常见的平面图形及尺寸标注如图 1-40 所示。

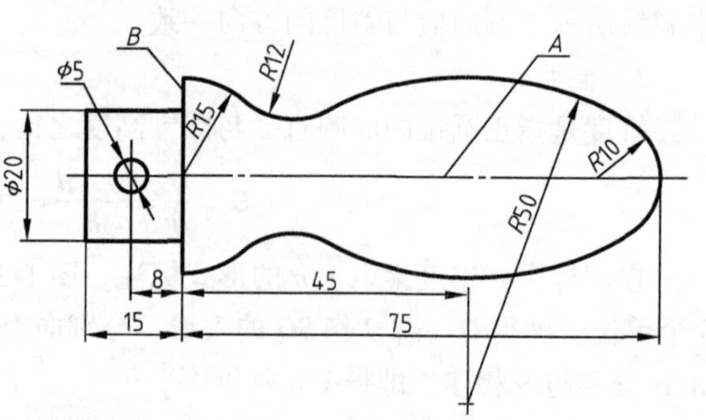

图 1-39 手柄平面图

2. 线段分析

平面图形中的线段（直线或圆弧），根据其定位尺寸的完整与否，可分为三类（因为直线连接的作图比较简单，所以这里只讲圆弧连接的作图问题）。一般圆弧半径尺寸属于定形尺寸，通常是已知的，所以对圆弧分类，主要是看其圆心的定位尺寸是否完整。

(1) 已知圆弧 圆心具有两个定位尺寸的圆弧，如图 1-39 中的 $R15$ 和 $R10$。

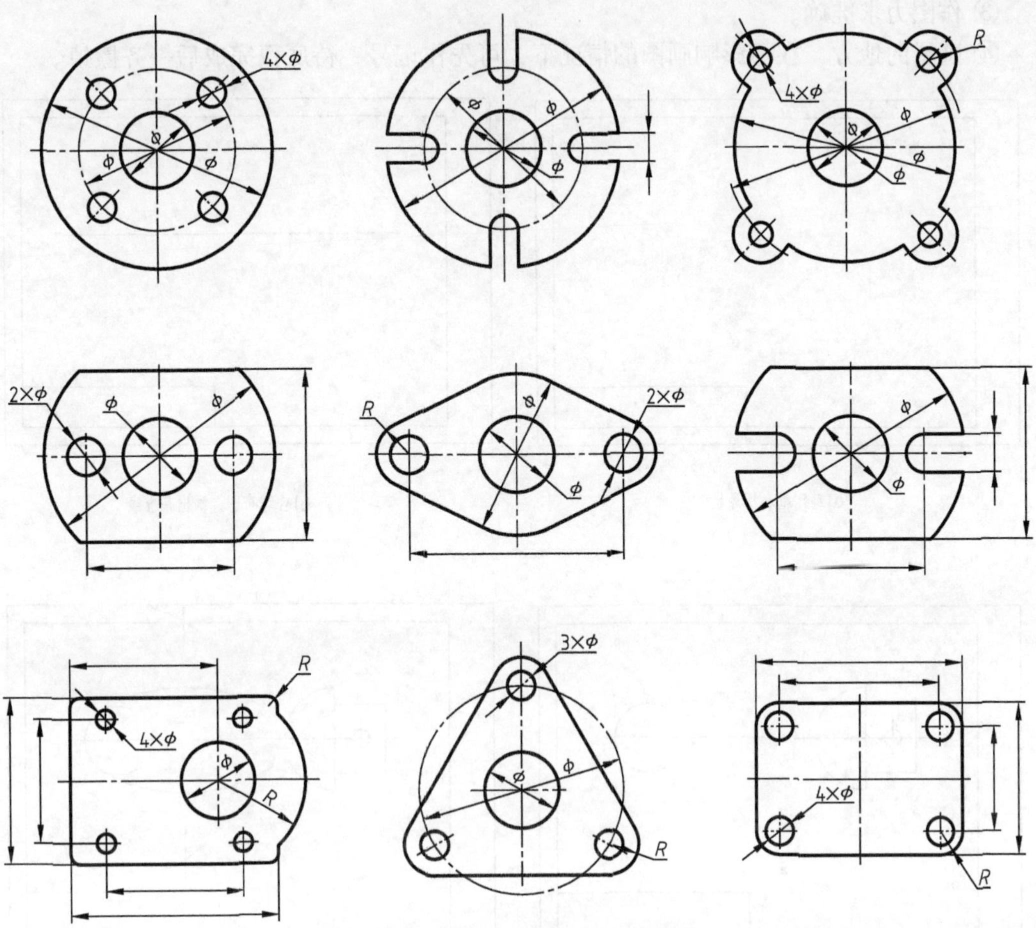

图1-40　常见的平面图形及尺寸标注

（2）中间圆弧　圆心具有一个定位尺寸的圆弧，如图1-39中的*R*50。

（3）连接圆弧　圆心没有定位尺寸的圆弧，如图1-39中的*R*12。

作图时，由于已知圆弧有两个定位尺寸，可直接画出；中间圆弧虽然缺少一个定位尺寸，但它总是和一个已知线段相连接，利用相切的条件便可画出；连接圆弧由于缺少两个定位尺寸，所以，只有借助于它与已经画出的两条相邻线段的相切条件才能画出来。

3. 绘图的方法和步骤

（1）画图前准备工作

1）分析图形的尺寸及其线段；

2）确定比例，选用图幅，固定图纸；

3）拟定具体的作图顺序。

（2）画底稿

1）画底稿的步骤如图1-41所示。

2）画底稿时，应注意以下几点：

① 画底稿用H～3H铅笔，铅芯应经常修磨以保持尖锐。

② 底稿上，各种线型均暂不分粗细，并要画得很轻很细。

③ 作图力求准确。

④ 画错的地方，在不影响画图的情况下，可先作记号，待底稿完成后一齐擦掉。

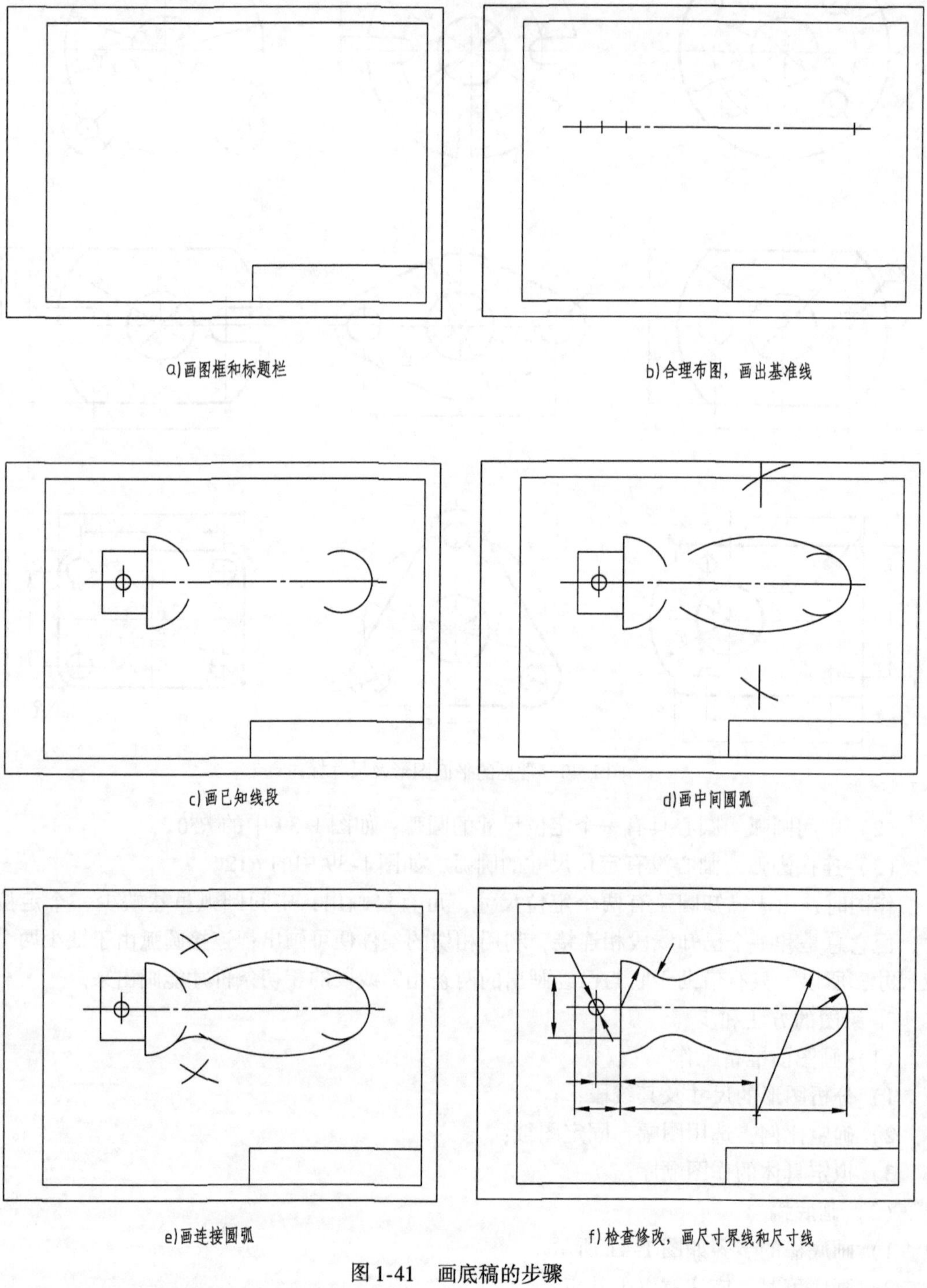

图 1-41 画底稿的步骤

(3) 铅笔描深底稿

1) 描深底稿的步骤：

① 先粗后细。一般应先描深全部粗实线，再依次描深全部虚线、点划线及细实线等，这样既可提高绘图效率，又可保证同一线型在全图中粗细一致，不同线型之间的粗细也符合比例关系。

② 先曲后直。在描深同一种线型（特别是粗实线）时，应先描深圆弧和圆，然后描深直线，以保证连接圆滑。

③ 先水平、后垂斜。先用丁字尺自上而下画出全部相同线型的水平线，再用三角板自左向右画出全部相同线型的垂直线，然后画出倾斜的直线。

④ 最后画箭头，填写尺寸数字、标题栏等。描深后的图，如图 1-39 所示。

2）描深底稿的注意事项：

① 在铅笔描深以前，必须全面检查底稿，修正错误，把画错的线条及作图辅助线用软橡皮轻轻擦干净。

② 用 H、HB、B 铅笔描深各种图线，用力要均匀一致，以免线条浓淡不匀。

③ 为避免弄脏图面，要保持双手和三角板及丁字尺的清洁。描深过程中应经常用毛刷将图纸上的铅芯浮沫扫净，并应尽量减少三角板在已描深的图线上反复推摩。

④ 描深后的图线很难擦净，故要尽量避免画错。需要擦掉时，可用软橡皮顺着图线的方向擦拭。

（4）标注尺寸和填写标题栏

按国家标准有关规定在图样中标注尺寸和填写标题栏。

第2章　正投影法

基本要求：了解投影法概念、分类及正投影法特性，掌握三视图的形成、展开、投影规律，掌握点、直线、平面的投影，平面内取点的作图方法。

2.1　正投影法与三视图

2.1.1　投影法概念

生活中，投影现象随处可见。在阳光下，各种物体都在地面上留下其暗影；在灯光下，桌面上方的三角板也会在桌面上投下其影子，如图2-1所示。人们根据生产活动的需要，对这种现象经过科学的抽象，总结出了影子和物体之间的几何关系，逐步形成了投影法。

所谓投影法，就是由投射中心引出投射线，通过物体投向选定的投影面，并在该投影面上得到图形的方法。

由投影法所得到的图形，称为投影；投影法中，承接投影的面，称为投影面，如图2-2所示。

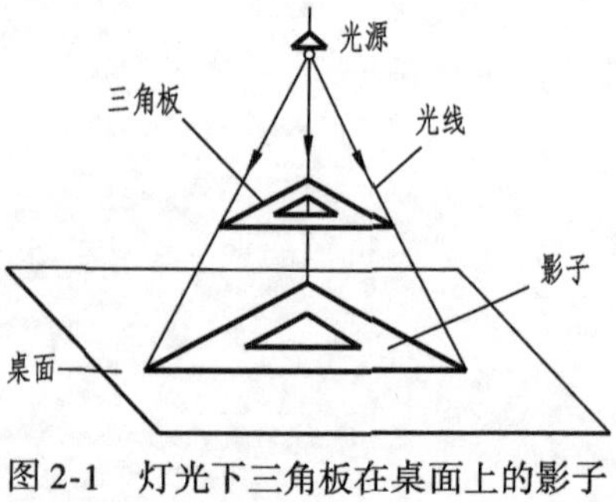

图2-1　灯光下三角板在桌面上的影子

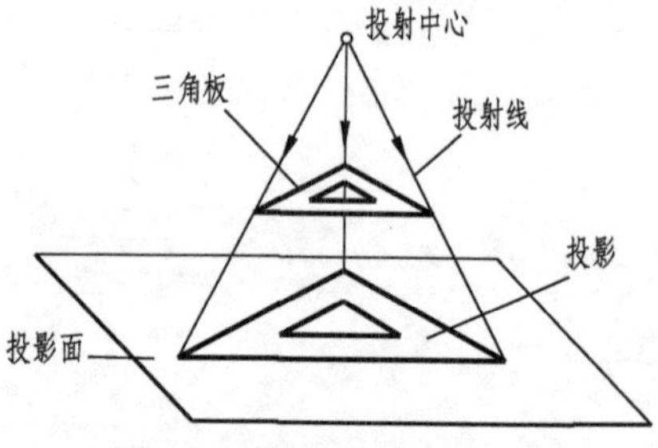

图2-2　投影法的相关概念

投影法分为两大类，即中心投影法和平行投影法。

1. 中心投影法

投射线汇交于投射中心的投影方法称为中心投影法。如图2-3所示，将薄板*ABCD*放在投影面*P*和投射中心*S*之间，自*S*分别向*A*、*B*、*C*、*D*点引投射线并延长，使它与投影面*P*交于*a*、*b*、*c*、*d*点，即为四边形顶点*A*、*B*、*C*、*D*在投影面*P*上的投影。

采用中心投影法绘制的图样，具有较强的立体感，因而在建筑工程的外形设计中广泛使用，如图2-4所示。

分析图2-1和图2-3可知，如改变物体和投射中心的距离，则物体投影的大小将发生变化。由于其投影不能反映物体的真实形状和大小，因此在机械图样中很少使用。

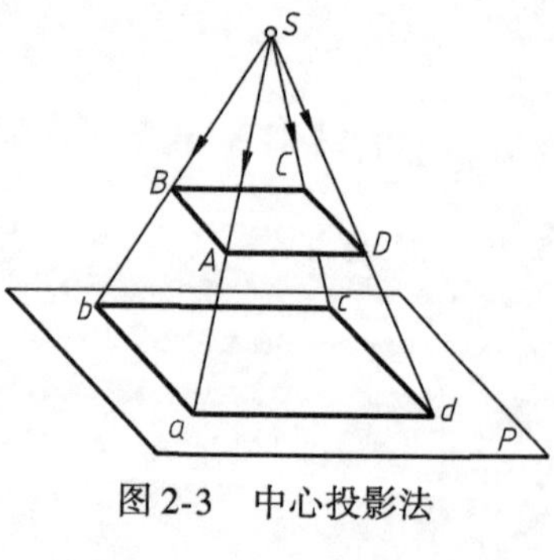

图2-3　中心投影法

图 2-4 用中心投影法绘制的图样

2. 平行投影法

若将图 2-3 中的投射中心 S 移至无限远处，则投射线相互平行，如图 2-5 所示。这种投射线相互平行的投影法，称为平行投影法。

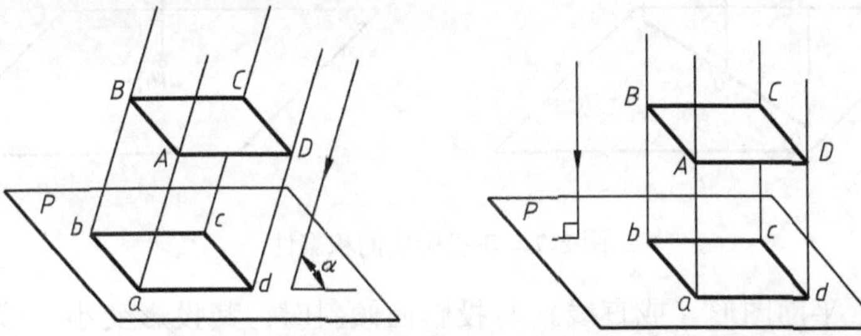

a）斜投影法　　b）正投影法

图 2-5 平行投影法

在平行投影法中，按投射线是否垂直于投影面，又分为斜投影法和正投影法。

（1）斜投影法　投射线与投影面倾斜的平行投影法。由斜投影法所得到的图形，称为斜投影或斜投影图，如图 2-5a 所示。

（2）正投影法　投射线与投影面垂直的平行投影法。由正投影法所得到的图形，称为正投影或正投影图，如图 2-5b 所示。

由于正投影法的投射线相互平行且垂直于投影面，所以，当空间平面图形平行于投影面时，其投影将反映该平面图形的真实形状和大小，且与平面图形距投影面的距离无关。因此，绘制机械图样主要采用正投影法，以后简称为投影。

应当指出，对物体进行投射时，要将物体放在观察者与投影面之间，即始终要保持“人→物体→投影面”这种相对位置关系。

2.1.2 正投影的投影特性

（1）真实性　平面图形（或直线）与投影面平行时，其投影反映实形（或实长）的性质，称为真实性，如图 2-6 所示。

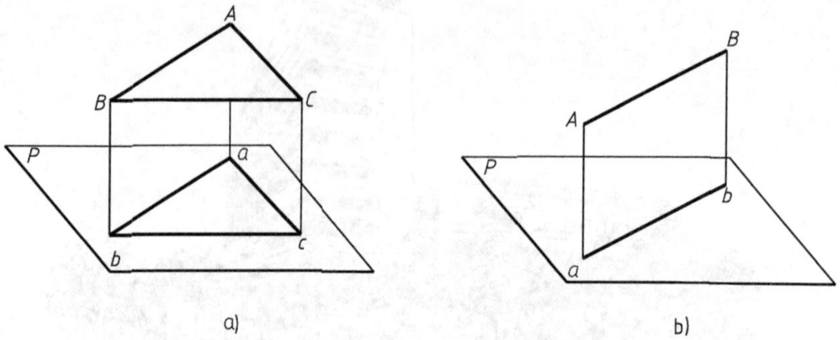

图 2-6　正投影法的真实性

（2）积聚性　平面图形（或直线）与投影面垂直时，其投影积聚为一条直线（或一个点）的性质，称为积聚性，如图 2-7 所示。

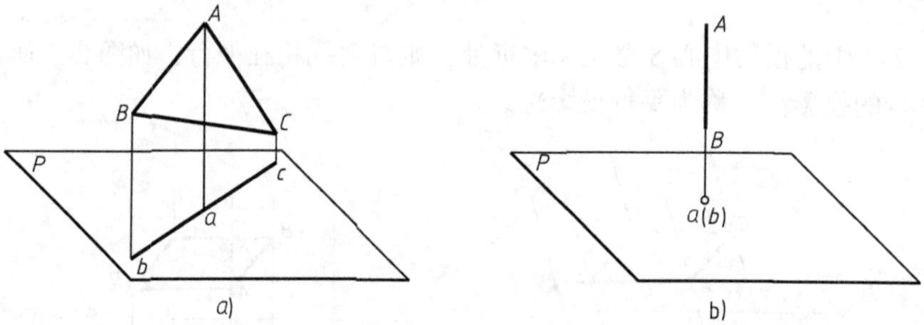

图 2-7　正投影法的积聚性

（3）类似性　平面图形（或直线）与投影面倾斜时，其投影变小（或变短），但投影的形状与原来形状类似的性质，称为类似性，如图 2-8 所示。

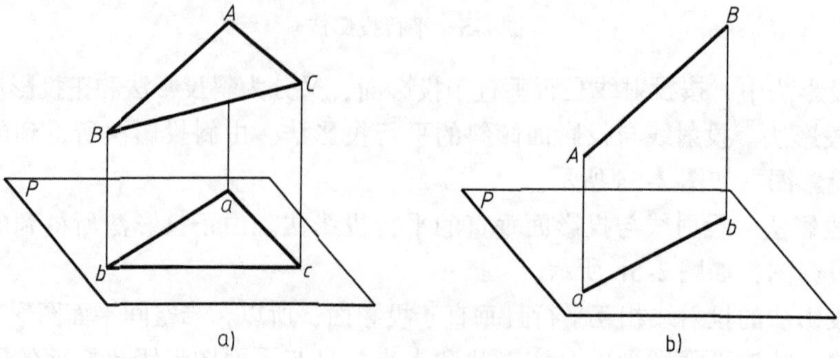

图 2-8　正投影的类似性

2.1.3　三视图概念

1. 视图的基本概念

用正投影法获得物体的投影图称为视图。在物体的视图中，物体上的各棱线、表面都必须投射。规定：沿投射方向观察物体，可见的棱线其投影为实线，不可见的棱线，其投影为虚线，实线与虚线重合时，画实线。图 2-9 所示为物体在一个投影面上的视图。

有时两个不同形状的物体，在同一个投影面上的视图相同，如图 2-10 所示。因此，如果不加其他说明，只根据一个视图不能确定物体的形状。要反映物体的完整形状，必须增加不同方向的视图，通常用三视图来表示。

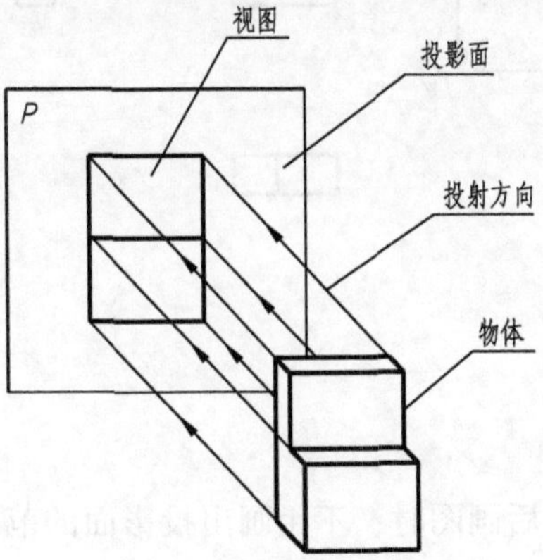

图 2-9 物体的视图

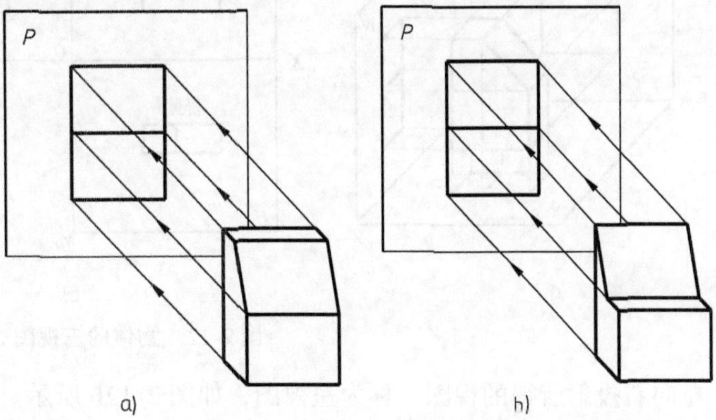

图 2-10 不同物体的单面视图相同

形成三视图的三个投影面关系称为三投影面体系，由三个相互垂直的投影面组成，如图 2-11 所示。

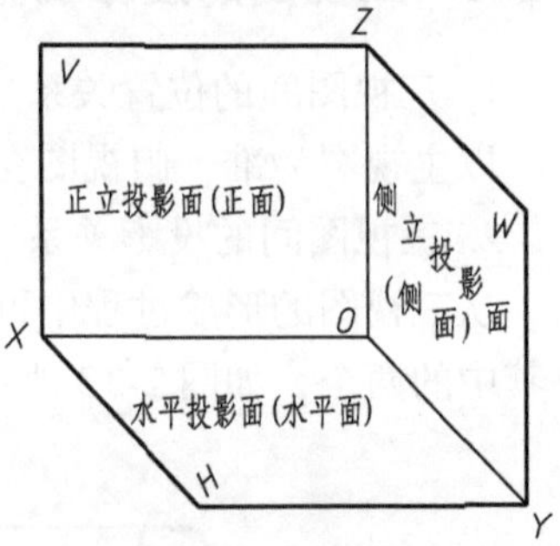

图 2-11 三投影面体系

三个投影面分别为：

正立投影面，简称正面，用 V 表示；

水平投影面，简称水平面，用 H 表示；

侧立投影面，简称侧面，用 W 表示。

相互垂直的投影面之间的交线，称为投影轴，它们分别是：

OX 轴（简称 X 轴），是 V 面与 H 面的交线，它代表物体的长度方向；

OY 轴（简称 Y 轴），是 H 面与 W 面的交线，它代表物体的宽度方向；

OZ 轴（简称 Z 轴），是 V 面与 W 面的交线，它代表物体的高度方向。

三根投影轴相互垂直，其交点 O 称为原点。

2. 物体在三投影面体系中的投影

将物体放置在三投影面体系中，按正投影法向各投影面投射，即可分别得到物体的正面投影、水平投影和侧面投影，如图 2-12a 所示。

3. 三投影面的展开

为了画图方便，需将相互垂直的三个投影面摊平在同一个平面上。规定：正立投影面不动，将水平投影面绕 OX 轴向下旋转 90°，将侧立投影面绕 OZ 轴向右旋转 90°，使三投影面共面（即图纸平面），如图 2-12b 所示。应注意，水平投影面和侧立投影面旋转时，OY 轴被分为两处，分别用 OY_H（在 H 面上）和 OY_W（在 W 面上）表示。

物体在 V 面上的投影，也就是由前向后投射所得的视图，称为主视图；物体在 H 面上的投影，也就是由上向下投射所得的视图，称为俯视图；物体在 W 面上的投影，也就是由

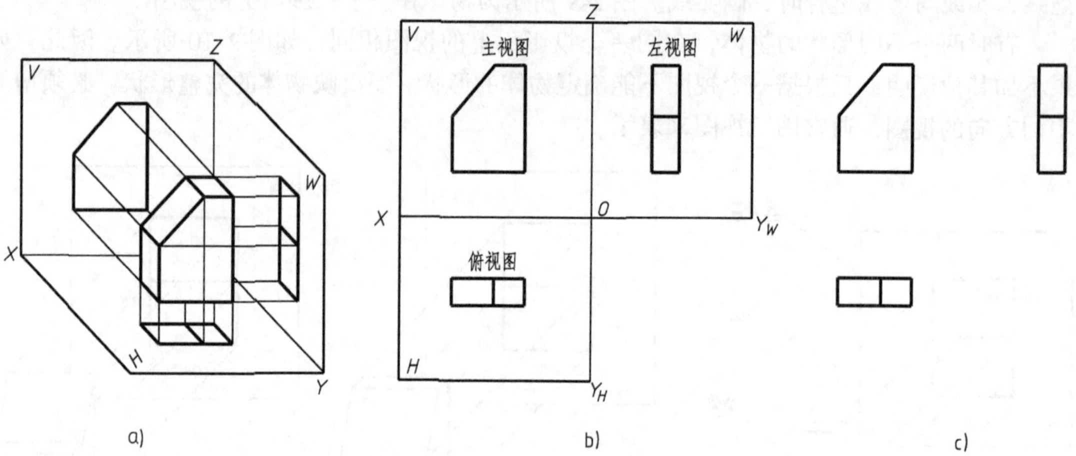

图 2-12 物体的三视图

左向右投射所得的视图，称为左视图，如图 2-12b 所示。以后画图时，不用画出投影面的范围，因为它的大小与视图无关。这样，三视图则更为清晰，如图 2-12c 所示。

2.1.4 三视图的投影规律

1. 三视图间的位置关系

以主视图为准，俯视图在它的正下方，左视图在它的正右方，如图 2-12c 所示。

2. 三视图间的投影关系

从三视图的形成过程中可以看出，物体有长、宽、高三个方向尺度，但每个视图只能反映其中的两个，如图 2-13 所示：

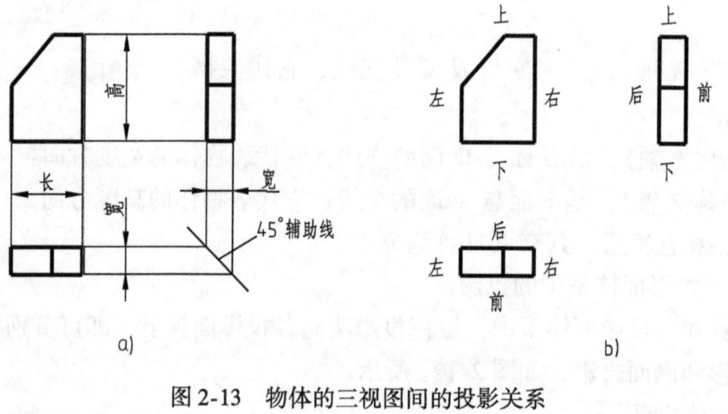

图 2-13 物体的三视图间的投影关系

主视图反映物体的长度（*X* 方向）和高度（*Z* 方向）；

俯视图反映物体的长度（*X* 方向）和宽度（*Y* 方向）；

左视图反映物体的宽度（*Y* 方向）和高度（*Z* 方向）。

由此归纳得出：

主、俯视图，长对正（等长）；

主、左视图，高平齐（等高）；

俯、左视图，宽相等（等宽）。

应当指出，无论是整个物体或物体的局部，其三面投影都必须符合“长对正、高平齐、宽相等”的“三等”规律。

作图时，为了实现俯、左视图宽相等，可利用45°辅助线，来求得其对应关系，如图2-13a所示。

3. 视图与物体的方位关系

所谓方位关系，指的是以绘图者（或看图者）面对正面（即主视图的投射方向）来观察物体为准，看物体的上、下、左、右、前、后六个方位，在三视图中的对应关系，如图2-13b所示，即：

主视图反映物体的上、下和左、右；

俯视图反映物体的左、右和前、后；

左视图反映物体的上、下和前、后。

由图2-13b可知，俯、左视图靠近主视图的一侧（里侧），表示物体的后面，远离主视图的一侧（外侧），表示物体的前面。

2.2　点的投影

点是组成线、面和体的最基本的几何元素，如图2-14所示。因此，为了正确地画出物体的三视图，首先必须掌握点的投影规律。

2.2.1　点的投影特性

设在空间有一点 A，由该点分别向 H、V、W 面引垂线，则垂足 a、a'、a'' 即为点 A 的三面投影，如图2-15a所示。移去空间点 A，将 H 面绕 OX 轴向下旋转90°，W 面绕 OZ 轴向右旋转90°，使其与 V 面形成一个平面，即得点 A 的三面投影图，如图2-15b所示。图中 a_x、a_y（a_{y_H}、a_{y_W}）、a_z 分别为点的投影连线与投影轴 X、Y、Z 的交点。

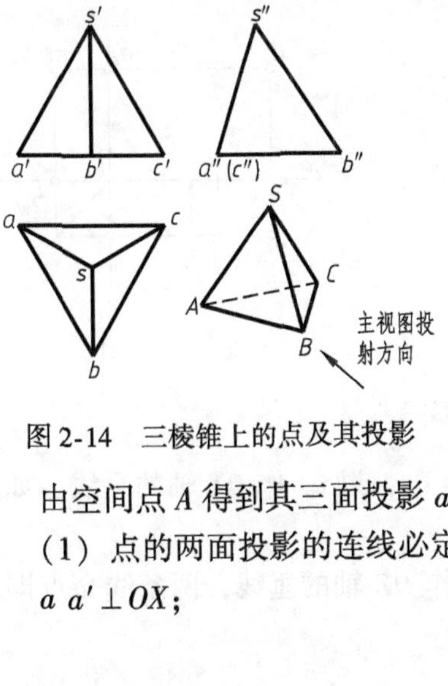

图2-14　三棱锥上的点及其投影

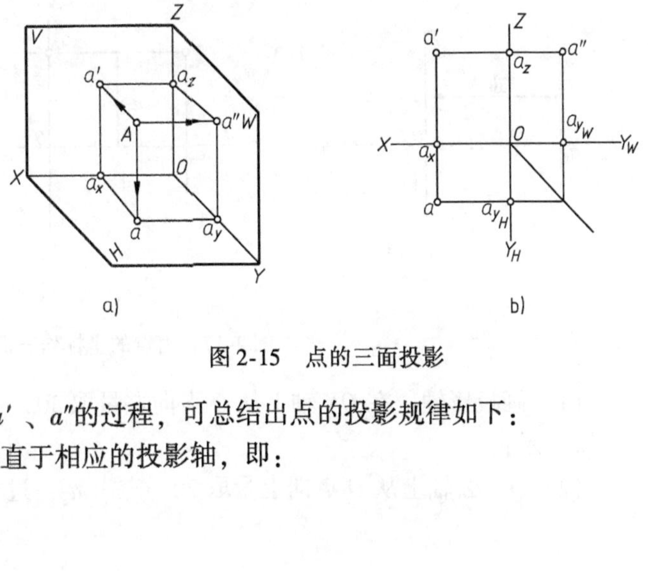

图2-15　点的三面投影

由空间点 A 得到其三面投影 a、a'、a'' 的过程，可总结出点的投影规律如下：

（1）点的两面投影的连线必定垂直于相应的投影轴，即：

$a a' \perp OX$；

$a'a'' \perp OZ$；

$aa_{y_H} \perp OY_H$，$a''a_{y_W} \perp OY_W$。

显然，此规律与三视图的投影规律“长对正、高平齐、宽相等”的结论是一致的。

（2）点的投影到投影轴的距离，等于空间点到对应投影面的距离，即：

$a'a_x = a''a_y$ = 点 A 到 H 面的距离 Aa；

$aa_x = a''a_z$ = 点 A 到 V 面的距离 Aa'；

$aa_y = a'a_z$ = 点 A 到 W 面的距离 Aa''。

2.2.2 点的投影与直角坐标的关系

点的空间位置可用直角坐标来表示。即把投影面当做坐标面，投影轴当做坐标轴，三个轴的交点 O 即为坐标原点。从图 2-16 可以看出，空间点 A 到 W 面的距离 Aa'' 平行且等于 OX 轴上的线段 Oa_x。我们把 Oa_x 叫做 A 点的 X 方向坐标，并以 X 表示其大小。对其他两个方向作类似的推导，即可得出下面的坐标与距离的关系：

$x = Oa_x$ = 点 A 到 W 面的距离 Aa''；

$y = Oa_y$ = 点 A 到 V 面的距离 Aa'；

$z = Oa_z$ = 点 A 到 H 面的距离 Aa。

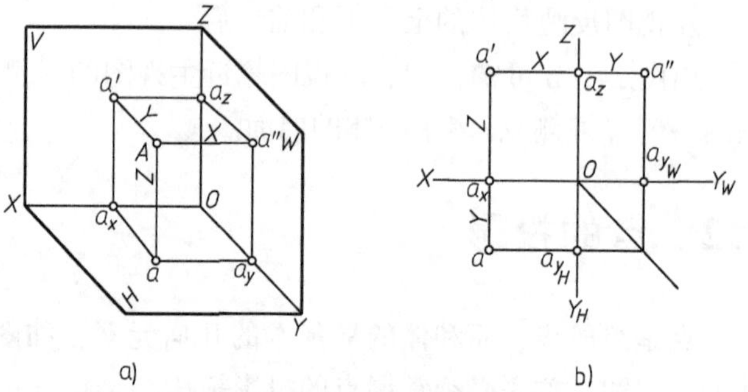

图 2-16　点的直角坐标

可见，空间点的位置可由点的坐标（x，y，z）确定，点的空间位置、点的投影与其坐标值是一一对应的，因此，我们可以直接从点的三面投影图中量得该点的坐标值。反之，根据所给定的点的坐标值，可按点的投影规律画出其三面投影图。

例 2-1　已知点 A（30，10，20），求点 A 的三面投影图。

作图步骤如图 2-17 所示。

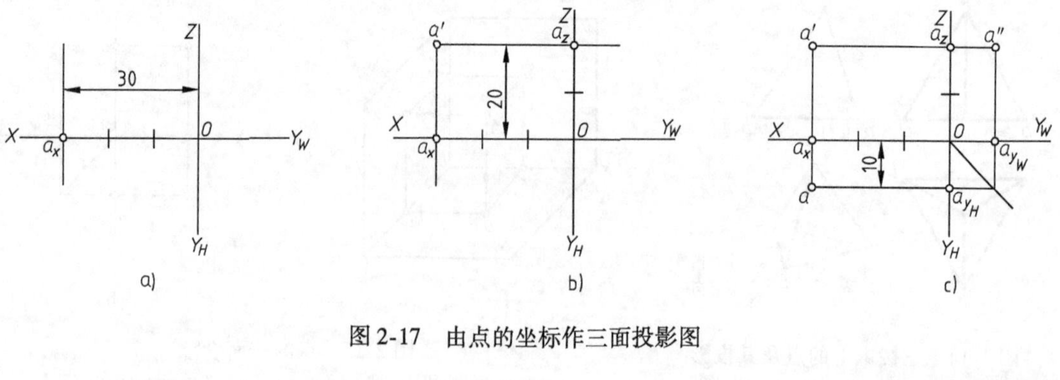

图 2-17　由点的坐标作三面投影图

（1）画投影轴，在 OX 轴上从 O 点向左量取 30，定出 a_x，过 a_x 作 OX 轴的垂线，如图 2-17a 所示；

（2）在 OZ 轴上从 O 点向上量取 20，定出 a_z，过 a_z 作 OZ 轴的垂线，两条线交点即为

a'，如图 2-17b 所示；

(3) 在 OY_H 轴上从 O 点向下量取10，定出 a_{y_H}，过 a_{y_H} 作 OY_H 的垂线与 $a'a_x$ 的延长线相交得 a，再与 $\angle Y_W OY_H$ 的角平分线相交，过交点作 OY_W 轴的垂线与过 a' 所作 OZ 轴的垂线相交于 a''，即得点 A 的三面投影图，如图 2-17c 所示。

2.2.3 两点的相对位置

空间两点的相对位置，可从两点的同面投影中反映出来，如图 2-18 所示，或由两点的坐标差来确定。

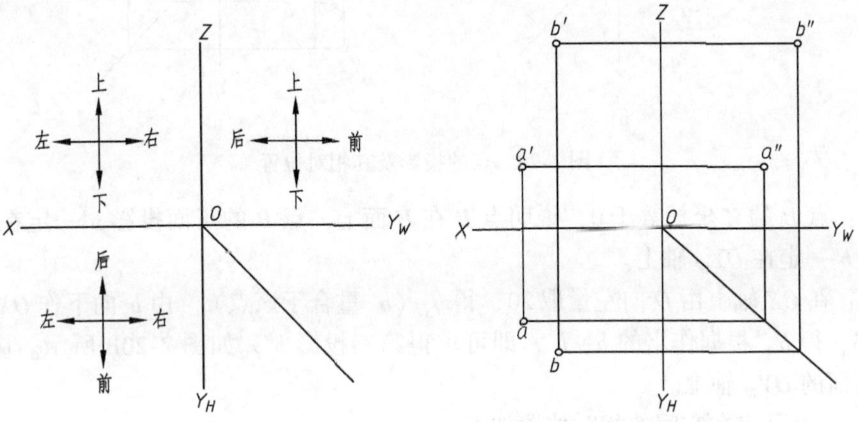

a) 基本关系　　b) 点 A 在点 B 的左后下方

图 2-18　空间两点的相对位置由三面投影确定

如判断 A（20，15，10）和 B（15，20，30）两点的相对位置。

两点的左、右位置由 X 坐标差确定，X 坐标值大者在左，故点 A 在点 B 的左方；

两点的前、后位置由 Y 坐标差确定，Y 坐标值大者在前，故点 A 在点 B 的后方；

两点的上、下位置由 Z 坐标差确定，Z 坐标值大者在上，故点 A 在点 B 的下方。

总的来说，即点 A 在点 B 的左、后、下方。或者说，点 B 在点 A 的右、前、上方。

在图 2-19 所示 E、F 两点的投影中，e' 和 f' 重合，这说明 E、F 两点的 X、Z 坐标相同，即 E、F 两点处于对正面的同一条投射线上。

可见，共处于同一条投射线上的两点，必在相应的投影面上具有重合的投影，这两个点被称为对该投影面的一对重影点。

重影点的可见性需根据这两点不重影的投影的坐标大小来判别。

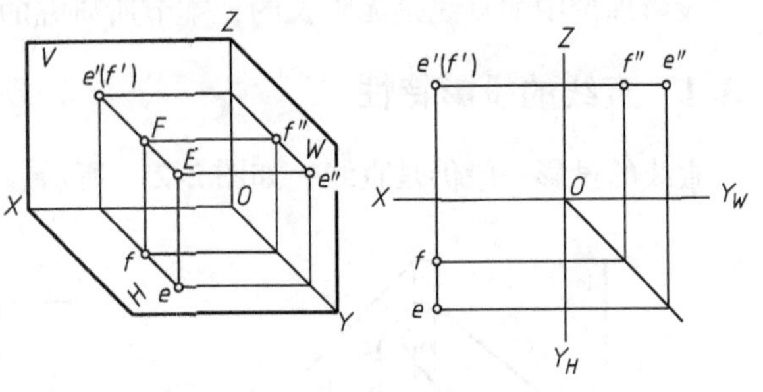

a)　　b)

图 2-19　重影点的投影

如在图 2-19 中，e'、f'重合，但水平投影不重合，且 e 在前 f 在后，即 $y_E > y_F$。所以对 V 面来说，E 可见，F 不可见。在投影图中，对不可见的点，需加圆括号表示。如图 2-19 中，对不可见点 F 的 V 面投影，加圆括号表示为（f'）。E、F 的相对位置描述为，E 在 F 的正前方，或 F 在 E 的正后方。

例 2-2 已知点 A（12，7.5，15）的三面投影图，如图 2-20a 所示，作点 B（20，15，0）的三面投影，并判断两点在空间的相对位置。

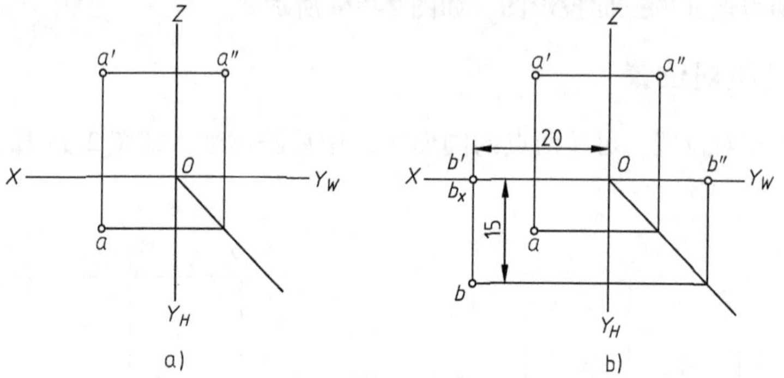

图 2-20 点的投影及其相对位置

分析：点 B 的 Z 坐标等于 0，说明点 B 在 H 面上，点 B 的正面投影 b' 一定在 OX 轴上，侧面投影 b'' 一定在 OY_W 轴上。

作图：在 OX 轴上由 O 向左量取 20，得 b_x（b' 重合于该点）。由 b_x 向下作 OX 轴垂线并取 $b_x b = 15$，得 b。根据作出的 b、b'，即可求得第三投影 b''，如图 2-20b 所示。应注意，b'' 一定在 W 面的 OY_W 轴上。

判别 A、B 两点在空间的相对位置如下：

由 V 面或 H 面可知，A 在 B 的右侧；

由 H 面或 W 面可知，A 在 B 的后方；

由 V 面或 W 面可知，A 在 B 的上方；

即点 A 在点 B 的右、后、上方，或 B 在 A 的左、前、下方。

2.3 直线的投影

投影理论中的直线是无限长的，本节所研究的直线，均指直线中的有限长度——线段。

2.3.1 直线的投影特性

直线的投影一般仍是直线，如图 2-21a 所示。

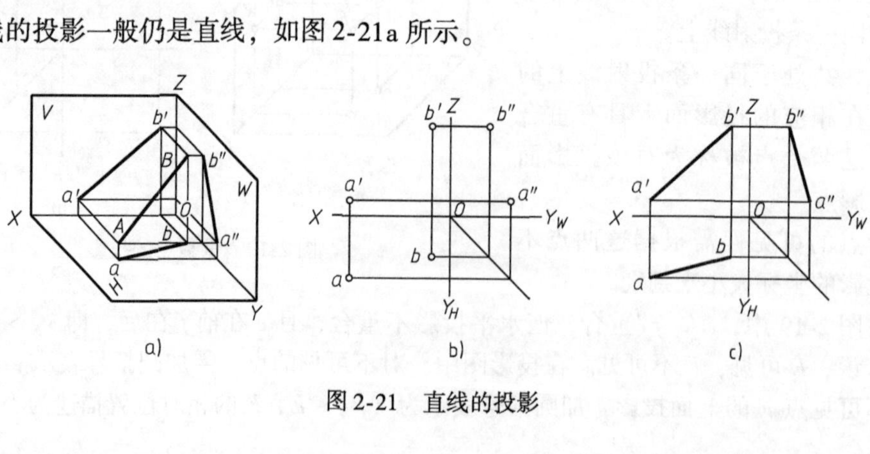

图 2-21 直线的投影

因两点可确定一直线，所以直线上两点 A、B 的同面投影的连线即是直线的投影。由此，可得出求直线三面投影图的步骤如下：

（1）求出直线两端点的三面投影，如图 2-21b 所示；

（2）用直线（粗实线）连接两端点的各同面投影，即得直线的三面投影，如图 2-21c 所示。

直线相对于三个投影面不同的相对位置共有三种情况：投影面的平行线、投影面的垂直线、一般位置直线。前两种又称为特殊位置直线。

1. 特殊位置直线

（1）投影面平行线

平行于一个投影面，且倾斜于另两个投影面的直线称为投影面平行线。投影面的平行线有三种：

水平线——平行于水平投影面，而于另两投影面倾斜的直线；

正平线——平行于正立投影面，而于另两投影面倾斜的直线；

侧平线——平行于侧立投影面，而于另两投影面倾斜的直线。

直线与投影面倾斜，必然出现倾角，投影理论中对此作如下规定：直线对 H 面的倾角用 α 表示，对 V 面的倾角用 β 表示，对 W 面的倾角用 γ 表示。

投影面平行线的投影特性见表 2-1。

表 2-1　投影面平行线的投影特性

名称	水平线（$/\!/H$ 面）	正平线（$/\!/V$ 面）	侧平线（$/\!/W$ 面）
实例	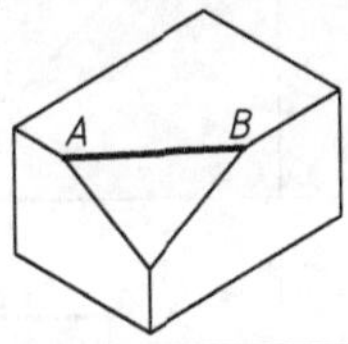	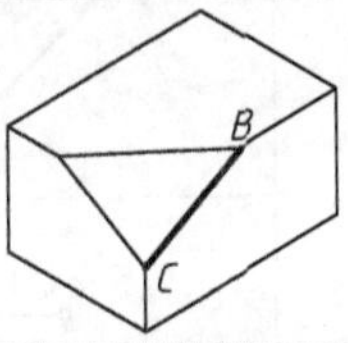	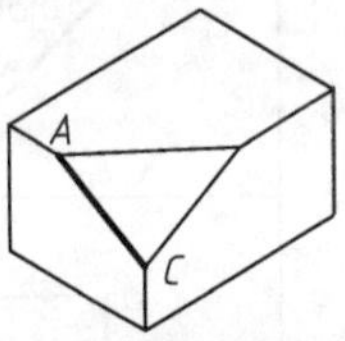
轴测图	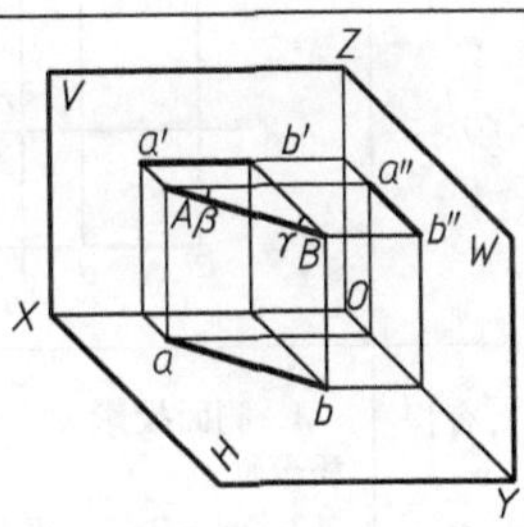	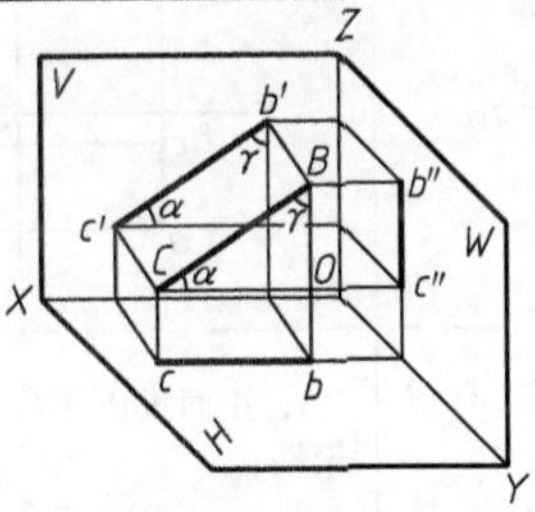	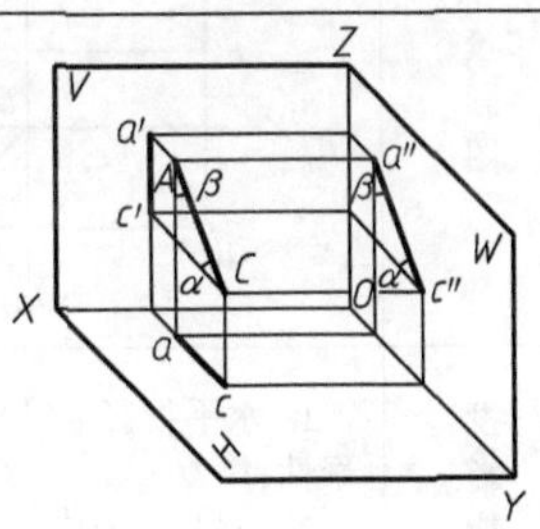
投影图	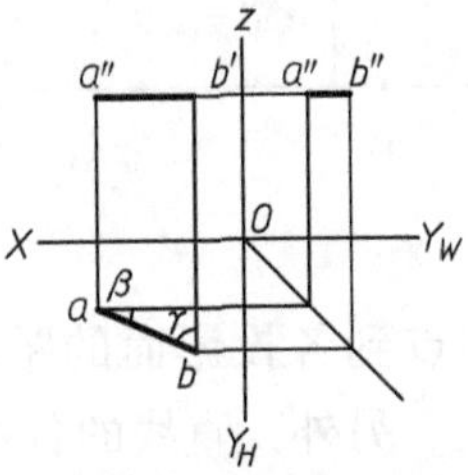	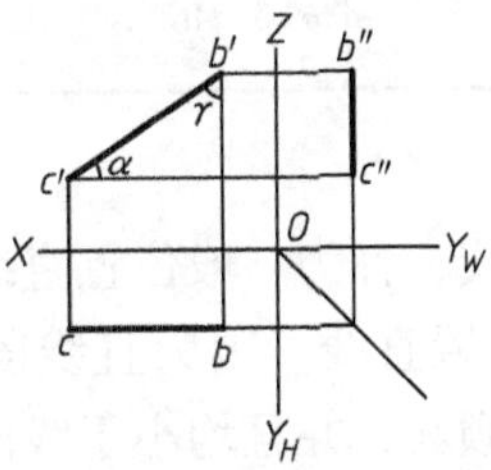	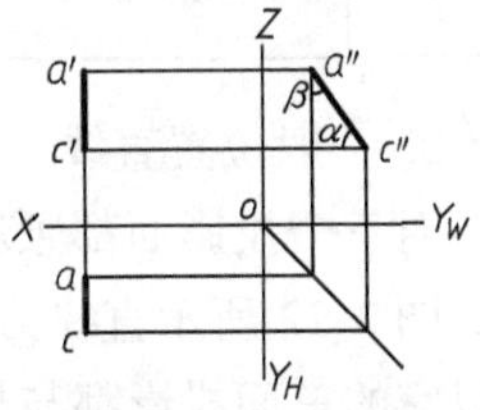
投影特性	1. 水平投影 $ab=AB$； 2. 正面投影 $a'b'/\!/OX$，侧面投影 $a''b''/\!/OY_W$，都不反映实长； 3. ab 与 OX 和 OY_H 的夹角 β、γ 反映 AB 对 V、W 面的倾角	1. 正面投影 $b'c'=BC$； 2. 水平投影 $bc/\!/OX$，侧面投影 $b''c''/\!/OZ$，都不反映实长； 3. $b'c'$ 与 OX 和 OZ 的夹角 α、γ 反映 BC 对 H、W 面的倾角	1. 侧面投影 $a''c''=AC$； 2. 水平投影 $ac/\!/OY_H$，正面投影 $a'c'/\!/OZ$，都不反映实长； 3. $a''c''$ 与 OY_W 和 OZ 的夹角 α、β 反映 AC 对 H、V 面的倾角

(2) 投影面垂直线

垂直于某一个投影面，称为投影面垂直线。

铅垂线——垂直于水平投影面的直线；

正垂线——垂直于正立投影面的直线；

侧垂线——垂直于侧立投影面的直线。

投影面垂直线的投影特性见表 2-2。

表 2-2 投影面垂直线的投影特性

名称	铅垂线（⊥*H* 面）	正垂线（⊥*V* 面）	侧垂线（⊥*W* 面）
实例	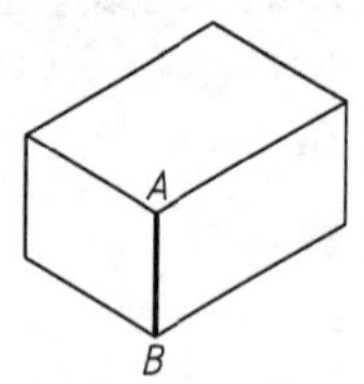	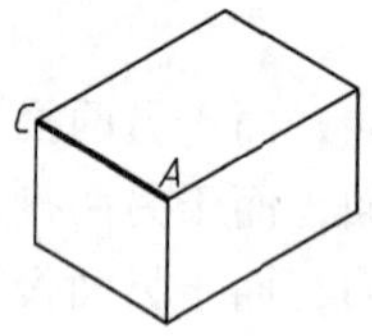	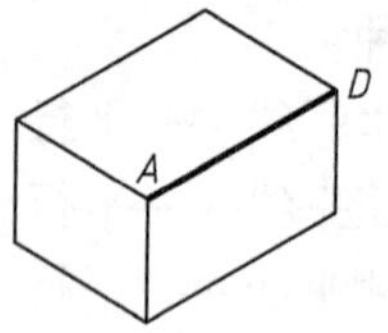
轴测图	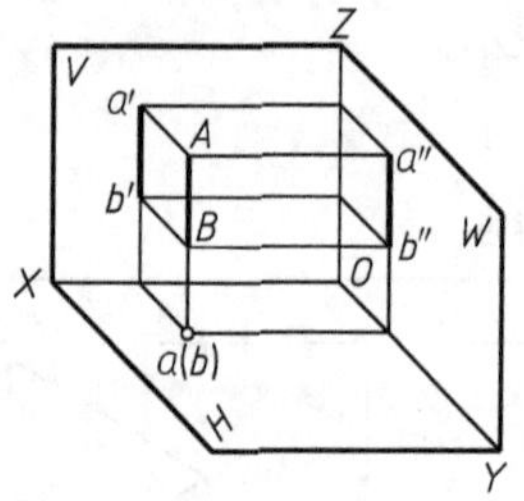	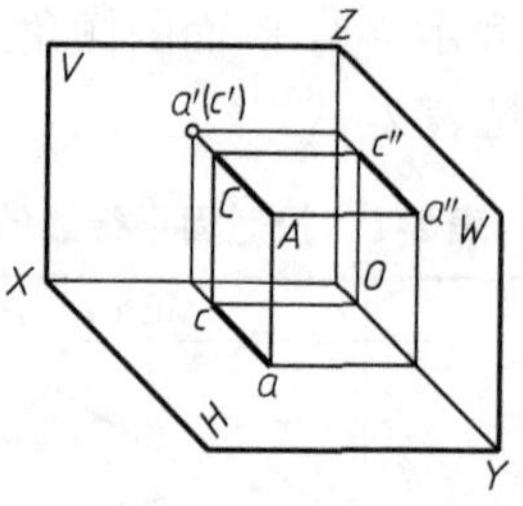	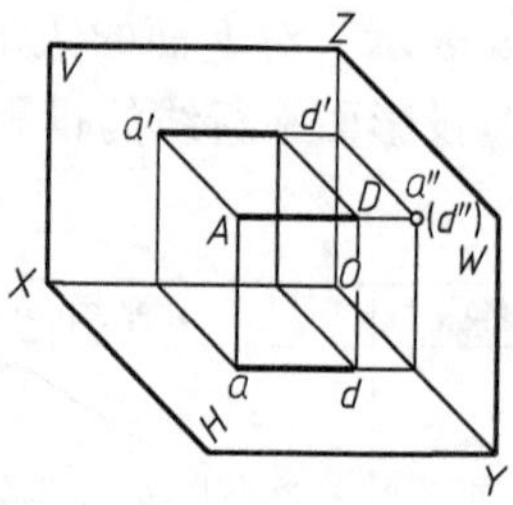
投影图	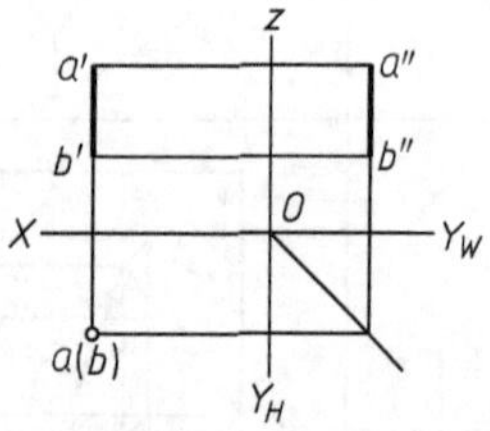	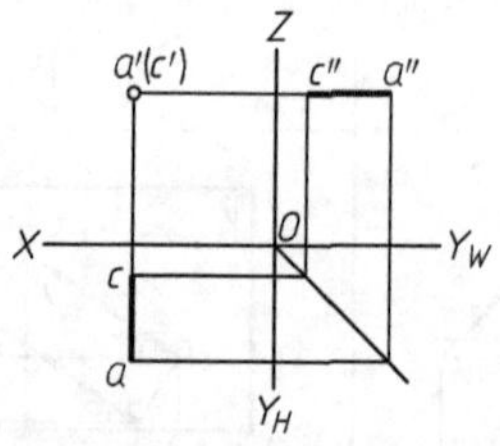	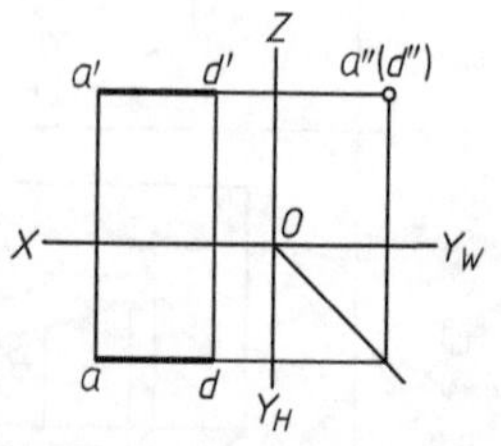
投影特性	1. 水平投影 $a(b)$ 成一点，有积聚性； 2. $a'b' \perp OX$，$a''b'' \perp OY_W$，且 $a'b' = a''b'' = AB$	1. 正面投影 $a'(c')$ 成一点，有积聚性； 2. $ac \perp OX$，$a''c'' \perp OZ$，且 $ac = a''c'' = AC$	1. 侧面投影 $a''(d'')$ 成一点，有积聚性； 2. $ad \perp OY_H$，$a'd' \perp OZ$，且 $ad = a'd' = AD$

2. 一般位置直线

对三个投影面都倾斜的直线，称为一般位置直线。

图 2-22 所示直线为一般位置直线。因为直线段的两端点到各投影面的距离都不相等，所以它的三面投影都与投影轴倾斜，并且均小于线段的实长。另外，直线的各投影与投影轴的夹角也不反映空间直线与各投影面的倾角。

2.3.2 直线上的点

直线上的点的投影具有以下特性：

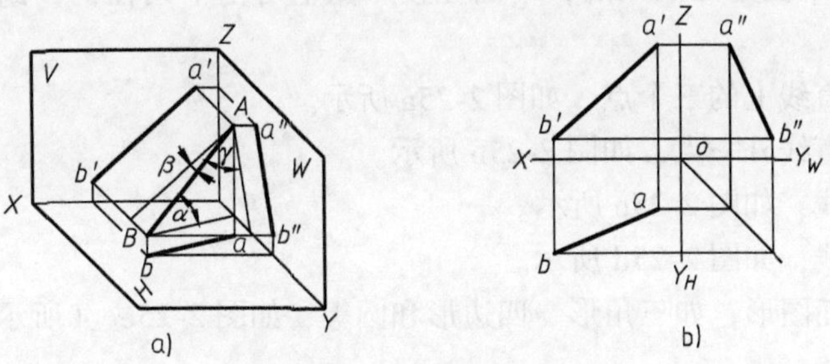

图 2-22　一般位置直线

（1）从属性　点在直线上，则点的投影必在该直线的同面投影上。反之，如果点的各投影均在直线的同面投影上，且符合点的投影规律，则点必在该直线上，如图 2-23 所示。

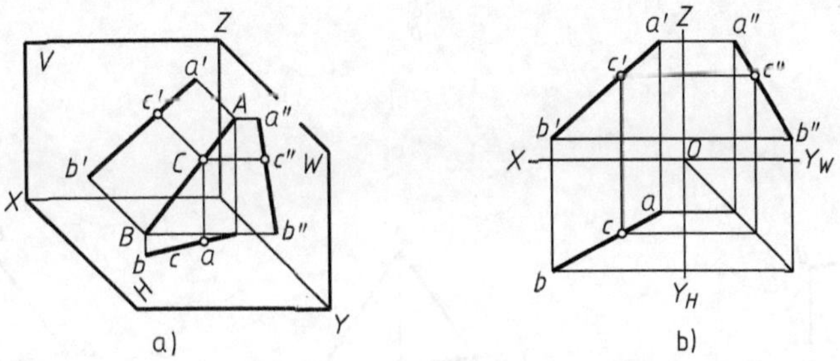

图 2-23　直线上的点

（2）定比性　直线上的点分割直线之比，其投影仍保持不变。如图 2-23 所示，点 C 在直线 AB 上，则 $AC:CB=ac:cb=a'c':c'b'=a''c'':c''b''$。

例 2-3　已知直线 AB 的两面投影如图 2-24a 所示，在直线 AB 上取一点 C，使 $AC:CB=2:3$，求点 C 的两面投影。

解：解题过程如图 2-24b 所示。根据直线上点的投影特性，可任选直线 AB 的一面投影如 ab，过 b 作任意直线，在其上以任意单位量取 5 个单位长，得 1、2、3、4、5 点，连接 $5a$，过 3 作直线 $3c /\!/ 5a$，使之交 ab 于 c，c 即为点 C 的水平投影。最后再由 c 求出 c'。

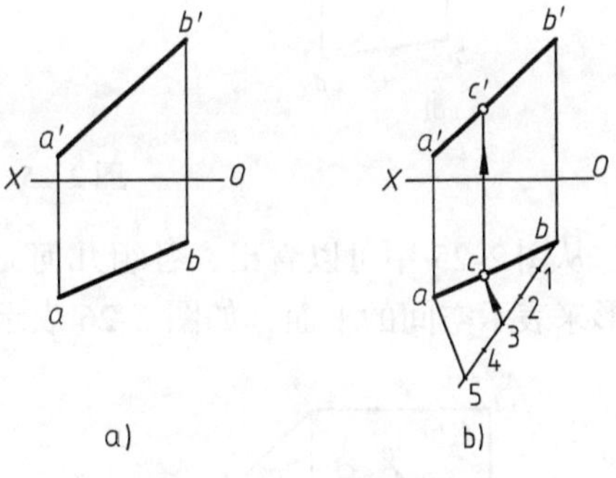

图 2-24　在直线上取点

2.4　平面的投影

2.4.1　平面的投影特性

1. 平面的表示方法

（1）几何元素表示法

投影原理中的平面是无限大的，平面在投影图上可由下列任何一组几何元素的投影来表示：

1）不在一条直线上的三个点，如图 2-25a 所示。

2）一直线和直线外一点，如图 2-25b 所示。

3）相交两直线，如图 2-25c 所示。

4）平行两直线，如图 2-25d 所示。

5）任意的平面图形，如三角形、四边形和圆等，如图 2-25e、f 所示。

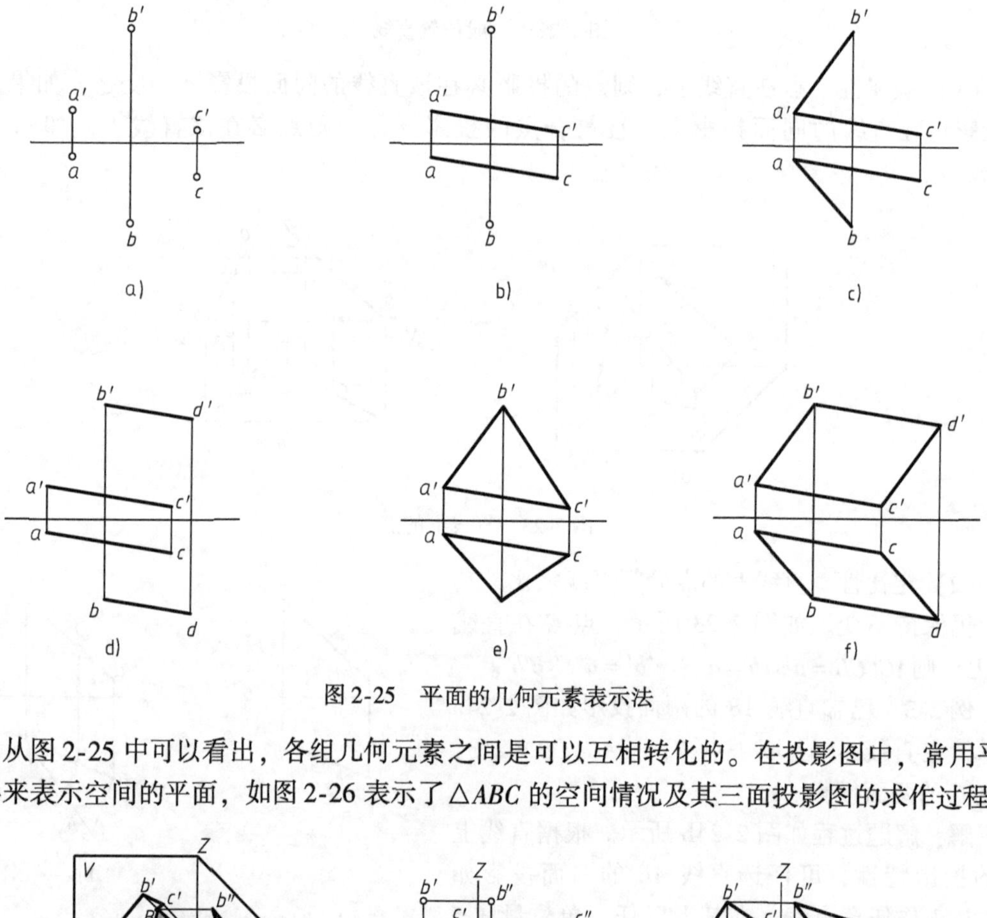

图 2-25　平面的几何元素表示法

从图 2-25 中可以看出，各组几何元素之间是可以互相转化的。在投影图中，常用平面图形来表示空间的平面，如图 2-26 表示了△*ABC* 的空间情况及其三面投影图的求作过程。

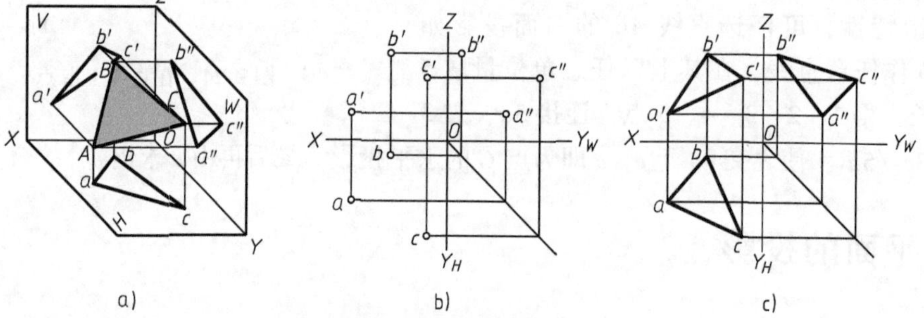

图 2-26　平面投影图的作法

（2）迹线表示法

平面与投影面的交线，称为平面的迹线。图 2-27 中的平面 *P*，它与 *H* 面的交线称为水平迹线，用 P_H 表示；与 V 面的交线称为正面迹线，用 P_V 表示；与 W 面的交线称为侧面迹线，用 P_W 表示。

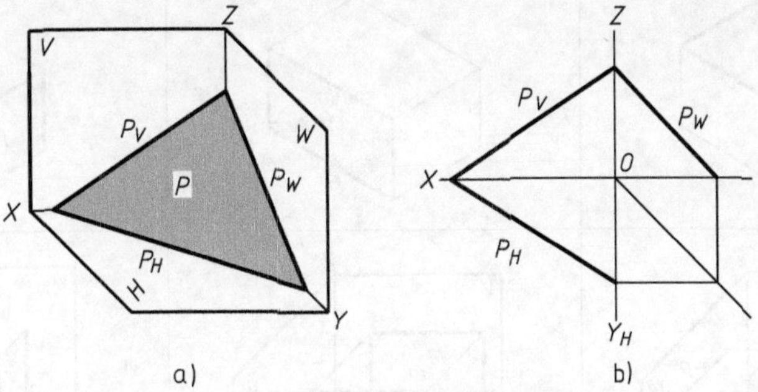

图 2-27 平面的迹线表示法

用迹线表示特殊位置平面在作图中经常用到。如图 2-28 所示，正垂面 P 的正面迹线 P_V 一定与 OX 轴倾斜（$P_H \perp OX$，$P_W \perp OZ$，为了简化，P_H 和 P_W 可省略不画）。

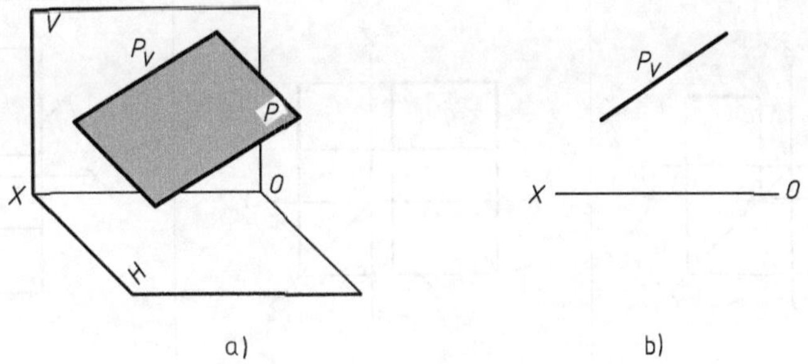

图 2-28 正垂面的迹线表示法

2. 各种位置平面的投影特性

空间平面相对于三个投影面的位置有三种情况：投影面平行面，投影面垂直面，一般位置平面。

投影面平行面——平行于某一投影面的平面；

投影面垂直面——垂直于某一投影面，且倾斜于另两个投影面的平面；

一般位置平面——对三个投影面都倾斜的平面。

前两类又称为特殊位置平面。

（1）特殊位置平面

1）投影面平行面。投影面平行面有三种：

水平面——平行于水平投影面的平面；

正平面——平行于正立投影面的平面；

侧平面——平行于侧立投影面的平面。

投影面平行面的投影特性见表 2-3。

比较表 2-3 中各平面的投影，可以看出它们的共同特征是：

① 平面在所平行的投影面上的投影反映实形；

② 平面的其他两面投影均积聚成一条直线，且平行于相应的投影轴。

表 2-3 投影面平行面的投影特性

名称	水平面(//H 面)	正平面(//V 面)	侧平面(//W 面)
实例	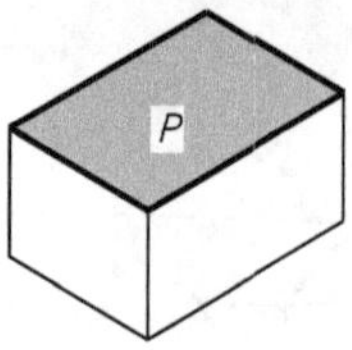	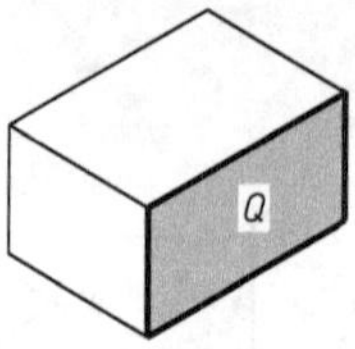	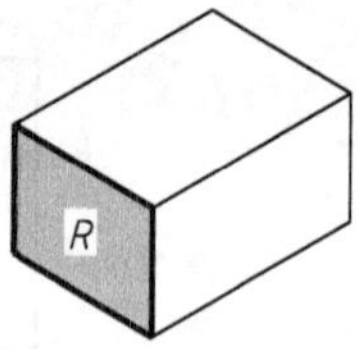
轴测图	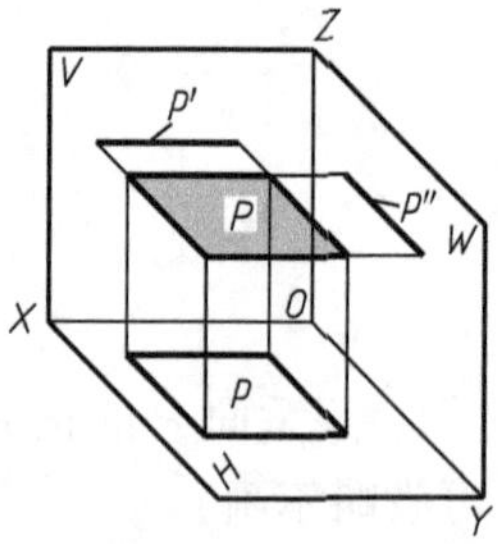	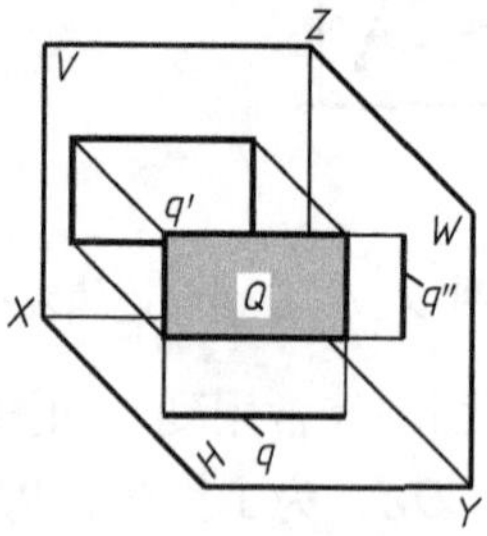	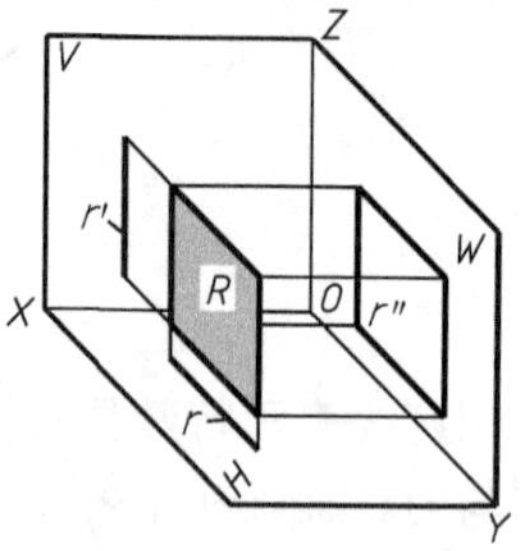
投影图	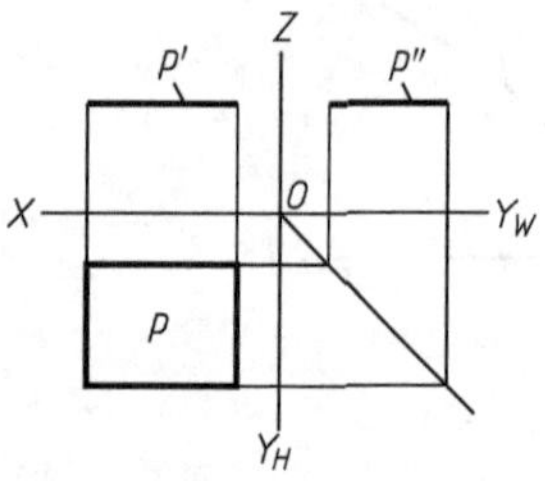	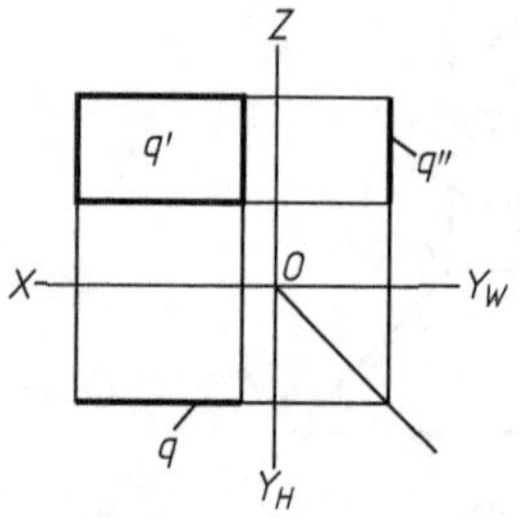	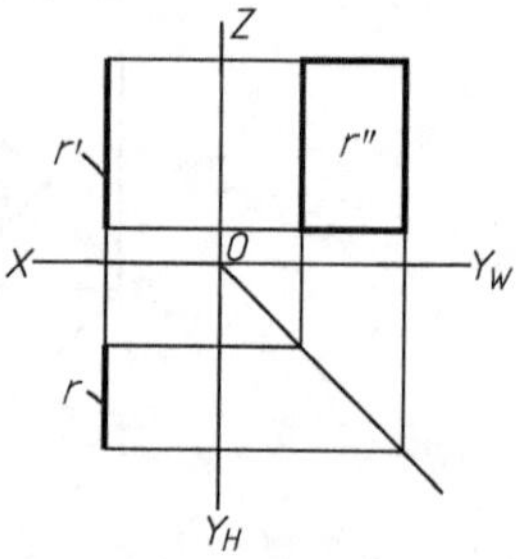
投影特性	1. 水平投影反映实形； 2. 正面投影积聚为一直线，且平行于 X 轴； 3. 侧面投影积聚为一直线，且平行于 Y_W 轴	1. 正面投影反映实形； 2. 水平投影积聚为一直线，且平行于 X 轴； 3. 侧面投影积聚为一直线，且平行于 Z 轴	1. 侧面投影反映实形； 2. 正面投影积聚为一直线，且平行于 Z 轴； 3. 水平投影积聚为一直线，且平行于 Y_H 轴

2）投影面垂直面。投影面的垂直面有三种：

铅垂面——垂直于水平投影面，且倾斜于另两投影面的平面；

正垂面——垂直于正立投影面，且倾斜于另两投影面的平面；

侧垂面——垂直于侧立投影面，且倾斜于另两投影面的平面。

投影面垂直面的投影特性见表 2-4。

表 2-4 投影面垂直面的投影特性

名称	铅垂面(⊥H 面)	正垂面(⊥V 面)	侧垂面(⊥W 面)
实例	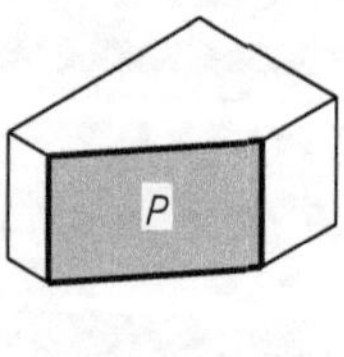	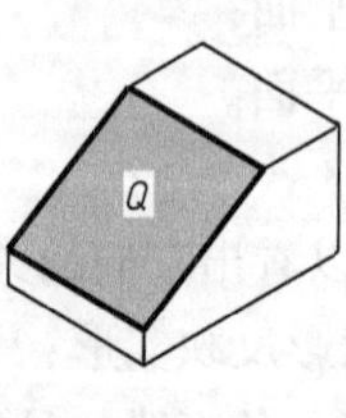	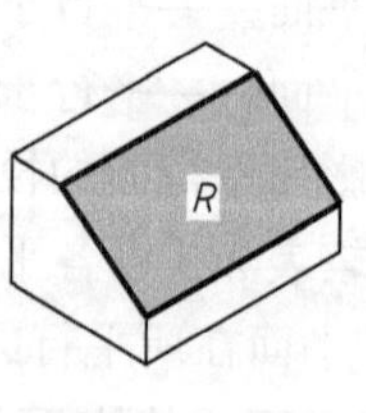

（续）

名称	铅垂面（⊥*H* 面）	正垂面（⊥*V* 面）	侧垂面（⊥*W* 面）
轴测图	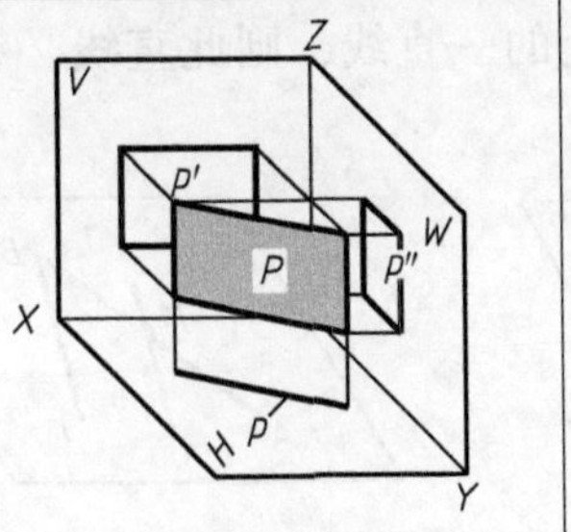	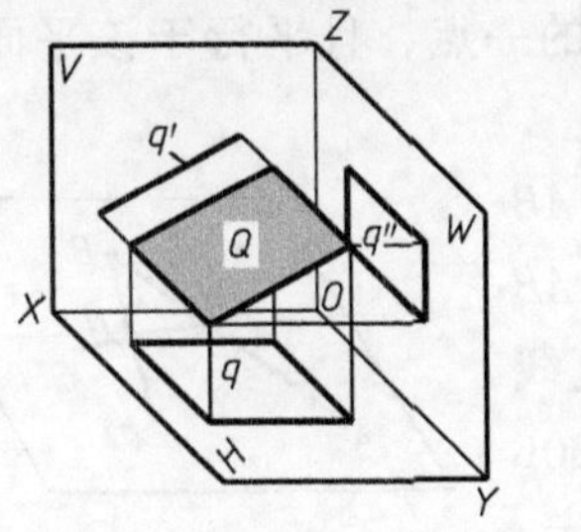	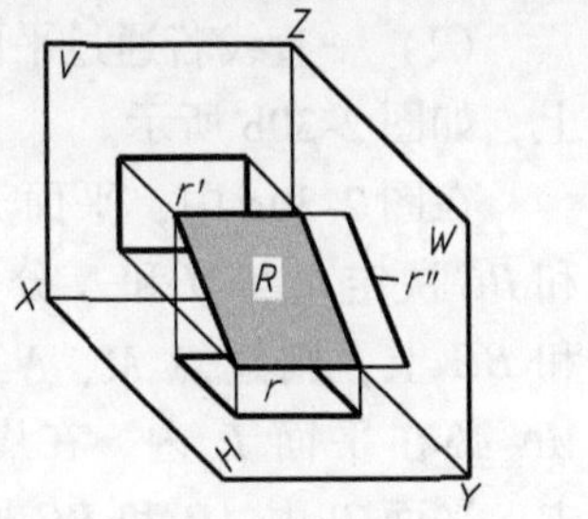
投影图	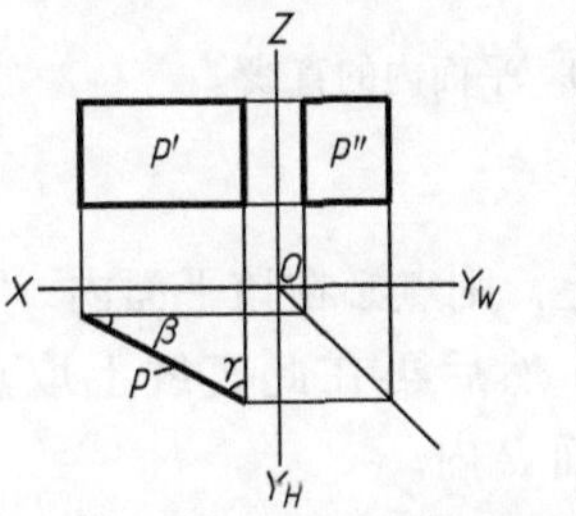	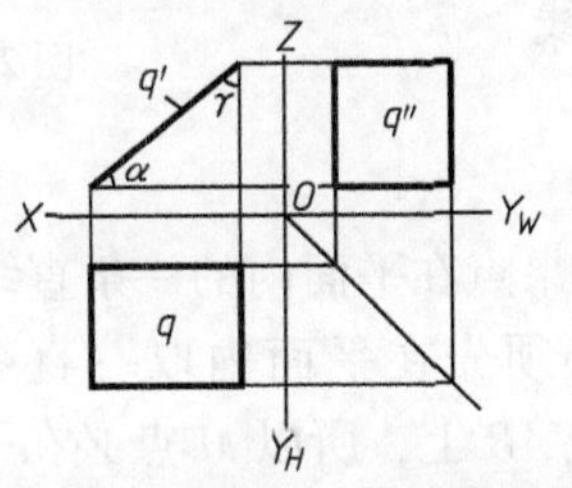	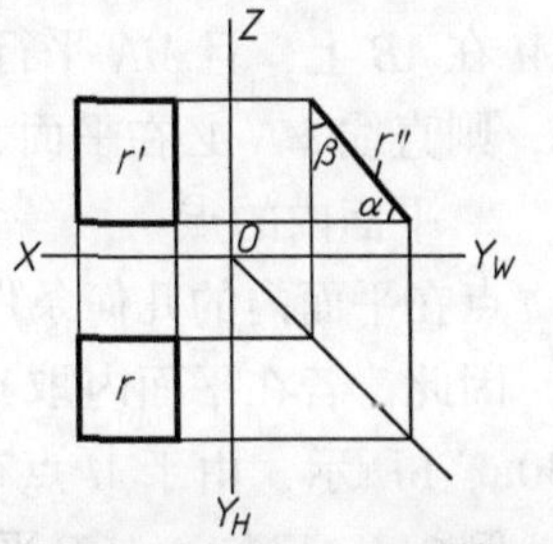
投影特性	1. 水平投影积聚成一条与投影轴倾斜的直线，并反映对 *V*、*W* 面的倾角 β、γ； 2. 正面投影和侧面投影均为原形的类似形	1. 正面投影积聚成一条与投影轴倾斜的直线，并反映对 *H*、*W* 面的倾角 α、γ； 2. 水平投影和侧面投影均为原形的类似形	1. 侧面投影积聚成一条与投影轴倾斜的直线，并反映对 *H*、*V* 面的倾角 α、β； 2. 正面投影和水平投影均为原形的类似形

比较表 2-4 中各平面的投影，可以看出它们的共同特征是：

① 平面在所垂直的投影面上的投影积聚成一条与投影轴倾斜的直线，并且反映与另外两个投影面的倾角；

② 平面的其他两面投影均为比原形小的类似形。

（2）一般位置平面

由于一般位置平面对三个投影面都倾斜，所以它的三面投影都不可能积聚成直线，也不可能反映实形，而是小于原平面图形的类似形，如图 2-29 所示。

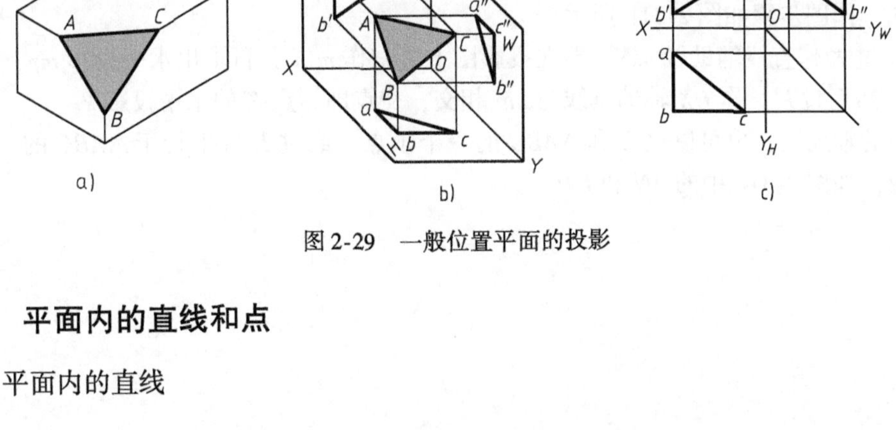

a)　　b)　　c)

图 2-29　一般位置平面的投影

2.4.2　平面内的直线和点

1. 平面内的直线

直线在平面内的几何条件：

（1）一直线若通过平面上的两点，则此直线必在该平面上，如图 2-30a 所示。

（2）一直线若通过平面上的一点，且平行于该平面上的一直线，则此直线必在该平面上，如图 2-30b 所示。

在图 2-30a 中，平面 P 由 AB 和 BC 决定，点 M 和 N 分别在 AB 和 BC 上，则过点 M、N 的直线 MN 必在平面 P 内。在图 2-30b 中，平面 P 由 AB 和 BC 所决定，点 M 在 AB 上，且 MN 平行于直线 BC，则直线 MN 必在平面 P 内。

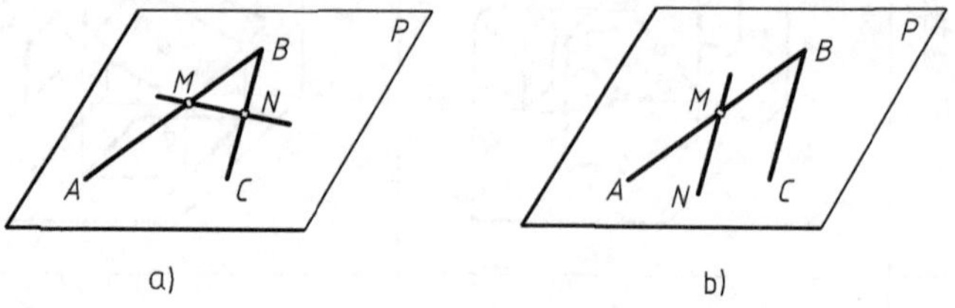

图 2-30 平面内的直线

2. 平面内的点

点在平面内的几何条件：如果点在平面内的一条直线上，则点必在该平面内。

因此，若在平面内取点，必须先在平面内取一直线，然后再在此直线上取点。如图 2-30a、b所示，由于 M 点在直线 AB 上，所以 M 点必在平面 P 内。

例 2-4 已知△ABC 平面内点 K 的正面投影 k'，如图 2-31a 所示，试求它的水平投影 k。

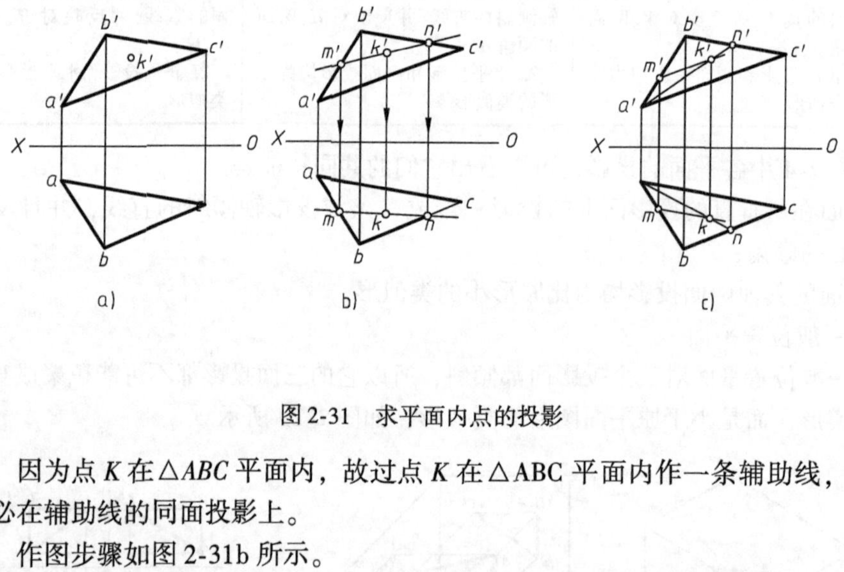

图 2-31 求平面内点的投影

分析：因为点 K 在△ABC 平面内，故过点 K 在△ABC 平面内作一条辅助线，则点 K 的两个投影必在辅助线的同面投影上。

作图：作图步骤如图 2-31b 所示。

（1）过 K 作直线辅助线 MN，即在投影图上过 k' 作 $m'n'$，再求出水平投影 mn；

（2）然后过 k'，作 OX 轴的垂线与 mn 相交，交点即为点 K 的水平投影 k。

常用的辅助线，也可以过 K 和△ABC 的一个顶点，或过 K 且平行于△ABC 的一边作图更为方便，如图 2-31c 中的 AN 和 KM。

第3章　基本体及其表面交线

基本要求：了解基本几何体的种类，掌握各类基本几何体及其截交线、相贯线的投影图画法。

任何物体都可以看成由若干基本体组合而成。基本体有平面体和曲面体两类。平面体的每个表面都是平面，如棱柱、棱锥；曲面体至少有一个表面是曲面，常见的曲面体为回转体，如圆柱、圆锥、球、圆环等。

3.1　平面体

3.1.1　棱柱及其表面上点的投影

棱柱的侧棱线互相平行。常见的棱柱有三棱柱、四棱柱、五棱柱和六棱柱等。下面以图3-1a所示的正三棱柱为例，分析其投影特征和作图方法。

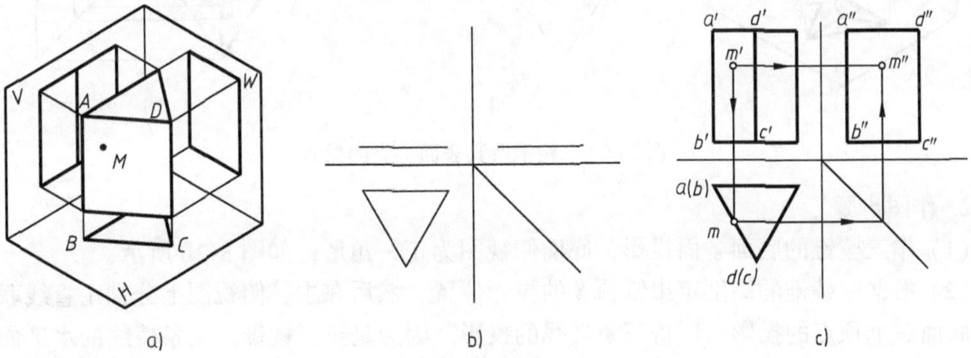

图3-1　正三棱柱及其表面上点的投影

1. 投影分析

图3-1a所示的正三棱柱的两端面（顶面和底面）平行于水平面，后侧棱面平行于 V 面，另外两个侧棱面垂直于水平面。在这种情况下，三棱柱的投影特征是：顶面和底面的水平投影重合，并反映实形——正三角形，正面和侧面投影积聚为直线。三个侧棱面的水平投影积聚为三角形的三条边，前两侧棱面的其他两面投影为类似形；后侧棱面的正面投影为实形，侧面投影积聚为直线。

2. 作图步骤

（1）作三棱柱的底面各面投影，俯视图为正三角形，如图3-1b所示；

（2）按长对正的投影关系，并量取三棱柱的高度画出主视图，再按高平齐、宽相等的投影关系画出左视图，如图3-1c所示。

3. 棱柱表面上点的投影

如图 3-1c 所示，已知三棱柱棱面 *ABCD* 上点 *M* 的正面投影 *m'*，求作 *m* 和 *m''*。

分析：由于点 *M* 所在棱面 *ABCD* 是铅垂面，其水平投影积聚成直线 *abcd*，因此点 *M* 的水平投影必在该积聚性直线上，即可由 *m'* 直接求出 *m*，再由 *m'* 和 *m* 求出 *m''*。因为棱面 *AB-CD* 的侧面投影可见，所以 *m''* 可见。

3.1.2 棱锥及其表面上点的投影

棱锥的棱线交于一点。常见的棱锥有三棱锥、四棱锥、五棱锥等。下面以图 3-2 所示的正三棱锥为例，分析其投影特性和作图方法。

1. 投影分析

图 3-2a 所示的正三棱锥的底面平行于水平面，其水平投影反映实形，侧面投影积聚成直线。后棱面为侧垂面，在侧面投影积聚为直线，而正面投影和水平投影为缩小的类似三角形，两前棱面均倾斜于三个投影面，在三个投影中都是缩小的类似三角形。

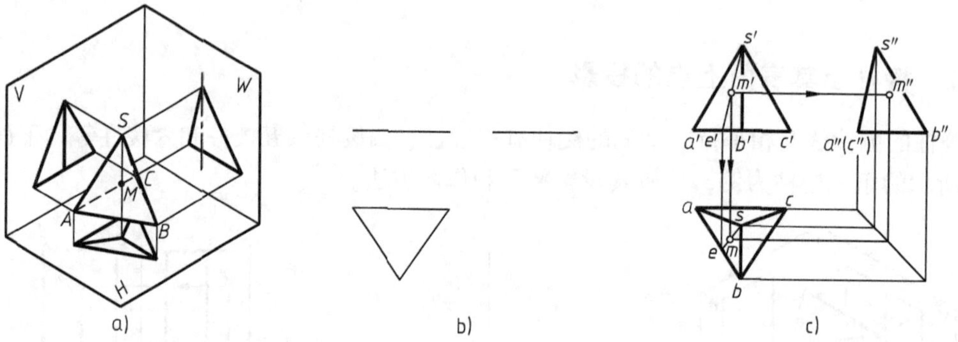

图 3-2　三棱锥及其表面上点的投影

2. 作图步骤

(1) 作三棱锥的底面各面投影，底面俯视图为正三角形，如图 3-2b 所示；

(2) 根据三棱锥的高度定出锥顶 *S* 的投影位置，然后在主、俯视图上分别用直线联接锥顶与底面三个顶点的投影，即得三条棱线的投影。因为是正三棱锥，三条棱线的水平面投影为正三角形中心与三个顶点的连线。再由主、俯视图求出左视图，如图 3-2c 所示。

3. 棱锥表面上点的投影

如图 3-2c 所示，已知三棱锥侧棱面 *SAB* 上点 *M* 的正面投影 *m'*，求作 *m* 和 *m''*。

分析：利用辅助线法由 *s'* 过 *m'* 作辅助线 *s'e'*，再由 *s'e''* 求出 *H* 面投影 *se*，并在 *se* 上定出 *m*。

3.2 回转体

3.2.1 圆柱及其表面上点的投影

圆柱由圆柱面与上、下两底面围成。圆柱面可看作由一条直母线绕着平行于它的轴线回转而成。圆柱面上任意一条平行于轴线的直母线，称为圆柱面的素线，如图 3-3a 所示。

1. 投影分析

如图 3-3b 所示，当圆柱轴线垂直于水平面时，圆柱上、下底面的水平投影反映实形，正面和侧面投影积聚成直线。圆柱面的水平投影积聚为圆，与两底面的水平投影轮廓线重合。在正面投影中，前、后两半圆柱面的投影重合为一矩形，矩形的两条竖线分别是圆柱面最左、最右素线的投影，也是圆柱面前、后分界的转向轮廓线；正面投影中的轴线是圆柱面最前、最后素线的投影所在位置。在侧面投影中，左、右两半圆柱面的投影重合为一矩形，矩形的两条竖线分别是圆柱面最前、最后素线的投影，也是圆柱面左、右分界的转向轮廓线；侧面投影中的轴线是圆柱最左、最右素线的投影所在位置。

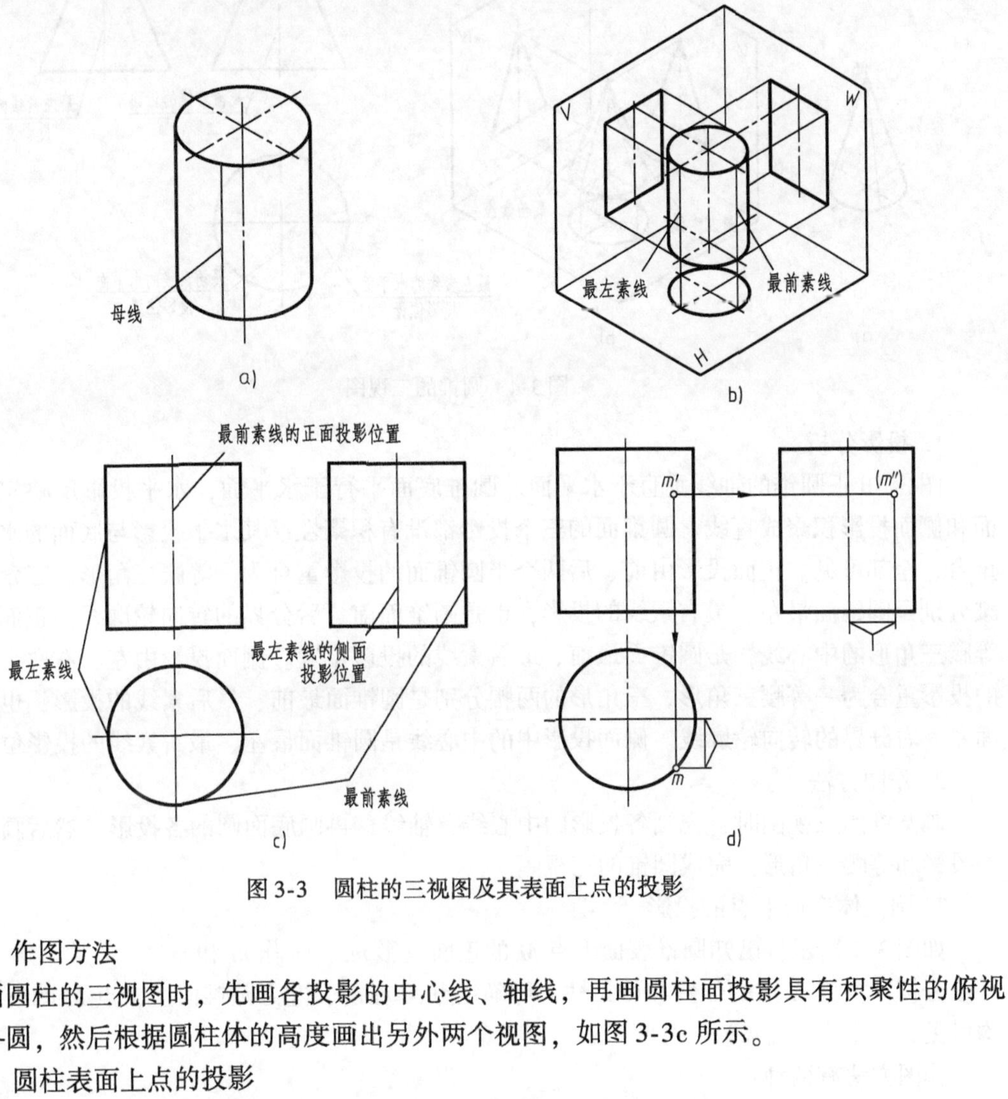

图 3-3　圆柱的三视图及其表面上点的投影

2. 作图方法

画圆柱的三视图时，先画各投影的中心线、轴线，再画圆柱面投影具有积聚性的俯视图——圆，然后根据圆柱体的高度画出另外两个视图，如图 3-3c 所示。

3. 圆柱表面上点的投影

如图 3-3d 所示，已知圆柱面上点 M 的正面投影 m'，求作 m 和 m''。

分析：首先根据圆柱面水平投影的积聚性，m 在水平投影圆上，由于 m' 是可见的，则点 M 在前半圆柱面上，m 必在水平投影圆的前半圆周上，且为可见。再按投影关系求出 m''。由于 M 点在右半圆柱面上，所以 m''不可见。

若已知圆柱面上点 M 的正面投影为（m'），用同样的方法可以求出 m 和 m''，并判断其可见性。

3.2.2 圆锥及其表面上点的投影

圆锥由圆锥面和底面围成。圆锥面可看作由一条直母线绕着与它斜交的轴线回转而成。圆锥面上任意一条与轴线斜交的直母线为圆锥面的素线，如图3-4a所示。

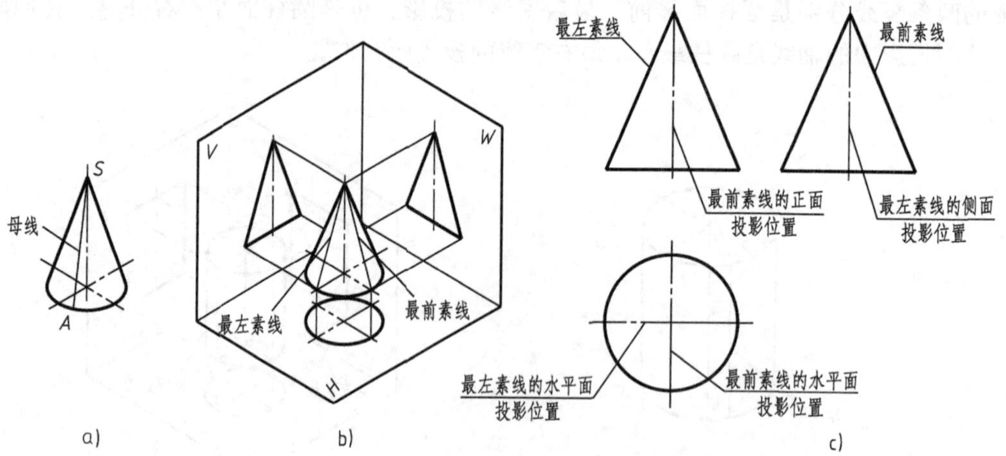

图3-4 圆锥的三视图

1. 投影分析

图3-4b正圆锥的轴线垂直于水平面。圆锥底面平行于水平面，水平投影反映实形，正面和侧面投影积聚成直线。圆锥面的三个投影都没有积聚性，其水平投影与底面的水平投影重合，全部可见。正面投影由前、后两个半圆锥面的投影重合为一等腰三角形，三角形的两腰分别是圆锥面最左、最右素线的投影，也是圆锥面前、后分界的转向轮廓线。正面投影中等腰三角形的中心线，是圆锥面最前、最后素线的投影位置。侧面投影由左、右两半圆锥面的投影重合为一等腰三角形，三角形的两腰分别是圆锥面最前、最后素线的投影，也是圆锥面左、右分界的转向轮廓线。侧面投影中的中心线是圆锥面最左、最右素线的投影位置。

2. 作图方法

画圆锥的三视图时，先画各投影的中心线、轴线，再画底面圆的各投影，然后画出锥顶的投影和等腰三角形，完成圆锥的三视图。

3. 圆锥体表面上点的投影

如图3-5所示，已知圆锥表面上点M的正面投影m'，求作m和m''。

分析：根据M点的位置和可见性，可确定点M在前、左方圆锥面上，点M的三面投影均可见。

作图方法有两种：

(1) 辅助素线法　如图3-5a所示，过锥顶S和点M作辅助素线SA，即在图3-5b中联接$s'm'$，并延长与底面的正面投影相交于a'，求出sa和$s''a''$，再由点在直线上的投影关系求出m和m''。

(2) 辅助纬圆法　如图3-5a所示，过点M在圆锥面上作垂直于圆锥轴线的水平辅助圆——纬圆，点M的各投影必在该圆的同面投影上。如图3-5c所示，过m'作圆锥轴线的垂直线，交圆锥左、右轮廓线于a'、b'，$a'b'$即辅助纬圆的正面投影，以s为圆心，$a'b'$为直

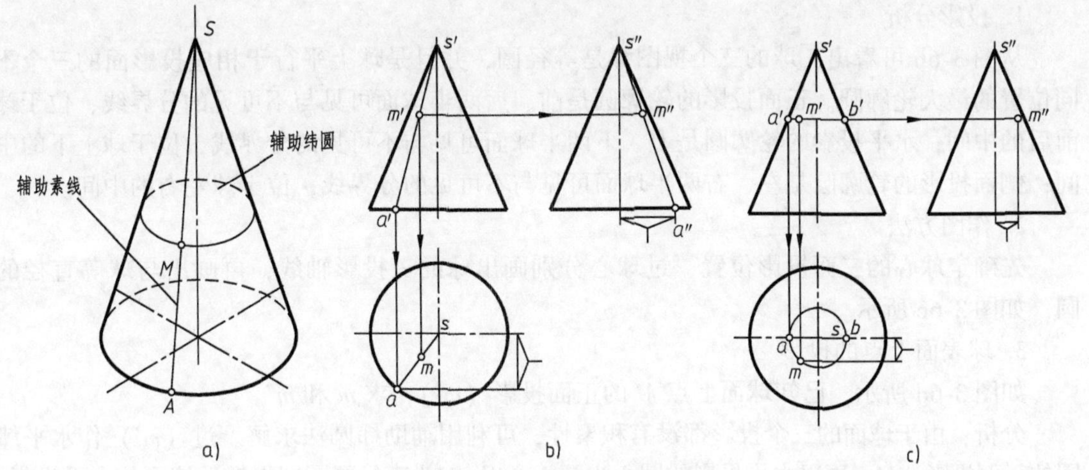

图 3-5　圆锥表面上点的投影

径，作辅助纬圆的水平投影。由 m' 求得 m，再由 m'、m 求得 m''。

3.2.3　球及其表面上点的投影

球的表面可看作由一条圆母线绕其直径回转而成，如图 3-6a 所示。

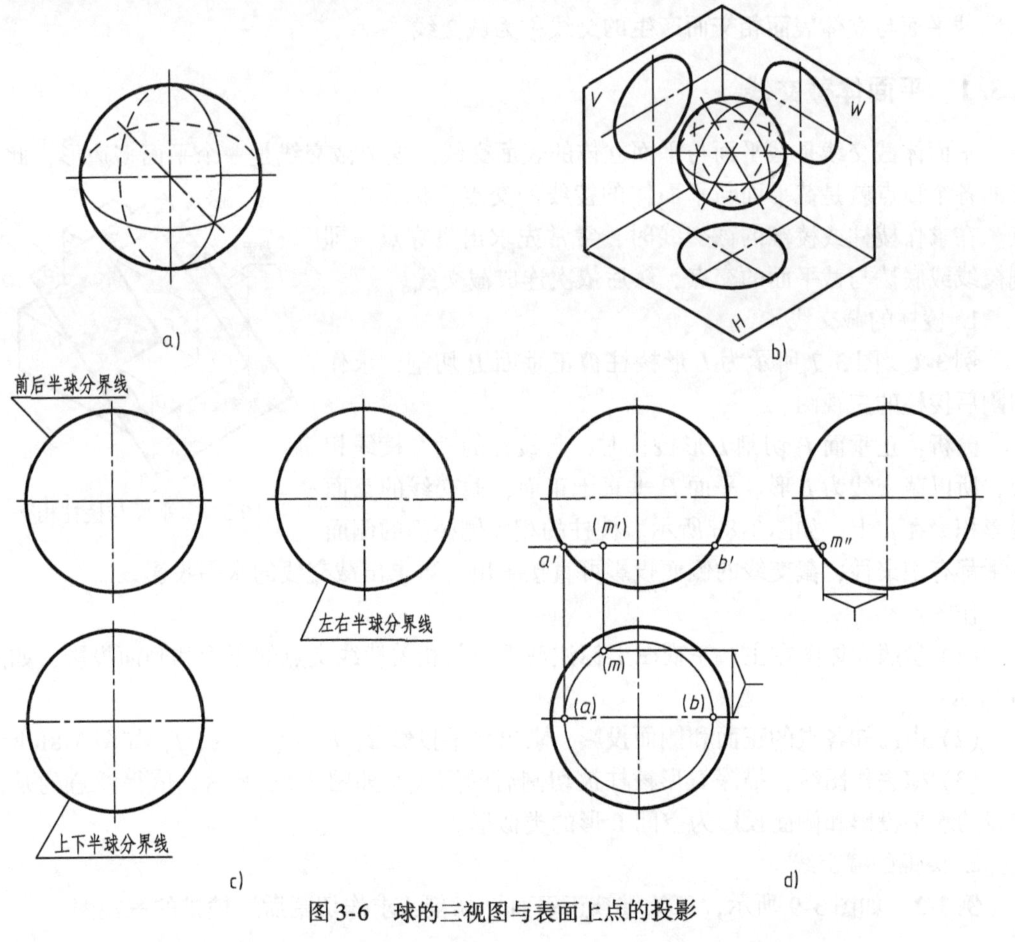

图 3-6　球的三视图与表面上点的投影

1. 投影分析

从图 3-6b 可看出，球的三个视图都是等径圆，并且是球上平行于相应投影面的三个不同位置的最大轮廓圆。正面投影的轮廓圆是前、后两半球面可见与不可见的分界线，位于球前后的中间；水平投影的轮廓圆是上、下两半球面可见与不可见的分界线，位于球上下的中间；侧面投影的轮廓圆是左、右两半球面可见与不可见的分界线，位于球左右的中间。

2. 作图方法

先确定球心的三面投影位置，过球心分别画出球的三投影轴线，再画出与球等直径的圆，如图 3-6c 所示。

3. 球表面上点的投影

如图 3-6d 所示，已知球面上点 M 的正面投影（m'），求 m 和 m''。

分析：由于球面的三个投影都没有积聚性，可利用辅助纬圆法求解。过（m'）作水平纬圆的正面投影 $a'b'$，再以水平投影的圆心为圆心，以$a'b'$为直径画圆即得辅助纬圆的水平投影。在纬圆的水平投影上求得 m，由于（m'）不可见，所以 M 在后半球面上，且（m'）在下半个球面上，所以 m 不可见。再由（m'）、（m）求得 m''。由于点 M 在左半球面上，故 m''可见。

3.3 截交线

截平面与立体表面相交而产生的交线称为截交线。

3.3.1 平面体截交线

平面体截交线是截平面与平面立体的表面交线。这个截交线是一个平面多边形，此多边形的各个顶点就是截平面与平面体的棱线的交点，称为贯穿点。在求作棱柱或棱锥的截交线时，常常先求出贯穿点，即侧棱线或底棱与截平面的交点，然后依次连成截交线。

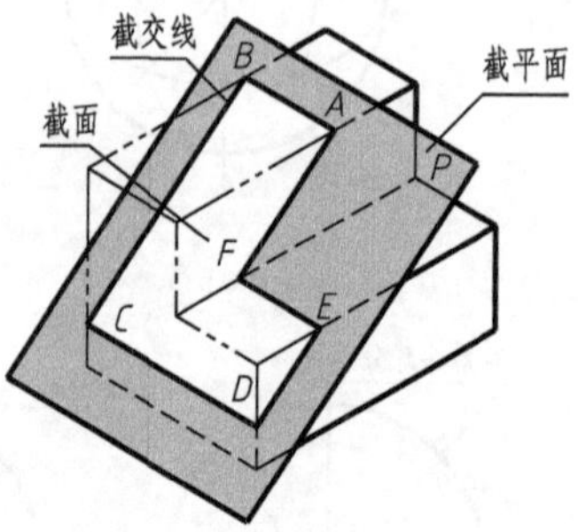

图 3-7 平面与棱柱相交

1. 棱柱的截交线

例 3-1 图 3-7 所示为 L 形棱柱被正垂面 P 切割，求作切割后棱柱的三视图。

分析：正垂面 P 切割 L 形棱柱时，与棱柱的六个棱线相交，所以截交线为 L 形。平面 P 垂直于正面，截交线的正面投影积聚在 p'上，如图 3-8a 所示。棱柱的相关侧棱面的侧面投影都有积聚性，截交线的侧面投影可直接求出，再求出截交线的水平投影。

作图：

（1）参照立体图在主、左视图上标注截平面与相关棱线交点的正面和侧面投影，如图 3-8a 所示；

（2）由已知各点的正面和侧面投影，求出水平投影 a、b、c、d、e、f，如图 3-8b 所示；

（3）擦去作图线，描深 L 形棱柱被切割后的图线，如图 3-8c 所示。值得注意的是，截交线的水平投影和侧面投影为空间 L 形的类似形。

2. 棱锥的截交线

例 3-2 如图 3-9 所示，三棱锥被正垂面 P 切割，求作切割后三棱锥的三视图。

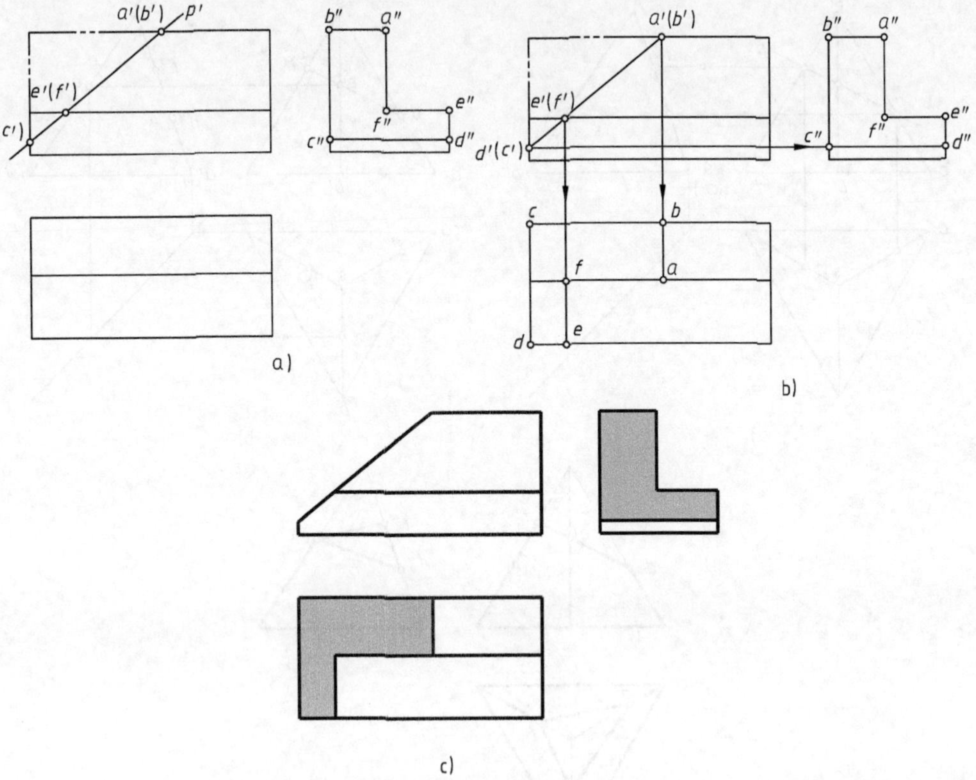

图3-8　正垂面切割六棱柱的截交线的作图步骤

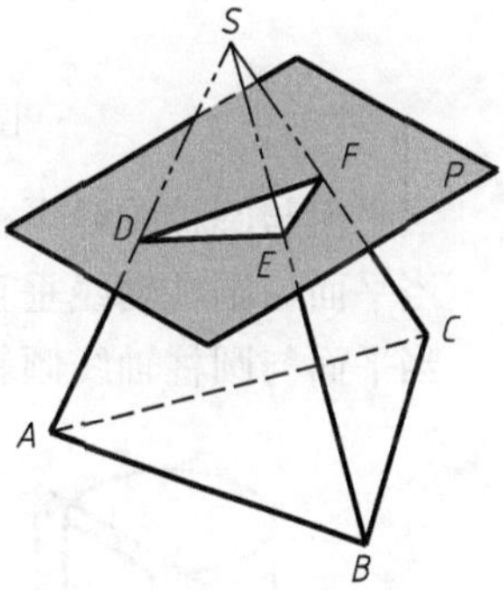

图3-9　平面与棱锥相交

分析：三棱锥被正垂面 P 切割，平面 P 与三棱锥的三条侧棱线都相交，所以截交线构成一个三角形，三角形的顶点 D、E、F 是各棱线与平面 P 的交点。

如图3-10a所示，截交线的正面投影积聚在 p' 上，d'、e'、f' 分别是各棱线的正面投影与 p' 的交点。利用直线上点的投影特性，可由截交线的正面投影求出水平投影和侧面投影。

作图：

（1）根据三棱锥的三视图以及 p' 的位置，可确定交点 d'、e' 和 f'，分别在 sa、sc 和 $s''a''$、$s''c''$ 上直接求出 d、f 和 d''、f''，如图3-10a所示；

（2）由于 SB 是侧平线，根据 e' 在 $s''b''$ 上求出 e''，再由45°线或利用宽相等的投影关系在 sb 上求出 e，如图3-10b所示；

（3）连接各点的同面投影即为所求截交线的三面投影，擦去作图线，将切割后三棱锥的图线描深，如图3-10c所示。

3.3.2　回转体截交线

1. 圆柱体截交线

平面与圆柱轴线不同的相对位置可形成三种不同形状的截交线，如图3-11所示。

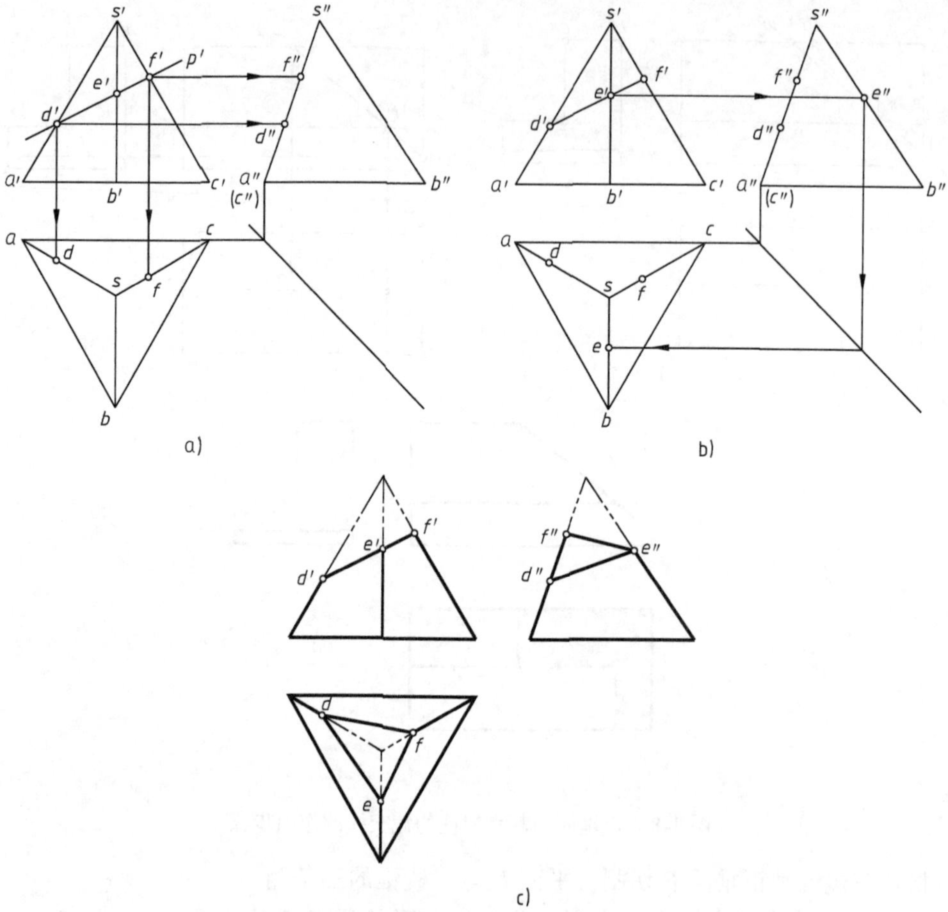

图 3-10　正垂面切割三棱锥的截交线的作图步骤

当平面与圆柱轴线平行时，截交线为矩形，如图 3-11a 所示；
当平面与圆柱轴线垂直时，截交线为圆，如图 3-11b 所示；
当平面与圆柱轴线倾斜时，截交线为椭圆，如图 3-11c 所示。

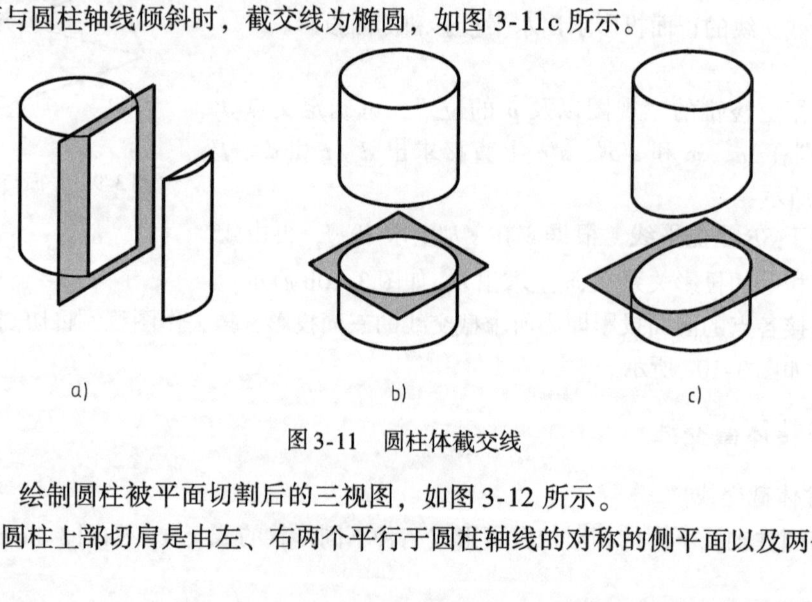

图 3-11　圆柱体截交线

例 3-3　绘制圆柱被平面切割后的三视图，如图 3-12 所示。

分析：圆柱上部切肩是由左、右两个平行于圆柱轴线的对称的侧平面以及两个垂直于圆

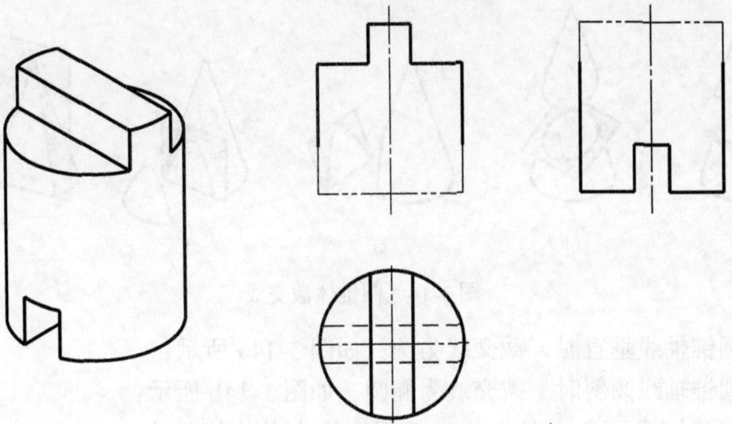

a)　　　　b)

图 3-12　平面切割圆柱

柱轴线的水平面切割而成的。圆柱下部开槽是由前、后两个平行于圆柱轴线的对称的正平面以及一个垂直于圆柱轴线的水平面切割而成的。侧平面、正平面与圆柱表面的交线都是直线，水平面与圆柱表面的交线都是圆弧。因此，圆柱上部切肩和下部开槽部分的截交线都可利用积聚投影求作。

作图：

（1）画上部切肩，根据切肩正面投影中的高和水平投影中的宽画出切肩的侧面投影，如图 3-13a 所示；

（2）画下部开槽，根据侧面投影中槽口的宽画出水平投影中的两条虚线，再按投影关系画出槽口的正面投影，如图 3-13b 所示；

（3）描深圆柱被切割后的三视图，值得注意的是，圆柱下部最左、最右素线由于开槽被切去一段，所以主视图的外形轮廓线在开槽部位向内“收缩”，其收缩的程度与槽宽有关，如图 3-13c 所示。

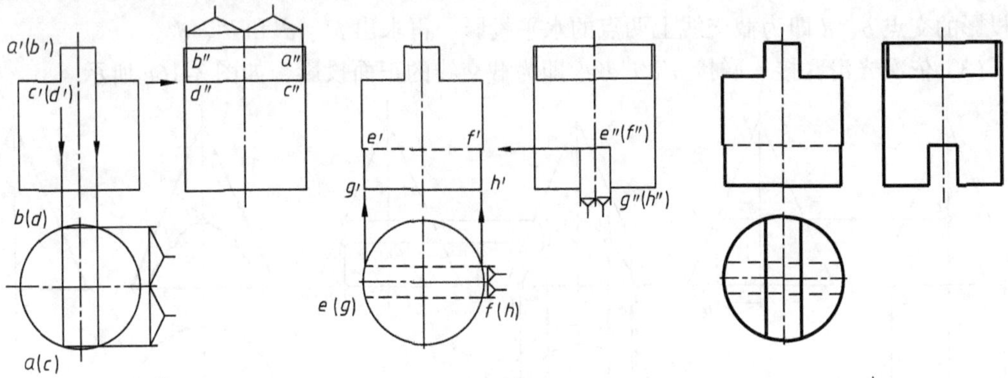

a)　　　　b)　　　　c)

图 3-13　圆柱被平面切割作图步骤

2. 圆锥体截交线

平面与圆锥相交时，根据平面与圆锥轴线不同的相对位置可形成五种不同形状的截交线，如图 3-14 所示。

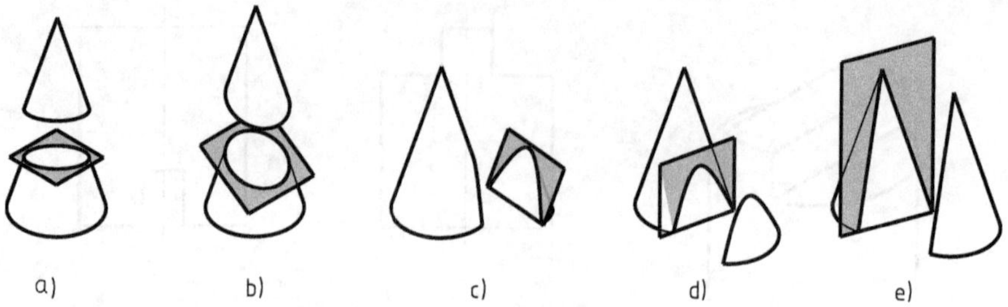

图 3-14　圆锥体截交线

当平面与圆锥轴线垂直时，截交线为圆，如图 3-14a 所示；

当平面与圆锥轴线倾斜时，截交线为椭圆，如图 3-14b 所示；

当平面平行于圆锥面上一条素线时，截交线为抛物线加直线，如图 3-14c 所示；

当平面平行于圆锥轴线时，截交线为双曲线加直线，如图 3-14d所示；

当平面过锥顶时，截交线为三角形，如图 3-14e 所示。

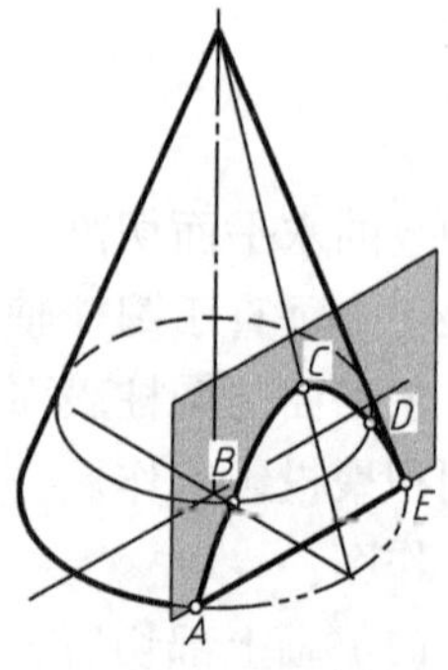

图 3-15　正平面切割圆锥体的截交线

例 3-4　画出正平面切割圆锥后的三视图，如图 3-15 所示。

分析：正平面 P 与圆锥轴线平行，截交线为双曲线加直线，其正面投影反映实形，水平投影和侧面投影积聚成直线。可用辅助纬圆法或辅助素线法求作截交线的正面投影。

作图：

（1）求特殊点　截交线的特殊点即截交线上位于特殊素线或极限位置的点。如图 3-16a 所示，最高点 C 是圆锥最前素线与 P 面的交点，利用切平面积聚性直接求出侧面投影 c'' 和水平投影 c，由 c'' 和 c 求出正面投影 c'；最低点 A、E 正是圆锥底面圆与 P 面的交点，先直接求出 a、e 和 a''、e''，再求出 a' 和 e'。

（2）求中间点　如图 3-16b 所示，在适当位置作水平纬圆，该圆的水平投影与 P 面的水平投影的交点 b、d 即为截交线上两点的水平投影，再求出 b'、d' 和 b''、d''。

（3）依次光滑联接　联接 $a'b'c'd'e'$ 即为截交线的正面投影，如图 3-16c 所示。

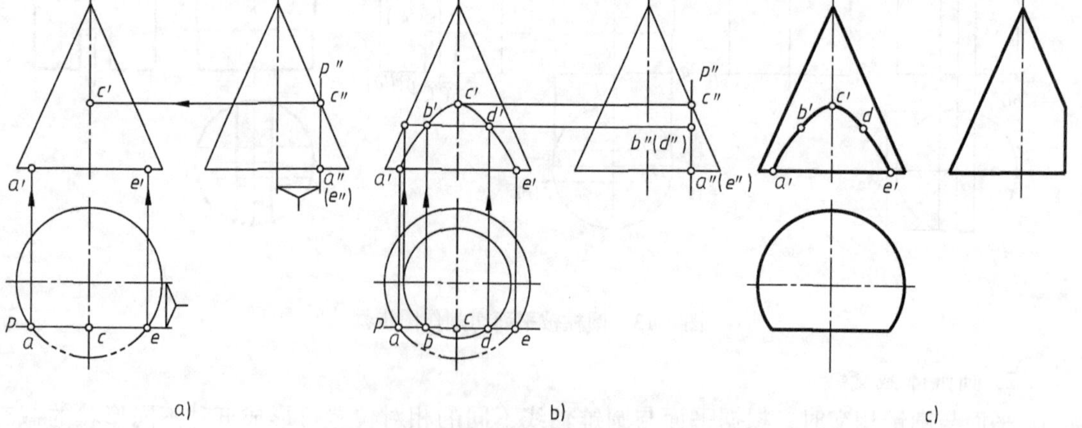

图 3-16　正平面切割圆锥作图步骤

3. 球体截交线

平面切割球时，其截交线均为圆，圆的大小取决于平面与球心的距离。当平面平行于投影面时，在该投影面上截交线圆的投影反映实形，另外两个投影面上的投影积聚成直线。图 3-17 所示为球被水平面和侧平面切割后的三面投影图。

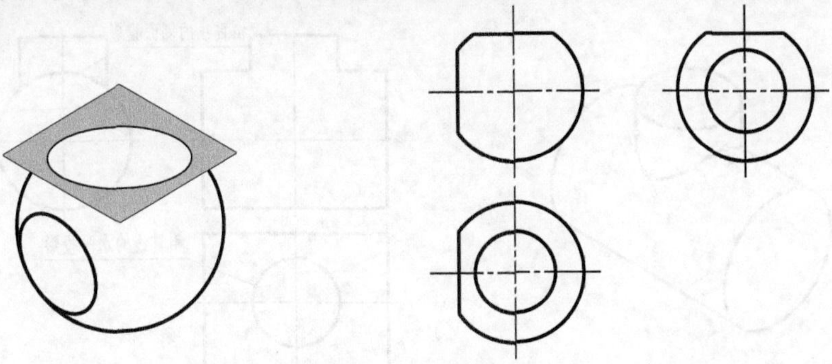

a)　　b)

图 3-17　平面与球相交

例 3-5　已知半球开槽的主视图，求作俯视图和左视图，如图 3-18a 所示。

分析：半球的方槽由一个水平面和两个侧平面切割球面而成。两个侧平面与球面的交线各为一段平行于侧面的圆弧（半径 R_1），而水平面与球面的交线为两段水平的圆弧（半径 R_2）。

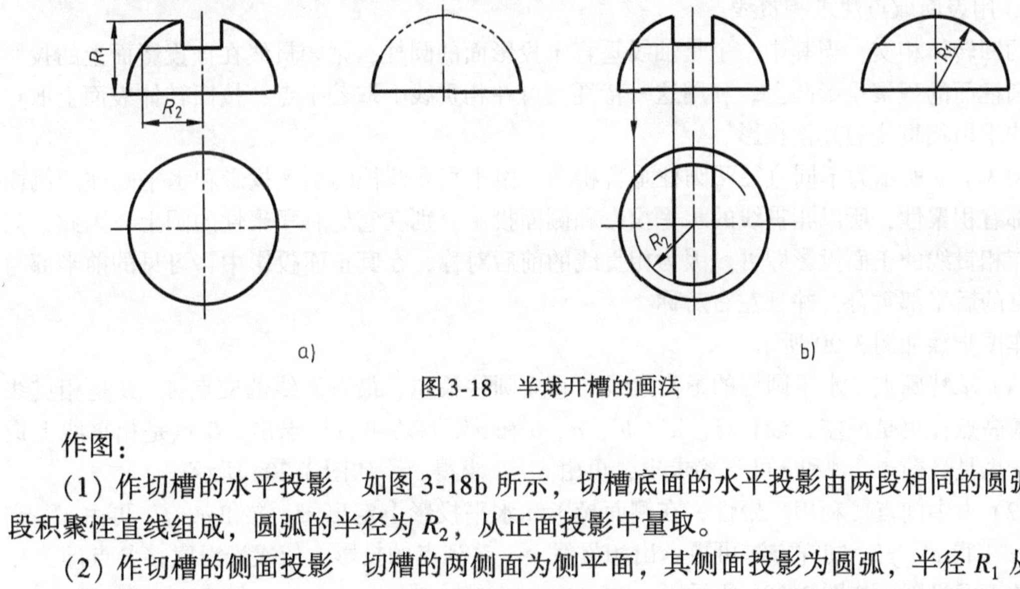

a)　　b)

图 3-18　半球开槽的画法

作图：

（1）作切槽的水平投影　如图 3-18b 所示，切槽底面的水平投影由两段相同的圆弧和两段积聚性直线组成，圆弧的半径为 R_2，从正面投影中量取。

（2）作切槽的侧面投影　切槽的两侧面为侧平面，其侧面投影为圆弧，半径 R_1 从正面投影中量取。切槽的底面为水平面，侧面投影积聚为一直线，中间部分不可见，画成虚线。

总上可知，平面与回转体相交的截交线，一般为平面曲线，特殊情况为直线或圆。求回转体截交线的方法是，先判断截交线的形状，若为直线或圆直接作图；若为其他曲线，先求特殊点，再求中间点，最后依次光滑联接即可。

3.4　相贯线

两回转体相交，表面形成的交线称为相贯线。相贯线一般为空间曲线，特殊情况下也可以是平面曲线或直线。

从图3-19a可看出，两回转体的相贯线，实际上是两回转体表面上一系列共有点的连线，根据这一性质，可采用立体表面上求点的方法，也可以采用辅助平面法求出共有点的投影，然后依次光滑连成曲线。

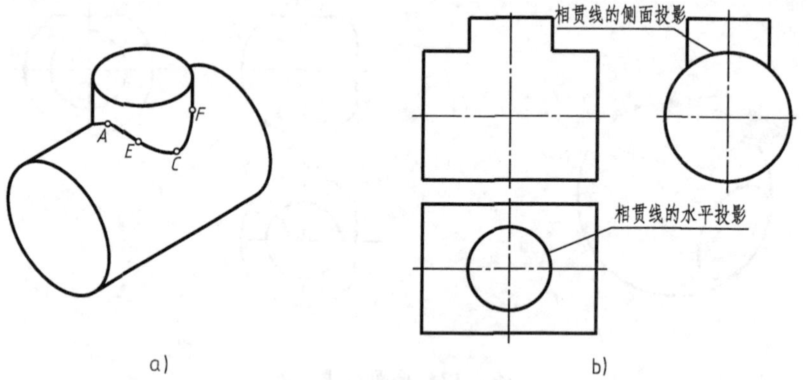

图3-19　两圆柱正交

3.4.1　圆柱与圆柱相贯

1. 用表面取点法求相贯线

两回转体相交，当其中一个是轴线垂直于投影面的圆柱，则相贯线在该投影面上的投影必在圆柱面的积聚投影圆上。利用这一特性，可在相贯线上取若干点，按回转体表面上取点的方法求出相贯线的其他投影。

图3-19b所示为不同直径两圆柱垂直相交，由于直立圆柱的水平投影和水平圆柱的侧面投影都有积聚性，所以相贯线的水平投影和侧面投影分别在它们有积聚性的圆上。因此，只要求作相贯线的正面投影即可。因为相贯线的前后对称，在其正面投影中，可见的前半部与不可见的后半部重合，并且左右对称。

作图步骤如图3-20所示。

(1) 求特殊点　水平圆柱的最高素线与直立圆柱最左、最右素线的交点 A、B 是相贯线上的最高点，也是最左、最右点。a'、b'，a、b 和 a''、b''均可直接求出。C 点是相贯线上最低点，也是最前点，c''和 c 可直接求出，再由 c''、c 求得 c'，如图3-20a所示。

(2) 求中间点　利用积聚性，在侧面投影和水平投影上定出 e''、f''和 e、f，再由 e''、f''和 e、f 求得 e'、f'。同样方法可再求出相贯线上一系列点的投影。依次光滑联接各点即为相贯线的正面投影，如图3-20b所示。

2. 简化画法

在工程上，经常遇到两圆柱垂直相交的情况，为了简化作图，允许用圆弧代替非圆曲线，如图3-21所示。轴线垂直相交，且平行于正面的两圆柱相交，相贯线的正面投影以大圆柱的半径为半径画圆弧即可。

3. 圆柱穿孔的相贯线画法

如图3-22所示，圆柱孔与圆柱面相交时，在孔口会形成相贯线。两圆柱孔相交时，其内表面也会形成相贯线。内表面相贯线的形状和作图方法与外表面相贯线一样。

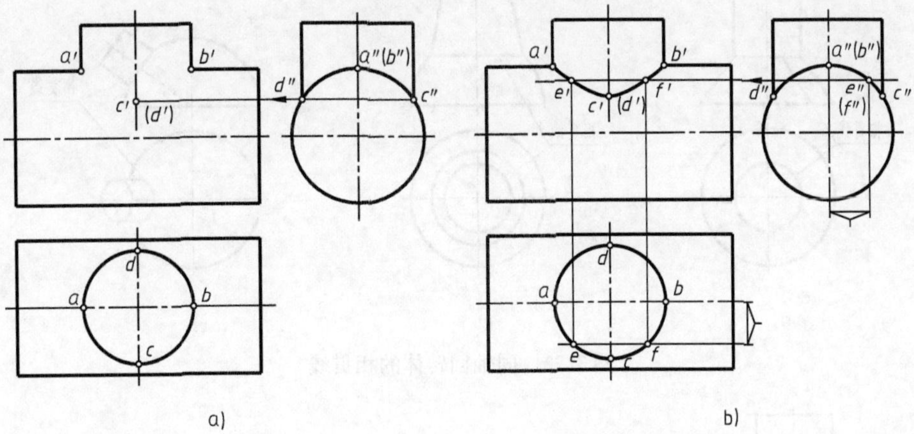

图 3-20　两圆柱垂直相交相贯线作图步骤

3.4.2　相贯线的特殊情况

1. 同轴回转体相交

具有同轴的两回转体相交时，其相贯线为垂直于该轴线的圆，如图 3-23 所示。

2. 两回转体轴线相交且具有公共内切球

两回转体轴线相交，且具有公共内切球时，其相贯线为平面曲线。如两等径圆柱正交时，相贯线为两个大小相等的椭圆，如图 3-24a 所示；当两等径圆柱斜交时，相贯线为两个长轴不等，短轴相等的椭圆，如图 3-24b 所示；当圆柱与圆锥轴线相交且具有公共内切球时，相贯线也是一对椭圆，如图 3-24c 所示。

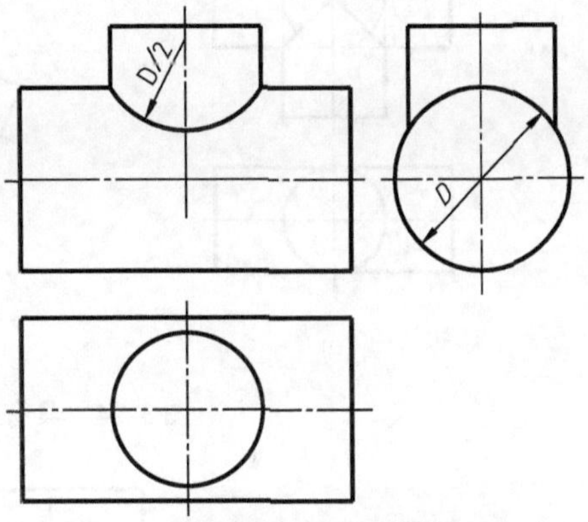

图 3-21　圆柱垂直相交的简化画法

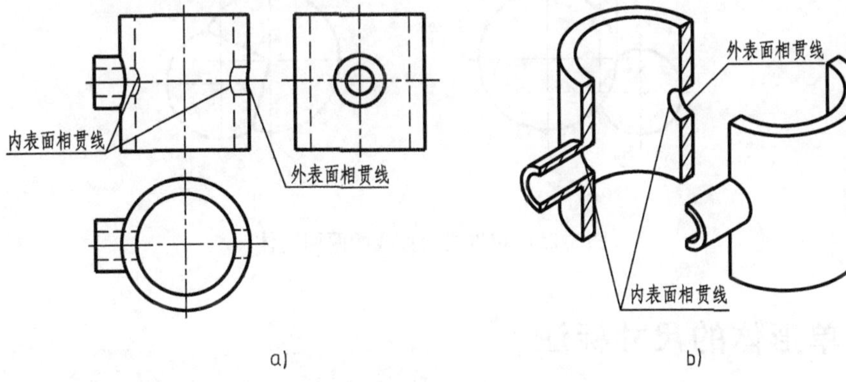

图 3-22　圆柱穿孔的相贯线

3. 两圆柱面的轴线平行或两圆锥面共锥顶

当两圆柱面的轴线平行或两圆锥面共锥顶时，相贯线为直线，如图 3-25 所示。

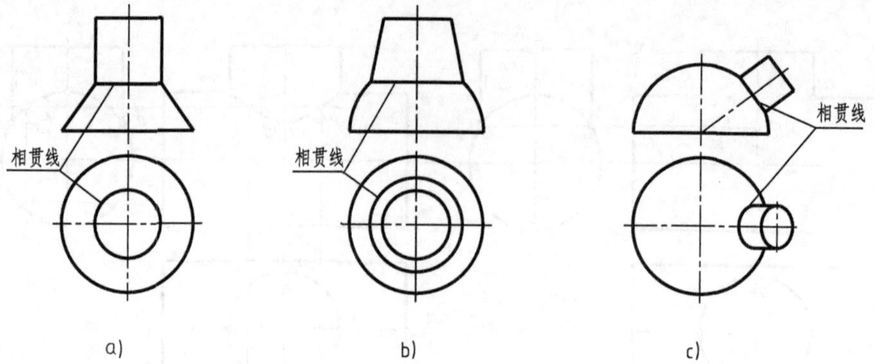

图 3-23　同轴回转体的相贯线

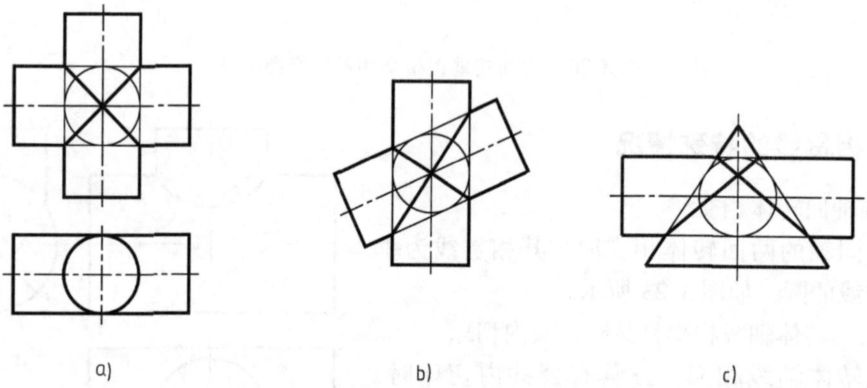

图 3-24　具有公共内切球的两回转体相贯线

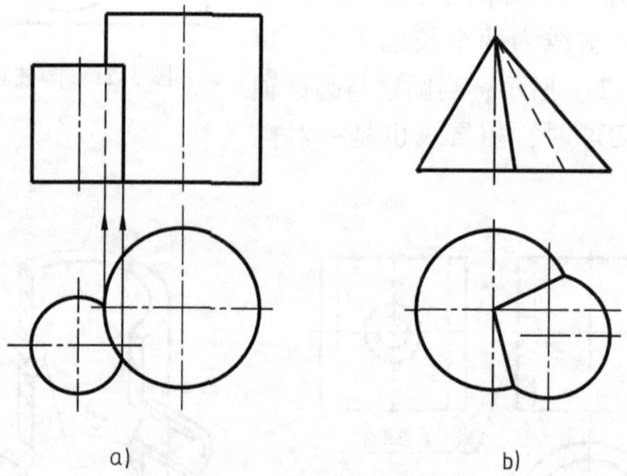

图 3-25　相贯线为直线的两回转体

3.5　简单形体的尺寸标注

3.5.1　基本体的尺寸标注

任何机器零件都是依据图样中的尺寸进行加工的。因此，图样中必须正确地标注出尺寸。

（1）平面立体一般应标注长、宽、高三个方向尺寸，如图3-26所示。

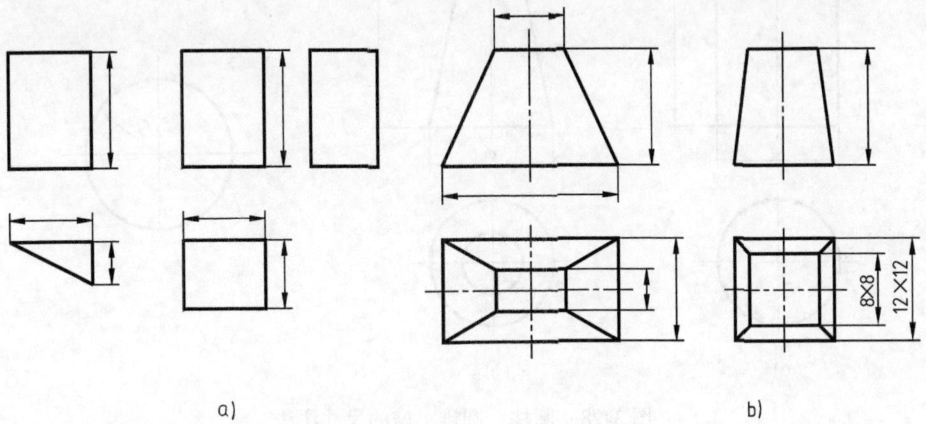

图3-26　棱柱、棱台的尺寸注法

正方形的尺寸可采用“边长×边长”的形式注出，如图3-26b所示。

（2）正棱柱和正棱锥，除标注高度尺寸外，一般应注出其底的外接圆直径。如图3-27a、b所示。但也可根据需要注成其他形式，如图3-27c、d所示。

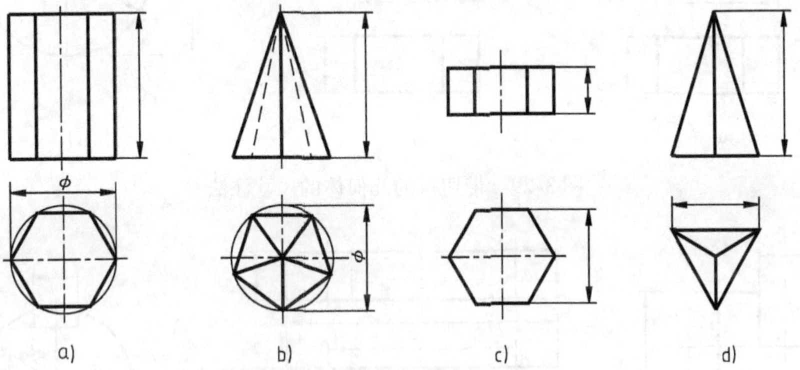

图3-27　底面为正多边形的棱柱、棱锥尺寸注法

（3）圆柱与圆台（或圆锥）应注出高和底圆直径，并在直径尺寸前加注“ϕ”，如图3-28a、b所示。

（4）球只用一个视图就可将其形状和大小表示清楚，球尺寸只标直径，并在尺寸前加注“$S\phi$”，如图3-28c所示。

3.5.2　切割体的尺寸标注

（1）带切口的几何体，除标注几何体的尺寸外，还必须注出切口的位置尺寸，如图3-29所示。

（2）带凹槽的几何体，除标注出几何体的尺寸外，还必须注出槽的定形尺寸和定位尺寸，如图3-30所示。

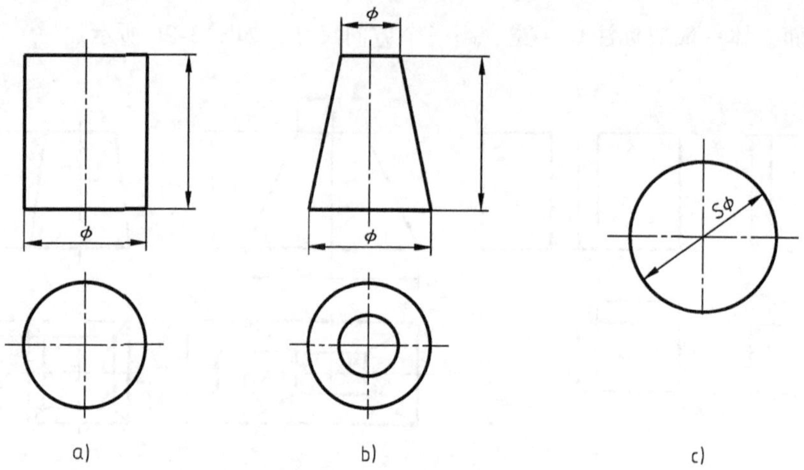

图 3-28 圆柱、圆锥、球的尺寸注法

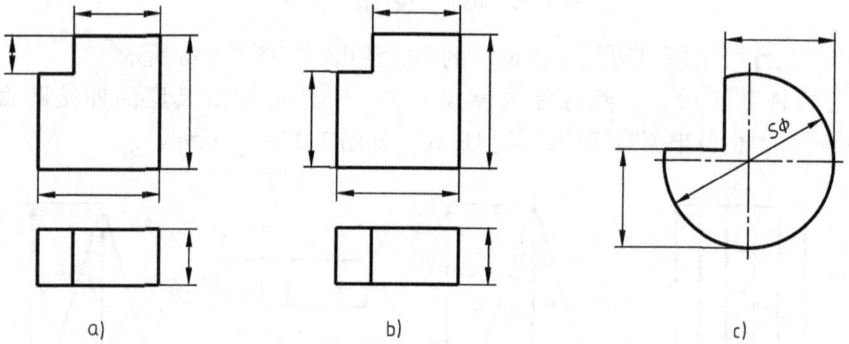

图 3-29 带切口的几何体的尺寸注法

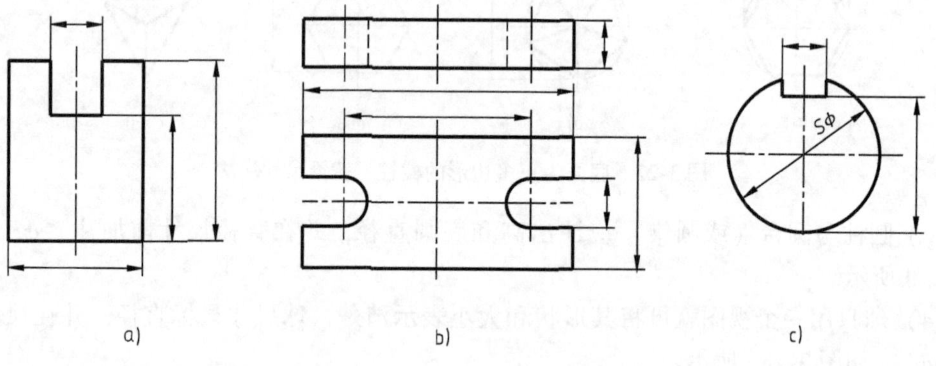

图 3-30 带凹槽几何体的尺寸注法

3.5.3 相贯体的尺寸标注

相贯体除标注相交两基本体的尺寸外，还应注出两相交体的相对位置尺寸。只有当两相交基本体的形状、大小及相对位置确定后，相贯体的形状、大小才能完全确定，相贯线的形状、大小也就随之确定了。因此，相贯线不需要再标注尺寸，如图 3-31 所示。

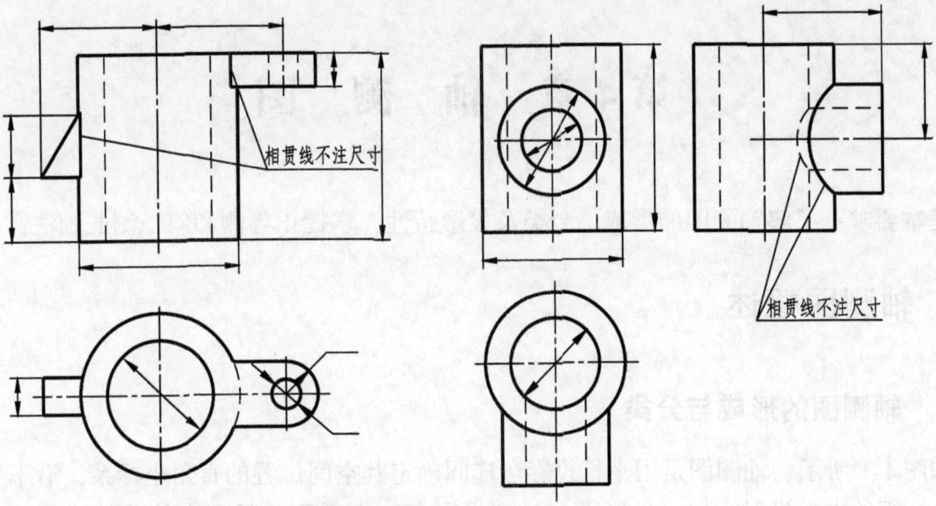

图 3-31　相贯体的尺寸注法

第4章 轴 测 图

基本要求：了解轴测图的形成、分类及投影特性，掌握正等测和斜二测的画法。

4.1 轴测图概述

4.1.1 轴测图的形成与分类

如图4-1所示，轴测图是用平行投影法连同确定其空间位置的直角坐标系，沿不平行于任一坐标面的方向投射在单一投影面（轴测投影面）上得到的具有立体感的图形。直角坐标轴 OX、OY、OZ 在轴测投影面上的投影 O_1X_1、O_1Y_1、O_1Z_1 称为轴测轴，三条轴测轴的交点 O_1 称为原点。

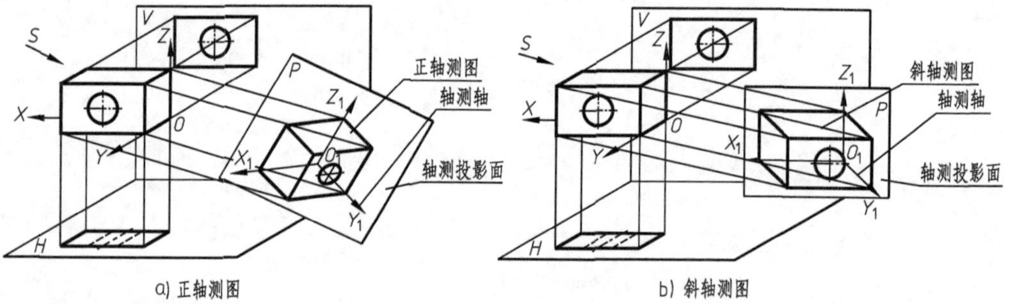

图4-1 轴测图的形成

1. 轴测图的分类

根据投射方向 S 与轴测投影面的相对位置，轴测图分为两类。

（1）正轴测图 正轴测图是物体相对于投影面斜放正投影，即物体的三个坐标面都倾斜于轴测投影面，投射方向与轴测投影面垂直所得的轴测图，如图4-1a中 P 面上的轴测图。

（2）斜轴测图 斜轴测图是物体相对于投影面正放斜投影，即物体的一个坐标面平行于轴测投影面，投射方向 S 与轴测投影面倾斜所得的轴测图。为作图方便，通常轴测投影面平行于 XOZ 坐标面（即 V 面），如图4-1b中 P 面上的轴测图。

2. 轴间角和轴向伸缩系数

（1）轴间角 轴间角是指轴测图中两根轴测轴之间的夹角，如 $\angle X_1O_1Y_1$、$\angle X_1O_1Z_1$、$\angle Y_1O_1Z_1$。

（2）轴向伸缩系数 轴向伸缩系数是指轴测轴上的线段与空间坐标轴上对应线段长度的比值。如图4-1所示，轴测轴 O_1X_1、O_1Y_1、O_1Z_1 上的线段与空间坐标轴 OX、OY、OZ 上对应线段的长度比，分别用 p、q、r 表示。

工程上常采用立体感较强，作图较简便的正等轴测图（简称正等测）和斜二轴测图（简称斜二测）。

4.1.2 轴测图的投影特性

由于轴测图是用平行投影法绘制的，所以具有平行投影的特性。

(1) 物体上互相平行的线段，轴测投影仍互相平行；平行于坐标轴的线段，轴测投影仍平行于相应的轴测轴，且同一轴向所有线段的轴向伸缩系数相同。

(2) 物体上不平行于轴测投影面的平面图形，在轴测图上变成原形的类似形。如正方形的轴测投影可能是菱形，圆的轴测投影可能是椭圆等。

画轴测图时，物体上凡是与坐标轴平行的直线段，可沿轴向进行测量和作图。所谓"轴测"就是指"沿轴测量"的意思。

4.2 正等轴测图的画法

正等轴测图的形成方式为：将空间物体相对投影面斜放，使物体上三个坐标轴与投影面的倾角相等，再向投影面进行正投影即获得正等轴测图。

正等测中的轴间角为$\angle X_1O_1Y_1=\angle Y_1O_1Z_1=\angle X_1O_1Z_1=120°$。作图时，通常将$O_1Z_1$轴画成铅垂位置，然后画出$O_1X_1$、$O_1Y_1$轴，如图4-2所示。

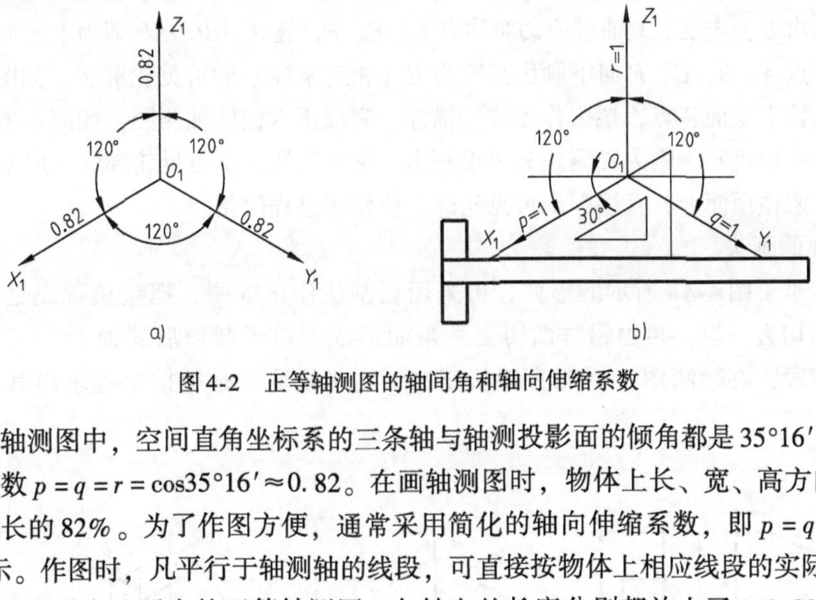

图4-2 正等轴测图的轴间角和轴向伸缩系数

在正等轴测图中，空间直角坐标系的三条轴与轴测投影面的倾角都是35°16′，三根轴的轴向伸缩系数$p=q=r=\cos35°16'\approx0.82$。在画轴测图时，物体上长、宽、高方向的尺寸均要缩小为原长的82%。为了作图方便，通常采用简化的轴向伸缩系数，即$p=q=r=1$，如图4-2b所示。作图时，凡平行于轴测轴的线段，可直接按物体上相应线段的实际长度量取，不必换算。按这种方法画出的正等轴测图，各轴向的长度分别都放大了$1/0.82\approx1.22$倍，但形状没有改变。

4.2.1 平面体正等轴测图的画法

平面体正等轴测图常用的基本作图方法是坐标法。作图时，先选定合适的坐标轴并画出轴测轴，再按立体表面上各顶点或线段端点的坐标（或相对坐标），画出其轴测投影，然后分别连线完成轴测图。

1. 正六棱柱的画法

分析：如图4-3所示，正六棱柱的前后、左右对称，将坐标原点 O 定在上底面六边形的中心，以六边形的中心线为 X 轴和 Y 轴。这样便于直接求出上底面六边形各顶点的坐标，从上底面开始作图。

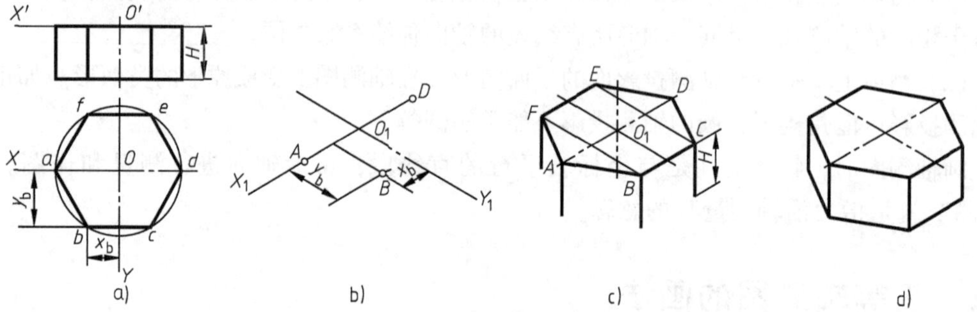

图4-3 正六棱柱的正等测画法

作图：

(1) 定出坐标原点 O 和坐标轴 OX 和 OY，如图4-3a所示；

(2) 画出轴测轴 O_1X_1、O_1Y_1，由于 a、d 在 OX 轴上，可直接量取并在轴测轴上求出 A、D 点。根据顶点 b 的坐标值 X_b 和 Y_b，定出其轴测投影 B 点，如图4-3b所示；

(3) 求出 B 点与 X、Y 轴对应的对称点 C、E、F，连接 $ABCDEF$ 即为上底面六边形的轴测图。由顶点 A、B、C、F 向下画出高度为 H（相对坐标）的可见轮廓线，如图4-3c所示；

(4) 连接下底面各点，擦去作图线，描深，完成正六棱柱轴测图，如图4-3d所示。

由作图过程可知，因为轴测图只要求画出可见轮廓线，不可见轮廓线一般不必画出，所以常将原点取在顶面上，直接画出可见轮廓，使作图过程简化。

2. 垫块的画法

分析：对于图4-4a所示的形体，可采用切割法作正等测。把垫块看成是一个由长方体被正垂面切去一块，再由铅垂面切去一角而形成。对于截切后斜面上与三条坐标轴都不平行的线段，在轴测图上不能直接从正投影图中量取，必须按坐标求出其端点，然后再连线。

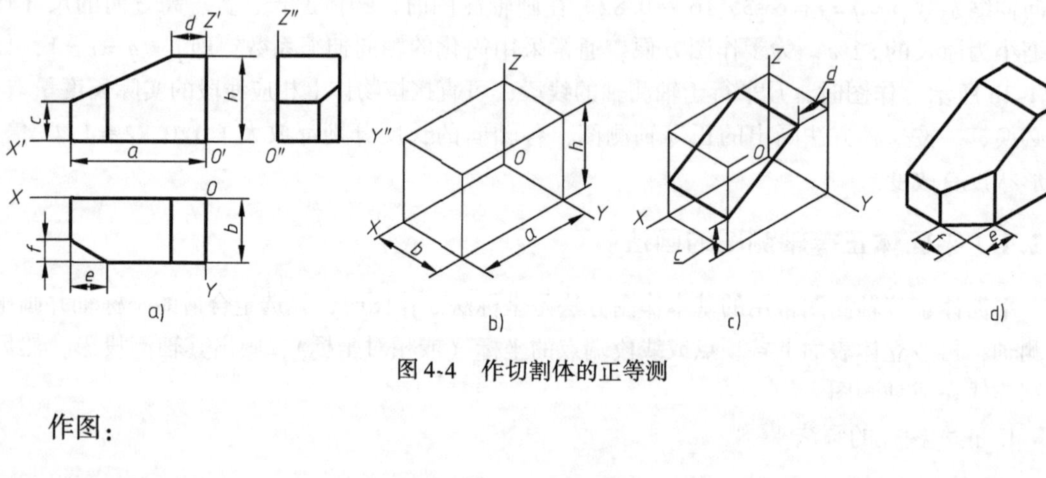

图4-4 作切割体的正等测

作图：

(1) 定坐标原点 O（右后下角）和坐标轴，如图 4-4a 所示；

(2) 根据给出的尺寸 a、b、h 求出长方体的轴测图，如图 4-4b 所示；

(3) 倾斜线上不能直接量取尺寸，只能沿与轴测轴相平行的对应棱线量取 c、d（相对坐标），定出斜面上线段端点的位置，并连成平行四边形，如图 4-4c 所示；

(4) 根据给出的尺寸 e、f 定出左下角斜面上线段端点的位置，并连成四边形，擦去作图线并描深，完成作图，如图 4-4d 所示。

4.2.2　回转体正等轴测图的画法

回转体中的圆面一般平行于正面、水平面或侧面，与轴测投影面不平行，所以这些圆的正等测都是椭圆，可以用四心圆法画出近似椭圆。

1. 圆柱的画法

分析：如图 4-5 所示，直立圆柱的轴线垂直于水平面，上、下底为两个与水平面平行且大小相同的圆，在轴测图中均为椭圆。根据圆的直径 ϕ 和柱高 h，求出两个形状、大小相同，中心距为 h 的椭圆，然后作两椭圆的公切线即可作出圆柱的正等测。

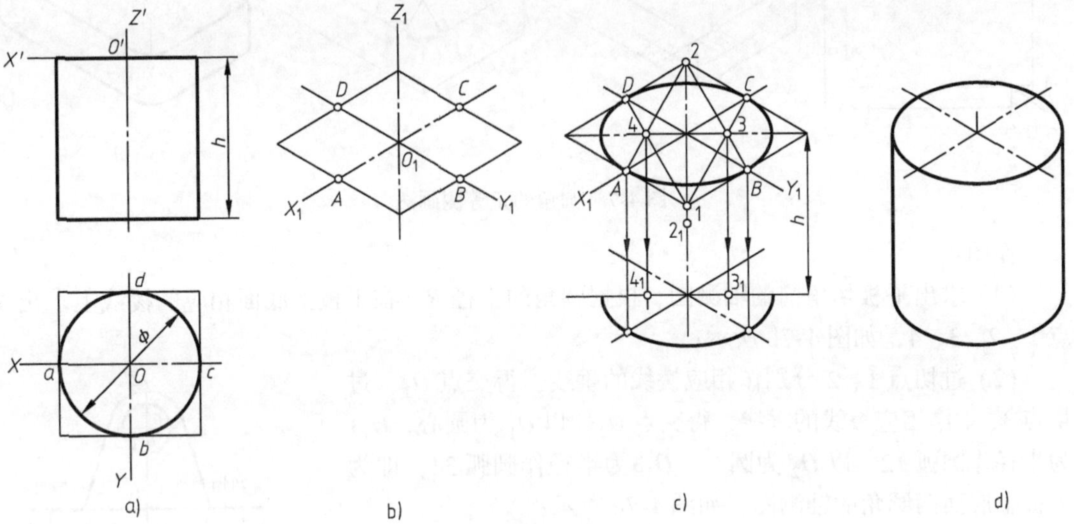

图 4-5　圆柱的正等测画法

作图：

(1) 以上底圆的圆心为原点 O，上底圆的中心线 OX、OY、OZ 为坐标轴，作上底圆的外切正方形，得切点 a、b、c、d，如图 4-5a 所示；

(2) 作轴测轴和四个切点的轴测投影 A、B、C、D，过四点分别作 O_1X_1、O_1Y_1 的平行线，得外切正方形的轴测菱形，如图 4-5b 所示；

(3) 过菱形顶点 1、2 连接 $1C$ 和 $2B$，与菱形对角线相交得交点 3，连接 $2A$ 和 $1D$ 得交点 4，则 1、2、3、4 各点即为作近似椭圆四段圆弧的圆心，以 1、2 为圆心，$\overline{1C}$为半径作圆弧 CD 和圆弧 AB，以 3、4 为圆心，$\overline{3B}$为半径做圆弧 BC 和圆弧 AD，即为上底圆的轴测椭圆，将椭圆的三个圆心 2、3、4 沿 Z 轴平移高度 h，求出下底椭圆（下底椭圆看不见的一半圆弧不必画出），如图 4-5c 所示；

(4) 作两椭圆公切线，擦去作图线，描深，如图 4-5d 所示。

图 4-6a、b 分别画出了底面平行于坐标面 *XOZ* 的正垂圆柱和底面平行于坐标面 *YOZ* 的侧垂圆柱的正等测。画法和图 4-5 相同。

2. 圆角的画法

分析：平行于坐标面的圆角是圆的一部分，图 4-7a 为常见的四分之一圆周的圆角，其正等测恰好是上述近似椭圆的四段圆弧中的一段。

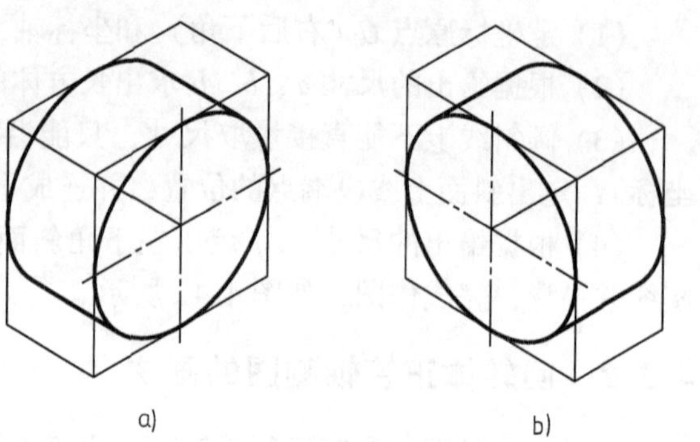

图 4-6　正垂圆柱与侧垂圆柱的正等测

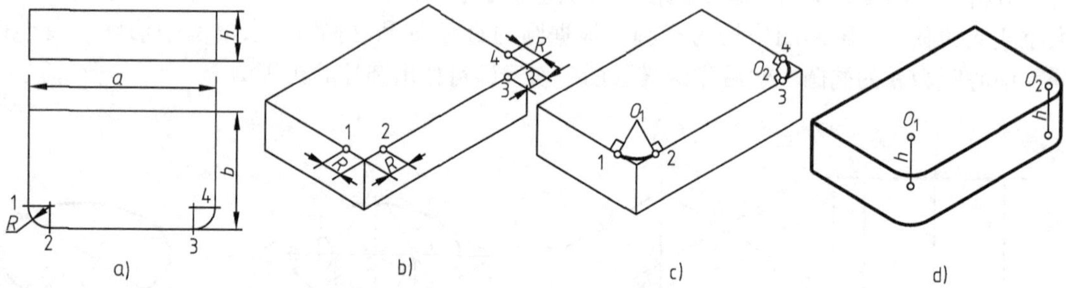

图 4-7　圆角的正等测画法

作图：

(1) 求出平板切角前的轴测图，根据圆角的半径 *R*，在平板上底面相应的棱线上求出切点 1、2、3、4，如图 4-7b 所示；

(2) 过切点 1、2 分别作相应棱线的垂线，得交点 O_1，过切点 3、4 作相应棱线的垂线，得交点 O_2，以 O_1 为圆心，$O_1 1$ 为半径作圆弧 12，以 O_2 为圆心，$O_2 3$为半径作圆弧 34，即为平板上底面两圆角的轴测图，如图 4-7c 所示；

(3) 将圆心 O_1、O_2 下移平板的厚度 *h*，再用与上底面圆弧相同的半径分别作两圆弧，得平板下底面圆角的轴测图，在平板右端作上、下小圆弧的公切线，描深，如图 4-7d 所示。

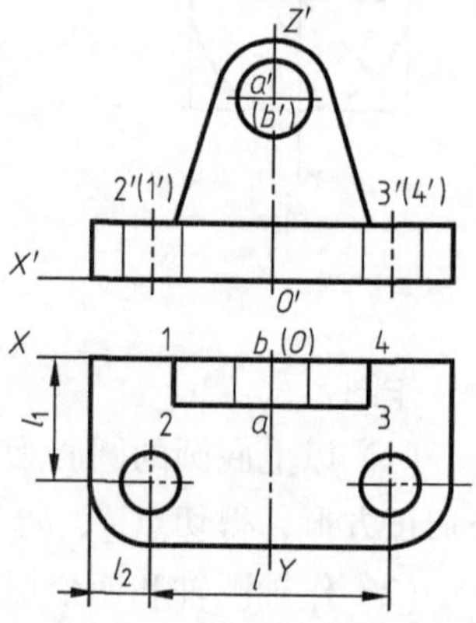

图 4-8　支架的视图

例 4-1　作图 4-8 所示支架的正等测。

分析：采用叠加法分别画出底板和竖板的轴测图。底板上的圆孔和圆角可按图 4-5 和图 4-7 的方法求出；竖板上的圆孔和顶部圆柱面的轴线垂直于正面，可按图 4-6a 方法绘制。支架左右对称，原点和坐标轴如图 4-8 所示。

作图：

(1) 先画底板轮廓，并画出竖板与底板的交线端点 1、2 和 3、4，确定竖板后孔口圆心 *B*，由 *B* 求出前孔口圆心 *A*，作竖板顶部圆柱面的轴测椭圆弧，如图 4-9a 所示；

（2）由点1、2、3作椭圆弧切线，右上方两椭圆弧的公切线（圆柱面可见轮廓线），以及竖板上的圆孔，然后求出底板上的小圆孔，如图4-9b所示；

（3）作底板上两个圆角，必须注意，竖板后孔口（假如有可见部分）以及底板在底面上的一段可见圆弧不要漏画，如图4-9c所示；

（4）擦去作图线，描深，完成作图如图4-9d所示。

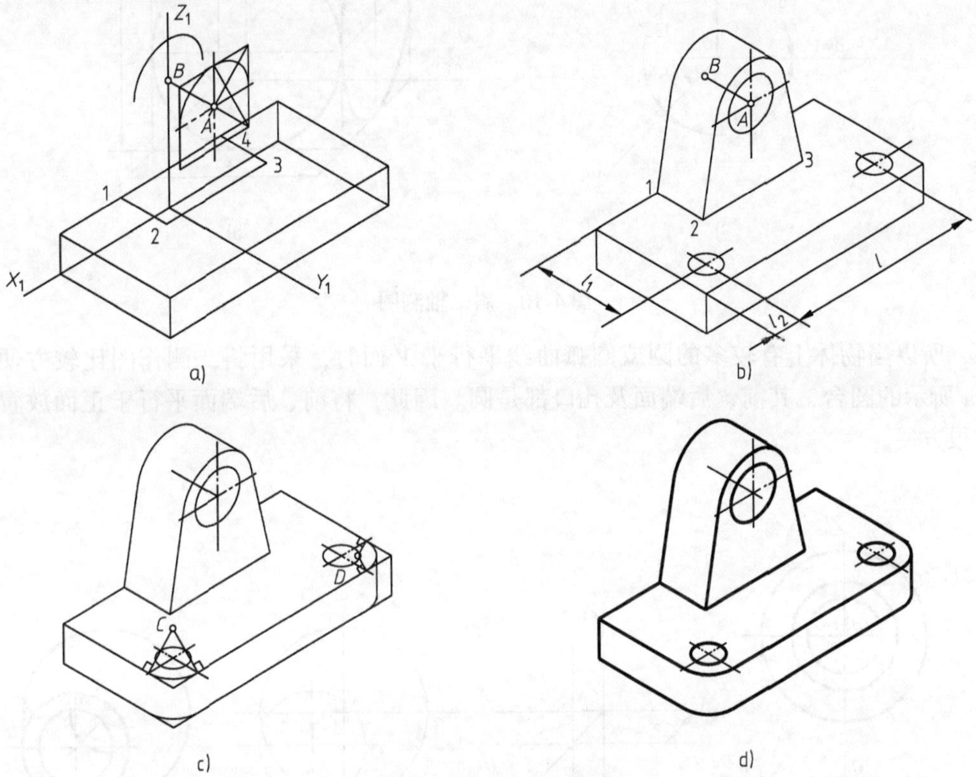

图4-9 支架的正等测

4.3 斜二轴测图的画法

4.3.1 斜二轴测图的特点

轴测投影面平行于一个坐标面（V面），投射方向倾斜于轴测投影面时，即得斜二轴测图，如图4-1b所示。由于XOZ坐标面平行于V面，轴间角$\angle X_1O_1Z_1=90°$，轴向伸缩系数$p=r=1$，这样，物体表面的正平面上的所有图形在斜二测中可反映真实形状，作图就比正等测方便。斜二测取$q=0.5$，O_1Y_1轴与水平线夹角为45°，如图4-10a所示。

4.3.2 斜二轴测图的画法

如图4-10b所示，平行于V面的圆的斜二测仍为大小相同的圆，平行于H面和W面的圆的斜二测是椭圆。在斜二轴测图中，由于物体上平行于V面的线段和图形都反映实长和

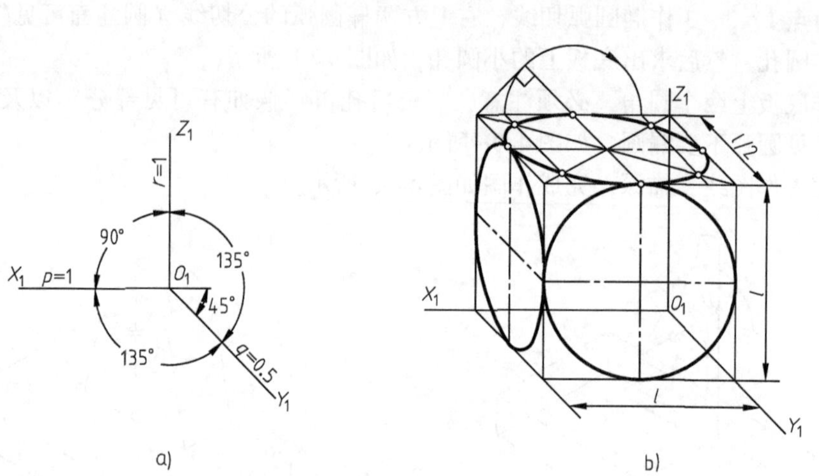

图 4-10　斜二轴测图

实形，所以当物体上有较多的圆或圆弧曲线平行于 V 面时，采用斜二测作图比较方便。图 4-11a 所示的圆台，其前、后端面及孔口都是圆。因此，将前、后端面平行于正面放置，作图即很方便。

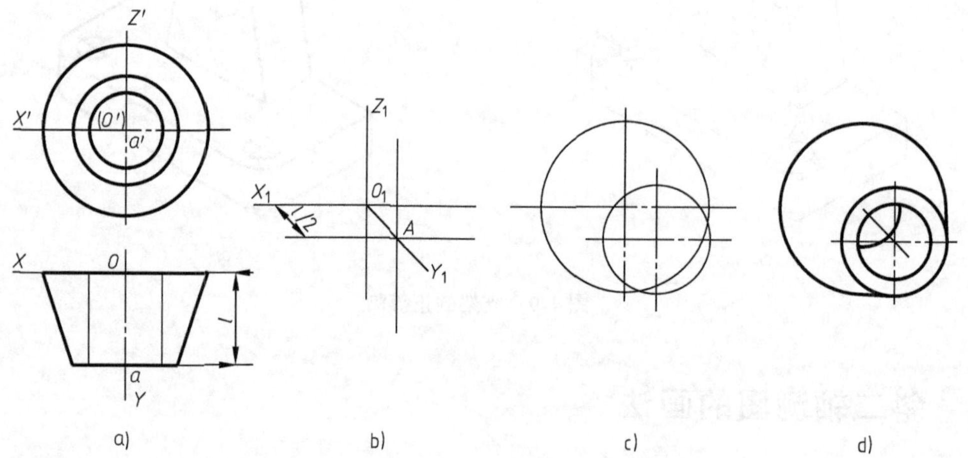

图 4-11　圆台的斜二测

例 4-2　作图 4-12a 所示支座的斜二轴测图。

分析：图示支座的前、后端面平行于 V 面，采用斜二测作图很方便。

作图：

(1) 选择坐标轴和原点，如图 4-12a 所示；

(2) 画轴测轴，并画出与主视图完全相同的前端面的图形，如图 4-12b 所示；

(3) 由 O_1 沿 O_1Y_1 轴向后移 $l/2$ 得 O_2，以 O_2 为圆心画出后端面的图形，如图 4-12c 所示；

(4) 画出其他可见轮廓线以及圆弧的公切线，描深，完成作图，如图 4-12d 所示。

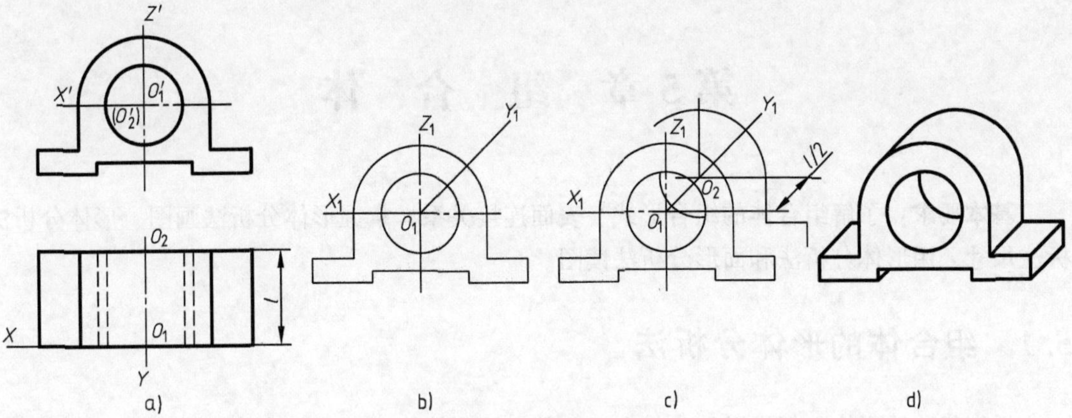

图 4-12 支座的斜二测

第5章　组　合　体

基本要求：了解组合体的组合形式、表面连接关系，掌握形体分析法画图、形体分析法标注尺寸、用形体分析法和面形分析法读图。

5.1　组合体的形体分析法

任何复杂的形体，都可以看成是由一些基本的形体按照一定的连接方式组合而成的。这些基本体包括棱柱、棱锥、圆柱、圆锥、球和圆环等。由基本体组成的复杂形体称为组合体，如图5-1所示。

5.1.1　组合体的组合形式

组合体的组合形式有叠加型、切割型和综合型三种。

(1) 叠加型组合体：由若干基本体简单叠加形成，如图5-1a所示；

(2) 切割型组合体：由基本体经过车槽、钻孔等切割工作而形成，如图5-1b所示；

(3) 综合型组合体：是前两种形式的综合，即整体上为叠加型，局部为切割型。常见的组合体多为此类型，如图5-1c所示。

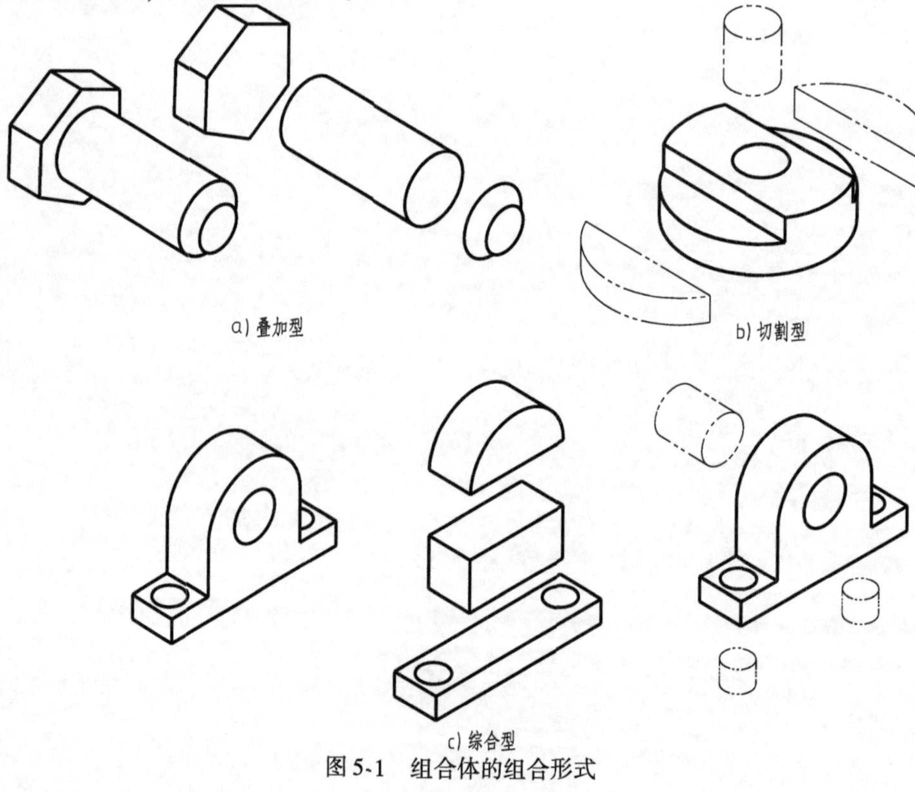

a) 叠加型　　b) 切割型

c) 综合型

图5-1　组合体的组合形式

5.1.2 组合体的表面连接关系

从组合体的整体来看，构成组合体的各基本体间都有一定的相对位置，并且相邻表面之间也存在一定的连接关系。其形式一般可分为平齐、不平齐、相切、相交等情况。

1. 平齐

两相邻基本体的表面处在同一平面上称为平齐，其视图上两基本体之间无分界线，如图5-2a所示。

2. 不平齐

两相邻基本体的表面处在不同平面上称为不平齐，其视图上两基本体之间必须画出分界线，如图5-2b所示。

3. 相切

两相邻基本形体的表面光滑过渡称为相切，一般情况其视图在两表面相切处不应画出轮廓线，如图5-2c所示。

当两曲面相切时，如果公切面垂直于投影面，则在该投影面中切线位置要画出一条线，如图5-2d所示。

4. 相交

两相邻基本体的表面彼此相交，相交处应画出交线（截交线或相贯线）。图5-2e左图中的交线是由平面与圆柱曲面相交产生的，实质为截交线；图5-2e右图中的交线是由两圆柱曲面相交产生的，实质为相贯线。

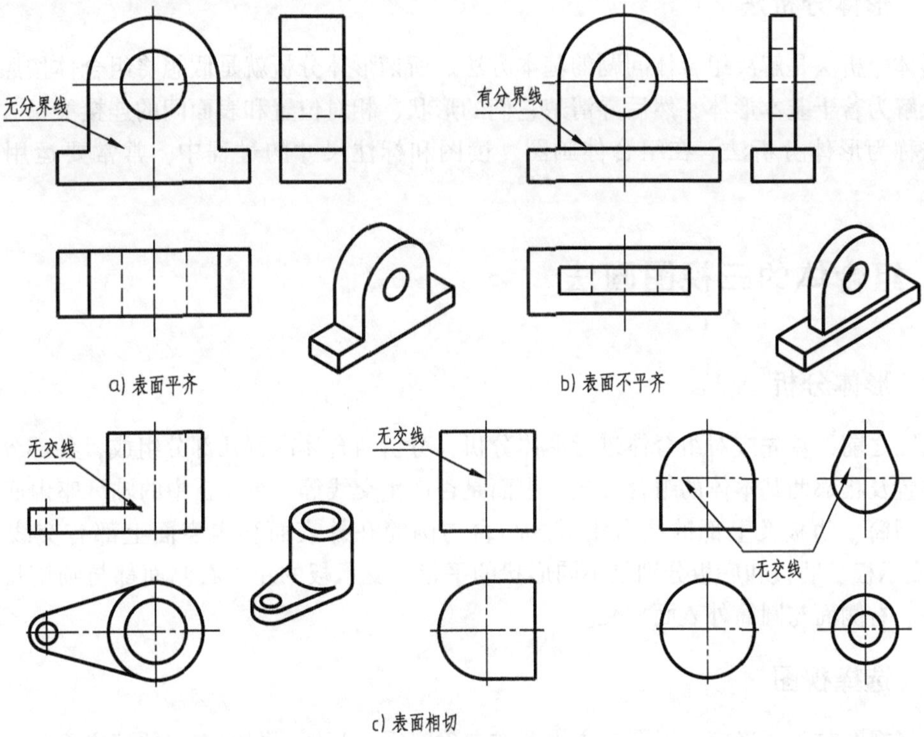

图5-2 组合体的表面连接关系

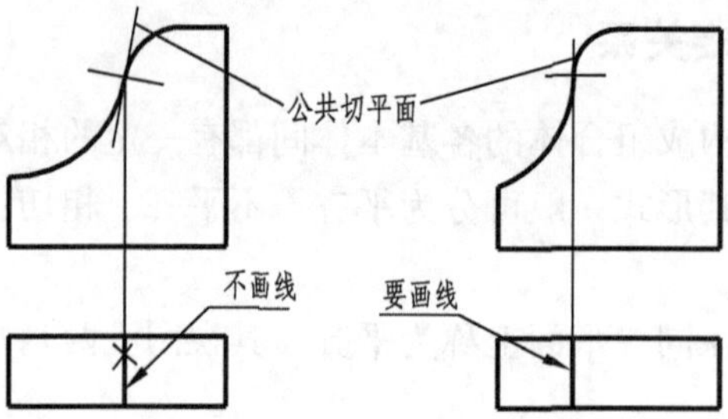

d) 圆弧面相切

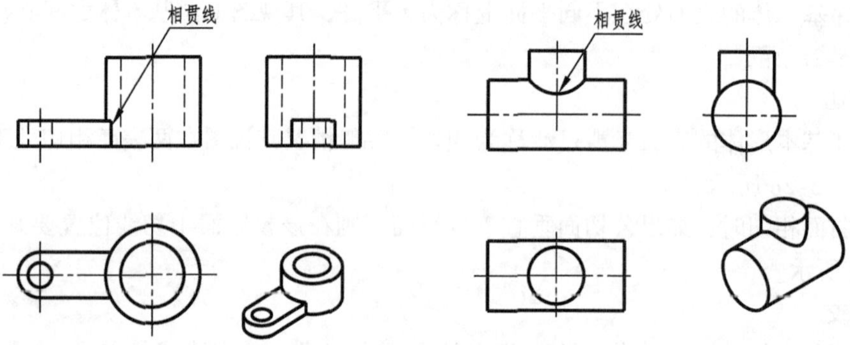

e) 表面相交

图 5-2 组合体的表面连接关系（续）

5.1.3 形体分析法

形体分析法是解决组合体问题的基本方法。所谓形体分析就是假想将组合体按照其组成方式分解为若干基本形体，然后弄清楚它们的形状、相对位置和表面间的连接关系，这种分析方法称为形体分析法。在组合体画图、读图和标注尺寸的过程中，常常要运用形体分析法。

5.2 组合体的三视图画法

5.2.1 形体分析

画图之前，首先应对组合体进行形体分析，分析组合体由哪几部分组成，各部分之间的相对位置及相邻两基本体的组合形式，表面是否产生交线等。图 5-3 中的轴承座由底板、支承板、圆筒、肋板及上部的凸台组成。凸台与圆筒在外表面和内表面上都有交线（相贯线）。支承板、肋板和底板分别是不同形状的平板。支承板的左、右侧面都与圆筒相切，肋板的左、右侧面与圆筒外表面相交。

5.2.2 选择视图

选择视图首先要确定主视图。主视图方向确定后，其他视图的方向便随之确定。主视图的选择原则通常如下：

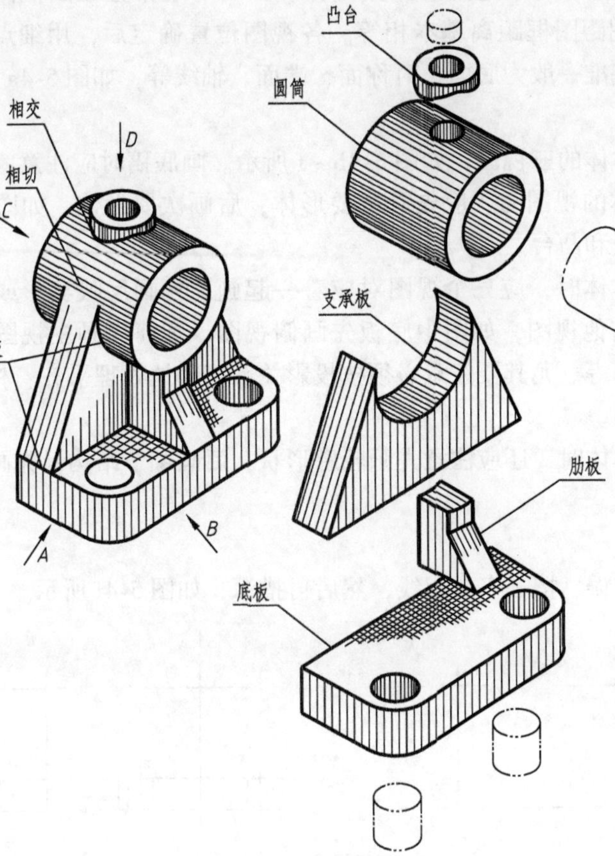

图 5-3 轴承座立体图

（1）正放原则　将组合体的主要表面或主要轴线放置在与投影面平行或垂直位置。

（2）形状特征原则　以最能反映该组合体各部分形状和相对位置特征的方向作为主视图方向。

（3）清晰原则　使主视图和其他两个视图上的虚线尽量少一些。

（4）其他原则　如尽量使画出的三视图长大于宽，这样既能符合习惯思维，也能突出主视图。

对比图 5-3 中的轴承座的 *A*、*B*、*C*、*D* 四个方向，可看出沿 *B* 向观察，所得视图满足上述要求，适合作为主视图。

5.2.3 确定比例与图纸幅面

根据组合体的复杂程度和尺寸大小，应选择国家标准规定的比例和图纸幅面。在选择时，应充分考虑到视图、尺寸、技术要求及标题栏的大小和位置等。

5.2.4 画图

1. 布置视图并画作图基准线

根据组合体的总体尺寸，通过简单计算将各视图均匀地布置在图框内，使水平（或竖直）方向视图间及视图距图框距离基本相等。各视图位置确定后，用细点画线或细实线画出作图基准线。作图基准一般为底面、对称面、端面、轴线等，如图5-4a所示。

2. 画底稿

依次画出每个基本体的三视图，如图5-4b～f所示。画底稿时应注意：

（1）在画各基本体的视图时，应先画主要形体，后画次要形体，如图中先画底板和圆筒，后画支承板、肋板和凸台。

（2）画每一个基本体时，应三个视图对应着一起画。先画反映实形或有形状特征的视图，再按投影关系画其他视图，如图中底板先画俯视图，圆筒先画主视图，凸台先画俯视图，支承板先画主视图等。尤其要注意必须按投影关系正确地处理平齐、相切和相交处的投影，如图5-4d、e所示。

（3）画每一个基本体时，还应注意先画轮廓形状，后画细节结构；先画可见的部分，后画不可见的部分。

3. 检查并描图

检查底稿，改正错误，擦去多余图线，然后再描深，如图5-4f所示。

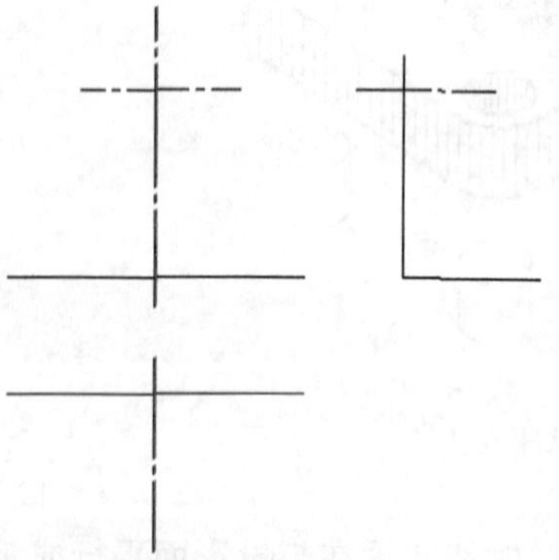

a) 画作图基准线及布图

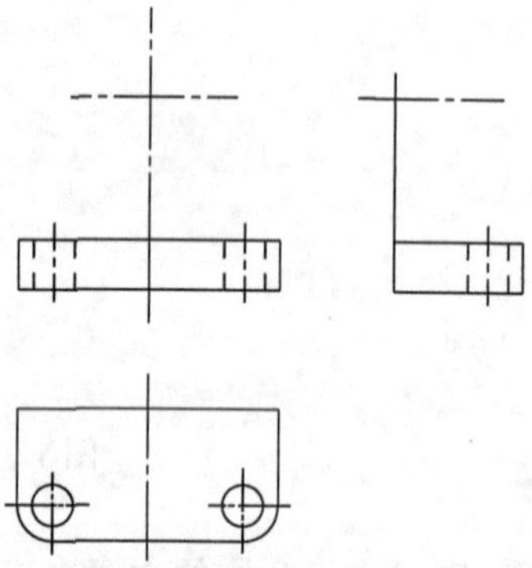

b) 画底板三视图

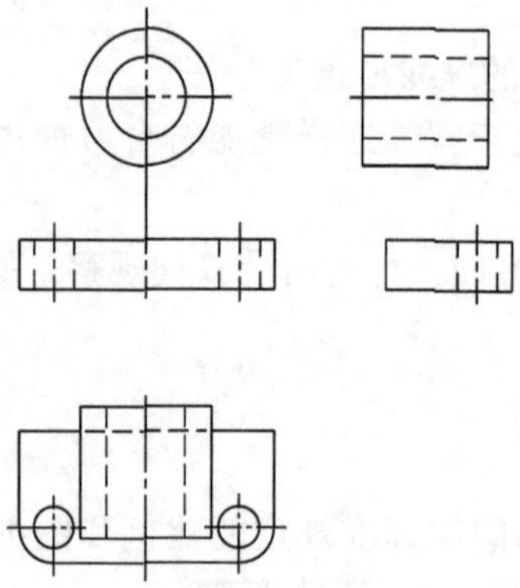

c) 画圆筒三视图

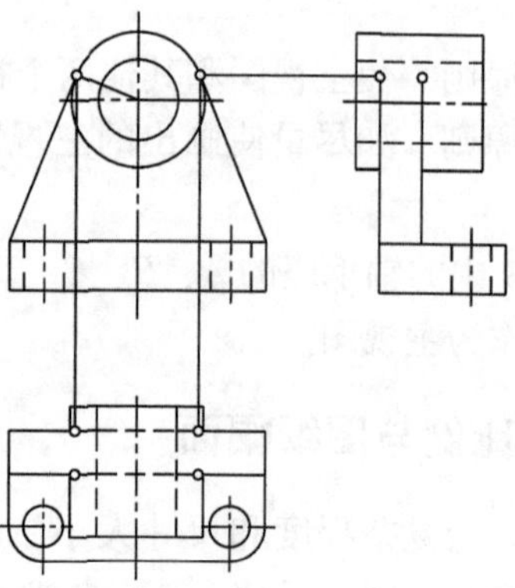

d) 画支承板

图5-4 轴承座三视图画图步骤

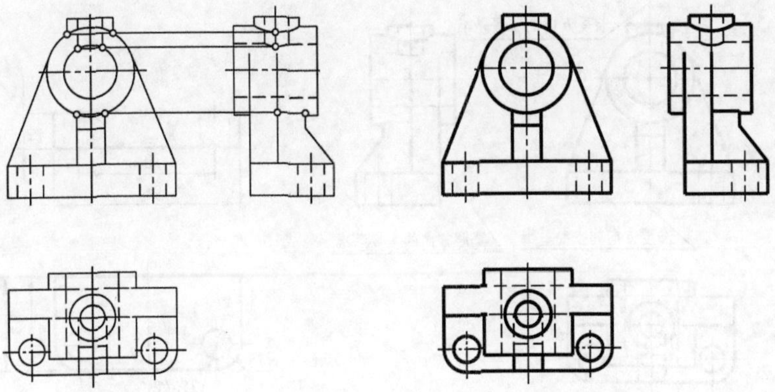

e) 画肋板和凸台　　　　f) 检查全图并描深图线

图 5-4 轴承座三视图画图步骤（续）

5.3 组合体三视图的尺寸标注

5.3.1 尺寸标注的基本要求

组合体的视图表达了零件的形状，而零件的大小则要由视图上所标注的尺寸来确定。组合体尺寸标注要求做到：

(1) 正确　尺寸标注要符合国家标准的规定；

(2) 完整　尺寸标注要齐全，即不能多也不能少；

(3) 清晰　尺寸布置要整齐、合理，便于读图。

5.3.2 尺寸类型

为了将尺寸标注得完整，在组合体的视图上，一般需标注下列几类尺寸：

(1) 定形尺寸　用来确定组合体各组成部分形状大小的尺寸；

(2) 定位尺寸　用来确定组合体各组成部分相对位置的尺寸；

(3) 总体尺寸　表示组合体外形大小的总长、总宽、总高尺寸。

5.3.3 尺寸标注方法

1. 形体分析及选择尺寸基准

在明确了视图中应标注哪些尺寸的同时，还须考虑尺寸基准的问题。所谓尺寸基准，就是标注尺寸时所选择的起点，即确定尺寸位置的几何元素——点、线、面。

基准一般可选组合体的对称平面、底面、重要端面以及回转体的轴线等。如图 5-5a 所示轴承座的尺寸基准是：以左右对称面为长度方向的基准；以底板和支承板的后表面作为宽度方向的基准；以底板的底面作为高度方向的基准。

2. 标注定形尺寸

标注确定各部分形状的定形尺寸，如图 5-5b ~ f 所示。

3. 标注定位尺寸

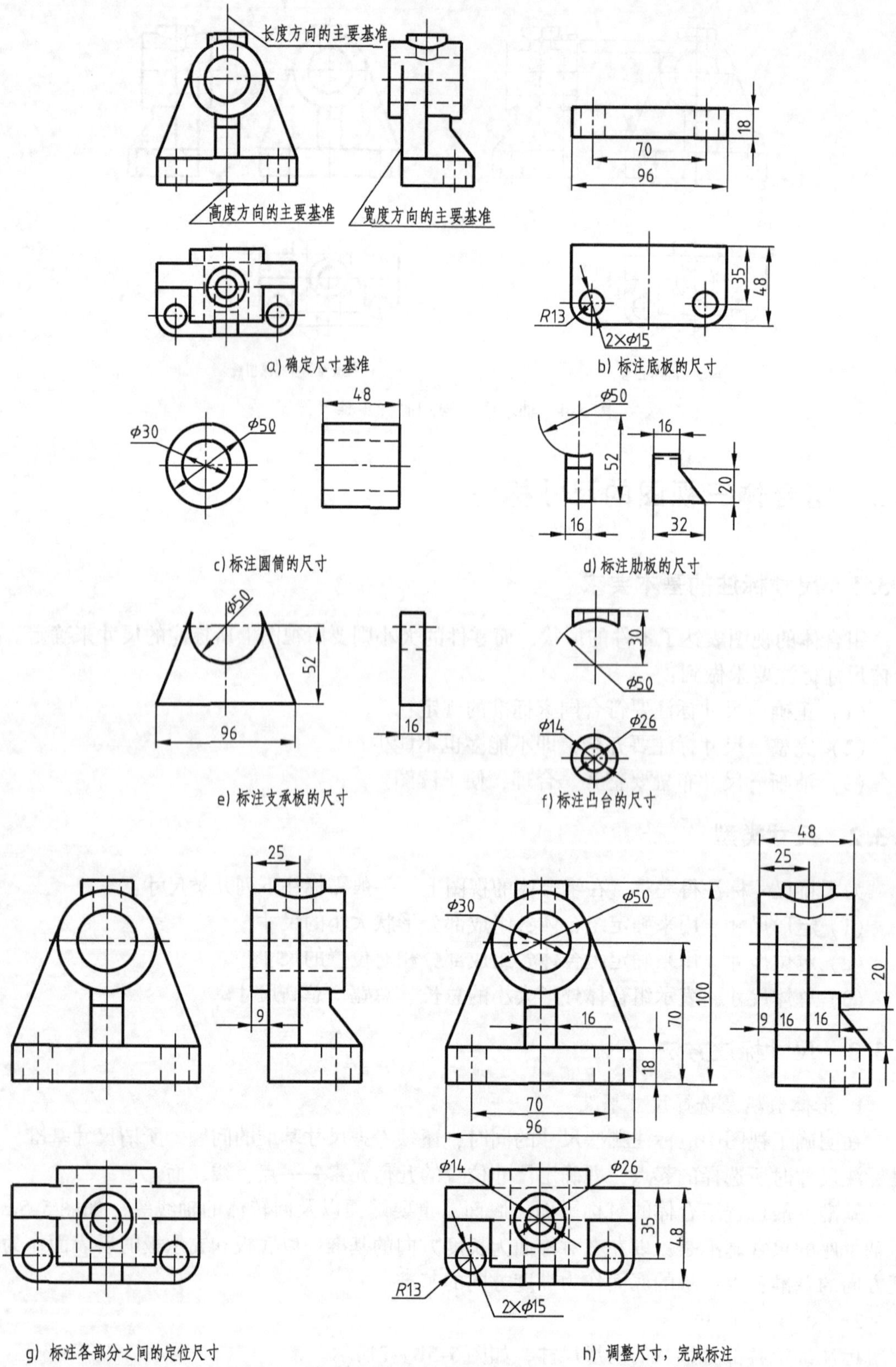

a) 确定尺寸基准　b) 标注底板的尺寸

c) 标注圆筒的尺寸　d) 标注肋板的尺寸

e) 标注支承板的尺寸　f) 标注凸台的尺寸

g) 标注各部分之间的定位尺寸　h) 调整尺寸，完成标注

图 5-5　尺寸标注方法与步骤

为了确定各部分之间的空间相对位置，一般应注出左右、上下、前后三个方向的定位尺寸，表面重合、平齐、对称可以省略某个方向的定位尺寸。如图 5-5g 所示，支承板与底板叠加时，支承板下表面与底板上表面重合，则上下方向不需要标注定位尺寸；后表面平齐，则前后不需要定位尺寸；左右对称，则左右也不需要定位尺寸。同理可分析其他部分可知，圆筒与支承板叠加时前后需要定位尺寸 9，凸台与圆筒叠加时前后需要定位尺寸 25；其他方向则不需要定位尺寸。

4. 调整总体尺寸

为了表示组合体的总长、总宽、总高，应标注出相应的总体尺寸。一般情况下，组合体的尺寸由定形尺寸和定位尺寸就可以保证尺寸完整，因此若增加一个总体尺寸，必将要减少一个定形或定位尺寸。

5. 检查、修改及调整尺寸

按上述分析，考虑总体尺寸后，可能会造成尺寸重复，为避免重复，还应对相应的尺寸作适当调整。如图 5-5h 中，尺寸 100 为总体尺寸，注上这个尺寸后会与凸台部分的尺寸 30、支承板部分的尺寸 52、底板部分的尺寸 18 重复，因此应将尺寸 30 省略。

另外，考虑到基准，同时应将尺寸 52 的标注调整成 70 的标注。

还应注意，当组合体某个视图中以圆弧为轮廓线时，为明确圆弧中心的确切位置，一般不注总体尺寸而是注出圆心定位尺寸和圆弧的半径或直径，如图 5-6c、d 所示。当圆弧只是作为圆角时，则既要注出圆角半径，也要注出总长、总宽等尺寸，如图 5-6a 所示。图 5-6 是一些常见结构的尺寸注法。图中尺寸线上标“×”的尺寸为错误注法。

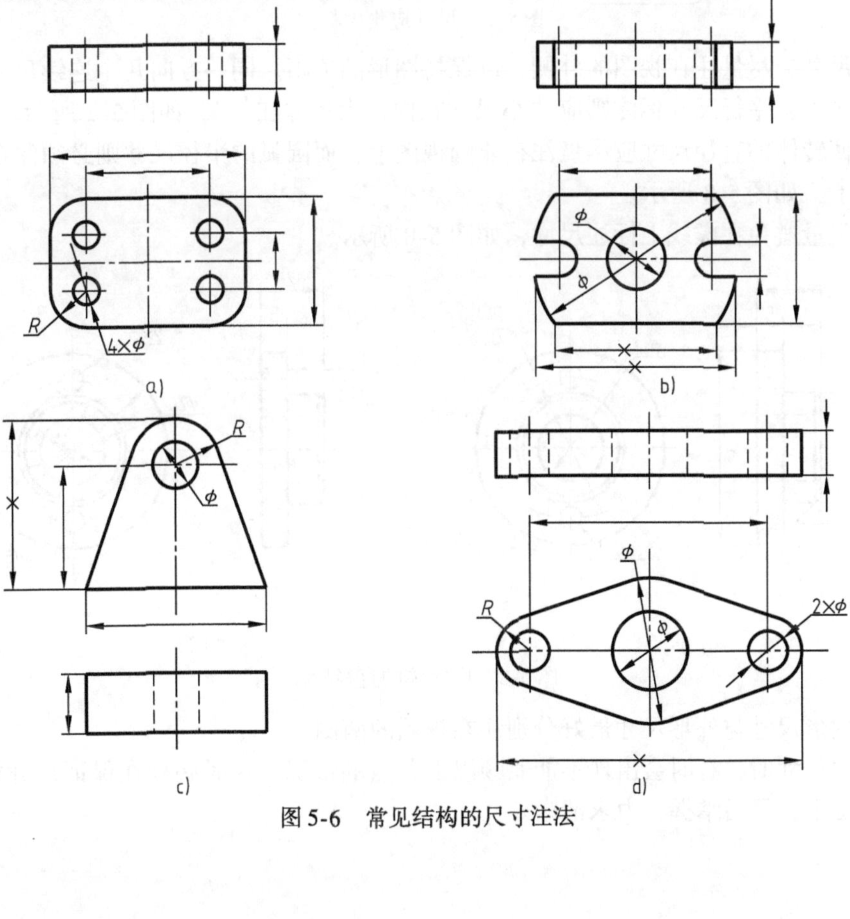

图 5-6 常见结构的尺寸注法

6. 尺寸标注的清晰性

标注尺寸时，除了要求正确、完整外，为了便于读图，还要求标注得清晰。为保证尺寸的清晰性，应注意以下几点：

（1）各基本体的定形尺寸和定位尺寸要尽量集中标注，并且应标注在反映形体特征和反映相对位置关系最明显的视图中。如图 5-7 所示，垂直板的尺寸 17、27、10、ϕ14、28 应集中注在左视图中；三角形肋板的尺寸 12、7 应集中注在主视图中；底板的尺寸 43、35、34、18、R8、2 × ϕ8 应集中注在俯视图中。底板与肋板的定位尺寸 5 则标注在反映位置明显的主视图中。

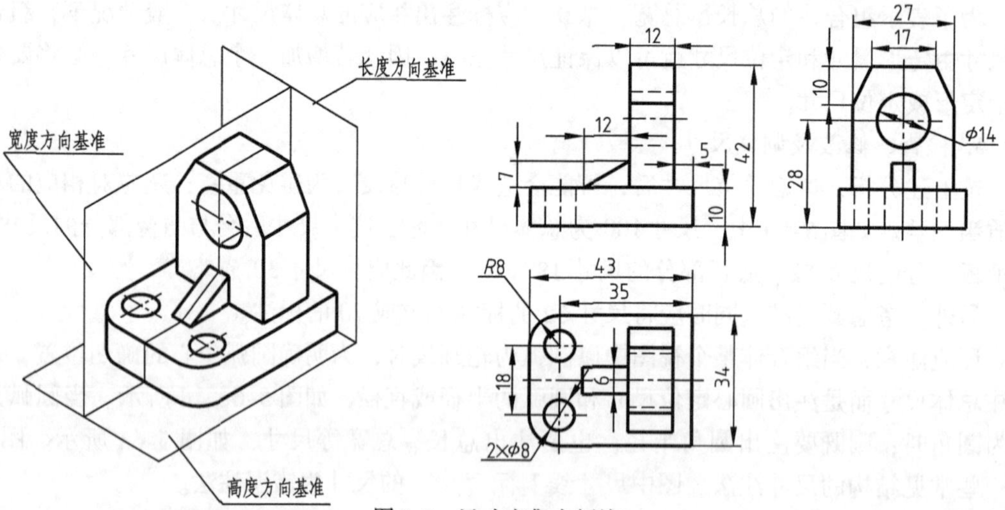

图 5-7 尺寸应集中标注

（2）尺寸应尽量注在视图的外侧，以保持图形的清晰。同一方向几个连续尺寸应尽量放在同一条线上，平行尺寸标注则应“小尺寸在内，大尺寸在外”，如图 5-7 所示。

（3）回转体的直径尺寸应尽量注在非圆视图上，而圆弧的半径尺寸则必须注在投影为圆弧的视图上，如图 5-8 所示。

（4）尽量避免在虚线上标注尺寸，如图 5-8 所示。

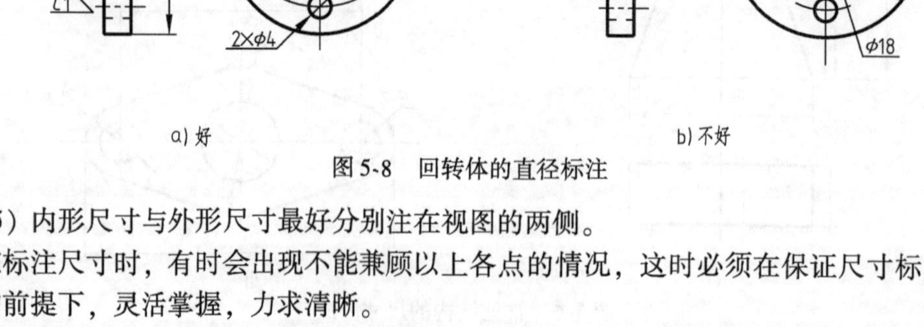

图 5-8 回转体的直径标注

（5）内形尺寸与外形尺寸最好分别注在视图的两侧。

在标注尺寸时，有时会出现不能兼顾以上各点的情况，这时必须在保证尺寸标注正确、完整的前提下，灵活掌握，力求清晰。

5.4 读组合体视图

画图和读图是学习本课程的两个重要环节。画图是把空间形体用正投影方法表达在平面上；而读图则是运用正投影方法，根据视图想象出空间形体的结构形状。所以，要能正确、迅速地读懂视图，必须掌握读图的基本知识和基本方法，培养空间想象力和形体构思能力，并通过不断实践，逐步提高读图能力。

5.4.1 读图的几个要点

1. 几个视图联系起来看

一般情况下，一个（或两个）视图不能完全确定物体的形状。图 5-9 所示的三组视图，它们的主、俯视图都相同，但却表示了三种不同形状的物体。可见，读图时一般要将几个视图联系起来阅读、分析和构思，才能弄清物体的形状。

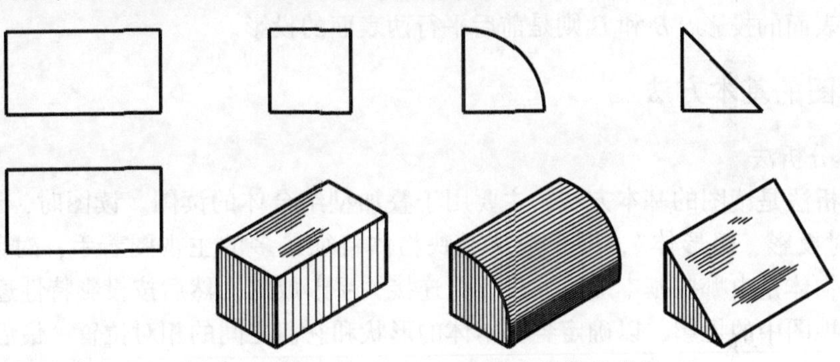

图 5-9 单凭主、俯视图不能确定物体的形状

2. 抓住特征视图

所谓特征视图，就是把物体的形状特征及相对位置反映得最充分的那个视图。找到这个视图，再配合其他视图，就能较快地认清物体。

但是，由于组合体的组成方式不同，物体的形状特征及相对位置并非总是集中在一个视图上，有时是分散于各个视图上。例如图 5-10 中的支架就是由四个形体叠加构成的。主视图反映物体 A、B 的形状特征，俯、左视图反映 A、B 的位置特征；俯视图反映物体 D 的形状特征，主视图反映其位置特征。所以在读图时，要抓住反映特征较多的视图。

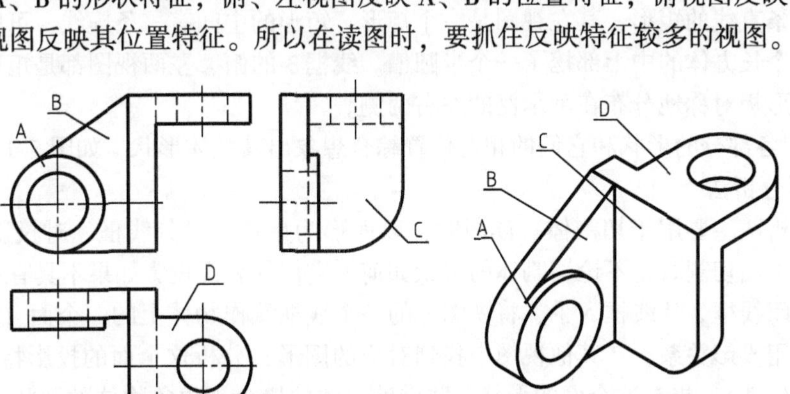

图 5-10 特征视图

3. 了解视图中的线框和图线的含义

弄清视图中线和线框的含义，是看图的基础。下面以图5-11为例说明。

视图中每个封闭线框，可以是形体上不同位置平面和曲面的投影，也可以是孔的投影。如图中 A、B 和 D 线框为平面的投影，线框 C 为曲面的投影，而图5-10中俯视图的圆线框则为通孔的投影。

视图中的每一条图线，则可以是曲面的转向轮廓线的投影，如图5-11中直线2是圆柱的转向轮廓线；也可以是两表面的交线的投影，如图5-11中直线1（平面与平面的交线）、直线3（平面与曲面的交线）；还可以是面的积聚性投影，如图5-11中直线4。

任何相邻的两个封闭线框，应是物体上相交的两个面的投影，或是不平齐的两个面的投影。如图5-11中 A 和 B、B 和 C 都是相交两表面的投影，B 和 D 则是前后平行两表面的投影。

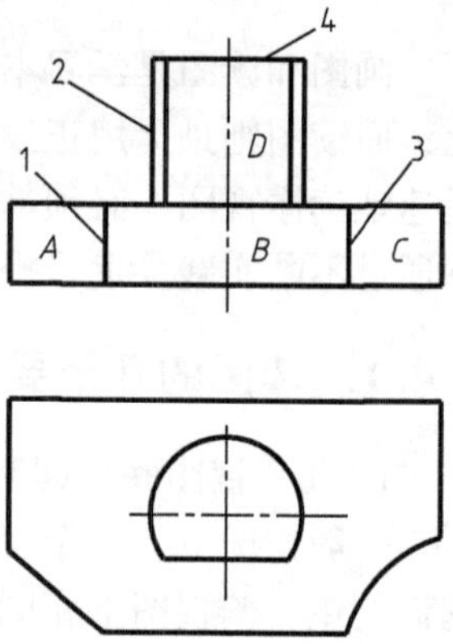

图5-11 线框和图线的含义

5.4.2 读图的基本方法

1. 形体分析法

形体分析法是读图的基本方法，主要用于叠加型组合体的读图。读图时，以体为单位，“分线框、对投影、想形体”，即一般从反映物体特征最多的主视图着手，对照其他视图，初步分析该物体是由哪些基本形体通过什么连接关系形成的。然后按投影特性逐个找出各基本体在其他视图中的投影，以确定各基本体的形状和它们之间的相对位置，最后综合想象出物体的总体形状。下面以图5-12所示的轴承座为例，说明如何运用形体分析法读图。

1）从视图中分离出表示各基本体的线框。

将主视图分为四个线框。每个线框各代表一个基本体，如图5-12a所示。因线框3为左右两个完全相同的三角形，因此主视图可归纳为三个线框。

2）分别找出各线框对应的其他投影，并结合各自的特征视图逐一构思它们的形状。

如图5-12b~d所示，线框1的主俯两视图是矩形。左视图是L形，可以想象出该形体是一块直角板，板上钻了两个圆孔。线框2的主视图是一个带有半圆的矩形，俯视图是一个中间带有两条直线的矩形，其左视图是一个矩形，矩形的中间有一条虚线，可以想象出它的形状是在一个长方体的中上部挖了一个半圆槽。线框3的俯、左两视图都是矩形，因此它们是两块三角形板对称地分布在轴承座的左右两侧。

3）根据各部分的形状和它们的相对位置综合想象出其整体形状，如图5-12e、f所示。

2. 面形分析法

面形分析法主要用于切割体。读图时，以面形为单位，“分线框、对投影、想截面”，即当形体被平面切割时，不论切割体的形状如何，它们的表面投影如果不具有积聚性，一定都是一个封闭线框。从线框入手，将视图上的一个线框看作物体上的一个面（平面或曲面）的投影，利用投影关系，在其他视图中找到对应的图形，分析这个面的投影特性（真实性、积聚性、类似性），想象这个面的形状，并借助立体的概念来想象物体的形状。这种方法称为面形分析法，又称线面分析法。

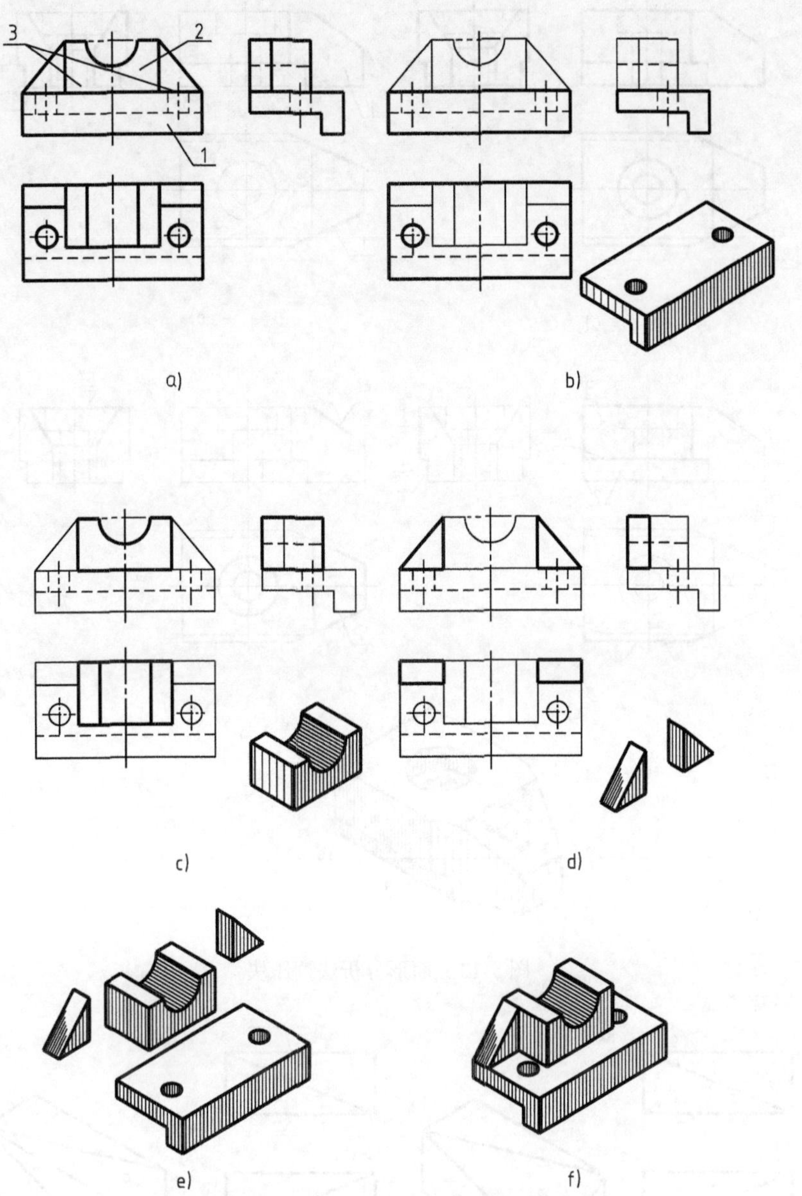

图 5-12 形体分析法读轴承座

下面以图 5-13 所示的压块为例，说明面形分析法的读图方法。

（1）确定物体的整体形状和缺口位置 很多情况下，物体是由基本体通过与投影面垂直的平面截切而成，如图 5-13a 所示，压块三视图的外形均是有缺角或缺口的矩形，可初步认定该物体是由长方体多次截切而成，且中间有一个阶梯形圆柱孔。

个别情况下，截切形体形成的缺口不明显时，可根据形成缺口的截面投影线的虚实来判断，若缺口的截面投影主视图中为实线，表明形体的前方有缺口；俯视图中为实线，表明形体的上方有缺口；左视图中为实线，表明形体的左方有缺口。如图 5-14 所示，主、俯视图中截面投影均为实线，表明形体的前、上方有缺口。

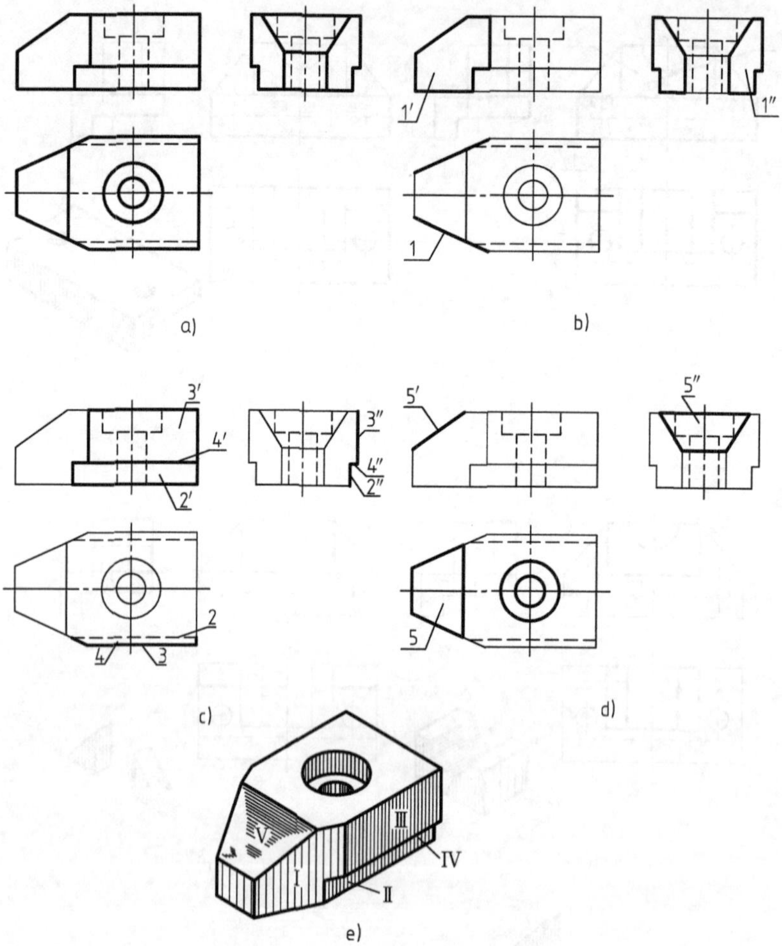

图 5-13　面形分析法读压块

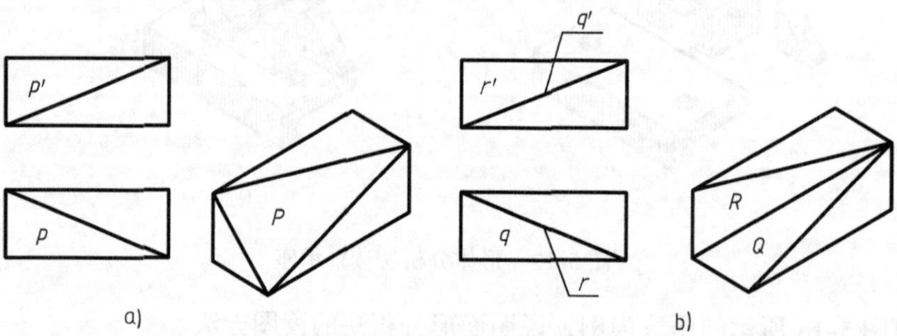

图 5-14　长方体被截切

（2）确定截切面的位置和面的形状　截切面的位置可由截交线的形状来确定。若截交线的投影为图形，说明截切面与该投影面平行或倾斜；若截交线投影为直线，则截切面与该投影面垂直。

图 5-13 中，首先看主视图，主视图中有三个可见的封闭线框。先分析线框 1′。如图 5-13b所示，线框 1′在俯视图中可找出与它对应的投影为斜线 1，表明平面 Ⅰ 面垂直于水平面。平面 Ⅰ 对正面和侧面的投影是类似的七边形线框，表明平面 Ⅰ 相对正面和侧面处于倾

斜位置。由此可知，平面Ⅰ为铅垂面，长方体的左端就是由两个这样的平面切割而成的。

同理分析主视图中的线框2′和3′。可知它们是两个前后错开的矩形平面Ⅱ和Ⅲ，2′和3′是它们的实形投影。分隔开这两个面的是平面Ⅳ，它是一个水平面，如图5-13c所示。长方体的前后两个角被这三个面切去。

接着分析俯视图中的线框5。如图5-13d所示，可知平面Ⅴ是垂直于正面的梯形平面。长方体的左上角是由截平面Ⅴ切割而成，平面Ⅴ对侧面和水平面都处于倾斜位置，所以它们的侧投影5″和水平投影5是类似图形，不反映平面Ⅴ的真实形状。

在看图5-14时，不同的分析方法，可得到不同的结果。图5-14a认为截切形成的主、俯视截切面p'、p类似，表明截切面为一般位置平面。图5-14b认为截切形成的主、俯视截切面q、r'不类似，表明主视图中截面r'对应俯视图中线r，而俯视图中截面q对应主视图中线q'，即R平面为铅垂面，Q平面为正垂面。

(3) 综合想象其整体形状　搞清楚各截切面的空间位置和形状后，根据基本体形状、各截切面与基本体的相对位置，可以综合起来想象出整体形状，如图5-13e所示。

读组合体的视图时，常常需要两种方法并用，以形体分析法为主，遇到难点时借助面形分析法，这样才能较好地读懂视图。

应用中常见的组合体为综合型，读图时，可把整体看作几个基本部分叠加，用形体分析法读图，每一个基本部分的局部看做基本体切割，用面形分析法读图。只有形体分析法与面形分析法相结合，才能快速、准确地读懂复杂组合体的视图。

5.4.3 补视图与补缺线

由两个视图补画第三视图或补画三视图所缺的图线，是培养和检验读图能力的有效手段，因为只有在读懂已知视图并想象出物体形状的基础上，才能正确地补画出第三视图或视图中所缺的图线。

例5-1　根据图5-15a所示的两视图，补画左视图。

首先根据形体分析法，从主视图入手，联系俯视图，可以把整体分解为Ⅰ、Ⅱ、Ⅲ三个部分，

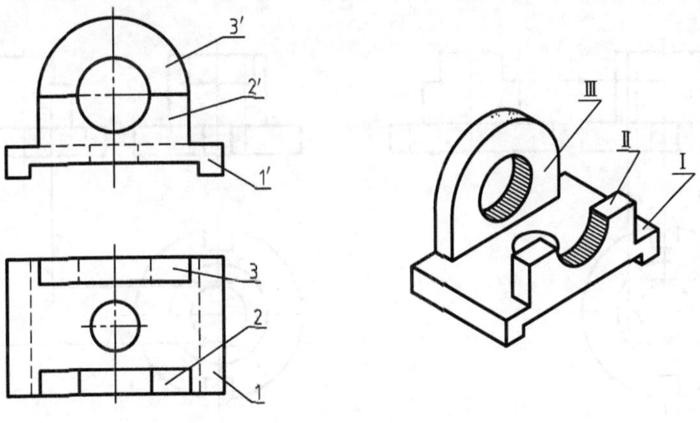

图5-15　补画左视图

然后分别构思每个部分的形状，可以看出Ⅰ为带方槽和圆孔的长方形板、Ⅱ为带半圆孔的长方形板、Ⅲ 为带孔 U 形板。最后根据三者的相对位置关系构思出整体，如图 5-15b 所示。

补画左视图的步骤如图 5-16 所示。

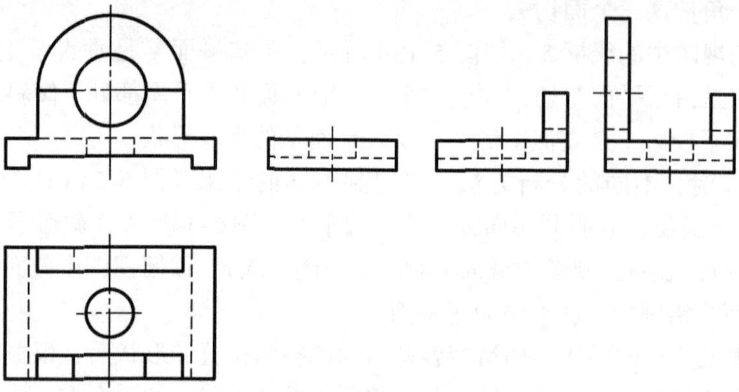

a) 已知两视图　b) 画Ⅰ部分　c) 画Ⅱ部分　d) 画Ⅲ部分

图 5-16　补画左视图的步骤（b→d）

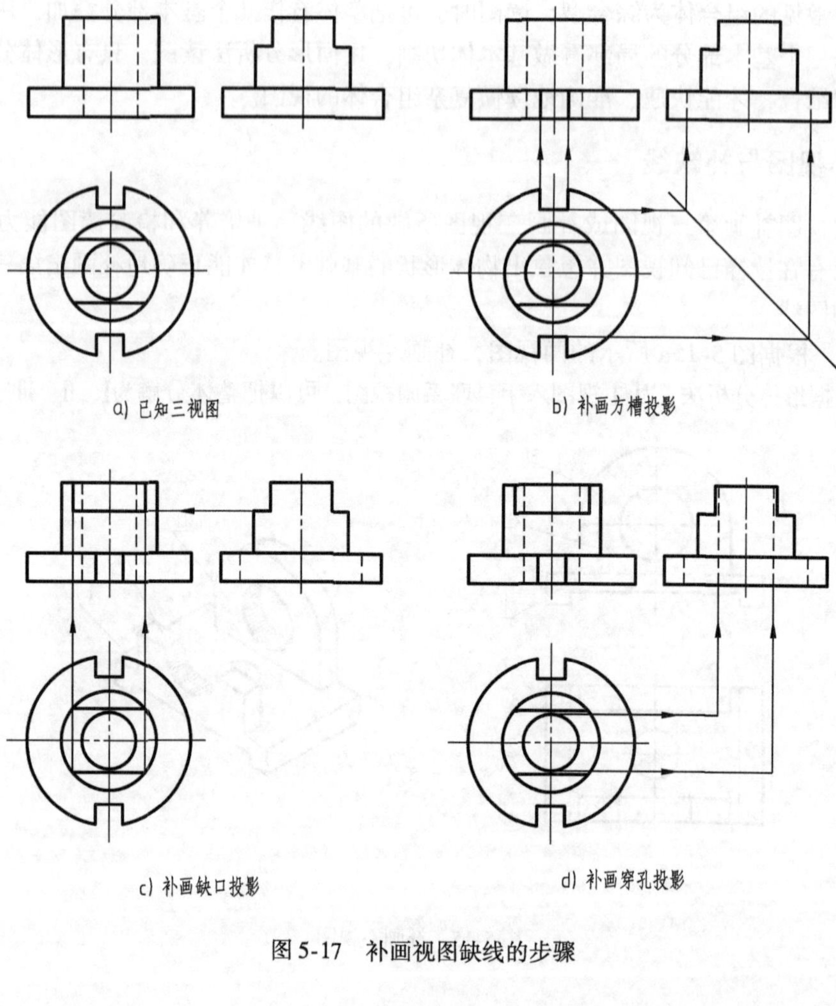

a) 已知三视图　b) 补画方槽投影

c) 补画缺口投影　d) 补画穿孔投影

图 5-17　补画视图缺线的步骤

例 5-2 根据图 5-17a 所示的三视图，补画所缺图线。

根据形体分析可知，该物体由圆柱底板和一小圆柱叠加后，又经切割而成。首先是在圆柱底板的前后切两个方槽，然后在小圆柱的前后切两个缺口，最后在底板和小圆柱上共同穿孔。补画视图缺线的步骤如图 5-17b、c、d 所示。

第 6 章　机械图样画法

基本要求：了解机械图样的基本表示方法，能选用恰当的表示方法表达中等复杂程度的机械零件。

由于机械零件的结构形状是多种多样的，有的仅用前面介绍的三视图来表达就显得不足。为此，国家标准《技术制图》和《机械制图》对机械图样的画法作了相应补充规定。本章所介绍的视图、剖视图、断面图以及其他各种基本表示法，可完整、清晰、简便地表达各种零件的结构形状。

6.1　视图

视图是根据有关标准和规定，用正投影绘出物体的图形，主要用来表达物体的可见部分，必要时可用虚线表示不可见部分。视图通常包括基本视图、向视图、局部视图和斜视图四种。

6.1.1　基本视图

物体向基本投影面投射所得的视图称为基本视图。正六面体的六个面称为基本投影面，如图 6-1 所示。

基本视图名称及投射方向如下：

主视图——由前向后投射；

俯视图——由上向下投射；

左视图——由左向右投射；

右视图——由右向左投射；

仰视图——由下向上投射；

后视图——由后向前投射。

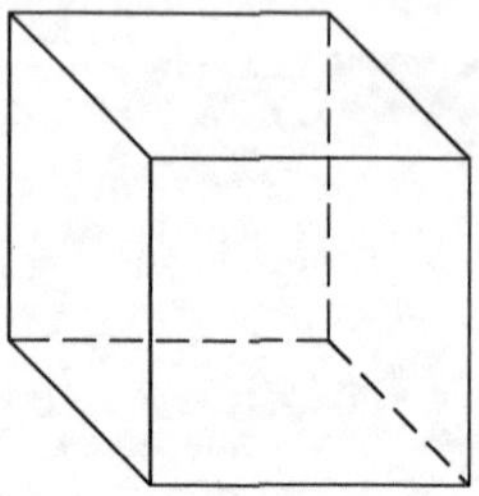

a) 六个基本投影面

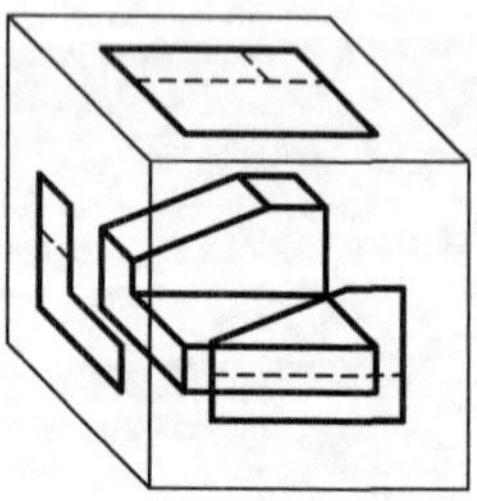

b) 右、后、仰视图的形成

图 6-1　基本视图的形成

各投影面的展开如图 6-2 所示。各视图配置如图 6-3 所示，通常不标注名称，相互仍保持“长对正，高平齐，宽相等”的投影关系。

6.1.2　向视图

在实际绘图中，六个基本视图若不能按图 6-3 所示的位置配置，可按国家标准规定自由配置视图，称为向视图。

为了便于读图，应在向视图上方标出视图名称（如“*A*”，“*B*”等），在相应的视图附近用箭头指明投射方向，并注上相同的字母，如图 6-4 所示。

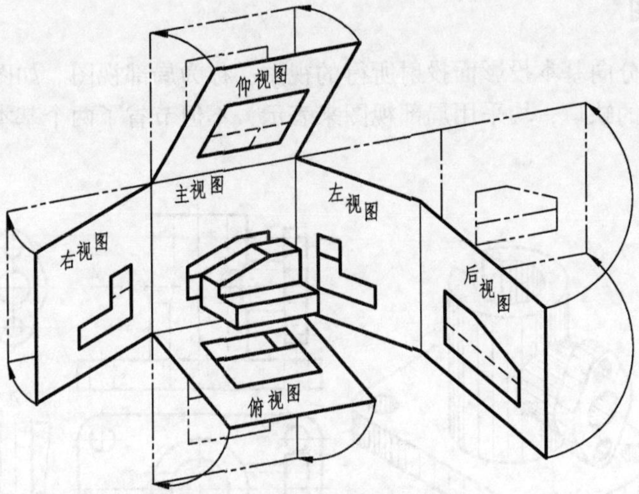

图 6-2　六个基本投影面的展开

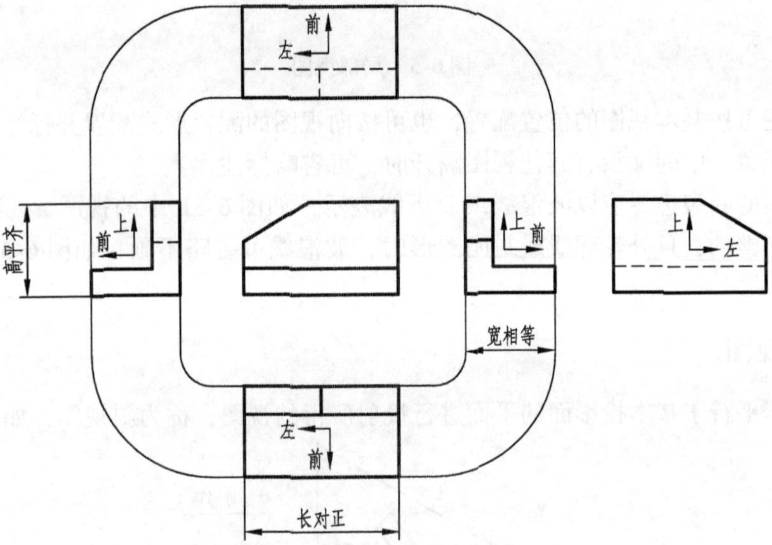

图 6-3　六个基本视图的配置

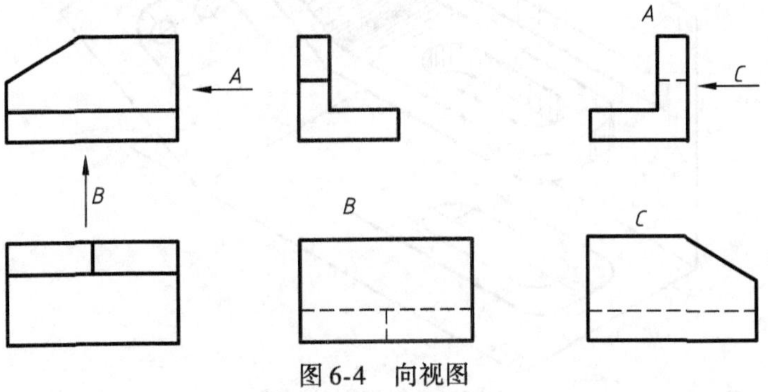

图 6-4　向视图

6.1.3 局部视图

将物体的一部分向基本投影面投射所得的视图，称为局部视图。如图 6-5 所示，零件左侧的连接板与右侧的缺口，均采用局部视图来表示，不但节省了两个基本视图，而且表达清晰，简单明了。

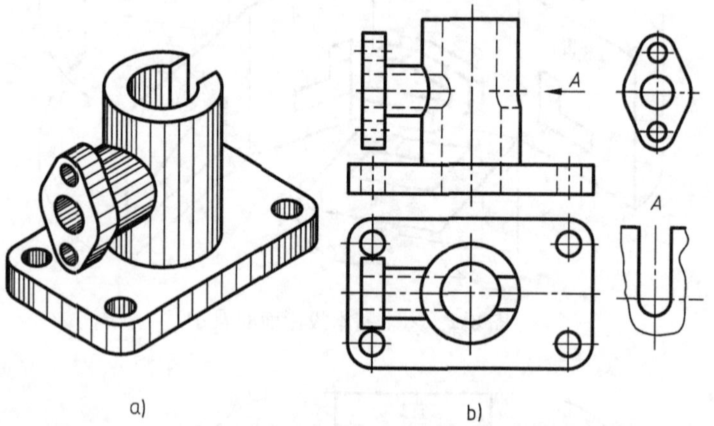

图 6-5 局部视图

局部视图可按基本视图的位置配置，也可按向视图的配置形式配置并标注。当局部视图按投影关系配置，中间又没有其他视图隔开时，可省略标注。

局部视图的断裂边界应以波浪线或双折线表示，如图 6-5b 中的视图 *A*。当其所表示的局部结构是完整的，且外轮廓线成封闭图形时，波浪线可省略不画，如图 6-5b 中的连接板视图。

6.1.4 斜视图

物体向不平行于基本投影面的平面进行投射所得的视图，称为斜视图，如图 6-6 所示。

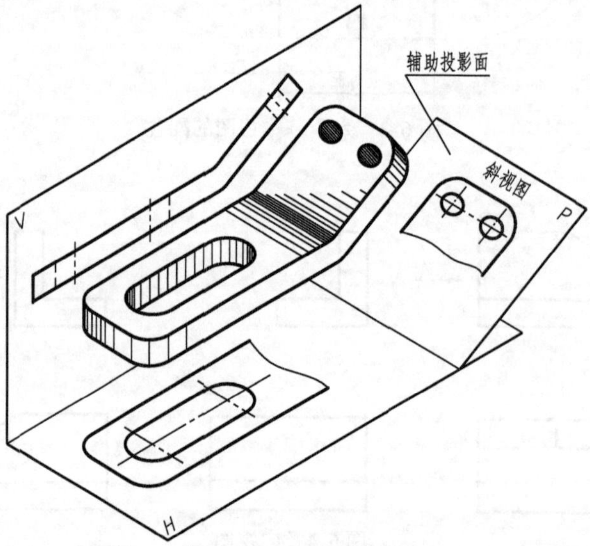

图 6-6 斜视图的形成

斜视图通常按向视图的配置形式配置并标注，如图 6-7a 所示。必要时允许将斜视图旋转配置，但需要在该视图上方画出旋转符号，旋转符号高度等于字高，箭头方向与实际旋转方向一致，并在旋转符号的箭头端写上相应的字母，如图 6-7b 所示。斜视图的断裂线用波浪线或双折线表示，如图 6-7 中的视图 *A*。

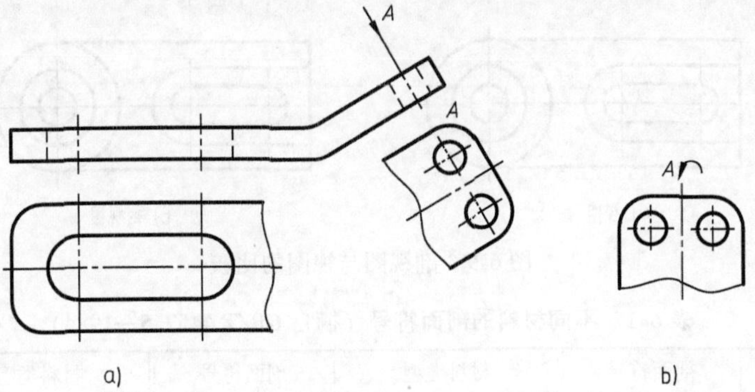

图 6-7　斜视图

6.2　剖视图

当零件的内部结构比较复杂时，视图上会出现较多的虚线。当虚线较多时，就会给看图和标注尺寸带来一定的困难。为此，国家标准中规定用剖视解决这个问题。

6.2.1　剖视的概念

1. 剖视图的形成

假想用剖切面剖开物体，将处在观察者和剖切面之间的部分移去，而将其余部分向投影面投射所得的图形称为剖视图，简称剖视，如图 6-8 所示。图 6-9a 所示的视图，主视图中的虚线较多，不够清晰。图 6-9b 采用剖视图后，原来不可见的部分变为可见，虚线变为实线，加上剖面线后图形就清晰多了。

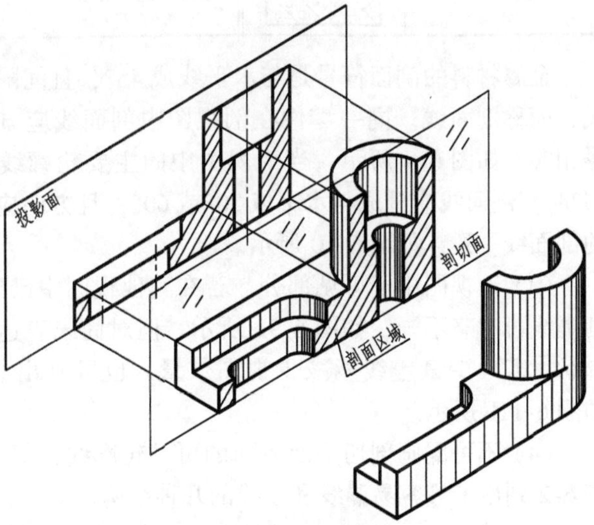

图 6-8　剖视图的形成

2. 画剖视图应注意的事项

（1）剖视图是用剖切面假想地剖开物体，所以，当物体的一个视图画成剖视图后，其他视图的完整性不受影响，仍按完整视图画出。

（2）在绘制剖视图时，通常应在剖面区域画出剖面符号。表 6-1 所列为各种材料的剖面符号。

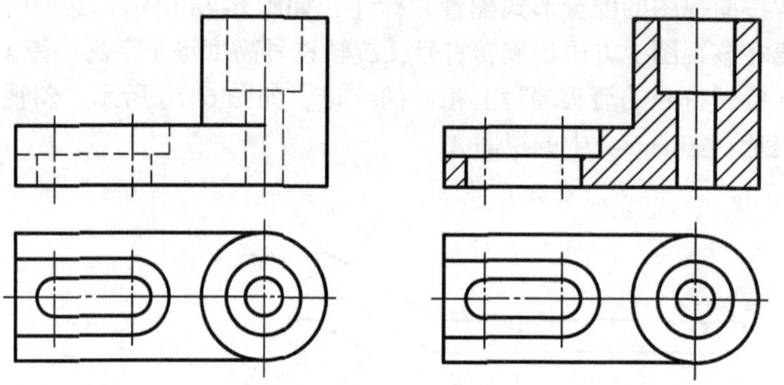

a) 视图　　b) 剖视图

图 6-9　剖视图与视图的比较

表 6-1　不同材料的剖面符号（摘自 GB/T 4457.5—1984）

材料类型	剖面符号	材料类型	剖面符号	材料类型	剖面符号
金属材料(已有规定剖面符号者除外)	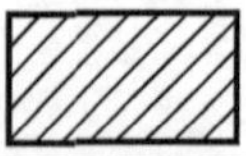	非金属材料(已有规定剖面符号者除外)	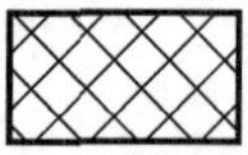	线圈绕组元件	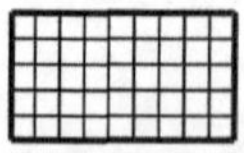
型砂、填砂、粉末冶金、砂轮、陶瓷刀片等	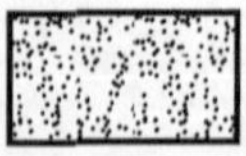	液体	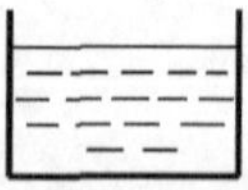	木材纵断面	
转子、电枢、变压器和电抗器等叠钢片		玻璃及供观察用的其他透明材料		木材横剖面	
混凝土	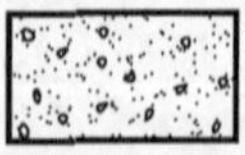	砖	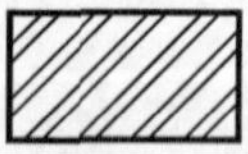	木质胶合板(不分层数)	
钢筋混凝土	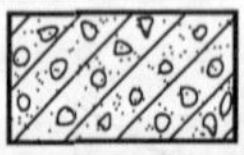	基础周围的泥土		格网(筛网、过滤网等)	

金属材料的剖面符号是与水平线成 45°，且间隔相等的细实线，简称剖面线。同一零件在剖视图中剖面线应方向一致、间隔相等，如图 6-9 所示；当剖视图中的主要轮廓线与水平线成 45°时，剖面线应画成与水平成 30°或 60°，且方向应与其他视图的剖面线一致，如图 6-10 所示。

（3）剖视图中不可见部分，若在其他视图中已经表达清楚，则虚线可省略不画，如图 6-9b 所示。但对尚未表达清楚的结构形状，若画少量虚线能减少视图数量，也可画出必要的虚线，如图 6-11b 所示。

（4）不可漏画剖切平面后面的可见轮廓线，但也不可多画。表 6-2 列出了最容易漏线和多线的几种结构。

6.2.2　剖视图的种类

根据剖视图被剖切的范围，剖视图分为三种：全剖视图、

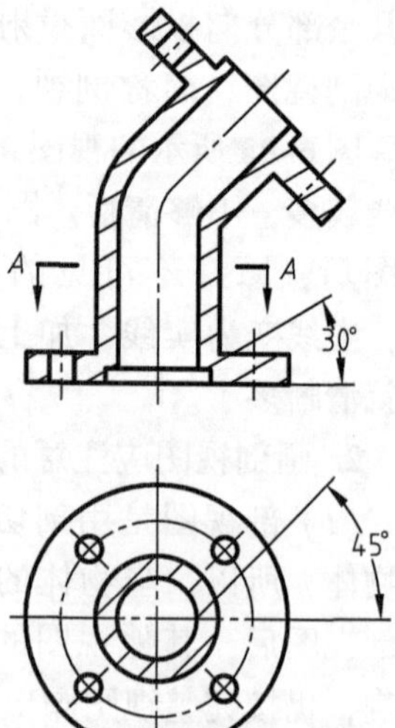

图 6-10　剖面线的绘制

半剖视图和局部剖视图。

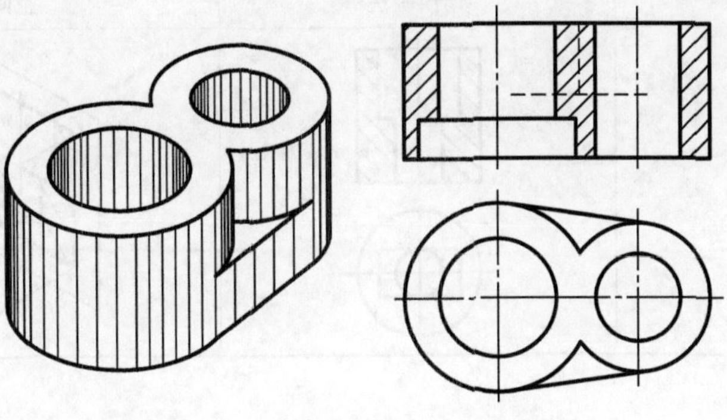

a)　　　　b)

图 6-11　剖视图中必要的虚线

表 6-2　剖视图中最容易漏线和多线的结构

正确画法	错误画法	空间投影情况
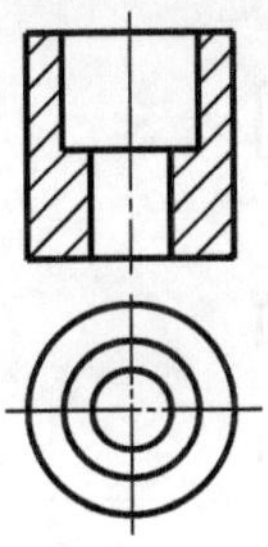	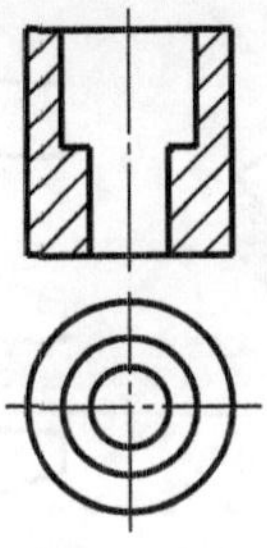	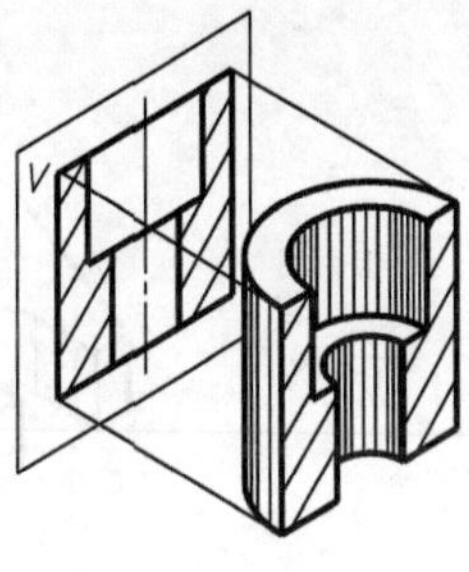
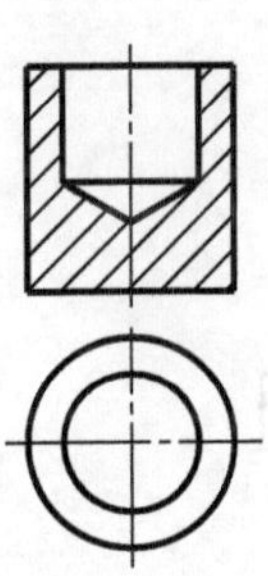	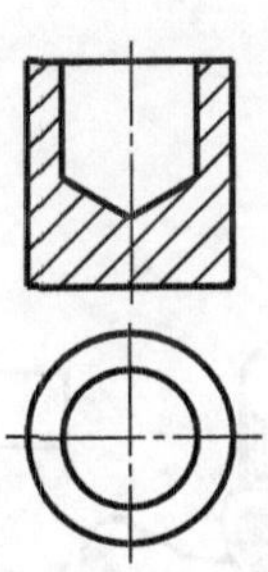	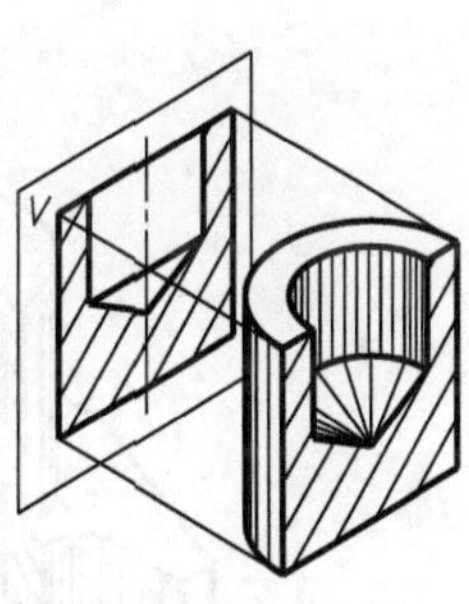
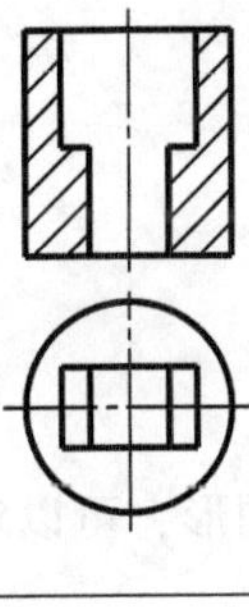	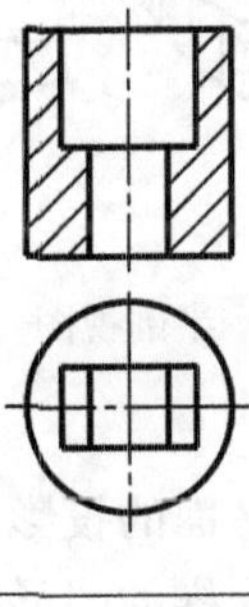	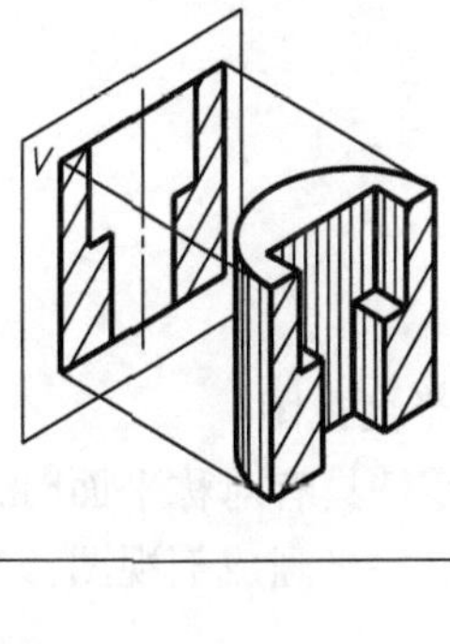

（续）

正确画法	错误画法	空间投影情况
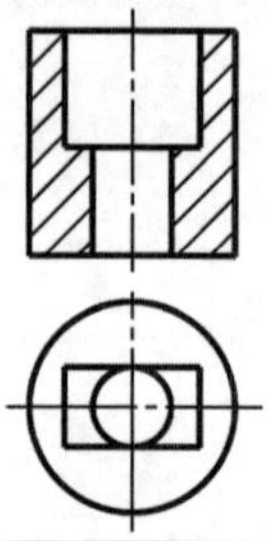	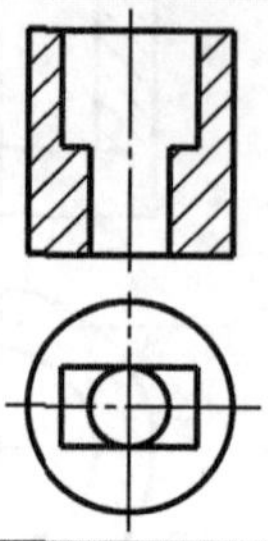	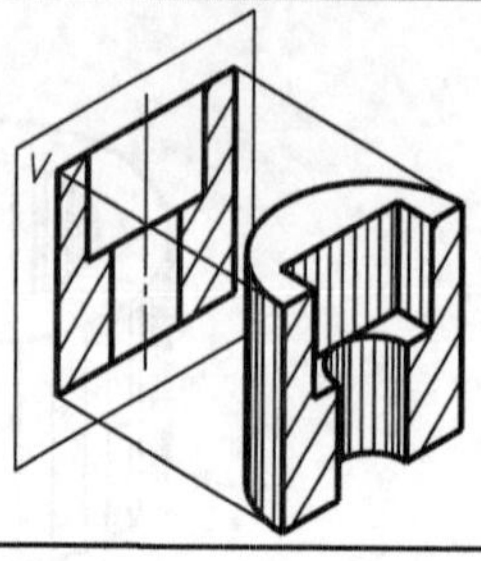

1. 全剖视图

用剖切面完全地剖开零件所得的剖视图称为全剖视图。由于全剖视图是将零件完全地剖开，零件外形的投影受到影响。因此，全剖视图适用于内部复杂、外形简单或外形较复杂但已在其他视图上表达清楚的零件，如图6-9b、图6-11b所示。

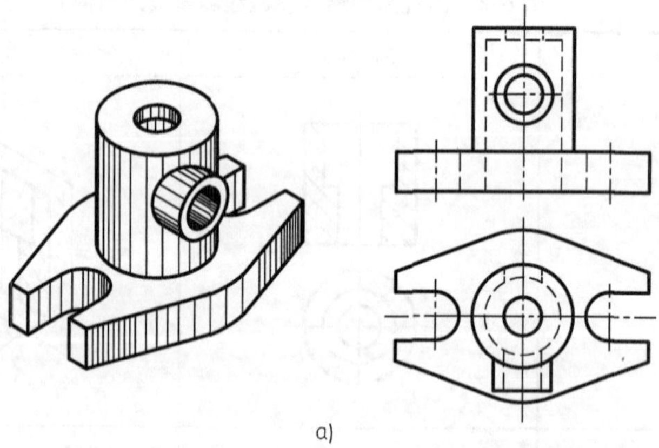

a)

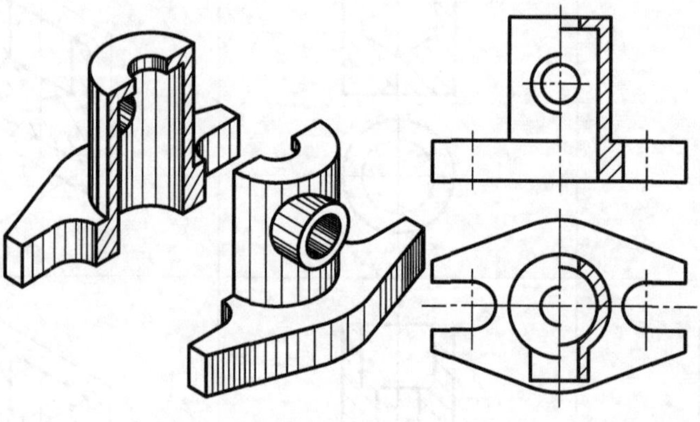

b)

图6-12　半剖视图

2. 半剖视图

当零件具有对称平面时，向垂直于对称平面的投影面上投射所得的图形，可以对称中心线为界，一半画成剖视图，一半画成视图，这样的图形称为半剖视图。

图6-12a所示的零件，左右对称，主、俯视图都可以画成半剖视图，如图6-12b所示。

半剖视图适用于内、外形状比较复杂的对称零件。但当零件的形状接近对称，且不对称部分已另有图形表达时，也可以画成半剖视图。

画半剖视图时应注意两点：

(1) 半个视图与半个剖视图以细点画线为界；

(2) 半个视图中的虚线不必画出。

半个剖视图的位置，通常按以下原则配置：若对称线为竖直线时，剖视图位于右侧，如图6-12b所示；若对称线为水平线时，剖视图位于下方。

3. 局部剖视图

用剖切面局部地剖开零件所得的剖视图，称为局部剖视图，如图6-13所示。局部剖视图与视图的边界为波浪线。

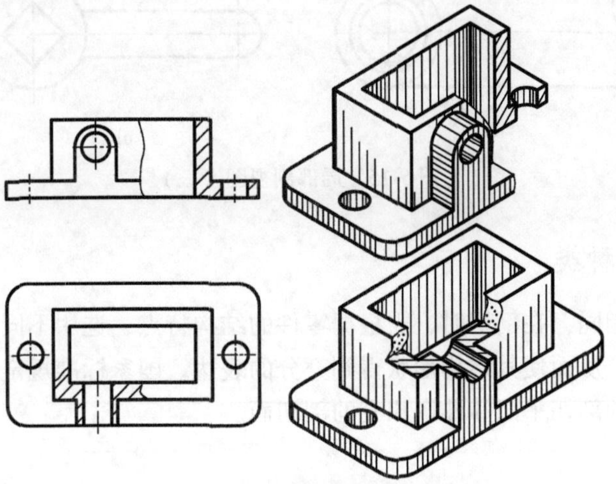

图6-13　局部剖视图（一）

局部剖视图主要用于只需表达局部结构，又不宜采用全剖视图或半剖视图的零件，如图6-14所示。

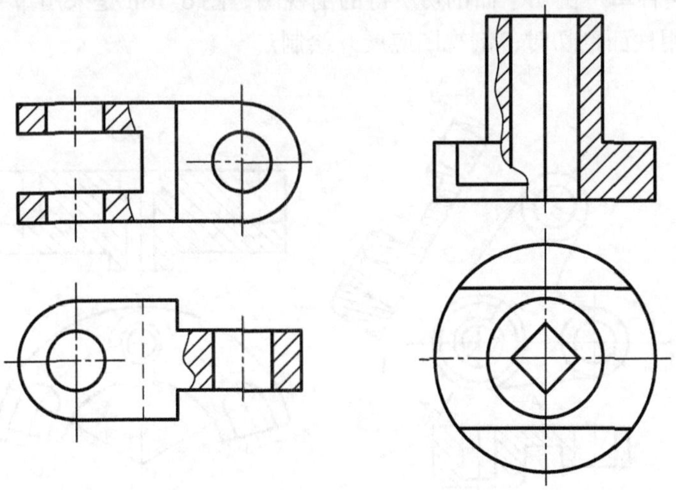

a)　　b)

图6-14　局部剖视图（二）

画局部剖视图时应注意以下几点：

（1）波浪线应画在零件表面的实体部分，不能画在孔槽处，也不能超出形体的外形轮廓线；

（2）波浪线不能与其他图线重合，也不应画在轮廓线的延长线上；

（3）当被剖切的局部结构为回转体时，允许将回转中心线作为局部剖视图与视图的分界线，如图 6-15a 所示。图 6-15b 中的方孔，属非回转体，故不可用中心线代替波浪线。

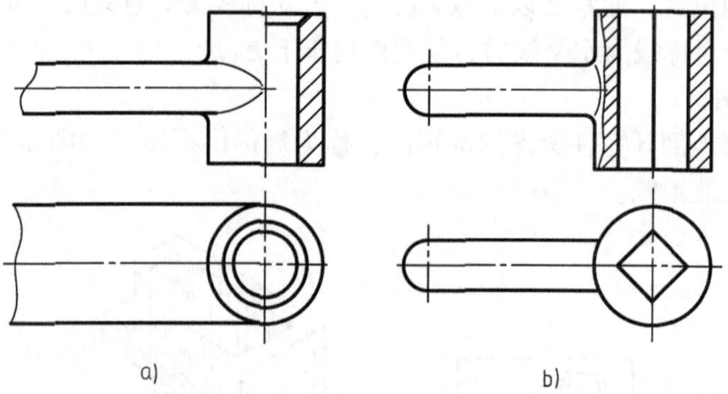

图 6-15　局部剖视图（三）

6.2.3　剖切面的种类

由于零件各不相同，在剖切时，需根据零件的结构特点，选用不同数量、位置和形状的剖切面来剖开零件，从而使其结构形状得到充分的表达。国家标准规定了三种剖切面：单一剖切面、几个平行的剖切平面和几个相交的剖切面。

1. 单一剖切面

单一剖切面可以是平面，也可以是柱面。单一剖切平面也有两种情况，一种是平行于基本投影面的剖切平面，另一种是不平行于基本投影面的剖切平面。图 6-16a 中的 *A*—*A*、*B*—*B* 是采用不同的两种单一剖切平面剖切所得的剖视图。图 6-16b 是采用单一柱面剖切而获得的剖视图。当采用柱面剖切时，剖视图应展开绘制。

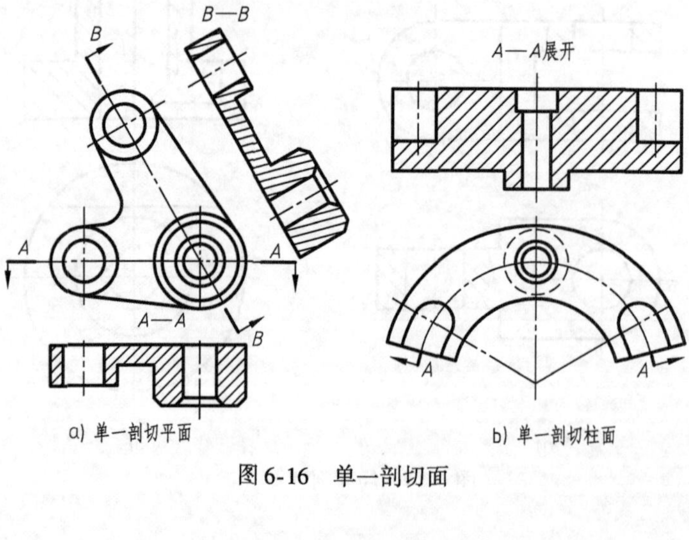

图 6-16　单一剖切面

2. 几个平行的剖切平面

几个平行的剖切平面是指两个或两个以上平行的剖切平面，并且要求各剖切平面的转折处必须是直角。图6-17所示零件是采用三个平行的剖切平面剖切而获得的剖视图。

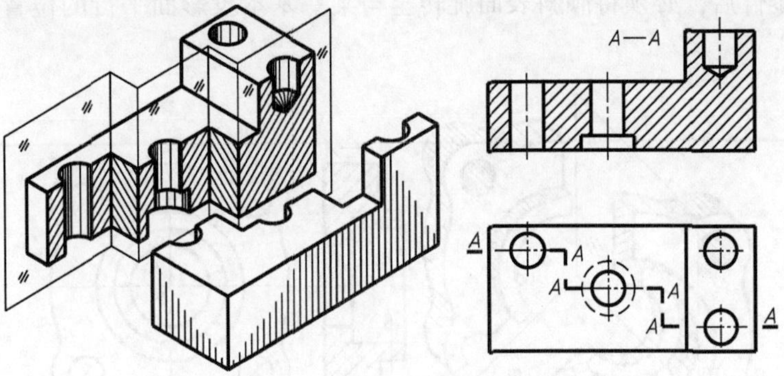

图6-17　几个平行的剖切平面

采用几个平行的剖切平面画剖视图时应注意几个问题：

（1）不应在剖视图中画出各剖切平面转折处的投影，如图6-18a所示，同时剖切平面转折处也不应与图形中的轮廓线重合，如图6-18b所示；

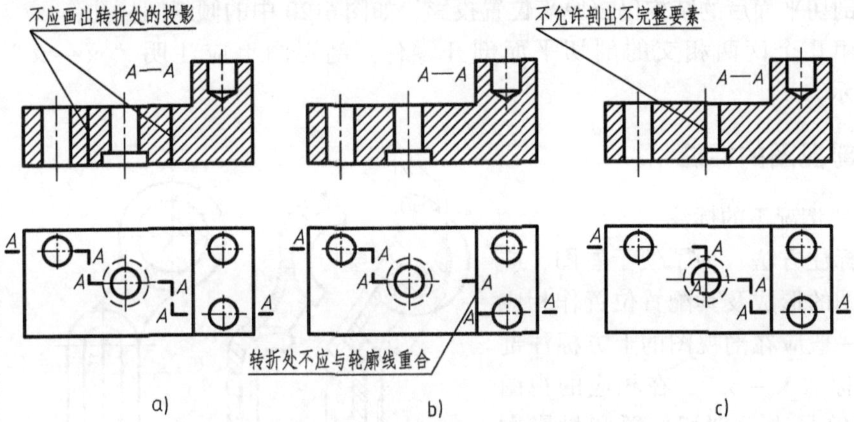

图6-18　几个平行的剖切平面剖切时应注意的问题

（2）选择剖切平面位置时，应注意在图形上不应出现不完整要素，如图6-18c所示；

（3）当两个要素在图形上具有公共对称中心线或轴线时，可以对称中心线或轴线为界各画一半。剖面区域中剖面线间隔应一致，如图6-19所示。

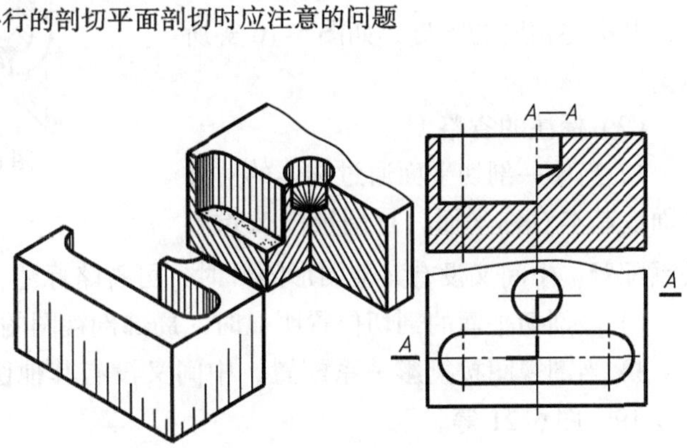

图6-19　具有公共对称中心线时各剖一半的画法

3. 几个相交的剖切面（交线垂直于某一投影面）

几个相交的剖切面是指两个或两个以上相交的剖切平面，并且交线垂直于某一投影面。剖切面可以是平面，也可以是柱面。图 6-20 所示为两个相交的剖切平面。

采用几个相交的剖切平面画剖视图时，应注意几个问题：

（1）剖开零件后，必须将倾斜表面旋转至与某一基本投影面平行的位置后再进行投影，如图 6-20 所示；

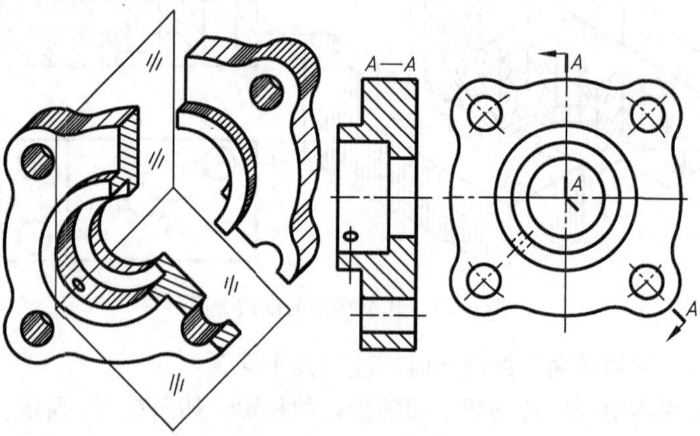

图 6-20　两个相交的剖切平面

（2）剖切平面后的结构仍按原来位置投影，如图 6-20 中的倾斜圆柱孔；

（3）用几个两两相交的剖切平面剖开零件，剖视图上应注明“×—×”展开，如图 6-21所示。

6.2.4　剖视图的标注

1. 一般情况下的标注

（1）标注方法　为了便于看图，应根据剖视图的形成及其配置位置作相应的标注。一般应在剖视图的上方标注剖视图的名称“×—×”，在相应的视图上用剖切符号表示剖切位置和投影方向，并标注相同的字母，如图 6-16 等所示。

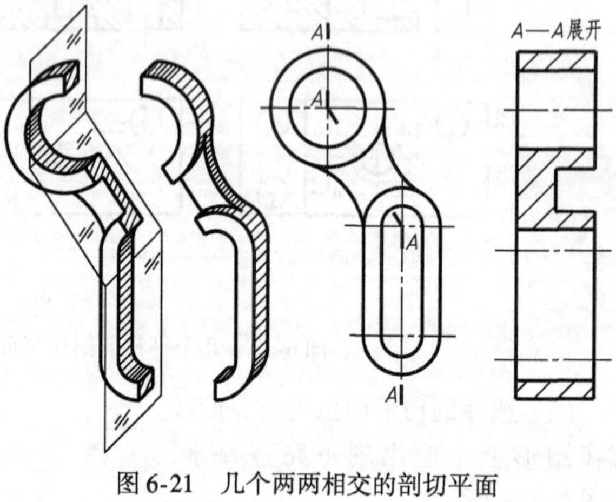

图 6-21　几个两两相交的剖切平面

（2）标注的省略

1）当单一剖切平面通过物体的对称平面或基本对称平面，且剖视图按投影关系配置，中间又没有其他图形隔开时，可省略标注，如图 6-9b、图 6-11、图 6-12 等。

2）当剖切平面的剖切位置明显时，局部剖视图的标注可省略，如图 6-13 ~ 图 6-15 等。

3）当剖视图按投影关系配置，中间又没有其他图形隔开时，可省略箭头，如图 6-17、图 6-19、图 6-21 等。

2. 特殊情况下的标注

（1）几个剖切平面分别剖开零件，得到的剖视图为相同的图形时，可按图 6-22 的形式标注。

(2) 用一个公共剖切平面剖开零件，按不同投射方向投射得到两个剖视图，应按图6-23的形式标注。

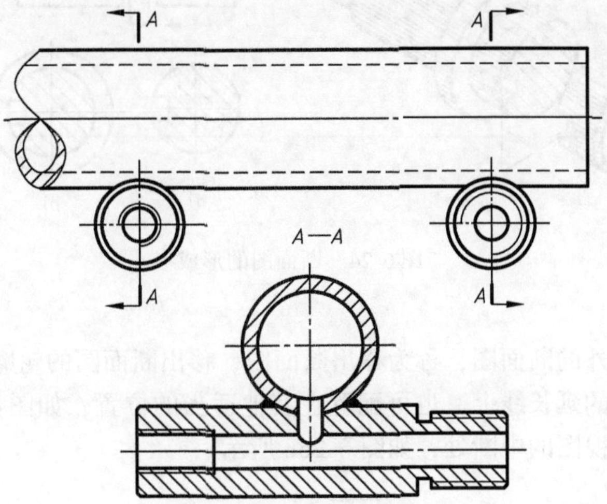

图6-22　剖视图的标注（一）

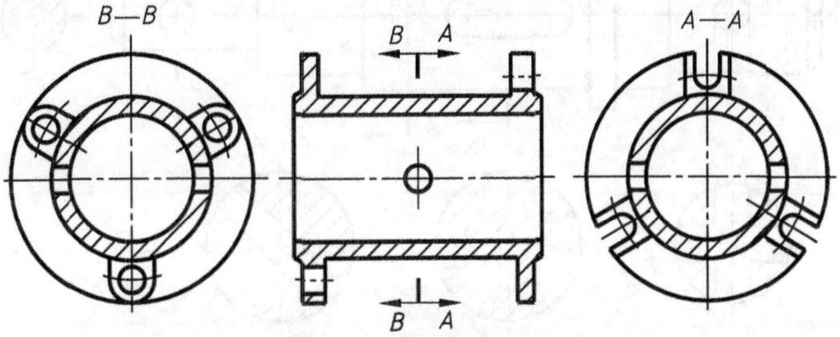

图6-23　剖视图的标注（二）

6.3　断面图

6.3.1　断面图的概念

假想用剖切面将物体的某处切断，仅画出剖切面与物体接触部分的图形，称为断面图，如图6-24a 所示。

画断面图时，应注意断面图与剖视图的区别。图6-24b 为剖视图，剖切面后面部分也应画出。

断面图通常用来表示物体上某一局部的断面形状。如零件上的肋板、轮辐，轴上的键槽、孔、凹坑及各种型材的断面形状等。

6.3.2　断面图的分类及画法

断面图分为移出断面图和重合断面图。

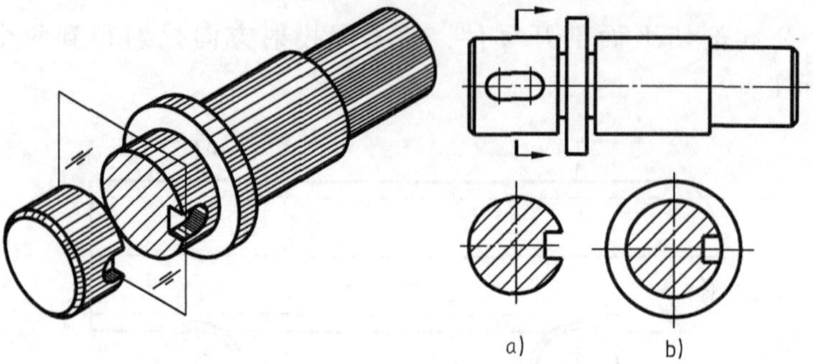

图 6-24　断面图的形成

1. 移出断面图

画在视图轮廓之外的断面图，称为移出断面图。移出断面图的轮廓线用粗实线画出，优先配置在剖切位置线的延长线上，也可配置在其他适当的位置，如图 6-25 所示。当断面图对称时，也可配置在视图的中断处，如图 6-26a 所示。

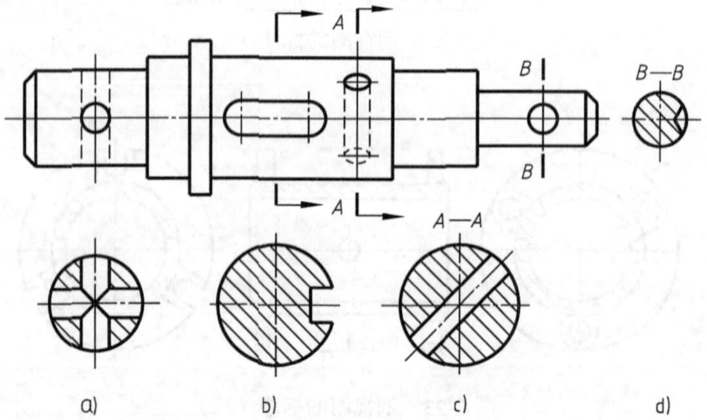

图 6-25　移出断面图的配置及画法（一）

画移出断面图时应注意以下几点：

（1）当剖切平面通过由回转面形成的孔或凹坑的轴线时，这些结构应按剖视绘制，如图 6-25a、c、d 的断面；

（2）由两个或多个相交的剖切平面剖切所得的移出断面图，中间一般应断开绘制，如图 6-26b 所示；

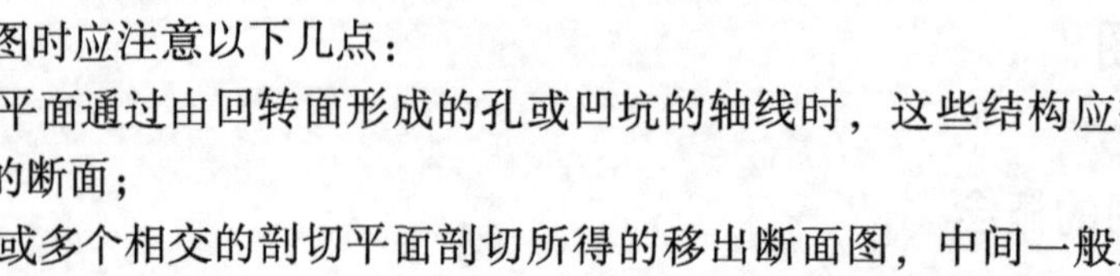

图 6-26　移出断面图的配置及画法（二）

（3）当剖切平面通过非圆孔，导致出现完全分离的两个断面图时，应按剖视图绘制，如图6-27a所示。

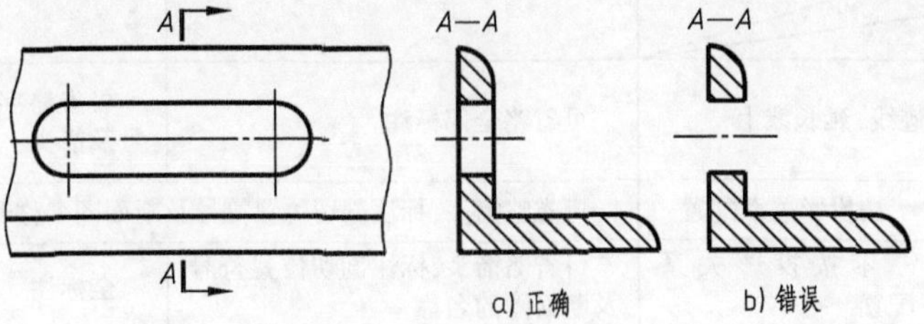

图6-27　移出断面图的画法

2. 重合断面图

画在视图轮廓线之内的断面图，称为重合断面图，如图6-28所示。

重合断面图的轮廓线用细实线绘制。当视图中的轮廓线与重合断面图的轮廓线重叠时，视图中的轮廓线应连续画出，不可间断，如图6-28b所示。

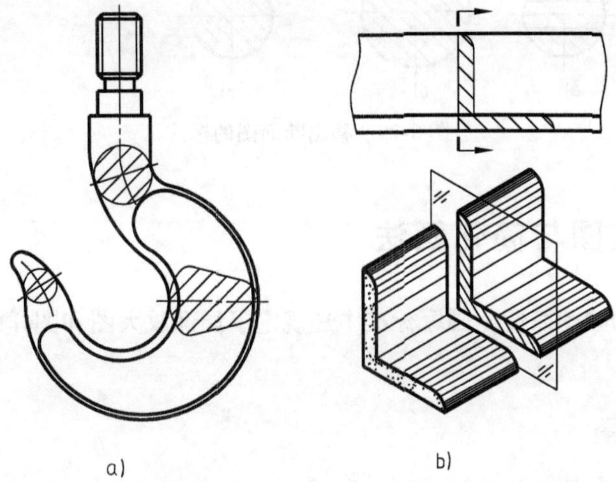

图6-28　重合断面图的画法

6.3.3　断面图的标注

1. 移出断面图的标注

一般用剖切符号表示剖切位置，用箭头表示投射方向，并注上字母，在断面图的上方用同样的字母标出相应的名称“×—×”，如图6-25中*A*—*A*断面。但在一些情况下，标注可省略，具体标注见表6-3及图6-29。

2. 重合断面图的标注

相对于剖切位置线对称的重合断面不必标注，如图6-28a所示。对于非对称的重合断面图，应标注剖切位置符号及投影方向，如图6-28b所示。

表 6-3 移出断面图的标注方法

<table>
<tr><th colspan="2">断面形状
标注情况
配置位置</th><th>对称断面图</th><th>非对称断面图</th></tr>
<tr><td colspan="2">在剖切符号(或剖切迹线)延长线上</td><td>可省略全部标注</td><td>可省略字母,只标注剖切位置符号及箭头</td></tr>
<tr><td rowspan="2">不在剖切符号(或剖切迹线)延长线上</td><td>按投影关系配置</td><td colspan="2">可省略箭头,标注剖切位置符号及断面图名称</td></tr>
<tr><td>不按投影关系配置</td><td>可省略箭头,标注剖切位置符号及断面图的名称</td><td>全标注</td></tr>
</table>

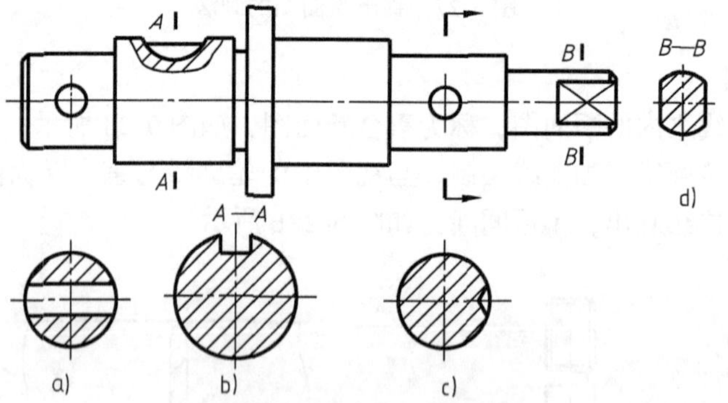

图 6-29 移出断面图的标注

6.4 局部放大图与简化画法

为使图形清晰和画图简便，国家标准中还规定了局部放大图和图样的简化画法，供绘图时选用。

6.4.1 局部放大图

将图样中所表示物体的部分结构，用大于原图的比例绘出的图形，称为局部放大图，如图 6-30、图 6-31 所示。

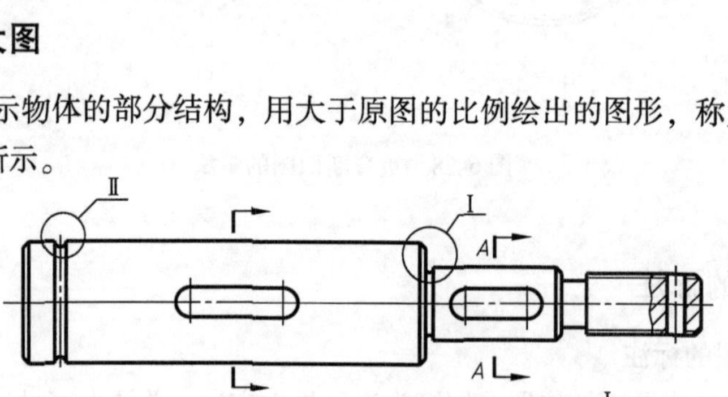

图 6-30 局部放大图（一）

局部放大图可以画成视图、剖视图、断面图的形式，与被放大部分的表示形式无关，并尽量配置在被放大部位的附近。

画局部放大图时还应注意几点：

(1) 用细实线圈出被放大的部位，当同一零件上有几处需要放大时，必须用罗马数字依次标明被放大的部位，并在局部放大图上方标出相应的罗马数字和所采用的比例，如图6-30所示，若只有一处被放大时，在局部放大图上方只需注明所采用的比例即可，如图6-31 所示；

(2) 同一零件上不同部位的局部放大图，当图形相同或对称时，只需画出一个；

(3) 必要时，可用几个图形来表达同一个被放大部位的结构，如图6-31 所示。

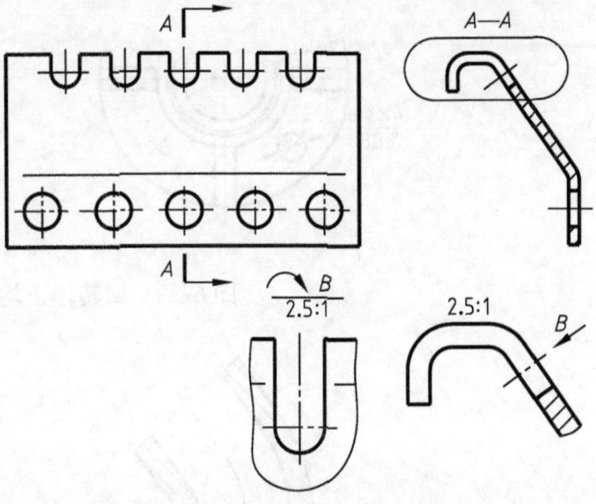

图6-31 局部放大图（二）

6.4.2 简化画法与其他规定画法

1. 零件上的肋、轮辐等结构的画法

对于零件上的肋、轮辐及薄壁等，如按纵向剖切，这些结构都不画剖面符号，用粗实线将其与相邻接部分分开，如图6-32所示。

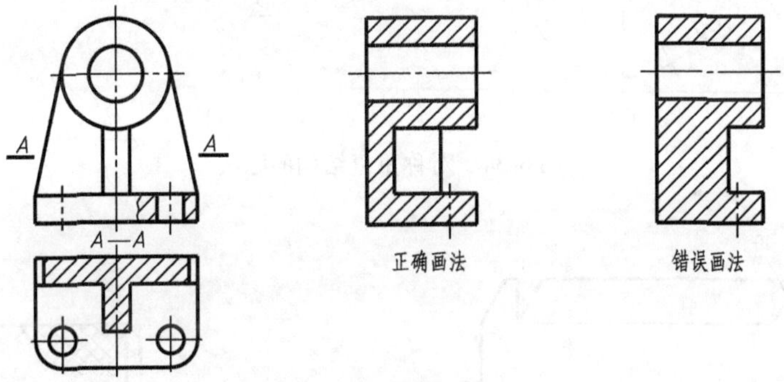

图6-32 肋的简化画法

带有均匀分布结构要素的回转零件，需要绘制剖视图时，可将其结构要素转到剖切平面上绘制，如图6-33 所示。

2. 重复结构的画法

零件中成规律分布的重复结构，允许只绘制出其中的一个或几个完整的结构，并反映分布情况，如图 6-34a 所示。对称的重复结构，用细点画线表示各对称要素的位置，如图6-34b所示。不对称的重复结构，则用相连的细实线代替，如图6-35 所示。

3. 网状结构的画法

滚花、槽沟等网状结构一般用粗实线将局部表达出来，如图6-36 所示。

4. 等径的孔的简化画法

等径且成规律分布的孔（圆孔、螺纹孔、沉孔等），可以仅画一个或少量几个，其余只需用细点画线表示其中心位置，但在零件图中要注明孔的总数，如图6-37 所示。

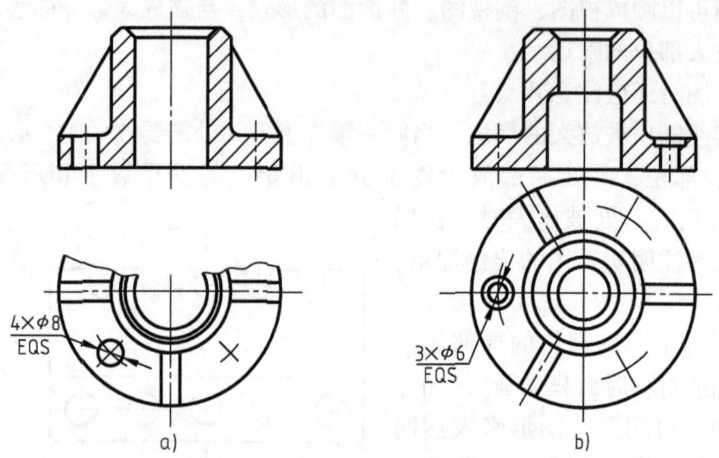

图 6-33 回转体上均布的肋、孔的画法

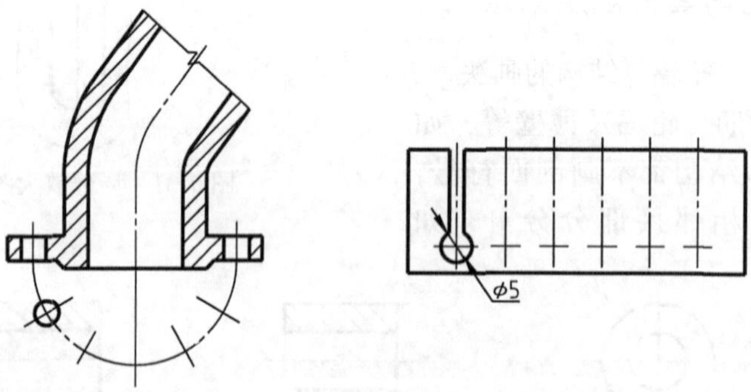

图 6-34 对称重复结构的画法

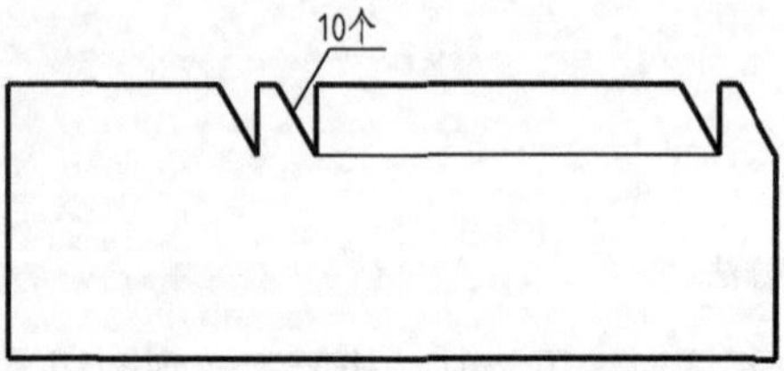

图 6-35 不对称重复结构的画法

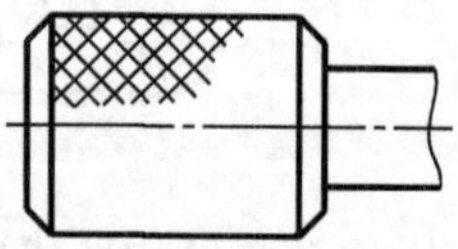

图 6-36 网状结构的简化画法

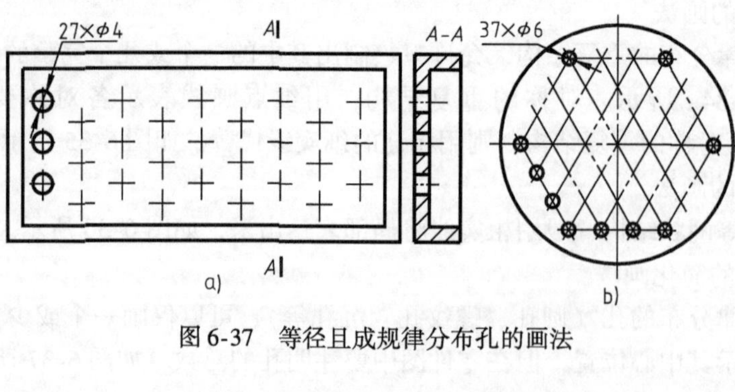

图 6-37 等径且成规律分布孔的画法

5. 平面的表示法

为了避免增加视图、剖视图或断面图，可用两条相交成对角的细实线表示平面，如图 6-38 所示。

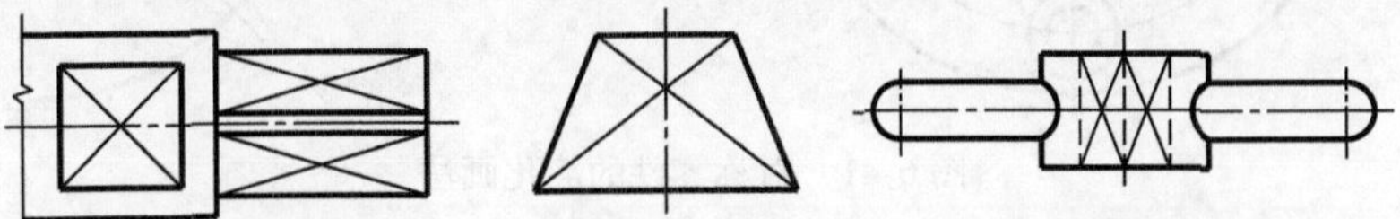

a) 轴上矩形平面的画法　b) 棱锥上平面的画法　c) 方孔内矩形平面的画法

图 6-38　平面的表示法

6. 较小斜度和锥度结构的画法

零件上较小的斜度和锥度等结构，如在一个图形中已表达清楚时，其他图形可按小端画出，如图 6-39 所示。

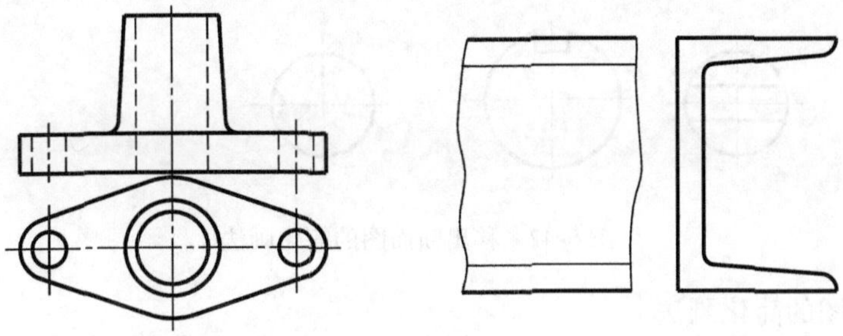

a)　b)

图 6-39　较小斜度和锥度结构的画法

7. 较长零件的简化画法

较长零件（轴、杆、型材、连杆等）沿长度方向的形状一致或按一定规律变化时，可断开绘制，如图 6-40 所示。

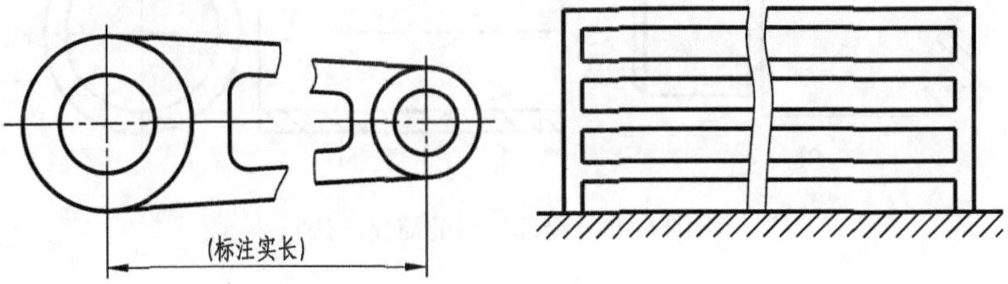

a)　b)

图 6-40　较长零件的简化画法

8. 对称零件的简化画法

在不致引起误解时，对于对称零件的视图可以只画一半或四分之一，并在对称中心线的两端画出两条与其垂直的平行细实线，如图 6-41 所示。

9. 移出断面图的简化画法

在不致引起误解时，零件图中的移出断面允许省略剖面符号，但剖切符号和断面图的名

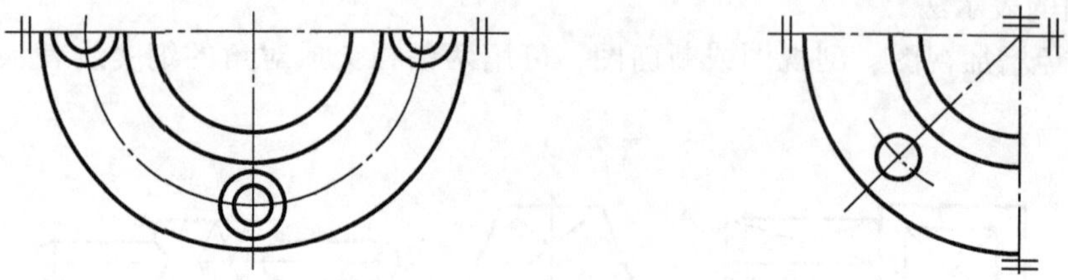

图 6-41 对称零件的简化画法

称，必须按照断面图的标注规则标出，如图 6-42 所示。

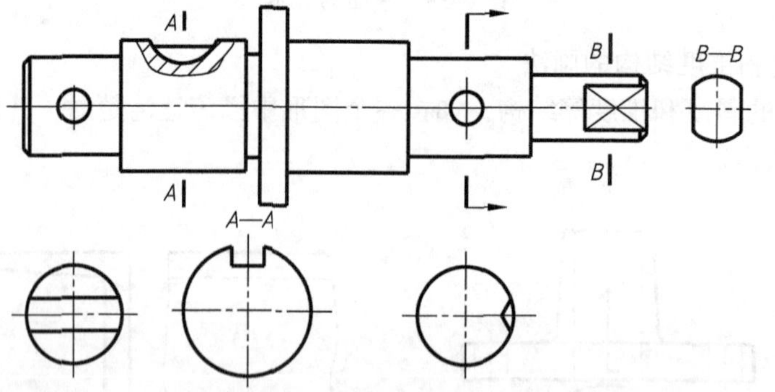

图 6-42 移出断面图的简化画法

10. 局部视图的简化画法

零件上对称结构的局部视图可配置在视图上所需表示物体局部结构的附近，如图 6-43 所示。

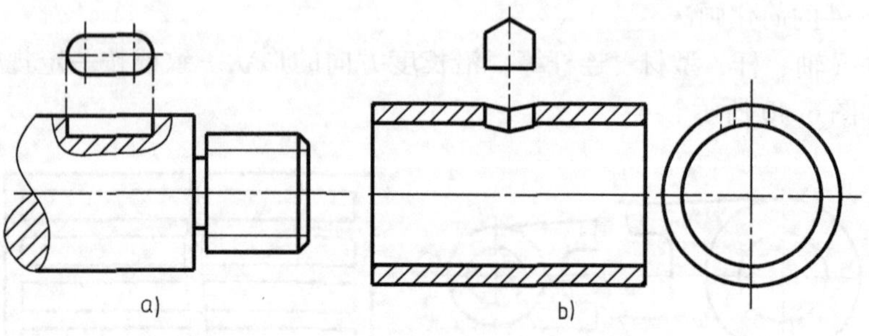

图 6-43 局部视图的简化画法

11. 圆角、倒角的简化画法

除确属需要表示的某些圆角、倒角外，其他圆角、倒角在零件图中均可不画，但必须注明尺寸，或在技术要求中加以说明，如图 6-44 所示。

12. 剖切平面前结构的表示法

在需要表示剖切平面前结构时，可按假想投影绘制结构的轮廓，如图 6-45 所示。

13. 倾斜圆投影的简化画法

倾斜角度小于或等于 30°的斜面上的圆或圆弧，其投影可用圆或圆弧代替，如图 6-46 所示。

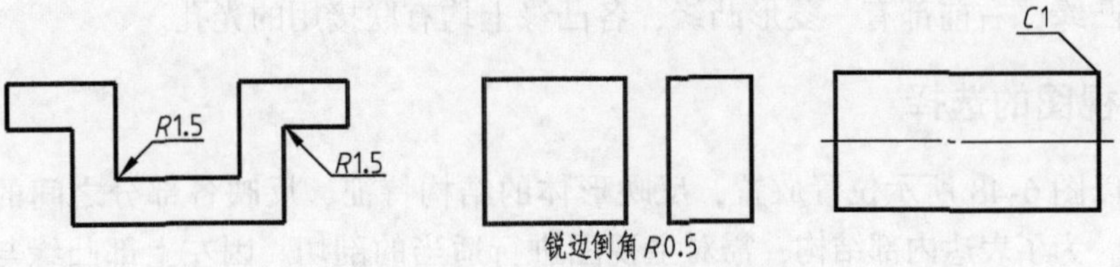

图 6-44　圆角、倒角的简化画法

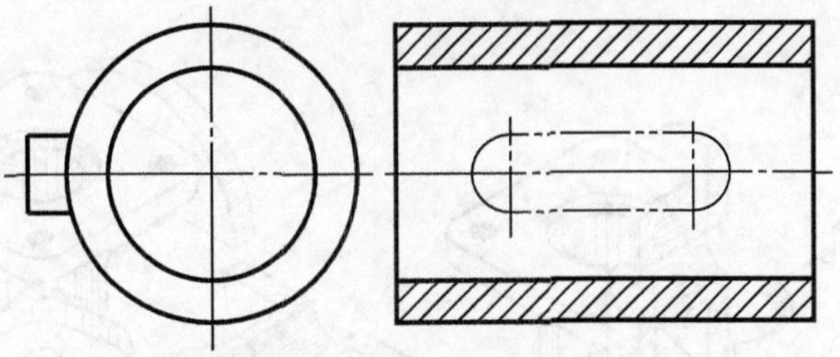

图 6-45　剖切平面前结构的表示法

14. 剖视中的剖视图画法

在剖视图的剖面区域可再做一次局部剖视，采用这种表达方法时，两者的剖面线应同方向、同间隔，但要相互错开，并用引出线来标注名称，如图 6-47 所示。

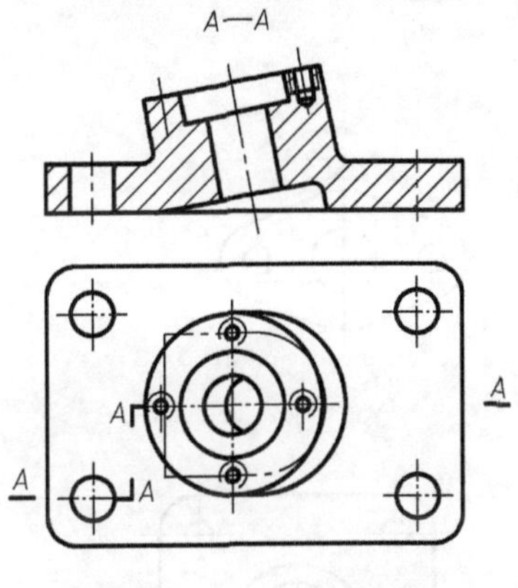

图 6-46　倾斜圆的投影

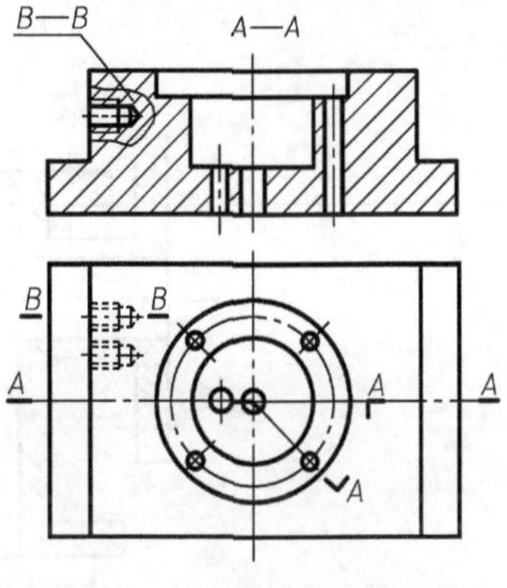

图 6-47　剖视图中再做剖视

6.5　表达方法综合应用

绘制机械图样时，应考虑看图方便，在完整、清晰地表达零件各部分结构形状的前提下，力求最简便。为此，应根据零件的结构特点，正确、灵活、综合地运用我们前面所学的视图、剖视图、断面图等各种表示方法把零件表达出来。

为了进一步掌握视图、剖视图、断面图、局部放大图和简化画法的综合应用，下面以管接头（见图 6-48）为例讨论其表达方法。

6.5.1　形体分析

管接头主体部分是轴线竖直的四通管体，其顶部和底部分别为正方形和圆形凸缘，左上部有一圆形凸缘，右前部有一菱形凸缘，各凸缘上均有联接用的光孔。

6.5.2　主视图的选择

主视图以图6-48所示位置放置，反映形体的结构特征、反映各部分之间的相对位置及其连接关系。为了表达内部结构，需对主视图进行适当的剖切。因左上部凸缘与主体在同一正平面内，而右前部凸缘向前倾斜45°，故需用两相交平面进行剖切，如图6-48中的“*B—B*”所示。

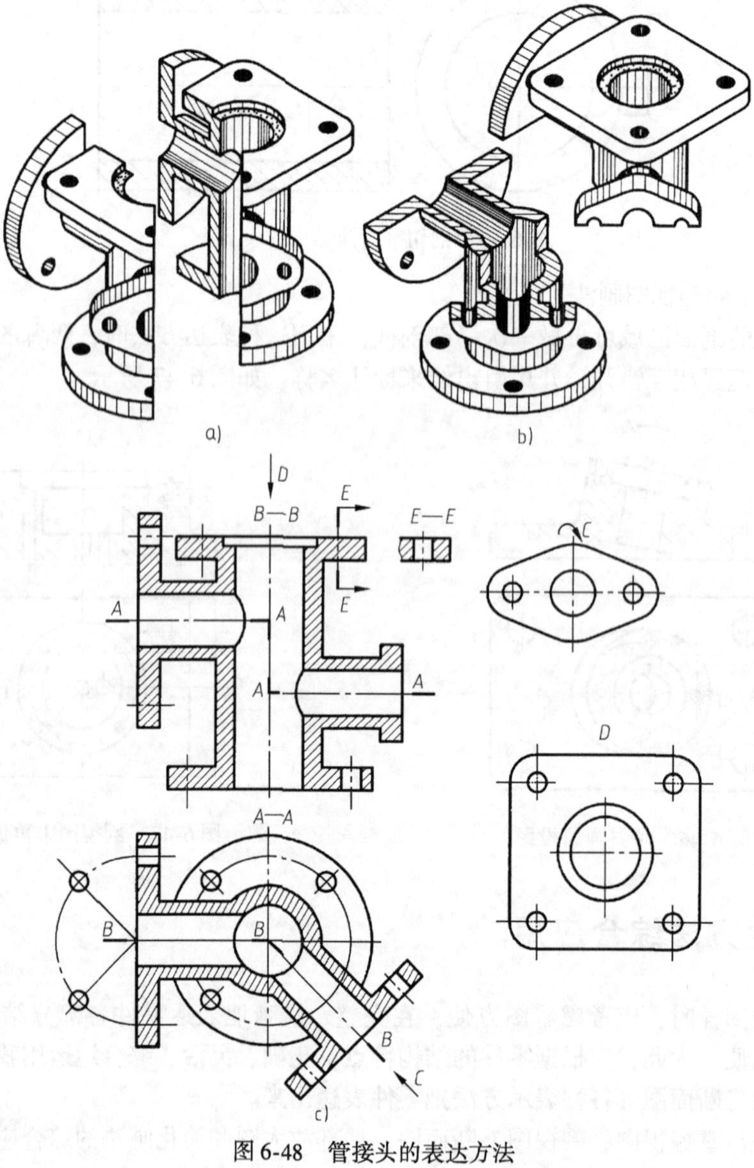

图6-48　管接头的表达方法

6.5.3　其他视图的选择

为了表达左右两凸缘与主体的联接以及内部贯通情况，左右凸缘上孔和底部凸缘上的孔的分布情况，采用两个平行的剖切平面分别从左右凸缘的轴线水平剖切而画出俯视图，如图6-48中的“*A—A*”所示。

为了表达右前凸缘的形状，采用斜视图“*C*”表示。上部方形凸缘的形状和孔的分布，由局部视图“*D*”表达。左侧凸缘的形状及孔的分布，由尺寸和俯视图中的简化画法表达。

管接头的完整表达方法如图6-48c所示。

*6.6　第三角画法简介

我国现采用的表达物体的画法属第一角画法，但美国、日本等国家则采用第三角画法，且国际标准规定，第一角画法和第三角画法等效使用。因此，我们有必要了解第三角画法，以适应日益发展的科学技术交流的需要。

6.6.1　第三角投影原理

如图6-49a所示，三个相互垂直的投影面，将空间分成八个分角。第一角画法是将物体置于第一角内，使其处于观察者与投影面之间而得到的多面投影，如图6-49b、图6-50a所示。而第三角画法是将物体置于第三角内，并使投影面处于观察者与物体之间（假想投影面是透明的）而得到的多面正投影，如图6-49c、图6-50b所示。

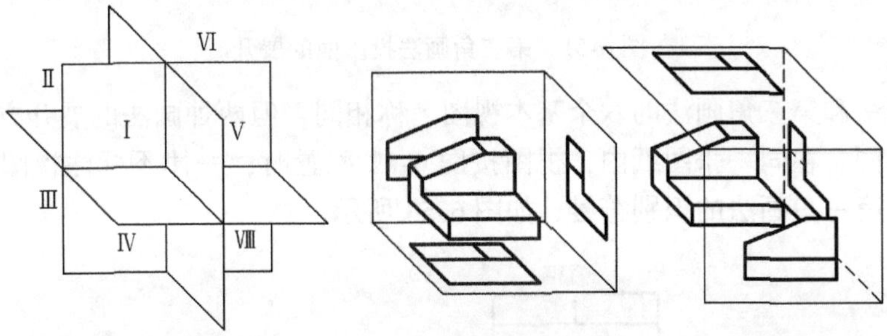

a）八个分角　　b）第一角画法　　c）第三角画法

图6-49　第一角画法与第三角画法投影体系的比较

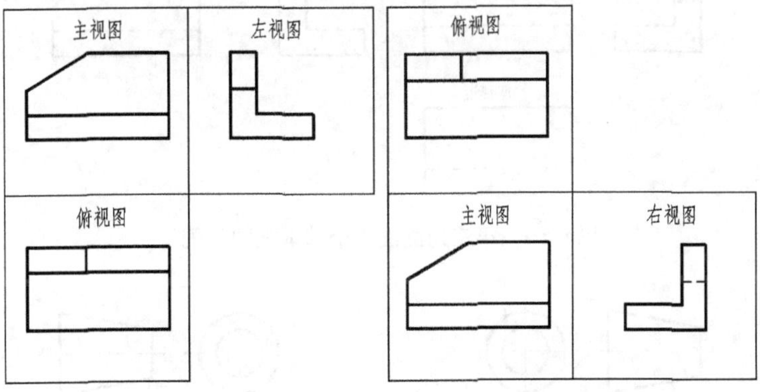

a）第一角画法　　b）第三角画法

图6-50　第一角画法与第三角画法中视图配置的比较

6.6.2 第三角视图画法

采用第三角画法时，将物体置于第三分角内，投影面处在观察者和物体之间，按投影法规定的六个基本投射方向进行投射，得到六个基本视图。这六个基本投影面按图 6-51 所示展开。

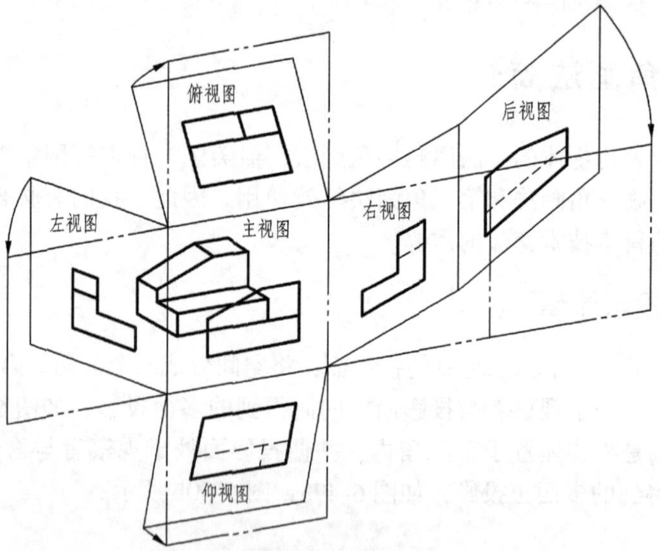

图 6-51 第三角画法投影面的展开

第一角画法和第三角画法的六个基本视图名称相同，但两种画法的展开方式和六个基本视图的配置不同。在同一张图纸内，视图按图 6-52 配置时，一律不标注视图名称，但必须在图样中画出第三角画法的识别符号，如图 6-53 所示。

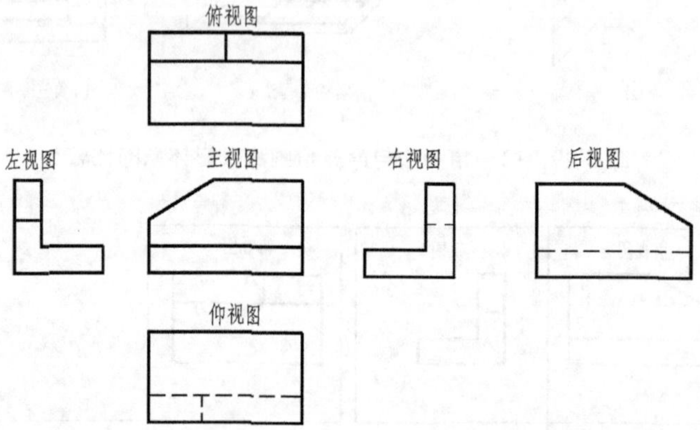

图 6-52 第三角画法六个基本视图的配置

a) 第一角画法识别符号　　b) 第三角画法识别符号

图 6-53 两种画法识别符号

6.6.3　第三角投影的识读

读图时，应先确定视图的名称和投射方向，识别视图之间的方位，并用组合体读图方法——形体分析法与面形分析法进行分析，先弄清各组成部分的结构形状，最后综合起来想象整体形状，其步骤如图 6-54 所示。

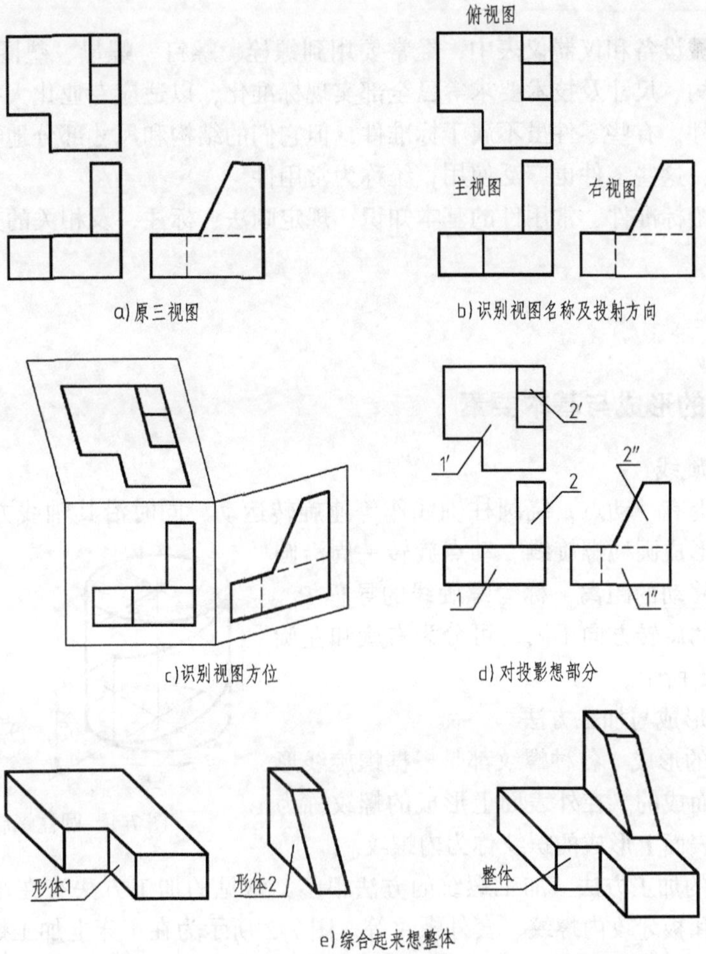

a) 原三视图　b) 识别视图名称及投射方向　c) 识别视图方位　d) 对投影想部分　e) 综合起来想整体

图 6-54　第三角投影识读步骤

第7章　标准件和常用件

基本要求：了解标准件和常用件的种类、作用，掌握标准件和常用件的规定画法和标记。

在各种机械设备和仪器仪表中，经常要用到螺栓、螺钉、螺母、垫圈、键和销等零件。这些零件的结构、尺寸及技术要求等已全部实现标准化，以适应专业化大批量生产，这些零件统称为标准件。有些零件虽不属于标准件，但它们的结构和尺寸部分地实现了标准化，如齿轮、弹簧等，这些零件也广泛使用，统称为常用件。

本章将介绍标准件、常用件的基本知识、规定画法、标注，及相关的查表和计算方法。

7.1　螺纹

7.1.1　螺纹的形成与基本要素

1. 圆柱螺旋线

若圆柱面上有一动点，绕圆柱轴线作等速旋转运动，同时沿其轴线方向作等速直线运动，其轨迹就形成圆柱螺旋线。动点旋转一周沿圆柱轴线方向所移动的距离，称为螺旋线的导程 P_h。螺旋线按动点的旋转方向不同，可分为右旋和左旋两种，如图7-1所示。

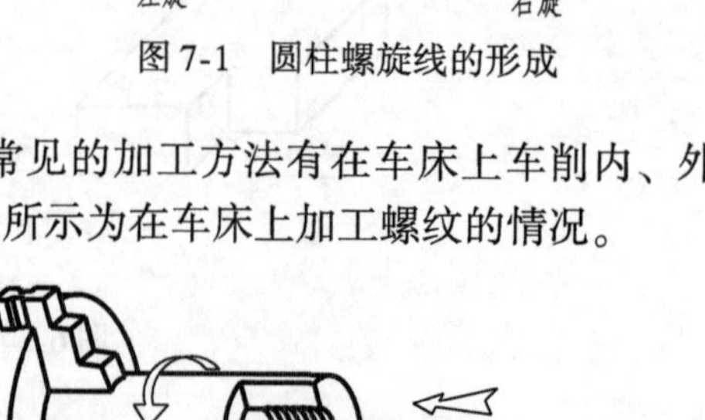

图7-1　圆柱螺旋线的形成

2. 螺纹的形成与加工方法

（1）螺纹的形成　各种螺纹都是根据螺旋线形成的原理加工而成的。在外表面上形成的螺纹称为外螺纹；在内表面上形成的螺纹称为内螺纹。

（2）螺纹的加工方法　加工螺纹的方法很多，常见的加工方法有在车床上车削内、外螺纹，用丝锥和板牙攻内螺纹、套外螺纹等。图7-2所示为在车床上加工螺纹的情况。

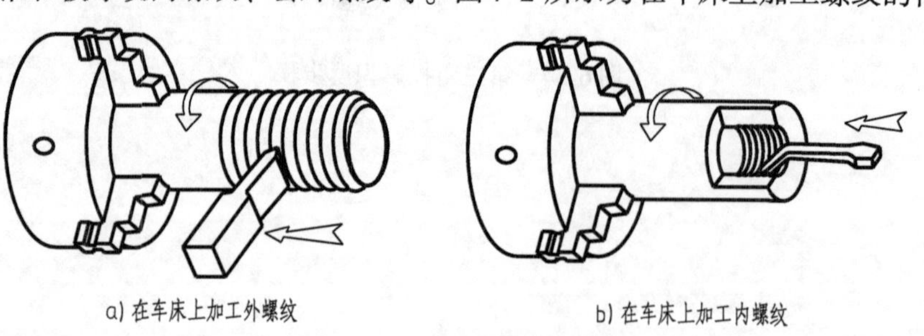

图7-2　在车床上加工螺纹

3. 螺纹的要素

螺纹的要素有牙型、直径、螺距、线数和旋向，只有螺纹的所有要素都相同的外螺纹和内螺纹才能相互旋合。

(1) 牙型 在通过螺纹轴线的剖视图上，牙齿的轮廓形状称为牙型。标准螺纹常见的牙型有三角形、梯形、锯齿形等多种。螺纹的牙型不同，其用途也不同，见表7-1所列。

表7-1 常用标准螺纹的种类、牙型、特征符号及说明

种类			特征符号	牙型放大图	说明
连接螺纹	普通螺纹		M	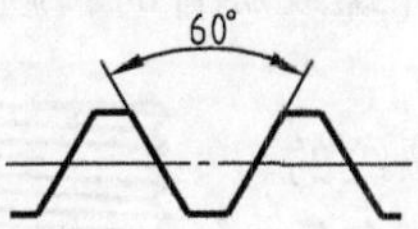	是最常用的联接螺纹，牙型还可分粗牙和细牙，一般联接多用粗牙。在相同的大径下，细牙螺纹的螺距较粗牙小，切深较浅，多用于薄壁或紧密连接的零件
连接螺纹	管螺纹	55°密封管螺纹	Rc Rp R_1 R_2	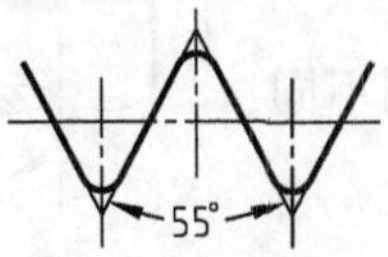	包括圆锥内螺纹(Rc)与圆锥外螺纹(R_2)、圆柱内螺纹(Rp)与圆锥外螺纹(R_1)两种联接形式，具有密封性。适用于管子、管接头、旋塞、阀门等
连接螺纹	管螺纹	55°非密封管螺纹	G	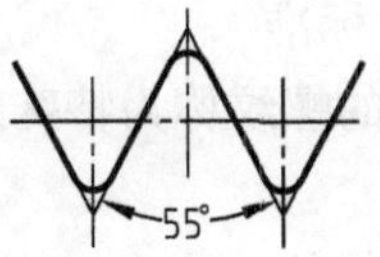	螺纹本身不具有密封性，内外螺纹都是圆柱管螺纹。适用于管接头、旋塞、阀门等
传动螺纹	梯形螺纹		Tr	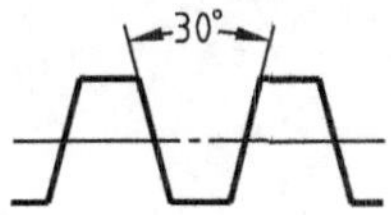	用于传递运动和动力，如机床丝杠、尾座丝杠等
传动螺纹	锯齿形螺纹		B	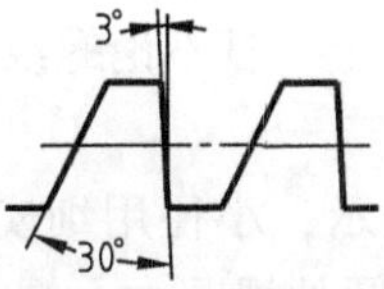	用于传递单向压力，如千斤顶螺杆

(2) 直径 螺纹的直径有大径（外螺纹用d表示，内螺纹用D表示）、中径（d_2、D_2）和小径（d_1、D_1）之分，螺纹的大径又称公称直径，外螺纹的大径和内螺纹的小径又称顶径，如图7-3所示。

(3) 线数（n） 螺纹有单线和多线之分。沿一条螺旋线所形成的螺纹称为单线螺纹；沿两条或两条以上，且在轴向等距离分布的螺旋线所形成的螺纹称为多线螺纹，如图7-4所示。

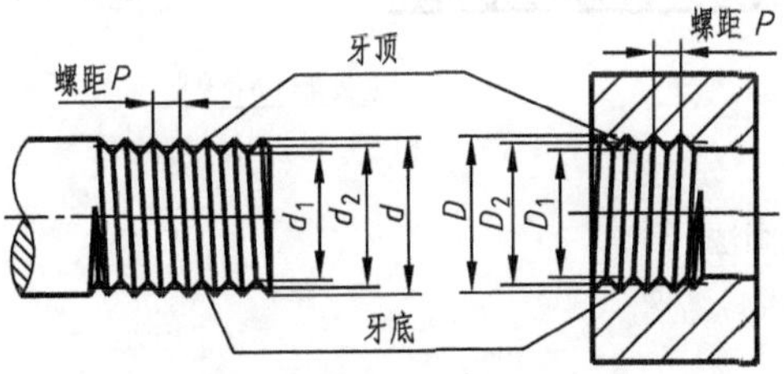

图7-3 螺纹各部分名称

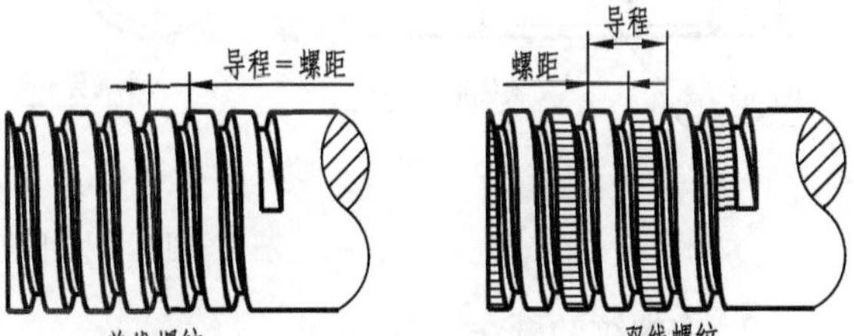

图7-4 螺纹的线数

（4）螺距 P 和导程 P_h　螺距是指螺纹上相邻两牙在中径线上对应两点间的轴向距离。导程是指在同一条螺旋线上的相邻两牙在中径线上对应两点间的距离。螺距、导程和线数三者之间的关系为

$$螺距\ P = \frac{导程\ P_h}{线数\ n}$$

（5）旋向　螺纹旋向分右旋和左旋。内、外螺纹旋合时，顺时针旋转旋入的螺纹为右旋螺纹；逆时针旋转旋入的螺纹为左旋螺纹。

旋向判定方法：将外螺纹轴线竖直放置，螺纹的可见部分右高、左低的螺纹为右旋螺纹；左高、右低的螺纹为左旋螺纹，如图 7-5 所示。

改变上述螺纹要素中的任一要素，均可得到不同规格的螺纹。

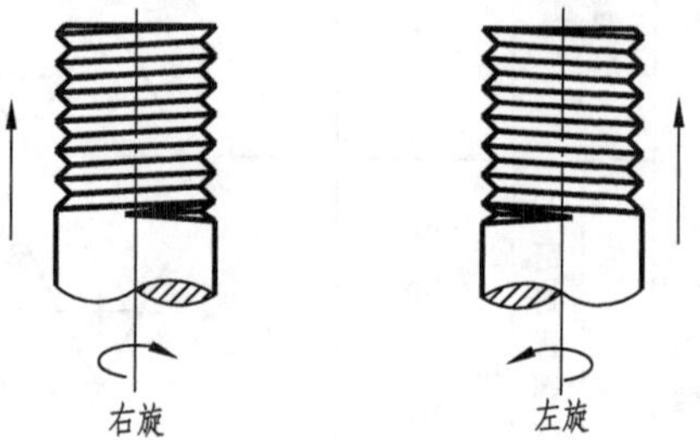

图 7-5　螺纹的旋向

7.1.2　螺纹的类型

凡是牙型、直径和螺距符合标准的螺纹称为标准螺纹。牙型符合标准，而直径或螺距不符合标准的螺纹称为特殊螺纹。牙型不符合标准的螺纹称为非标准螺纹。

螺纹按用途不同，又可分为联接螺纹和传动螺纹，表 7-1 列举了常用标准螺纹的种类、牙型、特征符号及有关说明。

7.1.3　螺纹的规定画法及标注

螺纹的真实投影十分复杂，为了简化作图，《机械制图　螺纹及螺纹紧固件表示法》（GB/T 4459.1—1995）对螺纹的画法作了统一规定，且不论螺纹的牙型如何，其画法相同。

1. 外螺纹的画法

在投影为非圆视图中，螺纹大径用粗实线表示，小径用细实线表示（取 $d_1 \approx 0.85d$），并画入倒角内，终止线用粗实线表示。在投影为圆的视图中，螺纹大径圆用粗实线表示，小径圆用细实线表示，且只画约 3/4 圈，倒角圆省略不画，如图 7-6a 所示。外螺纹剖切后，终止线按图 7-6b 所示画出。

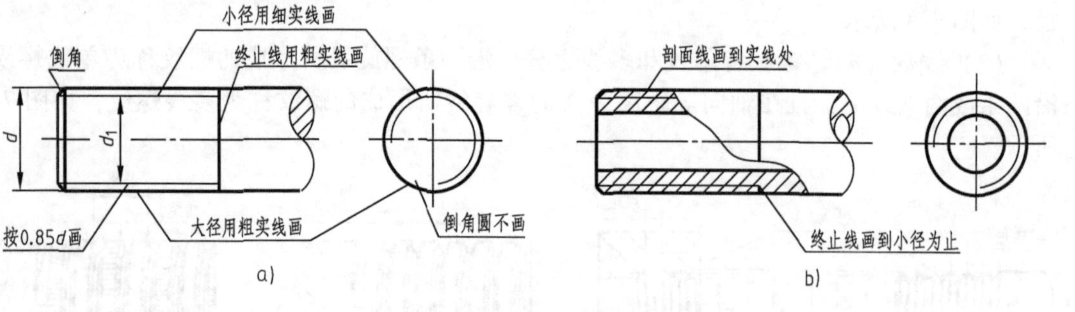

图 7-6　外螺纹的画法

2. 内螺纹的画法

内螺纹常用剖视图表示。在非圆视图中，螺纹大径用细实线表示，小径用粗实线表示

(取 $D_1 \approx 0.85D$)，终止线用粗实线表示，剖面线画到粗实线处。在投影为圆的视图中，螺纹大径圆用细实线表示，且只画约3/4圈，小径圆用粗实线表示，倒角圆省略不画，如图7-7所示。图7-8所示为不穿通螺纹孔的一种加工方法及其画法。

当内螺纹不可见时，螺纹的所有图线均用虚线绘制。

3. 内、外螺纹联接的画法

螺纹联接常用剖视图表示。内、外螺纹的旋合部分按外螺纹画，其余部分仍按各自的规定画法表示，如图7-9所示。

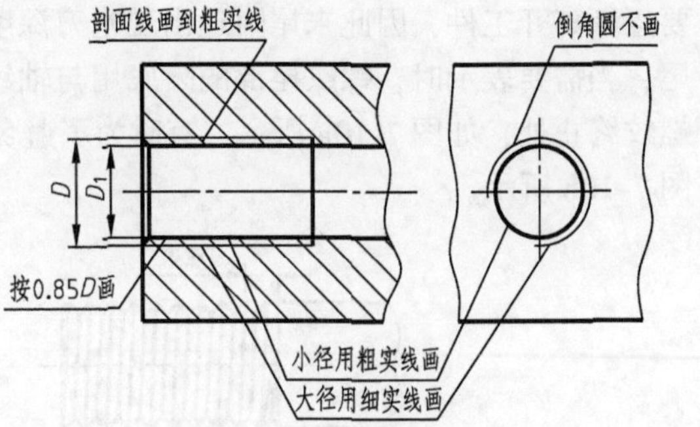

图7-7　内螺纹的画法

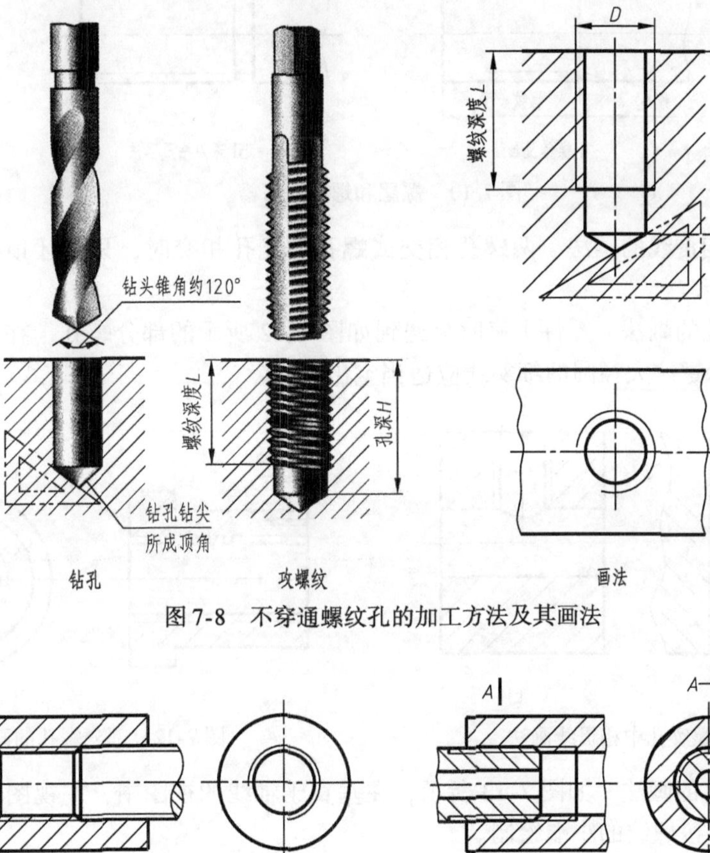

图7-8　不穿通螺纹孔的加工方法及其画法

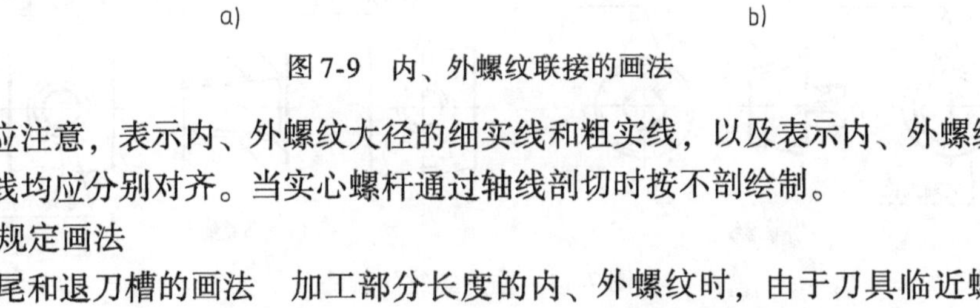

图7-9　内、外螺纹联接的画法

画图时应注意，表示内、外螺纹大径的细实线和粗实线，以及表示内、外螺纹小径的粗实线和细实线均应分别对齐。当实心螺杆通过轴线剖切时按不剖绘制。

4. 其他规定画法

(1) 螺尾和退刀槽的画法　加工部分长度的内、外螺纹时，由于刀具临近螺纹末尾时要逐渐离开工件，因此末尾附近出现吃刀深度渐浅的部分，称为螺尾。画螺纹一般不表示螺尾，当需要表示时，螺纹尾部的牙底用与轴线成30°角的细实线表示，螺纹终止线画在完整螺纹终止处，如图7-10a 所示。有时为了避免产生螺尾，常在该处预先加工一个退刀槽，如图7-10b 所示。

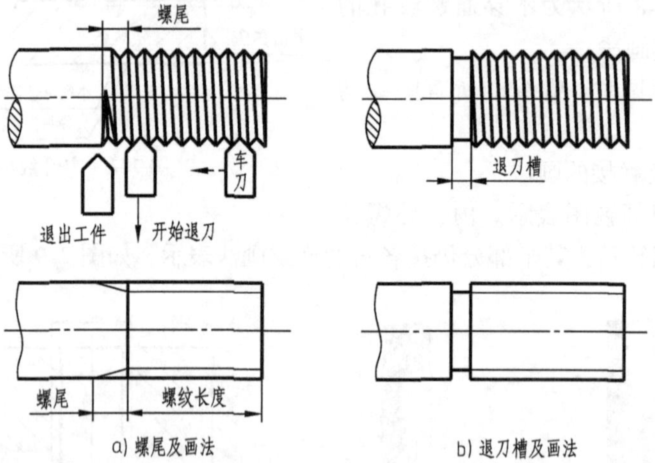

图7-10 螺尾和螺纹退刀槽

（2）螺孔中相贯线的画法　两螺孔相交或螺孔与光孔相交时，只在牙顶处画一条相贯线，如图7-11 所示。

（3）部分螺孔的画法　零件上有时会遇到如图7-12 所示的部分螺孔，在垂直于螺纹轴线的视图中，表示螺纹大径圆的细实线应适当空出一段。

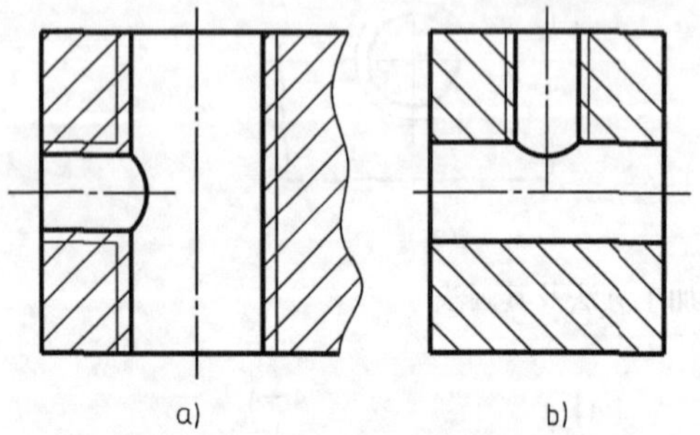

图7-11 螺纹孔中相贯线画法

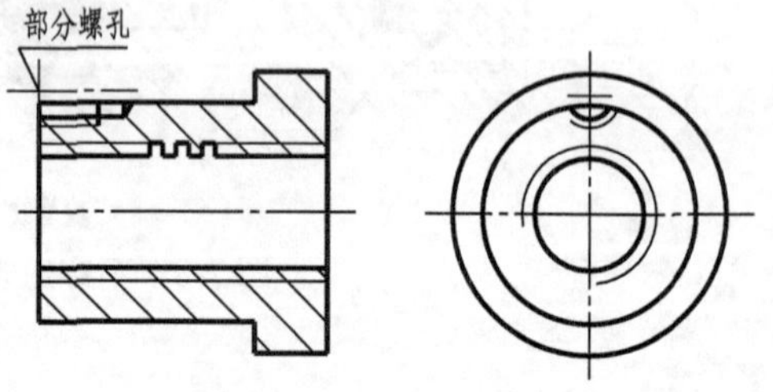

图7-12 部分螺孔的画法

（4）锥形螺纹的画法　如图7-13 所示，在垂直于轴线的视图中，左视图上按螺纹的大端绘制，右视图上按螺纹的小端绘制。

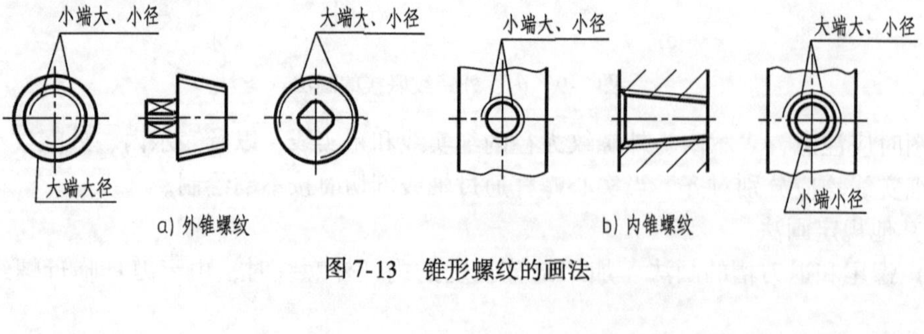

图7-13 锥形螺纹的画法

5. 螺纹的标记及标注方法

由于各种不同规格螺纹的画法都是相同的，螺纹的要素和制造精度等无法在图中表示出来，为此可通过标注螺纹代号或标记来说明。

（1）普通螺纹的完整标记为

螺纹代号-公差带代号-旋合长度代号

其中螺纹代号的内容和格式为

特征代号　公称直径 × P_h 导程（P 螺距）　旋向代号

（2）管螺纹的完整标记为

特征代号　尺寸代号　公差等级代号　旋向代号

各种标注方法示例见表 7-2。

表 7-2　标准螺纹的标注示例

螺纹种类			标注示例	说明
联接螺纹	普通螺纹	粗牙	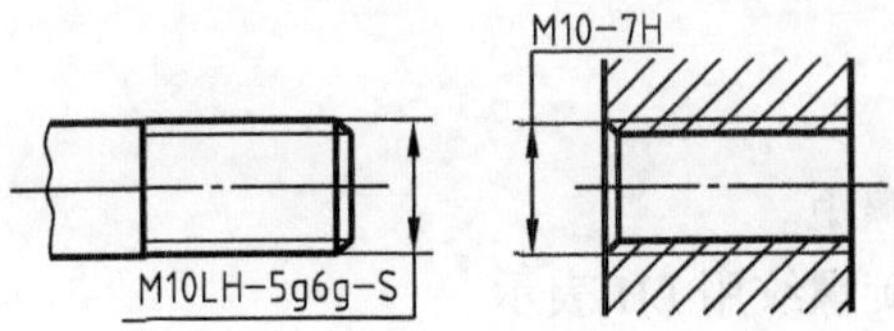	表示公称直径为 10mm 的粗牙普通螺纹。外螺纹为左旋，中、顶径公差带代号分别为 5g、6g，短旋合长度；内螺纹为右旋，中、顶径公差带代号均为 7H，中等旋合长度
		细牙	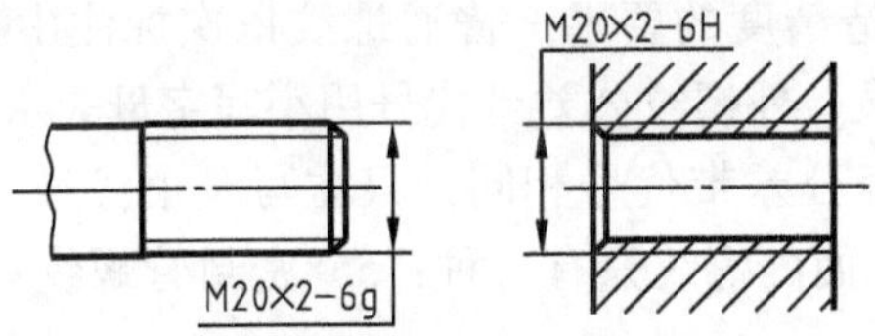	表示公称直径为 20mm，螺距为 2mm 的右旋细牙普通外螺纹。外螺纹中、顶径公差带代号都是 6g；内螺纹中、顶径公差带代号都是 6H；内、外螺纹都是中等旋合长度
	管螺纹	55°密封管螺纹	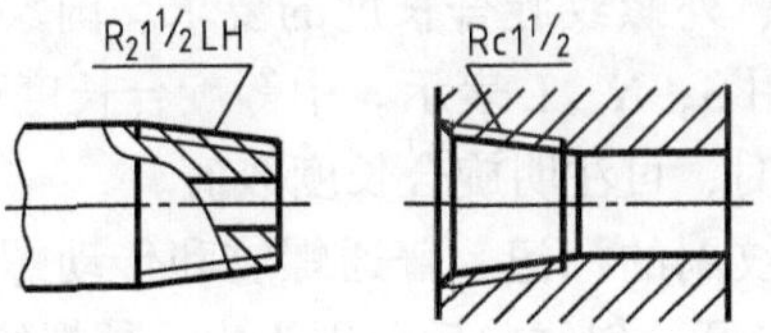	表示尺寸代号为 1½用螺纹密封的圆锥外螺纹和圆锥内螺纹。外螺纹为左旋，内螺纹为右旋，内、外螺纹均只有一种公差带，故不标注公差带代号
			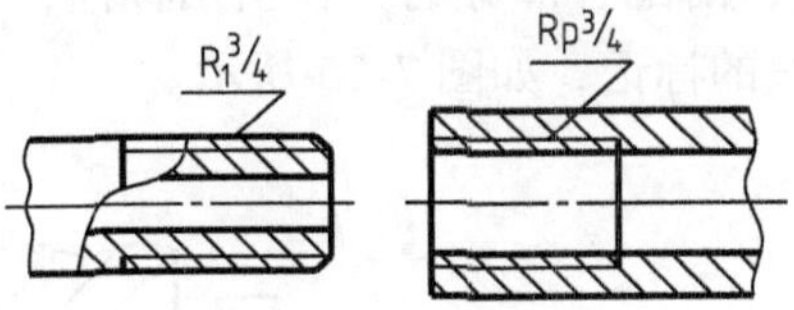	表示尺寸代号为¾、右旋、用螺纹密封的圆锥外螺纹和圆柱内螺纹，只有一种公差带，不标注公差带代号
		55°非密封管螺纹	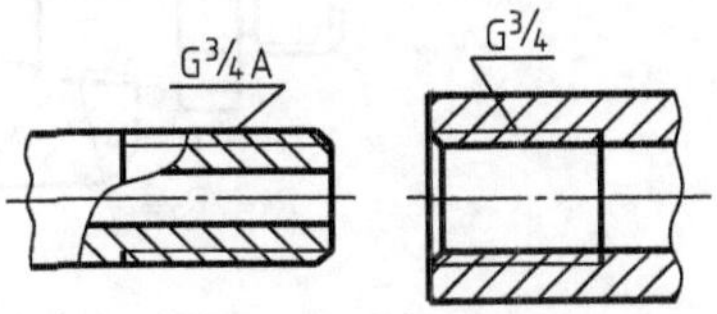	表示尺寸代号为¾、右旋、非螺纹密封的圆柱外螺纹和圆柱内螺纹。外螺纹公差等级为 A 级，内螺纹公差等级只有一种，不标注公差等级

（续）

螺纹种类		标注示例	说明
传动螺纹	梯形螺纹	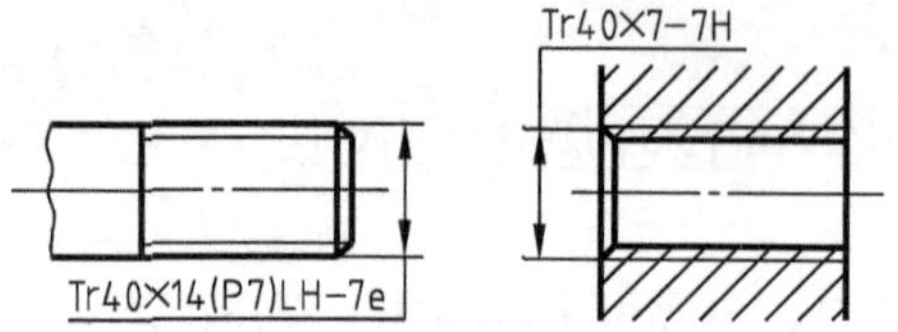	表示公称直径为40mm，中等旋合长度的梯形螺纹。外螺纹导程为14mm，螺距为7mm，双线、左旋，中径公差带代号为7e；内螺纹螺距为7mm，单线、右旋，中径公差带代号为7H
	锯齿形螺纹	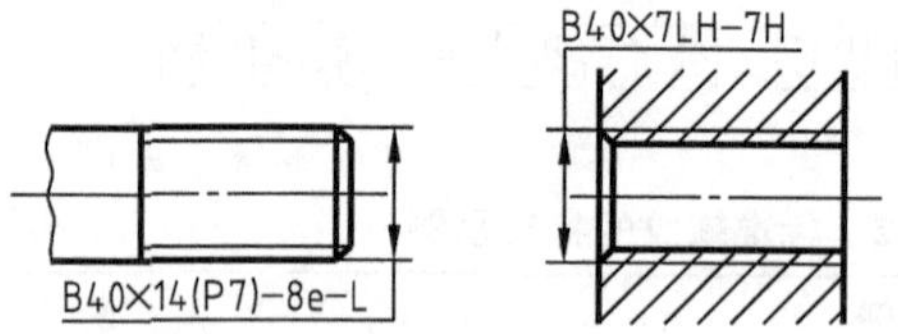	表示公称直径为40mm的锯齿形螺纹。外螺纹导程为14mm，螺距为7mm，双线、右旋，中径公差带代号8e，长旋合长度；内螺纹螺距为7mm，单线、左旋，公差带代号为7H，中等旋合长度

几点说明：

（1）单线螺纹省略标注导程。

（2）单线粗牙普通螺纹省略标注螺距。

（3）右旋螺纹省略标注旋向，左旋螺纹用LH表示。

（4）管螺纹的尺寸代号并不是螺纹的大径，而是指管子的通孔直径。

（5）螺纹公差带代号是对螺纹制造精度的要求。普通螺纹依次标注中径和顶径公差带代号，传动螺纹只标注中径公差带代号。外螺纹公差带代号用小写字母表示，内螺纹公差带代号用大写字母表示。如果中径和顶径公差带代号相同，只注写一个代号。55°非密封管螺纹中，外螺纹公差等级分A、B两种，而内螺纹只有一种；55°密封管螺纹只有一种公差带，故不注公差带代号。

（6）螺纹旋合长度代号，表示对内、外螺纹旋合长度的要求。国家标准对普通螺纹的旋合长度规定为短、中、长三组，分别用S、N、L表示。中等旋合长度可省略标注N，短、长旋合长度要分别标注S、L。特殊要求时，可注明旋合长度数值。

（7）必要时，在装配图中应标注螺纹副的标记。普通螺纹和传动螺纹的标记直接标注在大径的尺寸线上，公差带代号用斜线分开，斜线前后分别为内、外螺纹的公差带代号，如图7-14所示。管螺纹的标记采用引出线，由配合部分的大径引出标注，内、外螺纹的标记用斜线分开，斜线前后分别为内、外螺纹的标记，如图7-15所示。

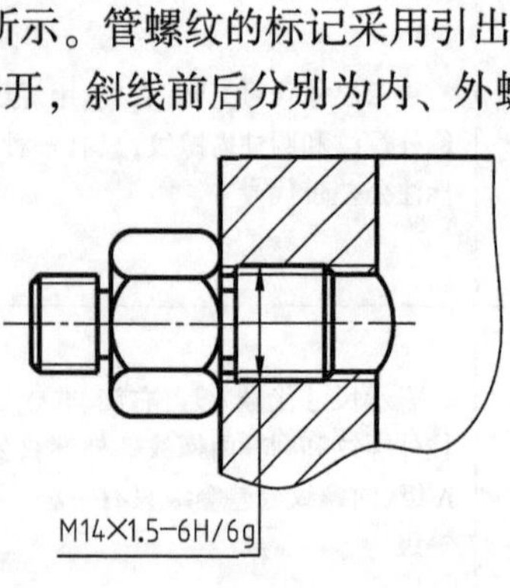

图7-14 螺纹副的标注方法（一）

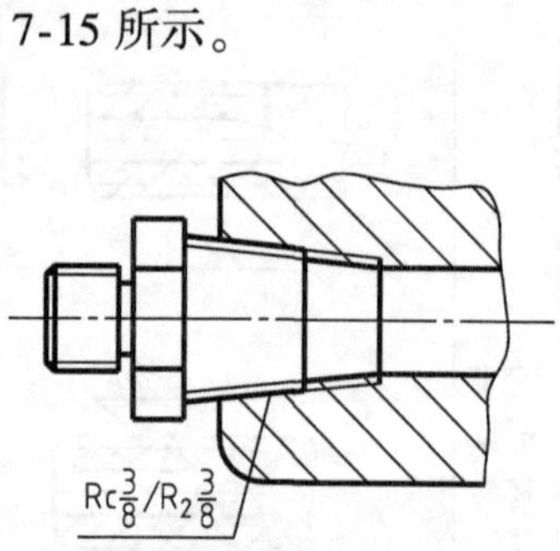

图7-15 螺纹副的标注方法（二）

（8）特殊螺纹在标注时，应在特征代号前加注“特”字，如特 M36 ×0.75-7H。非标准螺纹应画出螺纹的牙型，标注所需尺寸，如图7-16 所示。

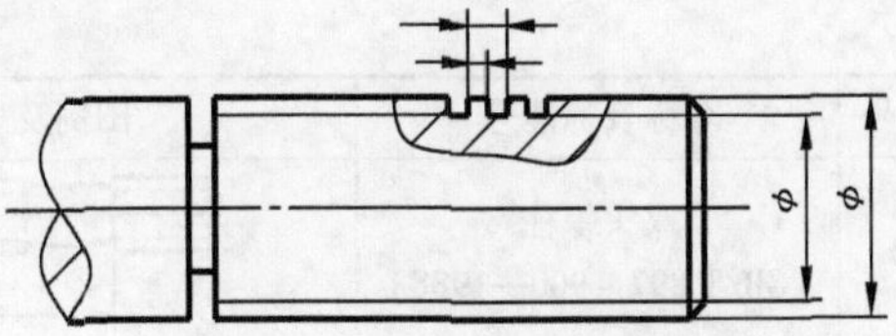

图 7-16　非标准螺纹的标注

7.1.4　螺纹紧固件的标记及画法

螺纹联接，是工程上应用最广泛的联接方式，属于可拆联接。螺纹联接中使用的螺纹紧固件种类很多，常见的螺纹紧固件有螺栓、双头螺柱、螺钉、螺母、垫圈等，如图 7-17 所示。这些零件一般都是标准件，不需要单独画零件图，只需注明标记，根据标记可以从相应的国家标准中查到它们的结构形式和尺寸。

螺纹紧固件的规定标记为

[名称] [标准代号] [型式与规格、尺寸]-[性能等级及表面热处理]

螺纹紧固件标记的简化原则如下：

（1）名称和标准年代号允许省略。

（2）当产品标准中只规定一种型式、精度、性能等级或材料、热处理和表面处理时，允许省略。否则，可规定省略其中一种。

图 7-17　常见的螺纹紧固件

几种常见的螺纹紧固件的标记示例见表 7-3。

表 7-3　常见螺纹紧固件及标记示例

序号	名称及标准号	图例及规格尺寸	标 记 实 例
1	六角头螺栓-A 和 B 级（GB/T 5782—2000）	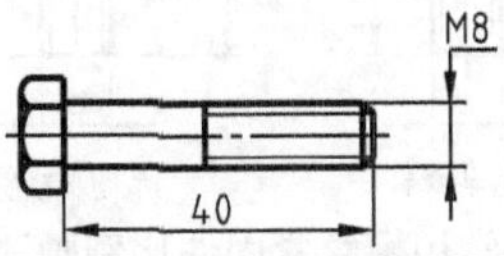	螺纹规格 d = M8、公称长度 L = 40mm、A 级的六角头螺栓： 螺栓　GB/T 5782　M8 ×40

（续）

序号	名称及标准号	图例及规格尺寸	标记实例
2	双头螺柱 （GB/T 897 ~ 900—1988）	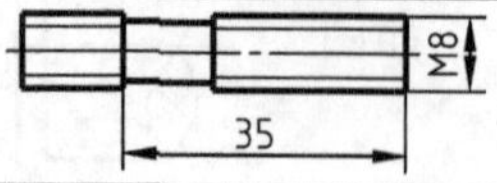	两端均为粗牙普通螺纹 d = M8、L = 35mm、B 型 $b_m = 1.5d$ 的双头螺柱： 螺柱　GB/T 899　M8 × 35
3	开槽沉头螺钉 （GB/T 68—2000）	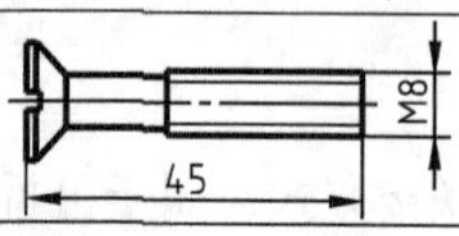	螺纹规格 d = M8、公称长度 L = 45mm 的开槽沉头螺钉： 螺钉　GB/T 68　M8 × 45
4	1 型六角螺母-A 和 B 级 （GB/T 6170—2000）	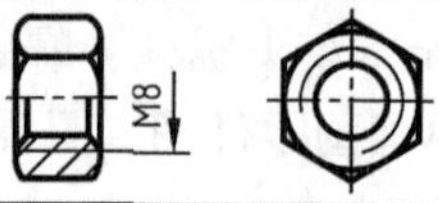	螺纹规格 D = M8、A 级 1 型六角螺母： 螺母　GB/T 6170　M8
5	平垫圈-A 级 （GB/T 97.1—2002）	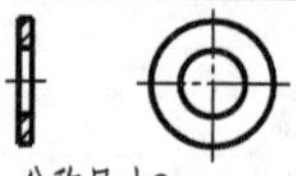 公称尺寸8mm	标准系列、规格 d = 8mm、性能等级为 140HV（硬度）级、不经表面处理的平垫圈： 垫圈　GB/T 97.1　8
6	标准型弹簧垫圈 （GB/T 93—1987）	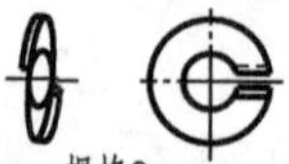 规格8mm	规格 8mm、材料为 65Mn、标准型弹簧垫圈： 垫圈　GB/T 93　8

7.1.5　螺纹的联接种类与规定画法

螺纹联接形式有螺栓联接、双头螺柱联接和螺钉联接。绘图时，其各部分尺寸应根据其规定标记，从标准中查表确定。但为了方便作图，通常各部分尺寸可按螺纹公称直径（d、D）的一定比例画出，如图 7-18 所示。

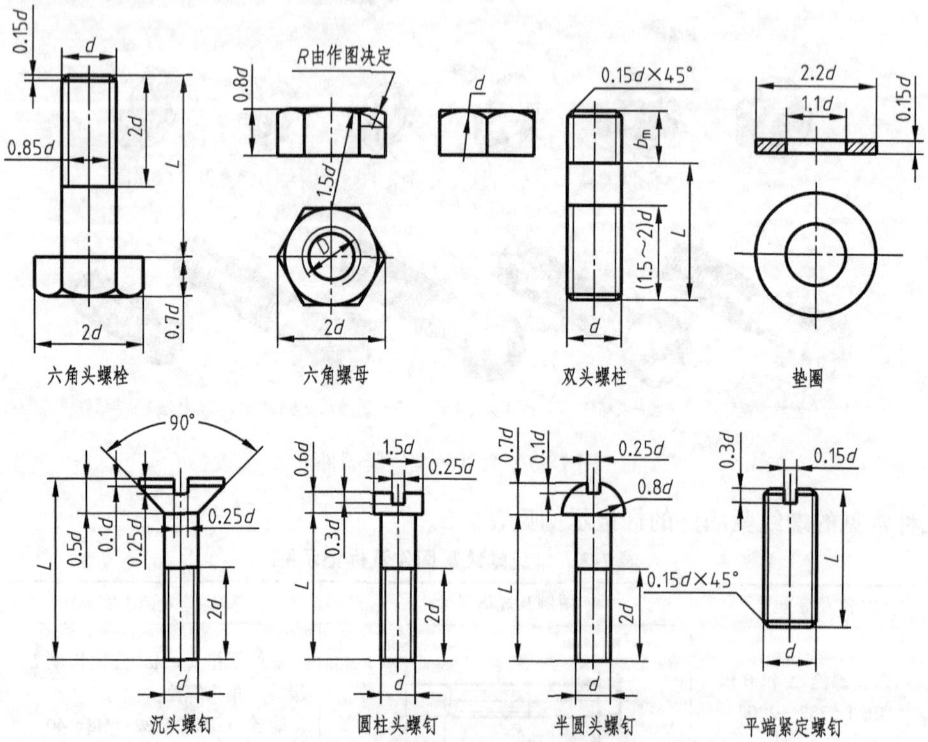

图 7-18　常用螺纹紧固件比例画法

绘制螺纹紧固件联接图，应遵守下列规定：

（1）两零件接触表面只画一条线，凡不接触的相邻表面，不论间隙大小，都画两条线；

（2）在剖视图中，相邻零件的剖面线的方向或间隔要加以区别。同一零件在各剖视图中剖面线的方向、间隔应相同；

（3）当剖切平面通过螺纹紧固件的轴线时，这些零件按不剖绘制。

1. 螺栓联接的画法

螺栓联接用于两个不太厚，并允许钻成通孔的零件的联接，其画法如图7-19所示。

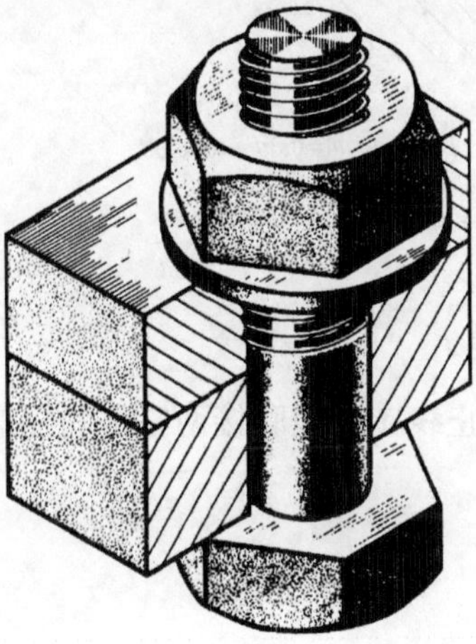

a)

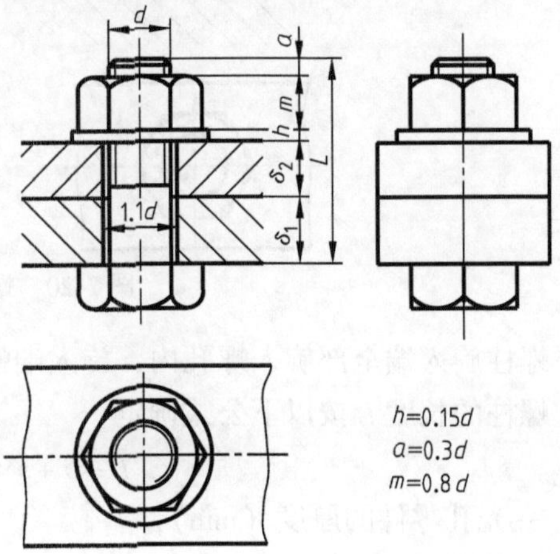

b)

图7-19　螺栓联接

螺栓的长度L按以下公式确定

$$L \geqslant \delta_1 + \delta_2 + h + m + a$$

式中　δ_1、δ_2——被联接零件的厚度（mm）；

h——垫圈厚度（mm）；

m——螺母厚度（mm）；

a——螺栓伸出螺母长度（mm）。

按上述公式计算出的螺栓长度，还应和螺栓的标准长度系列比较，取标准长度值。

2. 螺柱联接的画法

螺柱联接用于被联接两零件之一较厚、不易钻成通孔且经常拆装的场合，其画法如图7-20所示。

注意事项：

（1）螺柱的旋入端长度b_m与被旋入零件的材料有关，见表7-4所列。

表7-4　螺柱旋入端长度及国标代号

螺孔件材料	旋入端长度b_m	国标代号
钢、青铜、硬铝	$b_m=1d$	GB/T 897—1988
铸铁	$b_m=1.25d$ 或 $b_m=1.5d$	GB/T 898—1988 GB/T 899—1988
铝、有色金属较软材料	$b_m=2d$	GB/T 900—1988

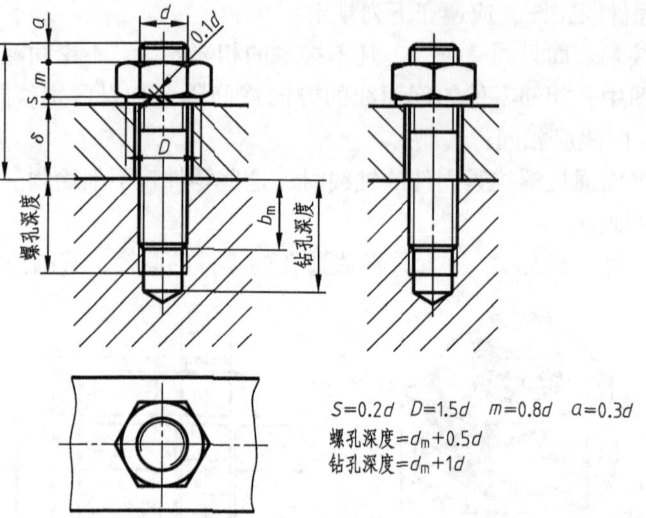

图 7-20　螺柱联接

（2）螺柱旋入端全部旋入螺孔内，旋入端螺纹终止线应与被联接两零件的接触面平齐。

（3）螺柱的长度 L 按以下公式确定

$$L \geqslant \delta + s + m + a$$

式中　δ——光孔零件的厚度（mm）；

s——垫圈厚度（mm）；

m——螺母厚度（mm）；

a——螺柱伸出螺母长度（mm）。

按上述公式计算出的螺柱长度，还应和螺栓的标准长度系列比较，取标准长度值。

（4）弹簧垫圈开口槽宽取 0.1d，与水平线成 60°向左倾斜。

3. 螺钉联接的画法

螺钉一般用于受力较小又不经常拆装的零件联接。它的两个被联接件中，较厚的加工出螺孔，较薄的加工出通孔，其联接图的画法如图 7-21 所示。螺钉的公称长度 L 按被联接件

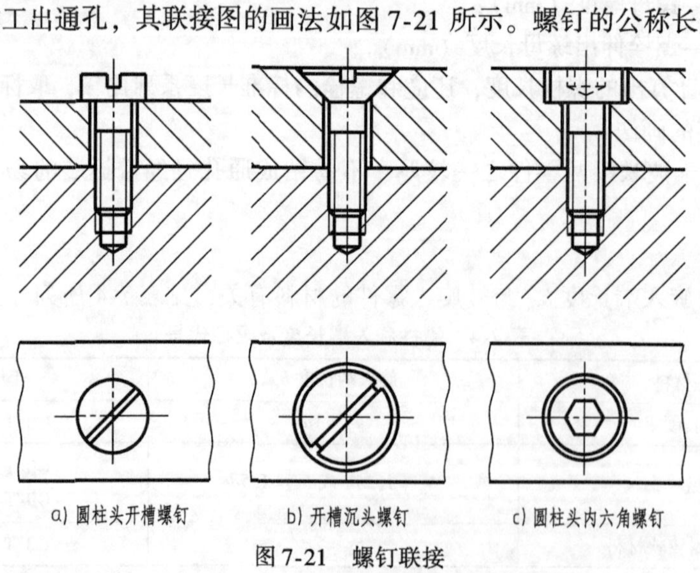

图 7-21　螺钉联接

的厚度δ与旋入零件的深度之和确定，并取标准值。

注意事项：

（1）采用带一字槽的螺钉联接时，在投影为非圆的视图中，其槽口面对观察者，在投影为圆的视图上，一字槽按照45°方向画出；

（2）当一字槽槽宽不大于2mm时，可涂黑表示；

（3）紧定螺钉联接时，其画法如图7-22所示。

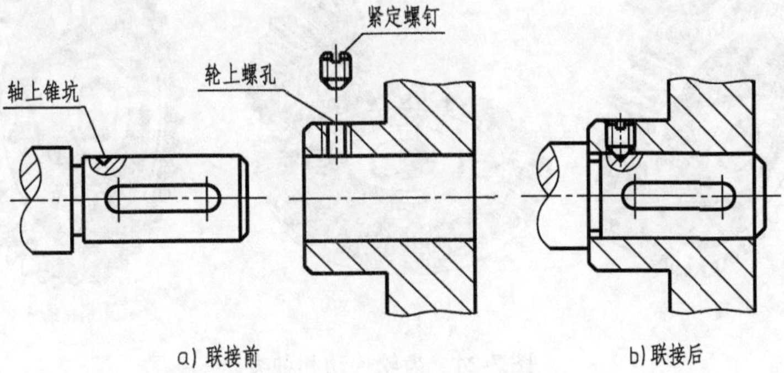

图7-22　紧定螺钉联接

在装配图中，螺纹紧固件的工艺结构，如倒角、退刀槽、缩颈、凸肩等均可省略不画。不穿通螺纹孔可不画出钻孔深度，仅按有效螺纹部分的深度画出，如图7-23所示。

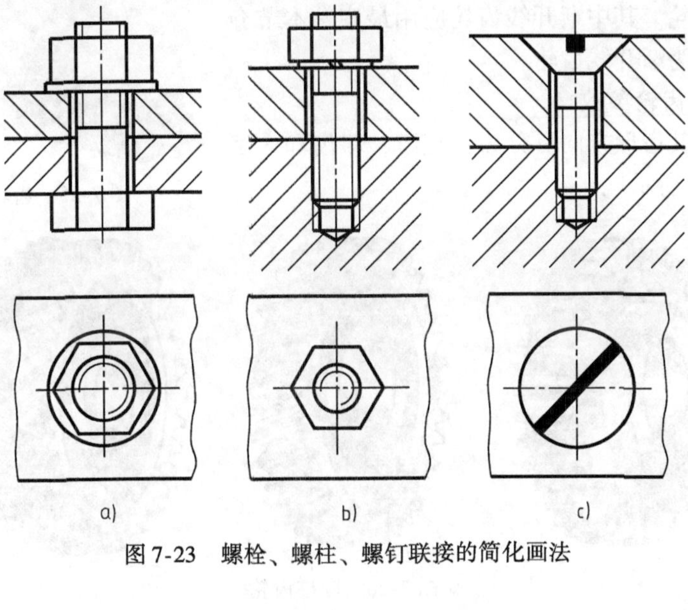

图7-23　螺栓、螺柱、螺钉联接的简化画法

7.2　齿轮

7.2.1　齿轮类型与直齿圆柱齿轮参数

1. 齿轮类型

齿轮的主要作用是传递动力、改变运动速度和方向。常见的齿轮及传动形式如下：

（1）圆柱齿轮——用于两平行轴之间的传动，如图 7-24a 所示；

（2）锥齿轮——用于两相交轴之间的传动，如图 7-24b 所示；

（3）蜗轮蜗杆——用于两交错轴之间的传动，如图 7-24c 所示。

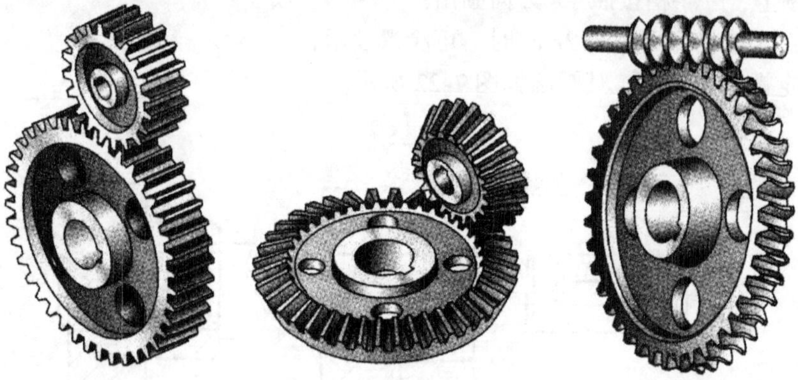

a）圆柱齿轮　　b）锥齿轮　　c）蜗轮蜗杆

图 7-24　齿轮传动和种类

齿轮传动的另一种形式为齿轮齿条传动，用于转动和平动之间的运动转换，如图 7-25 所示。

根据齿轮齿廓形状，齿轮又可分为渐开线齿轮、摆线齿轮和圆弧齿轮。其中渐开线齿轮应用最广，本节介绍的各种齿轮均为渐开线齿轮。

2. 直齿圆柱齿轮参数

圆柱齿轮按其齿形方向可分为：直齿、斜齿和人字齿等，如图 7-26 所示。

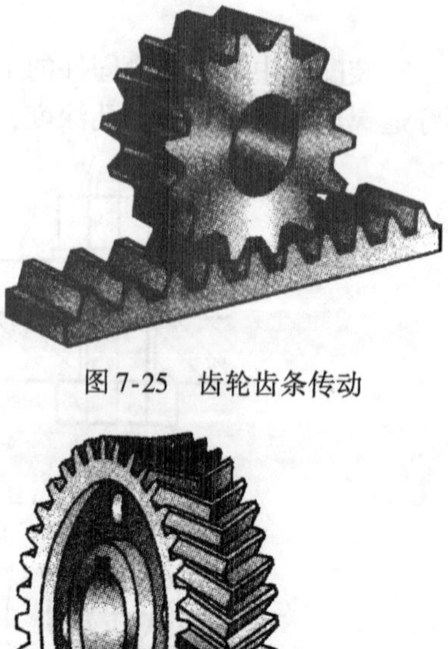

图 7-25　齿轮齿条传动

图 7-26　圆柱齿轮

这里主要介绍直齿圆柱齿轮。

（1）直齿圆柱齿轮各部分名称及代号　相关名称及代号如图 7-27 所示。

1）齿顶圆：通过齿轮各齿顶端的圆，其直径用 d_a 表示。

2）齿根圆：通过齿轮各齿槽底部的圆，其直径用 d_f 表示。

3）分度圆：齿轮上一个约定的假想圆，在该圆上，齿槽宽 e（相邻两齿廓之间的弧长）与齿厚 s（一个齿两侧之间的弧长）相等，即 $e=s$，其直径用 d 表示。分度圆是齿轮设计和

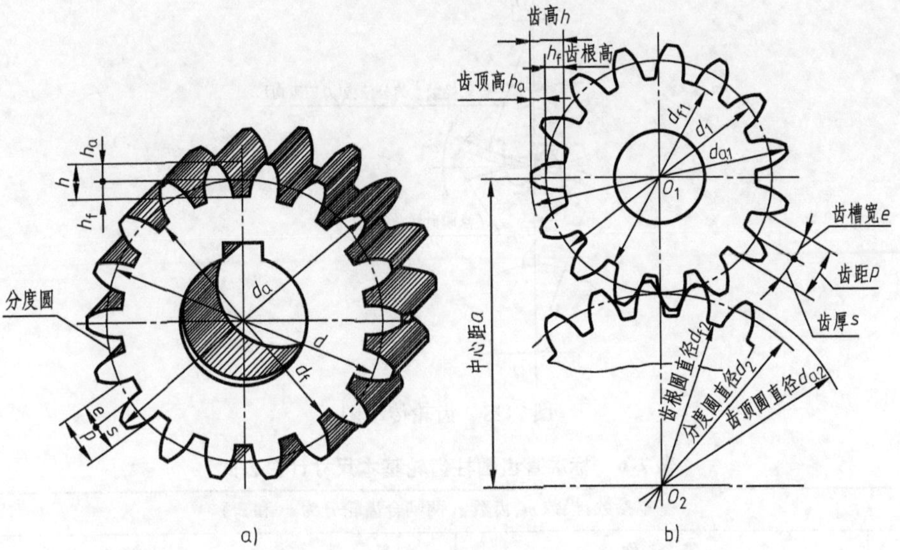

图7-27　直齿圆柱齿轮各部分名称及代号

加工时计算尺寸的基准圆。

4）节圆：两齿轮啮合时，位于连心线 O_1、O_2 上两齿廓接触点，称为节点。分别以 O_1、O_2 为圆心，过节点所作的两个相切的圆称为节圆。其直径用 d' 表示。正确安装的标准齿轮，分度圆和节圆相等，即 $d=d'$。

5）齿距 p：分度圆上相邻两齿廓对应点之间弧长，$p=s+e=2s=2e$。

6）齿高 h：轮齿在齿顶圆和齿根圆之间的径向距离。

齿顶高 h_a：齿顶圆和分度圆之间的径向距离。

齿根高 h_f：分度圆和齿根圆之间的径向距离。

$$h=h_a+h_f$$

7）中心距 a：两啮合齿轮轴线之间的距离。

（2）直齿圆柱齿轮的基本参数

1）齿数 z：轮齿的个数。

2）模数 m：齿轮设计的重要参数。分度圆周长 $=\pi d=pz$，那么 $d=pz/\pi$，令 $p/\pi=m$，则 $d=mz$，式中的 m 即称为模数。模数的单位为mm。一对相互啮合的齿轮的模数相等。模数是计算齿轮的主要参数，且已标准化，见表7-5所列。

表7-5　渐开线圆柱齿轮标准模数（摘自GB/T 1357—2008）

第一系列	1,1.25,1.5,2,2.5,3,4,5,6,8,10,12,16,20,25,32,40,50
第二系列	1.125,1.375,1.75,2.25,2.75,3.5,4.5,5.5,(6.5),7,9,11,14,18,22 ,28,36,45

注：选用时应优先选用第一系列，括号内的模数尽可能不用。本表未摘录小于1的模数。

3）压力角 α：两齿轮啮合时，在节点 C 处两齿廓的公法线（受力方向）与两圆的公切线（速度方向）之间的夹角称为压力角，如图7-28所示。图中 n_1、n_2 分别为两齿轮的转速。我国标准渐开线齿廓的齿轮，其压力角 $\alpha=20°$。

（3）直齿圆柱齿轮各部分尺寸的计算公式

齿轮的齿数、模数和压力角确定后，齿轮各部分尺寸的计算公式见表7-6。

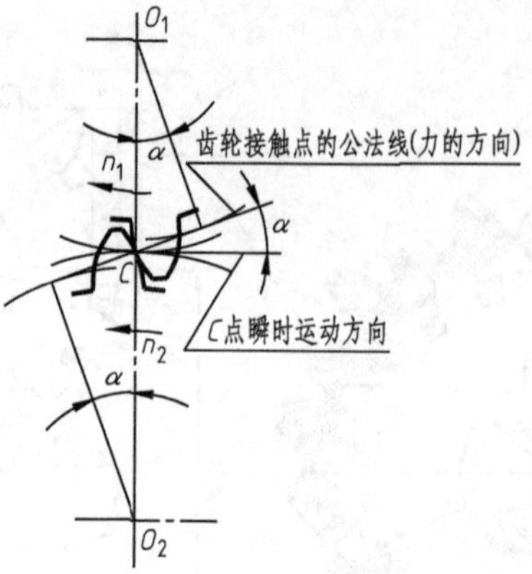

图 7-28　齿轮传动图

表 7-6　标准直齿圆柱齿轮基本尺寸计算公式

基本参数：模数 m，齿数 z（两啮合齿轮分为 z_1 和 z_2）

序号	名　称	符号	计 算 公 式
1	齿距	p	$p=\pi m$
2	齿顶高	h_a	$h_a=m$
3	齿根高	h_f	$h_f=1.25m$
4	齿高	h	$h=2.25m$
5	分度圆直径	d	$d=mz$
6	齿顶圆直径	d_a	$da=m(z+2)$
7	齿根圆直径	d_f	$d_f=m(z-2.5)$
8	中心距	a	$a=m(z_1+z_2)/2$

7.2.2　直齿圆柱齿轮的规定画法与尺寸标注示例

1. 单个齿轮的规定画法（GB/T 4459.2—2003）

单个齿轮画法如图 7-29 所示。

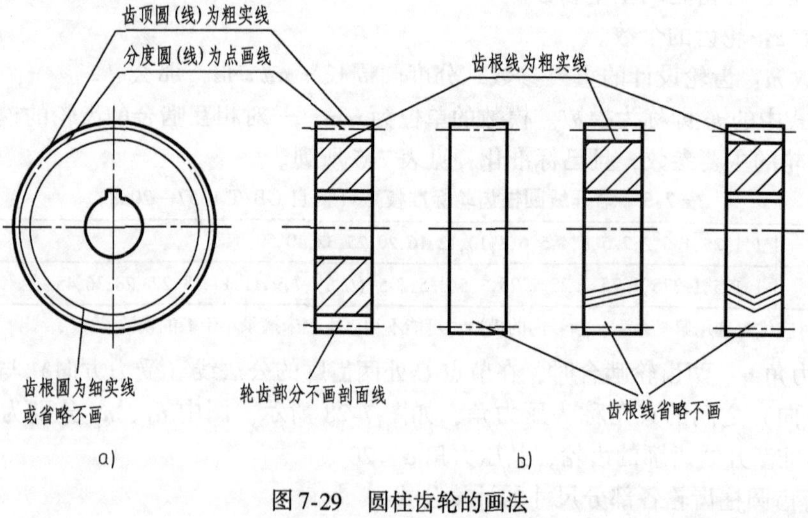

图 7-29　圆柱齿轮的画法

（1）齿顶圆和齿顶线用粗实线绘制。

（2）分度圆和分度线用细点画线绘制。

（3）齿根圆和齿根线用细实线绘制，也可省略不画；在剖视图中，齿根线用粗实线绘制。

（4）在剖视图中，当剖切平面通过齿轮轴线时，轮齿一律按不剖画出。

若为斜齿轮或人字形齿轮，则在其投影为非圆的视图上，用三条互相平行的细实线表示轮齿方向，如图7-29b所示。

齿轮轮齿部分以外的结构，均按其真实投影绘制。

2. 两齿轮啮合的规定画法

两齿轮啮合时，除啮合区外，其余部分的结构均按单个齿轮绘制。

（1）在为圆的视图中，两节圆相切，两齿顶圆用粗实线完整绘制，如图7-30a所示；啮合区内齿顶圆也可省略不画；齿根圆用细实线绘制，也可省略不画，如图7-30b所示。

（2）在非圆的视图中，不剖时两节线重合用粗实线绘制，斜齿轮用三条细斜线表示倾斜方向，如图7-30c所示。在剖视图中，两节线重合用细点画线绘制，齿根线用粗实线绘制，一个齿轮的齿顶线画粗实线，另一个齿轮的齿顶线画虚线或省略不画，如图7-30a所示。

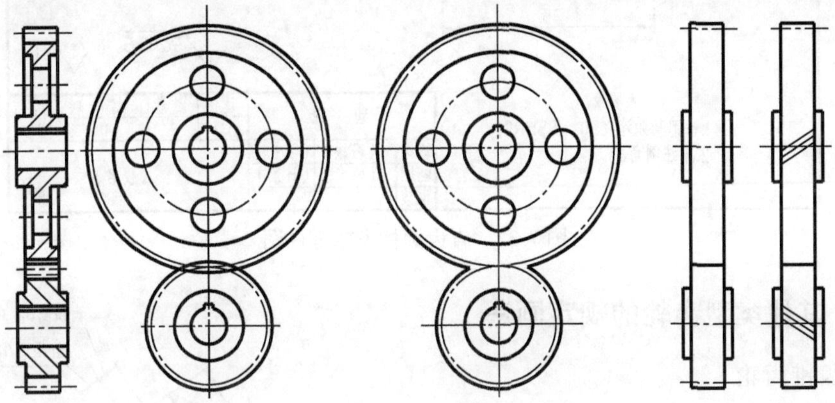

a) b) c)

图7-30 圆柱齿轮啮合的画法

齿轮、齿条啮合画法，如图7-31所示。

具体的齿轮零件图如图7-32所示。

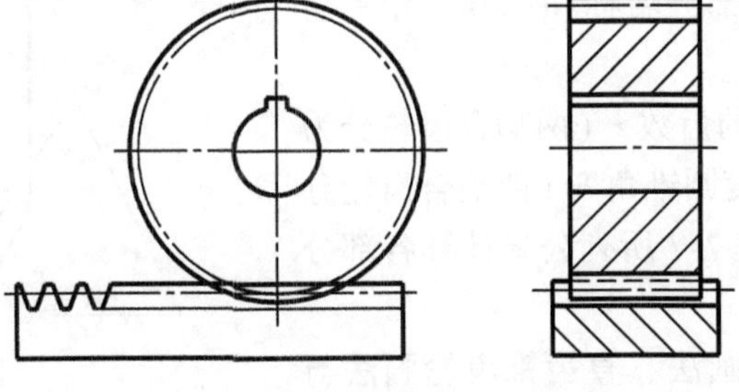

图7-31 齿轮齿条啮合画法

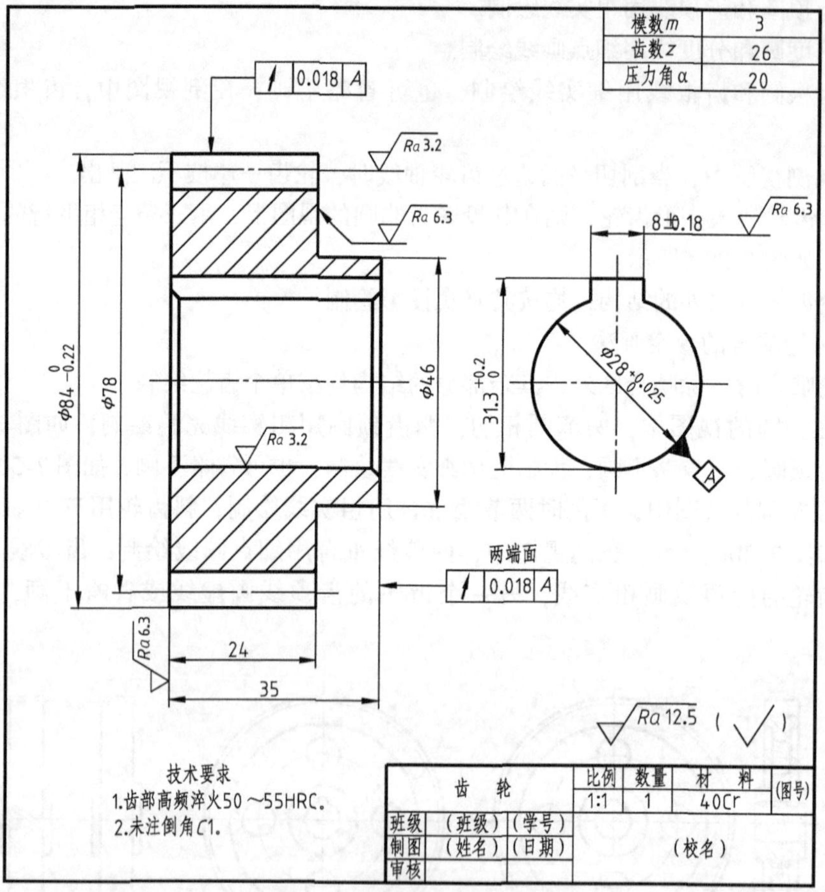

图 7-32　直齿圆柱齿轮零件图

*7.2.3　其他类型齿轮的规定画法

1. 直齿锥齿轮

直齿锥齿轮通常用于垂直相交的两轴之间的传动，其主体结构由顶锥、前锥和背锥组成。轮齿分布在圆锥面上，齿形从大端到小端逐渐收缩。为了便于设计和制造，国家标准规定以大端参数为标准值。

（1）直齿锥齿轮各部分名称和代号　相关名称和代号如图 7-33 所示。

当给定直齿锥齿轮的齿数 z（两啮合齿轮分为 z_1 和 z_2）、模数 m 和分度圆锥角 δ（两啮合齿轮分为 δ_1 和 δ_2）后，可按表 7-7 所列公式计算各部分尺寸。

（2）直齿锥齿轮的画法　直齿锥齿轮画法与直齿圆柱齿轮画法基本相同。

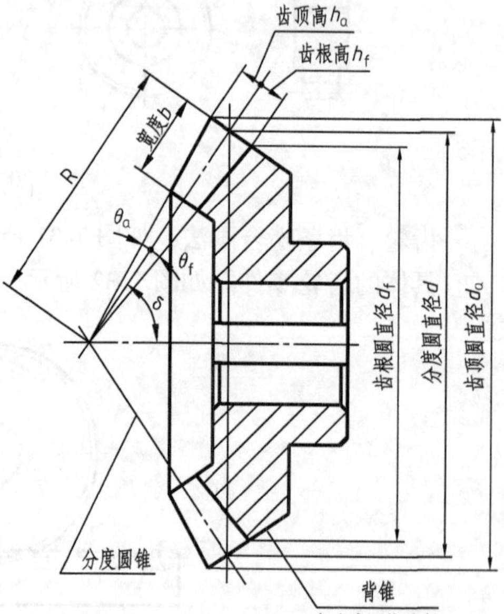

图 7-33　锥齿轮各部分名称

表 7-7　直齿圆锥齿轮各部分的尺寸计算公式

序号	名　　称	代号	计 算 公 式
1	分度圆直径	d	$d = mz$
2	分度圆锥角	δ	$\tan\delta_1 = z_1/z_2$　$\delta_2 = 90° - \delta_1$
3	齿顶高	h_a	$h_a = m$
4	齿根高	h_f	$h_f = 1.2m$
5	齿高	h	$h = h_a + h_f = 2.2m$
6	齿顶圆直径	d_a	$d_a = m(z + 2\cos\delta)$
7	齿根圆直径	d_f	$d_f = m(z - 2.4\cos\delta)$
8	齿顶角	θ_a	$\tan\theta_a = 2\sin\delta/z$
9	齿根角	θ_f	$\tan\theta_f = 2.4\sin\delta/z$
10	顶锥角	δ_a	$\delta_a = \delta + \theta_a$
11	根锥角	δ_f	$\delta_f = \delta - \theta_f$
12	锥距	R	$R = m_z/(2\sin\delta)$
13	齿宽	b	$b = (0.2 \sim 0.35)R$

1）单个锥齿轮画法。单个锥齿轮的画法如图 7-34 所示。

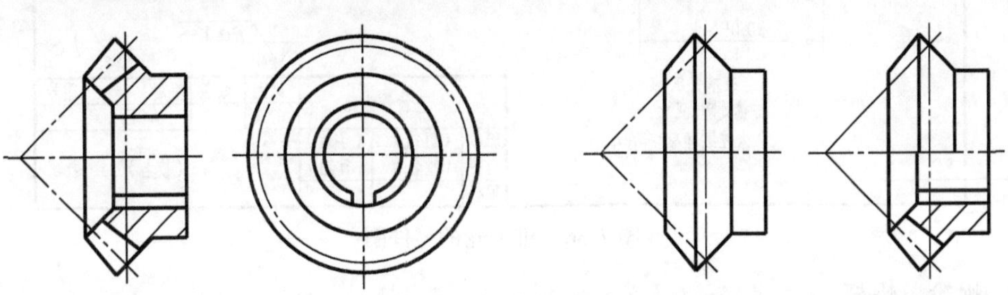

a)　　　　b)

图 7-34　单个锥齿轮的画法

2）锥齿轮的啮合画法。锥齿轮啮合区的画法与圆柱齿轮啮合区画法基本相同，如图 7-35 所示。

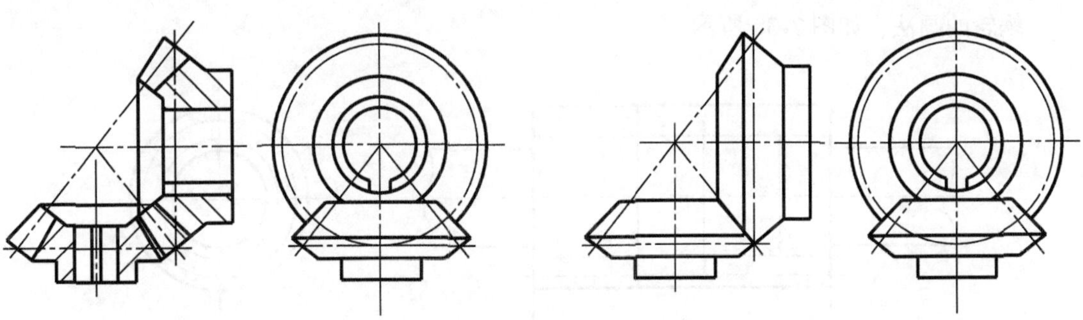

a)　　　　b)

图 7-35　锥齿轮啮合画法

具体的锥齿轮零件图如图 7-36 所示。

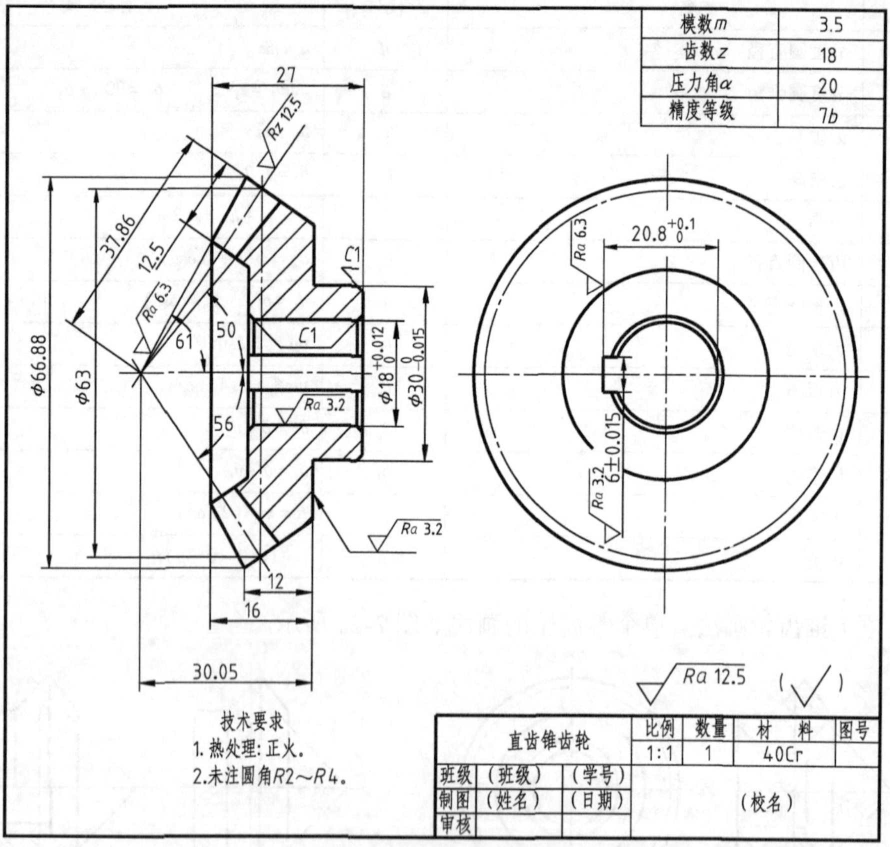

图 7-36　锥齿轮的零件图

2. 蜗轮、蜗杆

蜗轮蜗杆常用于垂直交错两轴之间的传动。一般情况下，蜗杆是主动件，蜗轮是从动件。蜗轮蜗杆传动具有结构紧凑、传动比大的优点，但效率低。蜗杆齿廓的轴向剖面呈等腰梯形，与梯形螺纹相似，其齿数又称头数，相当于螺纹的线数，常用单头或双头蜗杆。若蜗杆为单头，则蜗杆转一圈蜗轮只转过一个齿。

蜗杆的画法，如图 7-37 所示。

蜗轮的画法，如图 7-38 所示。

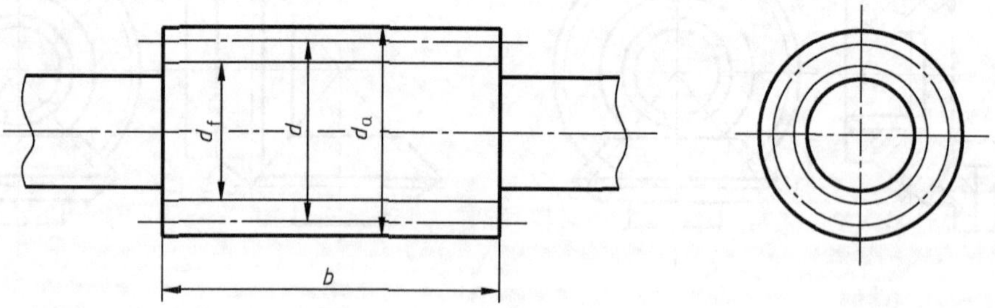

图 7-37　蜗杆的画法

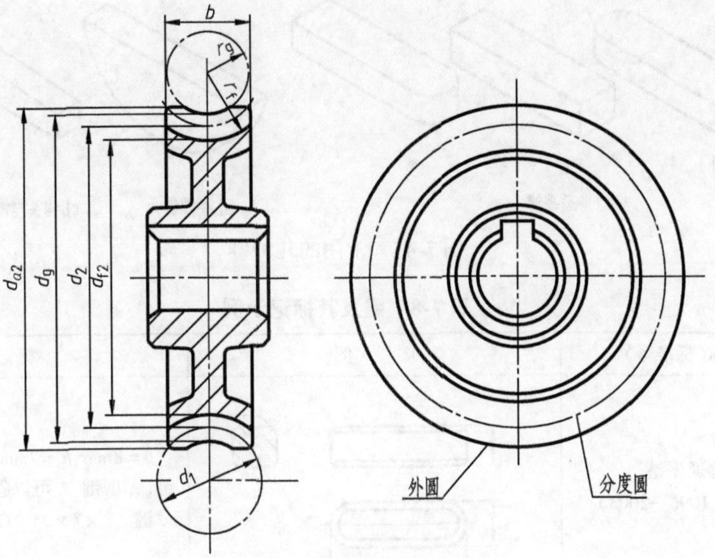

图 7-38 蜗轮的画法

蜗轮蜗杆啮合画法，如图 7-39 所示。在蜗轮为圆的视图中，蜗杆的节线与蜗轮的节圆应画成相切。

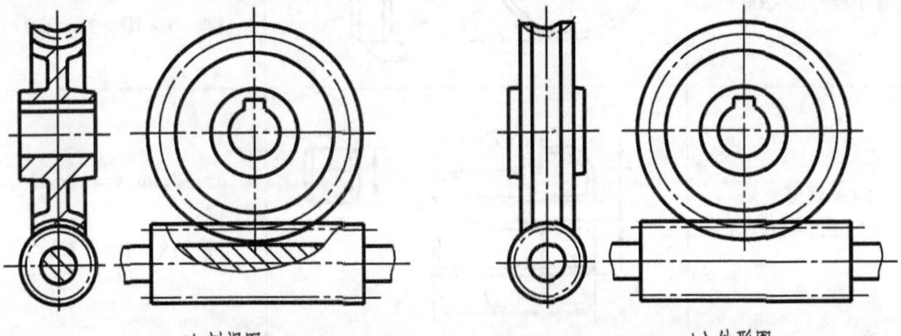

图 7-39 蜗杆与蜗轮轮啮合画法

7.3 键联接与销联接

键和销都是标准件，键联接与销联接也是工程中常使用的可拆联接。

7.3.1 常用键及其标记

1. 常用键的作用与种类

键用来联接轴和装在轴上的齿轮或带轮，使轴和轮一起转动，起传递转矩的作用，如图 7-40 所示。

常用的键有普通平键、半圆键、钩头楔键，如图 7-41所示。

2. 常用键的规定标记

键的规定标记见表 7-8。

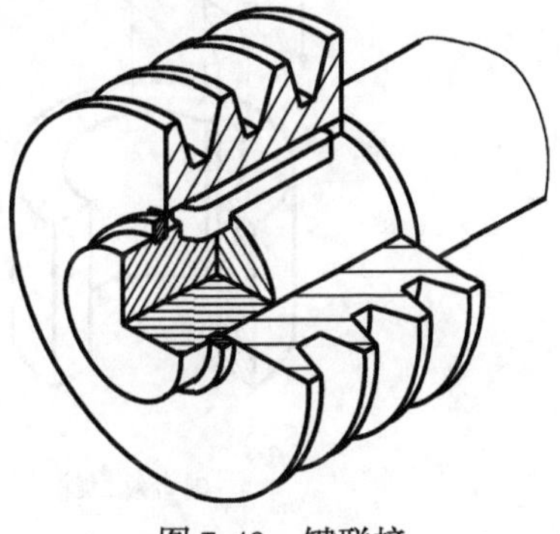

图 7-40 键联接

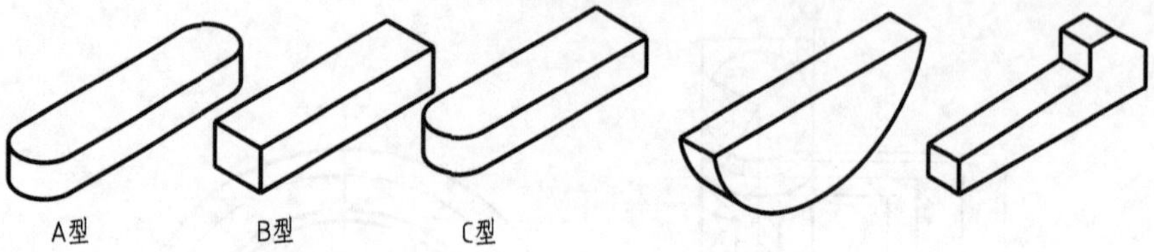

a) 普通平键　　b) 半圆键　　c) 钩头楔键

图 7-41　常用的几种键

表 7-8　键及其标记示例

序号	名称(标准号)	图　例	标记示例
1	普通平键 (GB/T 1096—2003)	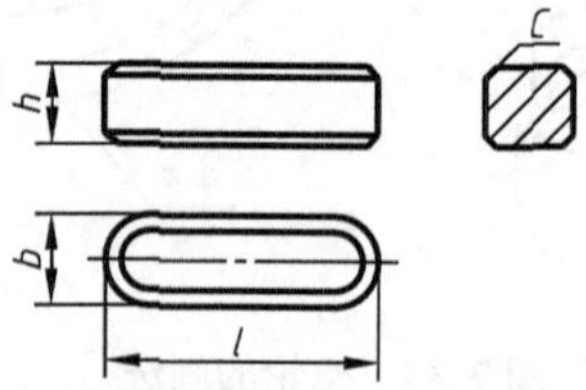	b = 8mm、h = 7mm、l = 25mm 的普通平键(A 型键,A 可以省略)： 键　8 ×7 ×25　GB/T 1096
2	半圆键 (GB/T 1099.1—2003)	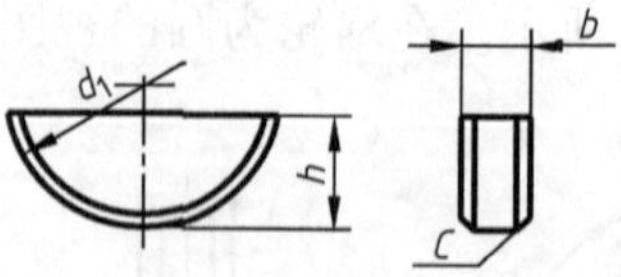	b = 6mm、h = 10mm、d_1 = 25mm 的半圆键： 键　6 ×10 ×25　GB/T 1099
3	钩头楔键 (GB/T 1565—2003)	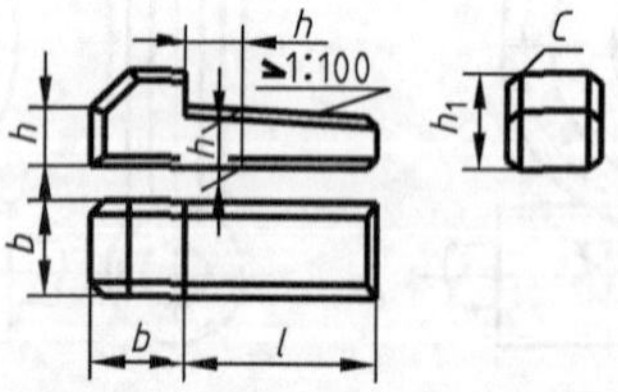	b = 18mm、h = 11mm、l = 100mm 的钩头楔键： 键　18 ×100　GB/T 1565

7.3.2　常用键联接的规定画法及尺寸标注

1. 键槽的加工方法

常用键的键槽有轴上键槽和轮毂上键槽两种。键槽的常用加工方法如图 7-42 所示。

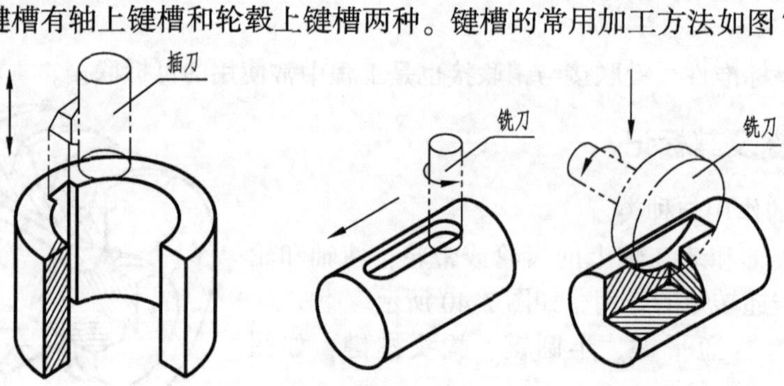

铣圆头平键　　铣半圆键

a) 轮毂上键槽　　b) 轴上键槽

图 7-42　键槽的常用加工方法

2. 键槽的规定画法与尺寸标注

键和键槽的尺寸可根据轴（或轮毂孔）的直径从相应的标准（附表17　普通平键及键槽　GB/T 1095～1096—2003）查得，键的长度L应小于或等于轮毂的长度并取标准值，键槽的画法与尺寸标注如图7-43所示。

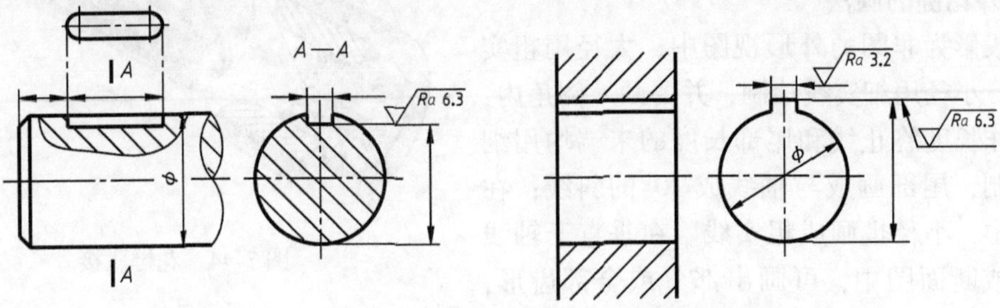

a) 轴上键槽画法　　b) 轮毂上键槽画法

图7-43　键槽的画法与尺寸标注

3. 键联接的规定画法

键联接的规定画法见表7-9。

表7-9　键联接的画法

名称	联接的画法	说明
普通平键	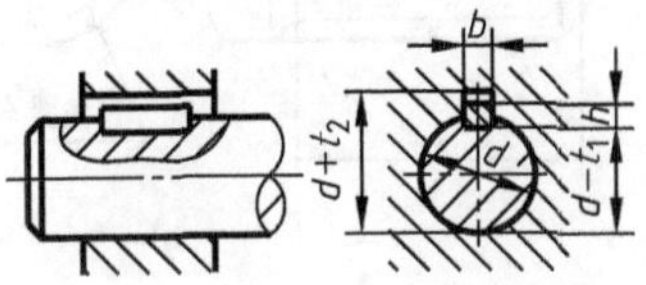	两侧面接触； 顶面之间有间隙，键的倒角或圆角可省略不画
半圆键	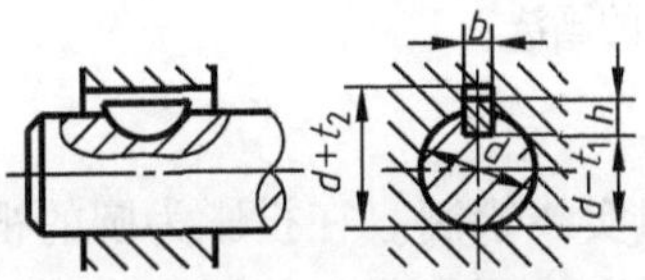	键侧面接触； 顶面有间隙
钩头楔键	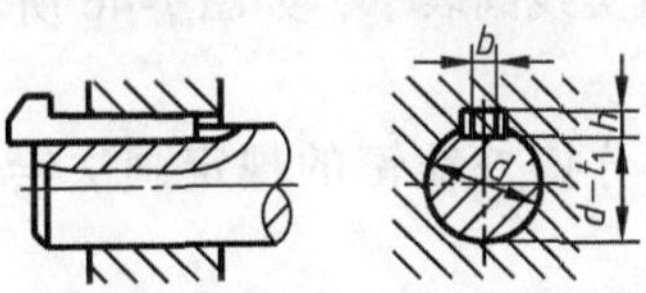	上、下两面与键槽接触； 两侧面有间隙

（1）普通平键联接的画法　键的两侧面为工作面，上、下两面为非工作面。联接时键的两侧面与键槽两侧面接触，上面与键槽的顶面之间有间隙。

（2）半圆键联接的画法　半圆键的联接与普通平键相似。半圆键具有自动调位的优点，常用于轻载和锥形轴的联接。

（3）钩头楔键联接的画法　钩头楔键的上底面有1∶100的斜度，联接时沿轴向将键打入槽内，直至打紧为止。故其上下两面为工作面，两侧面为非工作面。画图时，上、下两面与键槽接触，两侧面有间隙。

*7.3.3　花键的规定画法及尺寸标注

花键联接又称多槽键联接，如图7-44所示。其特点是键和键槽的数量较多，轴和键制成一体。具有良好的导向性与对中性，主要用于载荷较大和定心精度要求较高的联接。花键按齿形分为矩形花键和渐开线花键等，其中矩形花键应用较为广泛。

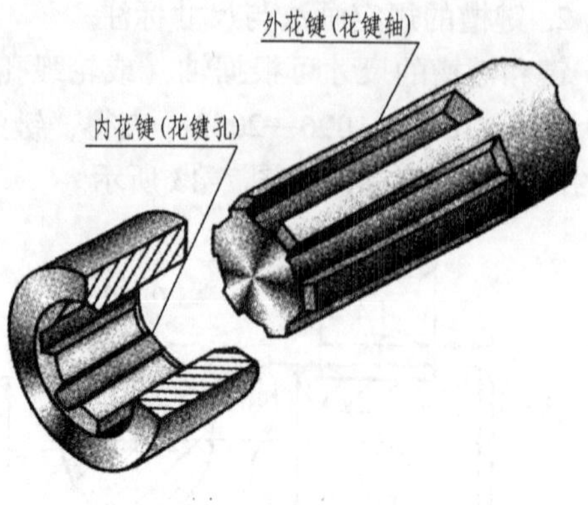

图 7-44　花键联接

1. 外花键的画法

在投影为非圆的外形视图中，大径用粗实线绘制，小径用细实线绘制，并要画入倒角内；花键工作长度终止线和尾部长度的末端均用细实线绘制，尾部画成与轴线成 30°的斜线；在剖视图中，小径也画成粗实线。在垂直于轴线的视图或断面图中，可画出部分或全部齿形，也可只画出表示大径的粗实线圆和表示小径的细实线圆，倒角圆省略不画，如图 7-45 所示。

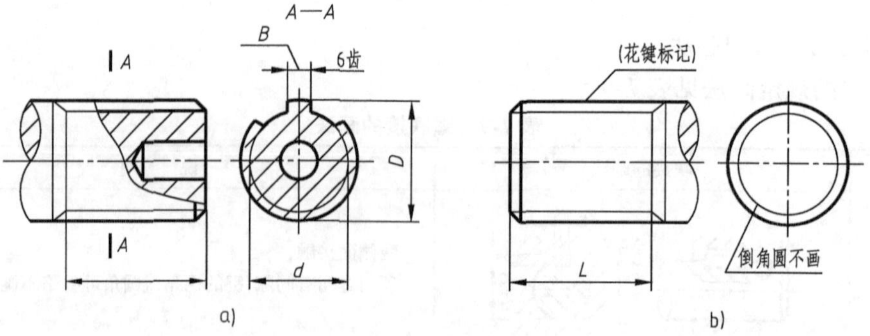

图 7-45　外花键的画法

2. 内花键的画法

在投影为非圆的剖视图中，大径、小径均用粗实线绘制。在投影为圆的视图中，可画出部分或全部齿形，大径用细实线圆表示，小径用粗实线圆表示，如图 7-46 所示。

3. 内、外花键的联接画法

花键联接用剖视图和断面图表示，其联接部分按外花键的规定画法绘制，如图 7-47 所示。

4. 花键的尺寸标注

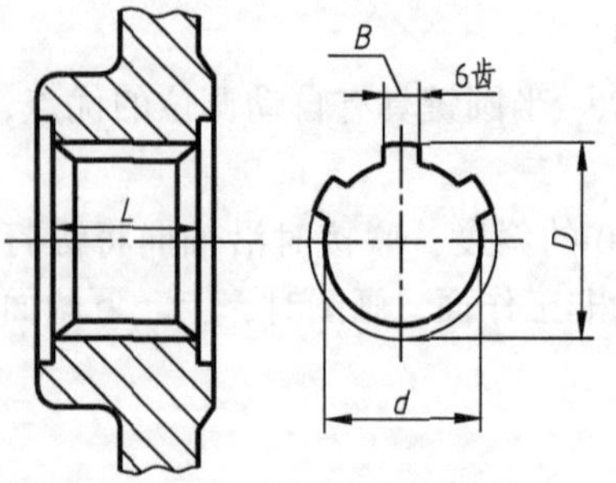

图 7-46　内花键的画法

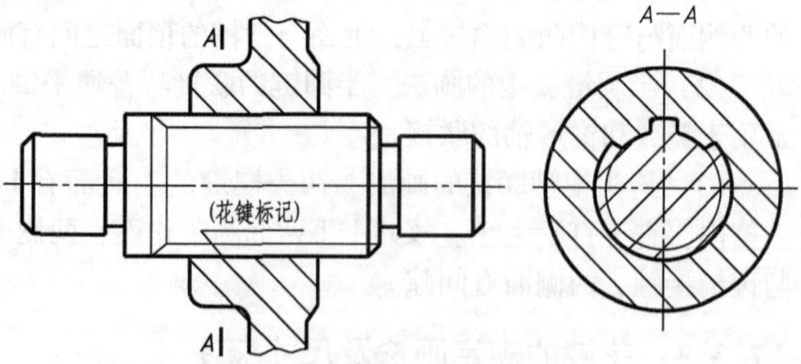

图 7-47　花键联接的画法

花键的尺寸可直接在图上注出大径 D、小径 d、键宽 B、键数 N 和工作长度 L，如图7-45a所示。

花键也可以采用代号标注，如图7-45b、图7-47所示。

矩形花键的代号型式为 $N \times d \times D \times B$，如 $6 \times 23 \times 26 \times 6$，表示6个键，小径为23mm、大径为26mm、键宽为6mm的矩形花键。

7.3.4　销联接

1. 销及其标记

常用的销有圆柱销、圆锥销和开口销三种。圆柱销和圆锥销用作零件之间的联接或定位；开口销用来防止螺母松动或固定其他零件。销的标记方法见表7-10，销的尺寸可以从标准中查得（见附表14　圆柱销，附表15　圆锥销，附表16　开口销）。

表7-10　销的种类及标记示例

名称	图　例	标记示例及说明
圆柱销	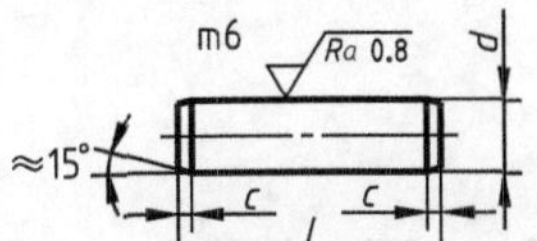	销　GB/T 119.2—2000　8×30 表示公称直径 d=8mm，长度 l=30mm，材料为35号钢，热处理硬度28～38HRC，表面氧化处理的圆柱销
圆锥销	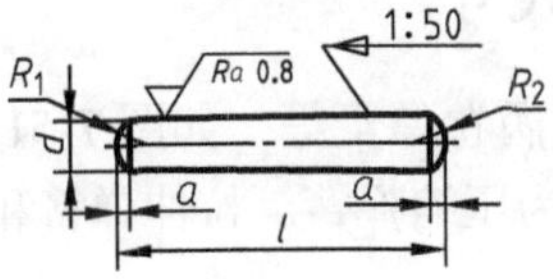	销　GB/T 117—2000　10×60 表示公称直径 d=10mm，长度 l=60mm，材料为35号钢，热处理硬度28～38HRC，表面氧化处理的A型圆锥销。圆锥销按表面加工要求不同，分为A、B两种形式，但A型不标，B型标B，如B10×60
开口销	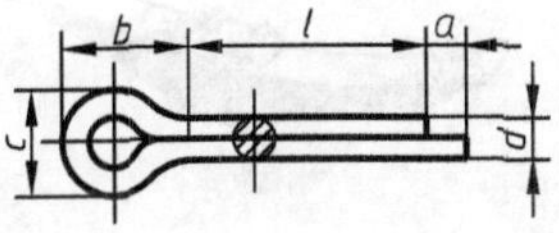	销　GB/T 91—2000　5×40 表示公称规格为5mm，长度 l=40mm的开口销。公称规格指与之相配的开口销孔直径

2. 销联接画法

圆柱销和圆锥销的装配要求较高，销孔一般要在被联接零件装配后统一加工。圆柱销和圆锥销的联接画法如图7-48所示。销孔的加工过程及尺寸标注如图7-49所示。

图7-50所示为带销孔螺杆和槽形螺母用开口销锁紧防松的联接图。

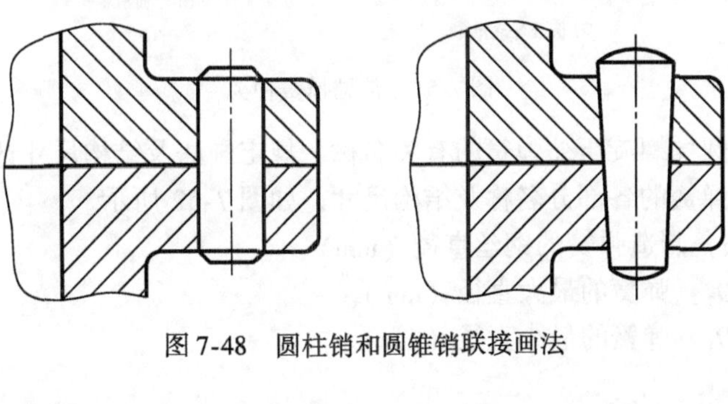

图7-48　圆柱销和圆锥销联接画法

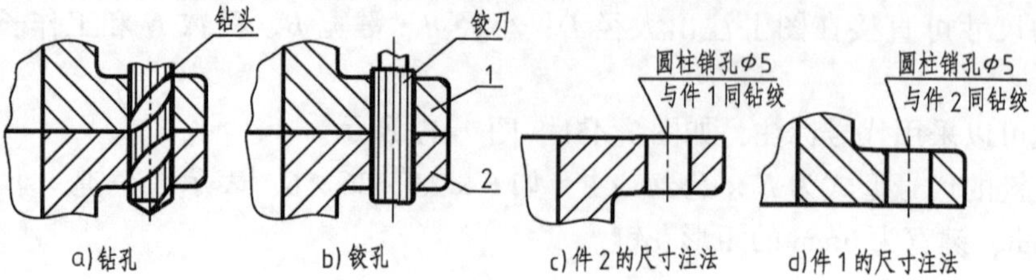

图 7-49　销孔的加工及尺寸标注

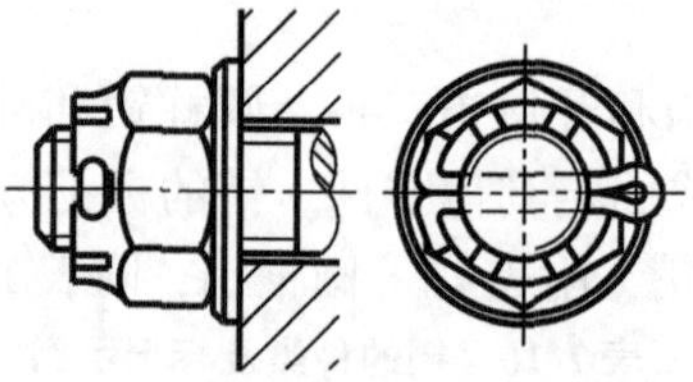

图 7-50　开口销锁紧防松图画法

7.4　弹簧

弹簧是工程上应用广泛的常用件，主要用于减振、夹紧、储能和测力等。

7.4.1　弹簧类型与圆柱螺旋压缩弹簧的结构尺寸

弹簧的种类很多，常用的有螺旋弹簧、板弹簧和涡卷弹簧等，如图 7-51 所示。其中圆柱螺旋弹簧更为常见。按所受载荷不同，这种弹簧又分为压缩弹簧、拉伸弹簧和扭转弹簧三种。

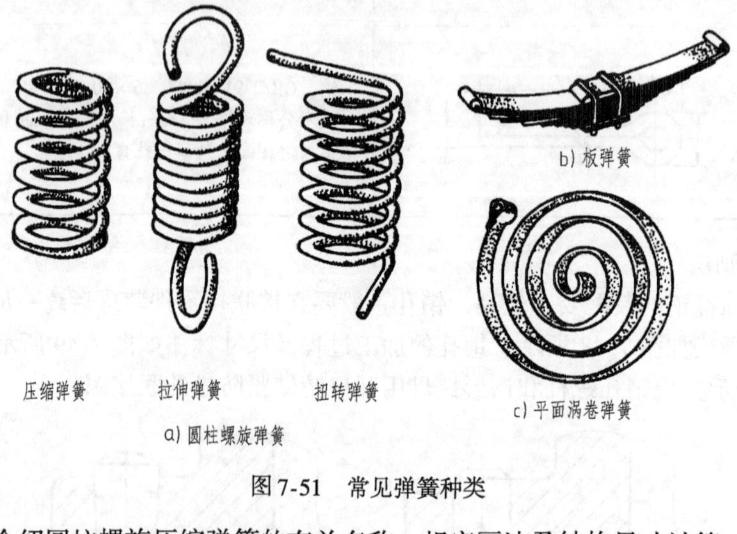

图 7-51　常见弹簧种类

本节主要介绍圆柱螺旋压缩弹簧的有关名称、规定画法及结构尺寸计算。

圆柱螺旋压缩弹簧的各部分名称及结构尺寸，如图 7-52 所示。

1）材料直径 d：制造弹簧的钢丝直径（mm）。

2）弹簧外径 D_2：弹簧的最大直径（mm）。

3）弹簧内径 D_1：弹簧的最小直径（mm）。

4）弹簧中径 D：弹簧的平均直径（mm），其计算公式为

$$D=\frac{D_1+D_2}{2}=D_1+d=D_2-d$$

5）节距 t：相邻两有效圈在中径上对应点间的轴向距离。

6）有效圈数 n：弹簧上能保持相同节距的圈数。

7）支承圈数 n_2：为使弹簧端面受力均匀、放置平稳，制造时将弹簧两端并紧、磨平，这部分圈数仅起支承作用，主要有1.5、2、2.5圈，常见的为2.5圈。

8）弹簧总圈数 n_1：弹簧的有效圈数和支承圈数之和为总圈数，即

$$n_1=n+n_2$$

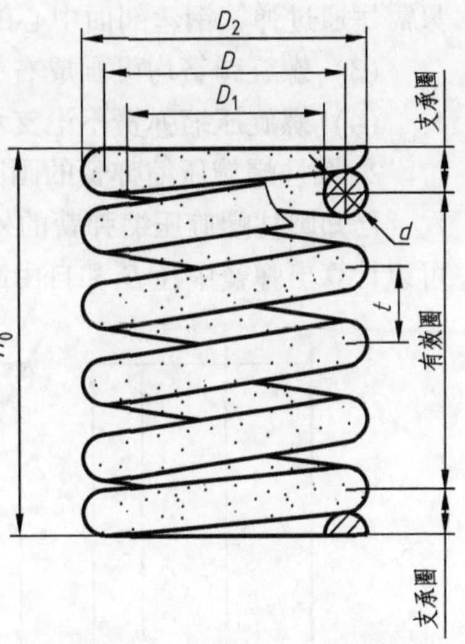

图7-52　圆柱螺旋压缩弹簧

9）弹簧的自由高度 H_0：弹簧在未受外力作用下的高度（或长度），由下式计算

$$H_0=nt+(n_2-0.5)d$$

10）弹簧展开长度 L：绕制弹簧时钢丝的长度，按螺旋线展开的方法可得

$$L\approx n_1\sqrt{(\pi D_2)^2+t^2}$$

11）旋向：螺旋弹簧分右旋和左旋两种。

7.4.2　圆柱螺旋压缩弹簧的画法

1. 圆柱螺旋压缩弹簧的规定画法

（1）在平行于螺旋弹簧轴线的投影面的视图中，各圈的轮廓线画成直线，如图7-53所示。

（2）工作圈数多于四圈的螺旋弹簧，可在每一端画出1～2圈（支承圈数除外），中间

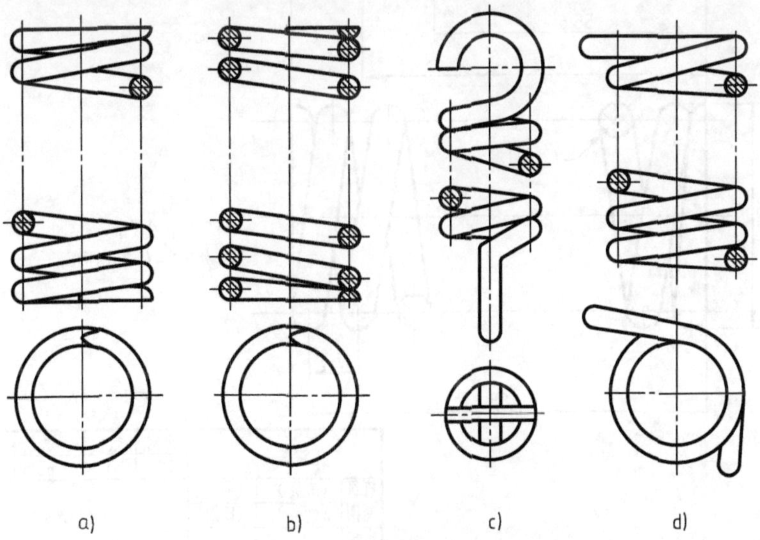

图7-53　圆柱螺旋弹簧规定画法

只需用通过弹簧钢丝剖面中心的细点划线联接起来，且可适当缩短图形长度。

（3）螺旋弹簧均可画成右旋，对必须保证的旋向要求应在技术要求中注明。

（4）螺旋压缩弹簧不论支承圈多少，末端并紧情况如何，均按2.5支承圈数绘制。

2. 圆柱螺旋压缩弹簧的画图步骤

已知圆柱螺旋压缩弹簧的外径 D_2、簧丝直径 d、节距 t 和有效圈数 n、支承圈数 n_1，就可以计算出弹簧中径 D 和自由高度 H_0，画图步骤如图7-54所示。

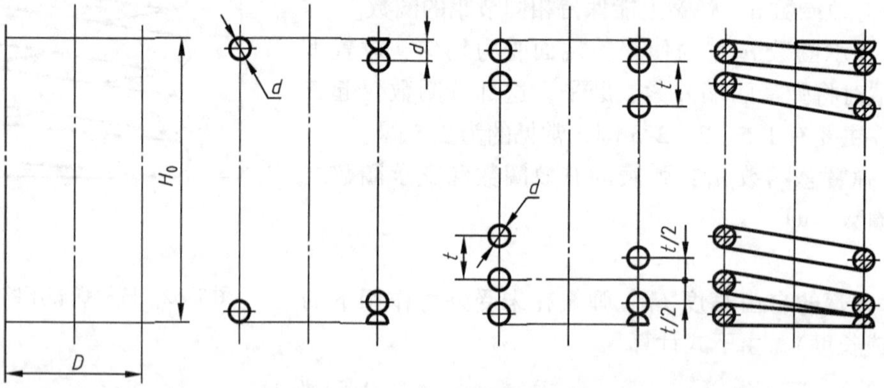

a) 按自由高度 H_0 和弹簧中径 D，作矩形　b) 根据材料直径 d，画出支承圈部分的四个圆和二个半圆　c) 根据节距 t，作有效圈部分的五个圆　d) 按右旋方向作相应圆的公切线，并画剖面线

图7-54　圆柱螺旋压缩弹簧作图步骤

具体的圆柱螺旋压缩弹簧零件图如图7-55所示。

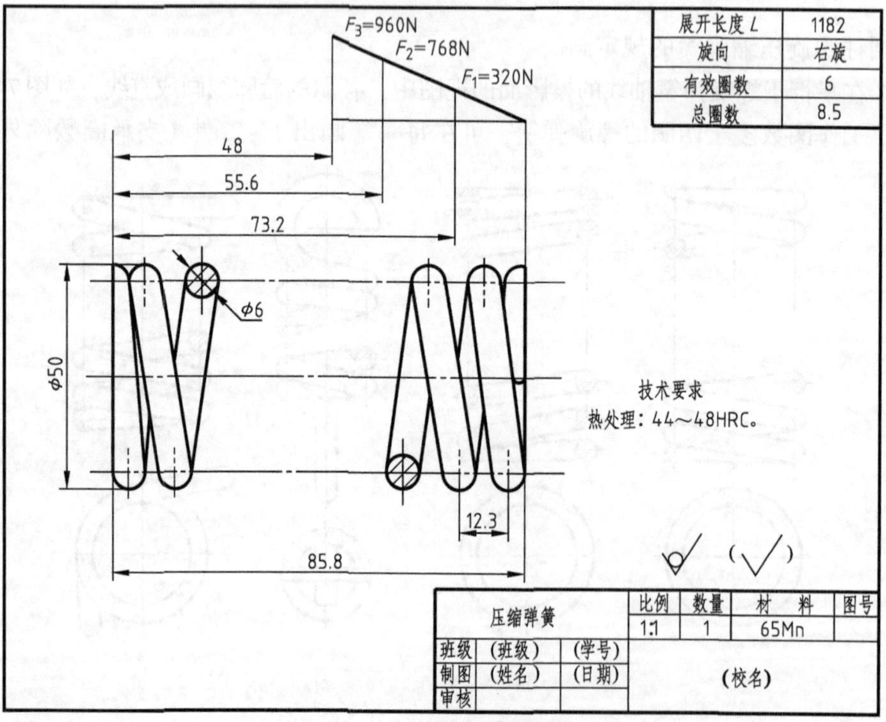

图7-55　压缩弹簧零件图

7.4.3 弹簧的其他画法

（1）在装配图中，弹簧被看做实心物体，被弹簧挡住的结构一般不画出，可见部分应画到弹簧的外径或中径，如图7-56a所示。

（2）在装配图中，被剖切后弹簧钢丝直径等于或小于2mm时，可用涂黑表示，且各圈轮廓线不画，如图7-56b所示，也允许用示意图绘制，如图7-56c所示。

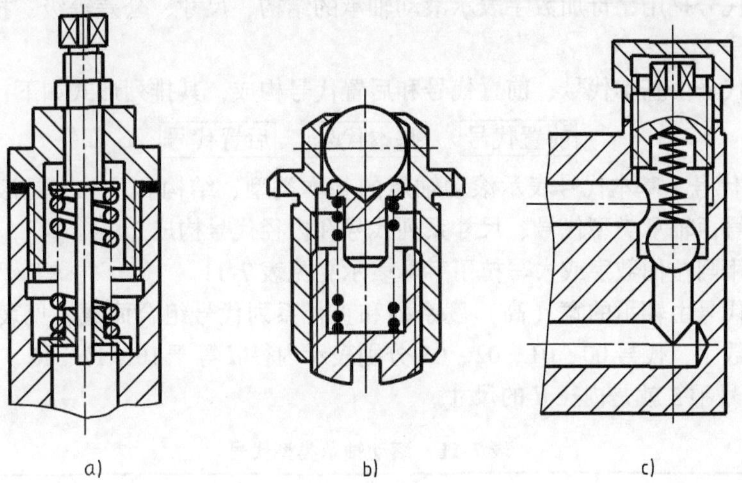

图7-56 弹簧在装配图中的画法

7.5 滚动轴承

滚动轴承是支承轴的部件，由于具有摩擦阻力小、结构紧凑等优点而被广泛应用。

7.5.1 滚动轴承的结构和分类

1. 滚动轴承的结构

滚动轴承一般由内圈（上圈）、外圈（下圈）、滚动体和保持架组成，如图7-57所示。

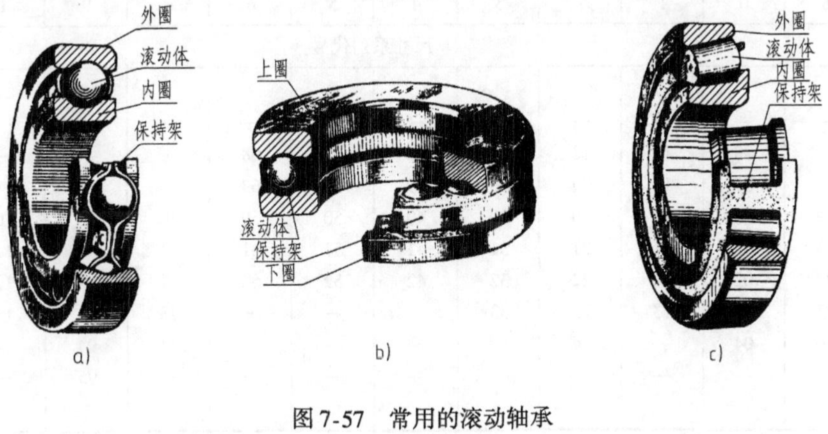

图7-57 常用的滚动轴承

2. 滚动轴承的分类

按承受载荷的方向，滚动轴承分为三类：

（1）向心轴承——主要承受径向载荷，如深沟球轴承（见图7-57a）；

（2）推力轴承——只承受轴向载荷，如推力球轴承（见图7-57b）；

（3）向心推力轴承——同时承受径向和轴向载荷，如圆锥滚子轴承（见图7-57c）。

3. 滚动轴承的代号（GB/T 272—1993）

滚动轴承代号是用字母加数字表示滚动轴承的结构、尺寸、公差等级、技术性能等特征的产品识别符号。

滚动轴承代号由基本代号、前置代号和后置代号构成，其排列形式如下：

前置代号 基本代号 后置代号

（1）基本代号 基本代号表示滚动轴承的基本类型、结构和尺寸，是滚动轴承代号的基础。基本代号由轴承类型代号、尺寸系列代号和内径代号构成。

类型代号用阿拉伯数字或大写拉丁字母表示，见表7-11。

尺寸系列代号由轴承的宽（高）度系列和直径系列代号组合而成，见表7-12。内径代号一般为两个数字，代号00、01、02、03分别表示内径 d 等于10、12、15、17mm；代号为04～99时，代号乘5就是内径 d 的尺寸。

表7-11 滚动轴承类型代号

代号	轴承类型	代号	轴承类型
0	双列角接触球轴承	6	深沟球轴承
1	调心球轴承	7	角接触球轴承
2	调心滚子轴承和推力调心滚子轴承	8	推力圆柱滚子轴承
3	圆锥滚子轴承	N	圆柱滚子轴承(双列或多列用字母NN)
4	双列深沟球轴承	U	外球面球轴承
5	推力球轴承	QJ	四点接触球轴承

注：在表中代号后或前加字母或数字，表示该类轴承中的不同结构。

表7-12 向心轴承、推力轴承尺寸系列代号

直径系列代号	向心轴承								推力轴承			
	宽度系列代号								高度系列代号			
	8	0	1	2	3	4	5	6	7	9	1	2
	尺寸系列代号											
7	—	—	17	—	37	—	—	—	—	—	—	—
8	—	08	18	28	38	48	58	68	—	—	—	—
9	—	09	19	29	39	49	59	69	—	—	—	—
0	—	00	10	20	30	40	50	60	70	90	10	—
1	—	01	11	21	31	41	51	61	71	91	11	—
2	82	02	12	22	32	42	52	62	72	92	12	22
3	83	03	13	23	33	—	—	—	73	93	13	23
4	—	04	—	24	—	—	—	—	74	94	14	24
5	—	—	—	—	—	—	—	—	—	95	—	—

常用的轴承类型、尺寸系列代号及所组成的基本代号摘录于表7-13。

(2) 前置代号和后置代号 前置、后置代号是轴承在结构形状、尺寸、公差、技术要求等有改变时，在其基本代号前、后添加的补充代号。

前置代号用字母表示，例如：

GS 8 11 07

其中 GS——前置代号，推力圆柱滚子轴承座圈；

8——轴承类型代号，推力圆柱滚子轴承；

11——尺寸系列代号，宽度系列代号为1，直径系列代号为1；

07——内径代号，表示 $d=35\text{mm}$。

表7-13 常用的轴承类型代号、尺寸系列代号组成的基本代号

轴承类型	类型代号	尺寸系列代号	基本代号	标准号
深沟球轴承	6	17 37 18 19 (1)0 (0)2 (0)3 (0)4	61700 63700 61800 61900 6000 6200 6300 6400	GB/T 276—1994
圆锥滚子轴承	3	02 03 13 20 22 23 29 30 31 32	30200 30300 31300 32000 32200 32300 32900 33000 33100 33100	GB/T 297—1994
推力球轴承	5	11 12 13 14	51100 51200 51300 51400	GB/T 301—1995

后置代号用字母（或加数字）表示，例如：

6 2 10 NR

其中 6——轴承类型代号，深沟球轴承；

2——尺寸系列代号（02），宽度系列代号0省略，直径系列代号为2；

10——内径代号，$d=50\text{mm}$；

NR——后置代号，轴承外圈上有止动槽，并带止动环。

7.5.2 滚动轴承的画法

滚动轴承是标准件，需要时可根据轴承的代号选购。在装配图中由轴承代号查出外径

D、内径 *d* 和宽度 *B* 或 *D*、*T*，采用规定画法或特征画法，在传动系统中用图示符号表示，见表 7-14 所列。

表 7-14　滚动轴承的规定画法和特征画法（摘自 GB/T 4459.7—1998）

名称和标准号	画法			
	规定画法	特征画法	图示符号	装配画法
深沟球轴承 GB/T 276—1994	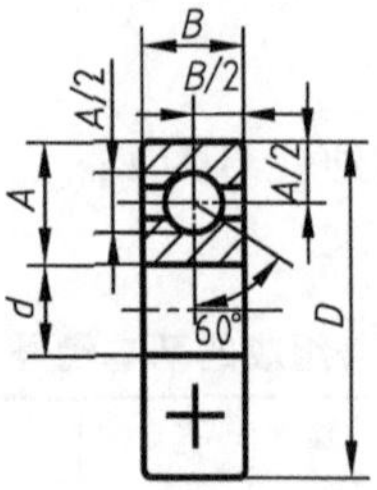	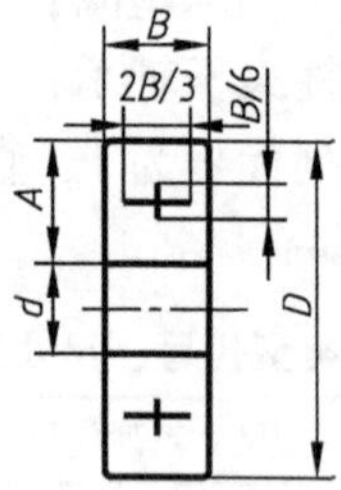	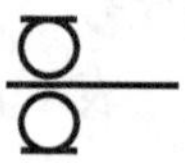	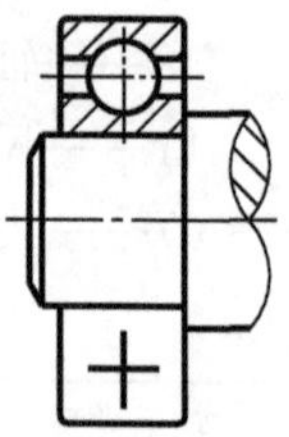
圆锥滚子轴承 GB/T 297—1994	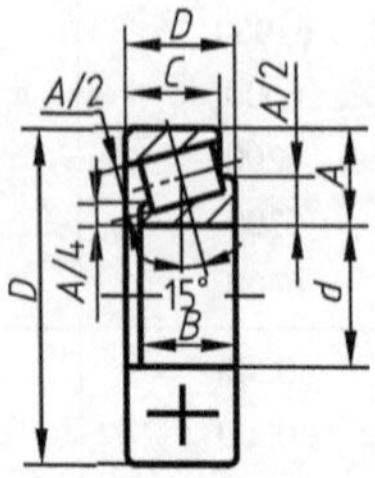	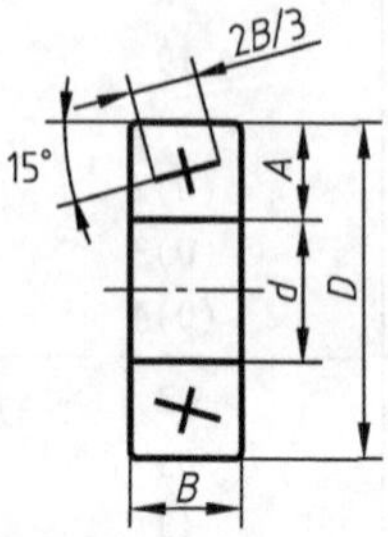	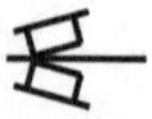	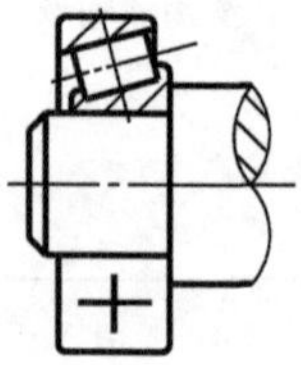
推力球轴承 GB/T 28678—2012	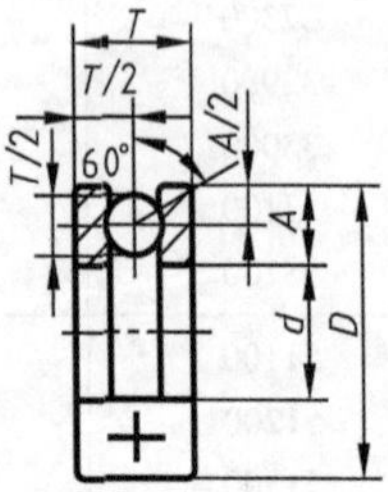	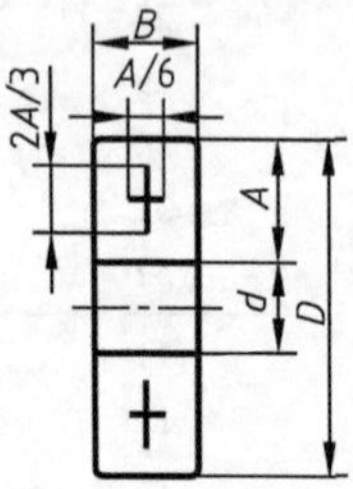	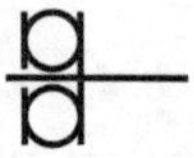	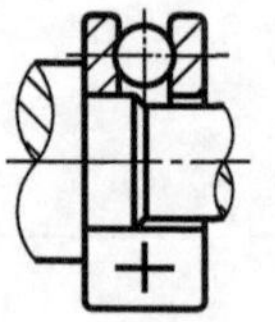

第8章 零 件 图

基本要求：了解零件图的内容，能正确地测绘零件，准确地读懂零件图。

机器或部件都是由零件按一定的装配关系和技术要求装配起来的。图8-1所示的铣刀头，是由16种零件装配而成的，因此制造机器必须首先制造零件。制造零件和检验零件的图样，我们称之为零件工作图，简称零件图，如图8-2所示。它是指导零件生产的重要技术文件。

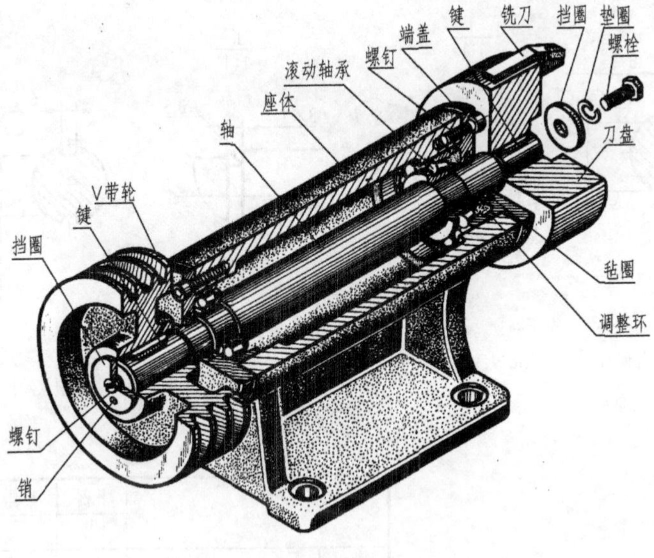

图8-1 铣刀头（轴测图）

8.1 零件图的内容

一张完整的零件图一般应包括以下内容：

（1）一组图形：用一组适当的视图、剖视图、断面图等图形，正确、完整、清晰地表达零件的内、外结构形状。

（2）完整的尺寸：能够满足零件制造和检验所需要的正确、完整、清晰、合理的全部尺寸。

（3）技术要求：用规定的代号或文字，注出零件在制造、检验、装配和调试过程中应达到的要求，如尺寸公差、表面粗糙度、几何公差、热处理等。

（4）标题栏：填写零件的名称、材料、比例、图号及制图、审核人员的责任签字等。

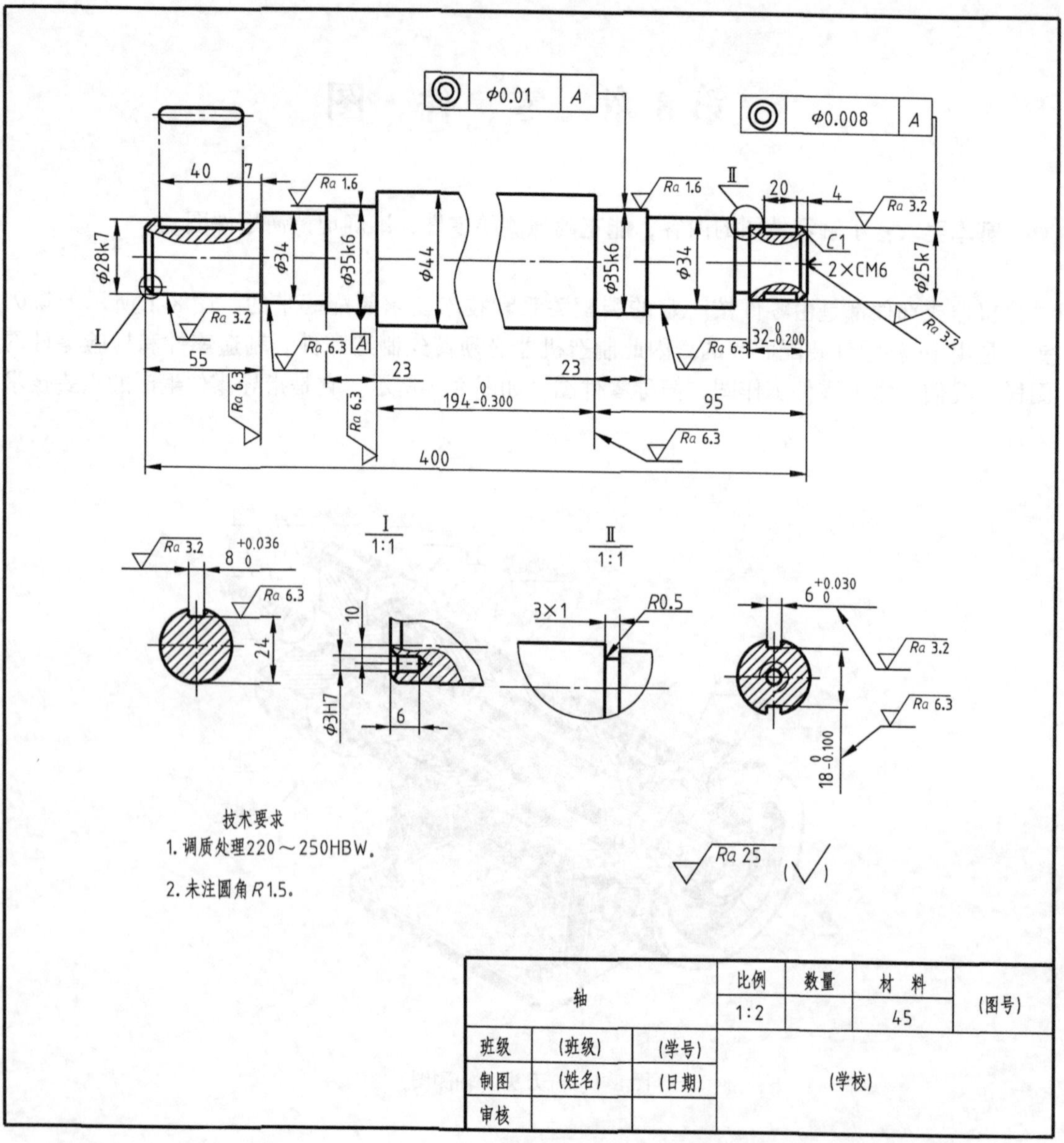

图8-2 轴的零件图

8.2 零件的表达方法

为了将零件的内、外结构和形状正确、完整、清晰的表达出来，又能使绘图简单、读图方便，需要合理选择表达方法。这就要求认真考虑主视图的选择以及其他视图的数量和画法的选择。

8.2.1 主视图的选择

主视图是表达零件内外结构和形状的最主要视图，主视图选择是否正确，不仅关系到零件结构形状表达的清晰与否，而且关系到其他视图的数量和位置的确定，影响到看图和画图是否方便。因此主视图的选择应从便于看图和生产这一基本要求出发，主要考虑以下两大方面。

1. 确定零件的安放位置

原则是尽量符合零件的主要加工位置和工作位置，也就是安装位置，这样选择便于加工和安装。

(1) 零件的加工位置。一般轴、套、盘等回转体零件主视图多选择其加工位置，如图8-3所示。这类零件在制造过程中，主要在车床、磨床进行，主视图表示的零件位置与加工位置一致，便于加工及测量时对照图样。

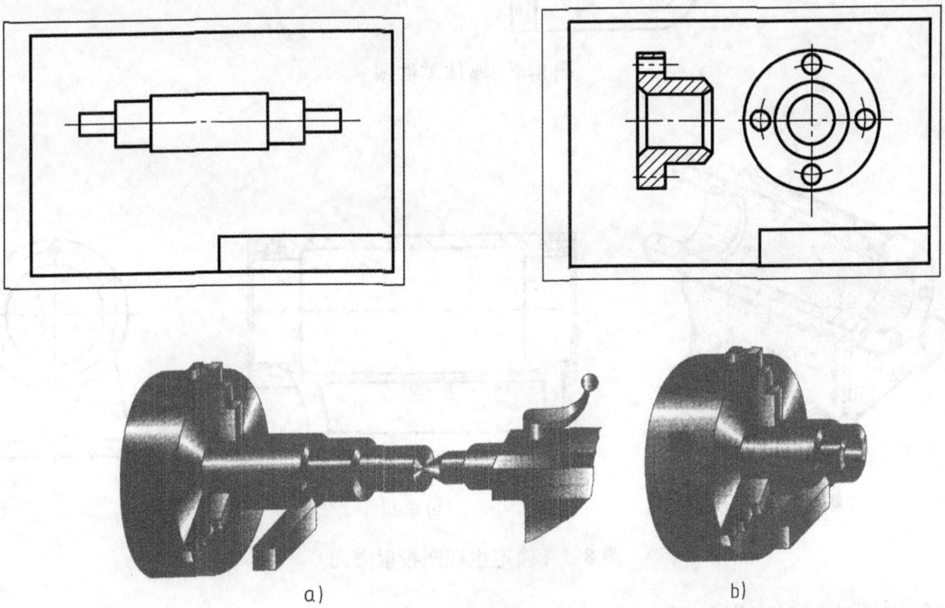

图8-3 轴的加工位置

(2) 零件的工作位置。箱体、叉架类零件，如图8-4所示，由于其结构形状复杂，加工工序较多，装夹位置多变，主视图按零件的工作位置画出，便于与装配图对照，也有利于机器的装配。

(3) 如果加工工序较多、位置各不相同，而工作位置也不固定时，主视图的零件位置应取自然平稳的安放位置。

2. 确定零件的投射方向

原则是选择最能明显反映零件的结构形状特征，即零件的形状特点及各组成形体间相对位置、联接方式的投射方向，使零件的各组成部分尽可能处于展开状态，如图8-5所示。

8.2.2 其他视图的选择

在确定主视图后，还应选择哪些视图，应根据零件的复杂程度和内外结构、形状而定，每一个视图都应有其表达的重点。要注意视图的数量不应过多，避免烦琐重复，导致主次不分。

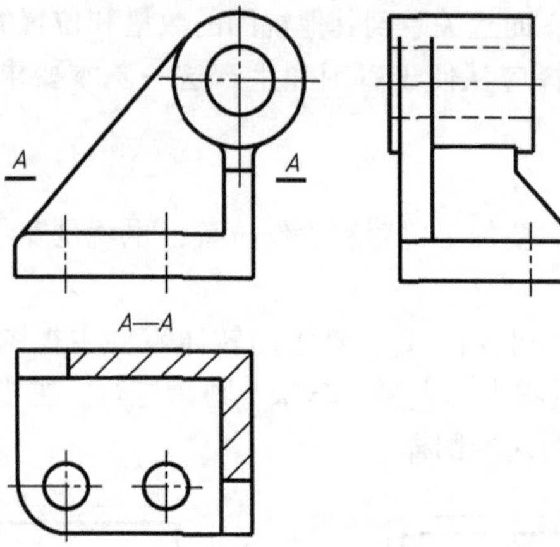

图 8-4　座体零件图

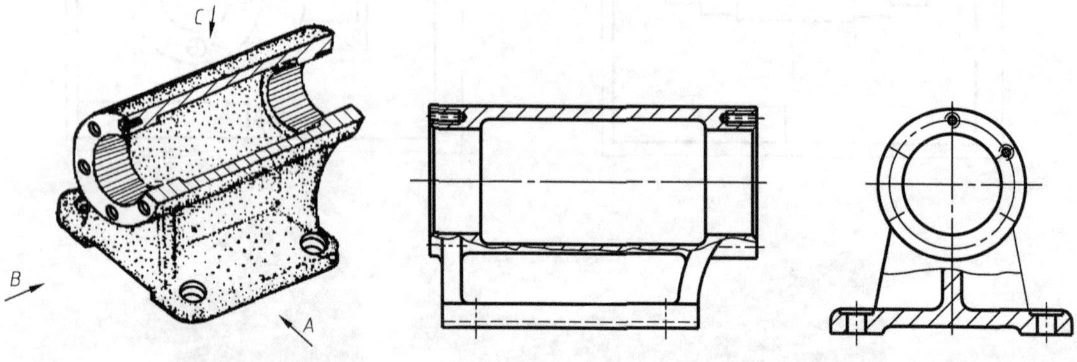

a) 箱体立体图　b) 好　c) 不好

图 8-5　确定主视图投射方向

其他视图选择时可以从以下四个方面考虑：

(1) 补充主视图未能表达的结构、形状和相对位置；

(2) 零件上的所有孔都必须剖开，同类孔可以只剖开一处；

(3) 有肋板结构，要画出肋板的断面图；

(4) 零件与其他零部件的接口，要画出接口实形图。

另外优先考虑用基本视图和在基本视图上做剖视图。采用局部视图时，要尽可能按照投影关系配置并与相关视图靠近。同时也应考虑视图布置，合理的运用图幅。总之在实际应用过程中，要具有灵活性，力争使所选的表达方案符合合理、清晰、完整的要求，达到看图易懂、画图简单且有利于技术要求的标注等效果。

8.3　零件图中的尺寸标注

零件图上的尺寸是制造和检验零件的依据。所以零件图中标注尺寸，不但要达到正确、完整、清晰，还要做到合理，使所标注的尺寸既保证设计要求，又符合加工、测量的工艺要求。

8.3.1 尺寸基准的选择

尺寸基准即标注尺寸的起始点，根据用途不同可以分为两类：

(1) 设计基准 由零件的结构特点和设计要求而确定的尺寸起始点，一般为机器工作时确定零件位置的点、线、面。

(2) 工艺基准 由零件在加工、测量和安装时的要求而选定的尺寸起始点，是加工、测量和安装时确定零件位置的点、线、面。

一般的零件有长、宽、高三个方向的尺寸，每个方向至少有一个尺寸基准。如果零件的结构形状复杂，同一方向的尺寸基准可能有几个，其中决定零件主要尺寸的基准为主要基准，为便于加工、测量而选定的尺寸基准是辅助基准。基准和基准之间一定要有尺寸联系，如图8-6所示。

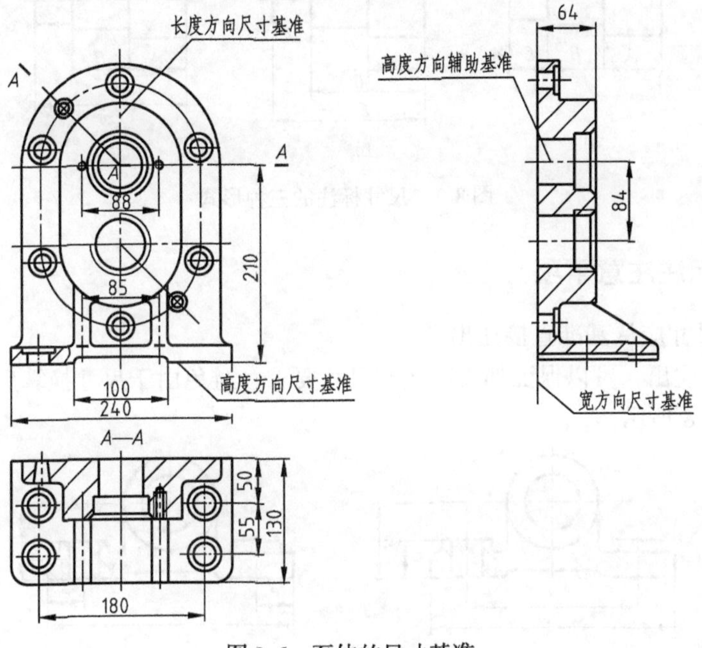

图8-6 泵体的尺寸基准

8.3.2 尺寸标注步骤

1. 选择、确定基准

尺寸标注从基准出发，设计基准反映设计要求，保证零件在机器中的工作性能；工艺基准反映工艺要求，使零件便于加工、测量。在标注尺寸时，最好把设计基准与工艺基准统一起来，这样能同时满足设计与工艺要求。当二者不能统一时，应优先保证设计要求。

2. 标注定形尺寸、定位尺寸

由基准出发，标注零件的定形尺寸、定位尺寸。根据零件的结构特点，标注尺寸的形式有三种形式，如图8-7所示。

(1) 链状式 把尺寸依次注写为链状，即后一个尺寸分别以前一个尺寸为基准，如图8-7a所示。它的优点是尺寸精度只受这一段加工误差的影响，前面各尺寸的误差并不影响正在加工的尺寸精度。

（2）坐标式　所有尺寸从一个事先选定的基准开始，如图 8-7b 所示。它的优点是每一尺寸的加工精度只决定这一部分加工时的加工误差，不受其他尺寸误差的影响。

（3）综合式　把坐标式和链状式综合起来，如图 8-7c 所示。这是应用最为广泛的一种标注形式。当零件上一些较重要的尺寸要求误差较小时，常采用这种标注方法。实际标注中，单纯采用坐标式或链状式的形式并不多见。

3. 检查

标注尺寸以后，要认真检查。首先根据装配图检查主要尺寸的基准、数值及公差与相关零件是否协调，是否符合设计要求。其次根据零件的结构，分析检查尺寸是否完整，是否便于加工和测量。另外还要检查尺寸的标注方法和形式是否便于看图，是否符合制图标准。

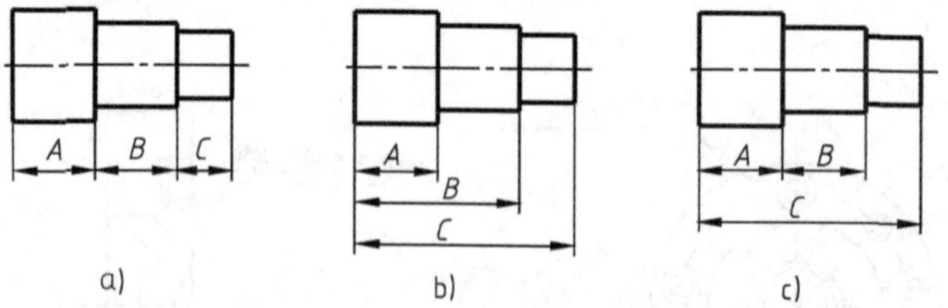

图 8-7　尺寸标注的三种形式

8.3.3　尺寸标注注意事项

1. 重要的尺寸应从基准直接注出

从基准直接注出，可以保证加工时达到尺寸要求，避免由于尺寸换算所造成的累积误差的影响，如图 8-8 所示。

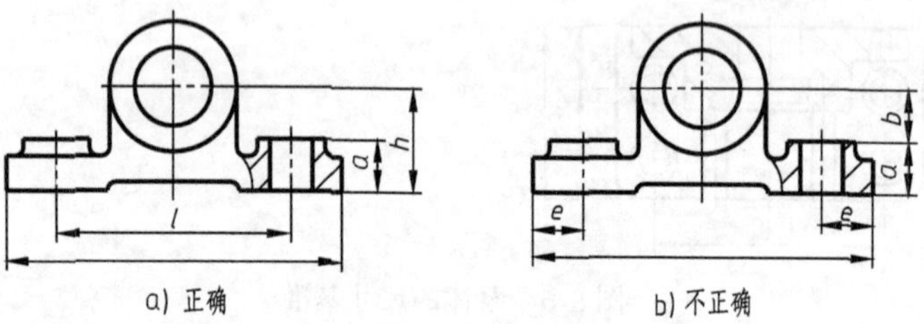

图 8-8　重要的尺寸直接注出

2. 不应出现封闭的尺寸链

封闭尺寸链是首尾相接，绕成一整圈的一组尺寸。尺寸链中任一环的尺寸精度，都受其他各环尺寸误差影响。因此，用封闭尺寸链标注尺寸常常不能保证设计要求。所以在标注尺寸时，在尺寸链中可选一个不重要的一环不标注尺寸，称它为开口环。这时开口环的尺寸误差是其他环尺寸误差之和，但它不重要，对设计要求没有影响。有时作为设计和加工时的参考，也可注成封闭的尺寸链，但要根据需要把某一个环的尺寸用括号括起来，仅作为参考尺寸，如图 8-9 所示。

3. 标注尺寸要考虑工艺要求

（1）按加工顺序标注尺寸　按加工顺序标注尺寸，符合加工过程，便于工人看图、加工和测量，如图 8-10 所示。

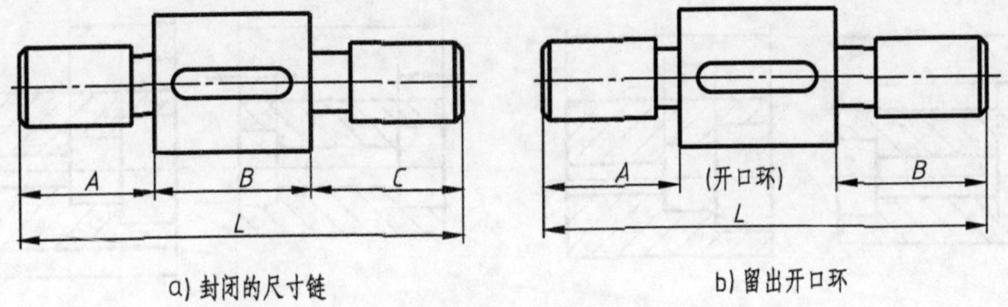

图 8-9 尺寸链

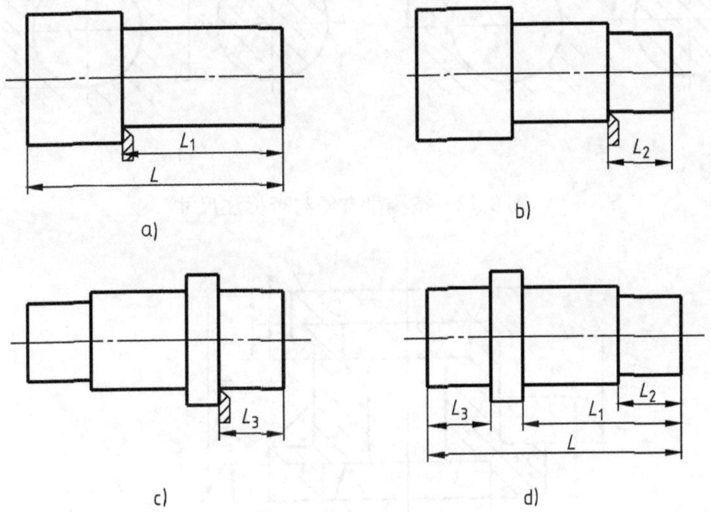

图 8-10 轴的加工顺序和尺寸标注

(2) 按加工方法标注尺寸　一个零件在制造过程中一般要采用多种加工方法，在标注尺寸时，尽量将不同加工方法的有关尺寸集中标注，如图 8-11 所示。车削时所需的尺寸注在图的上边，而将铣削键槽所需的尺寸注在下边，以便于加工时看图。

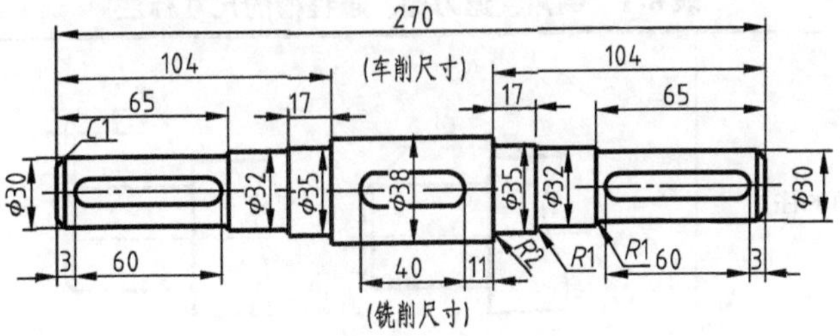

图 8-11 按加工方法标注尺寸

(3) 尺寸标注要便于测量　尽量做到使用简单量具就能按尺寸标注测量，如图 8-12 所示。

(4) 毛坯面和加工面的尺寸分开标注　按加工面和不加工面两组尺寸分开标注，各个方向要有一个尺寸把它们联系起来，如图 8-13 所示。

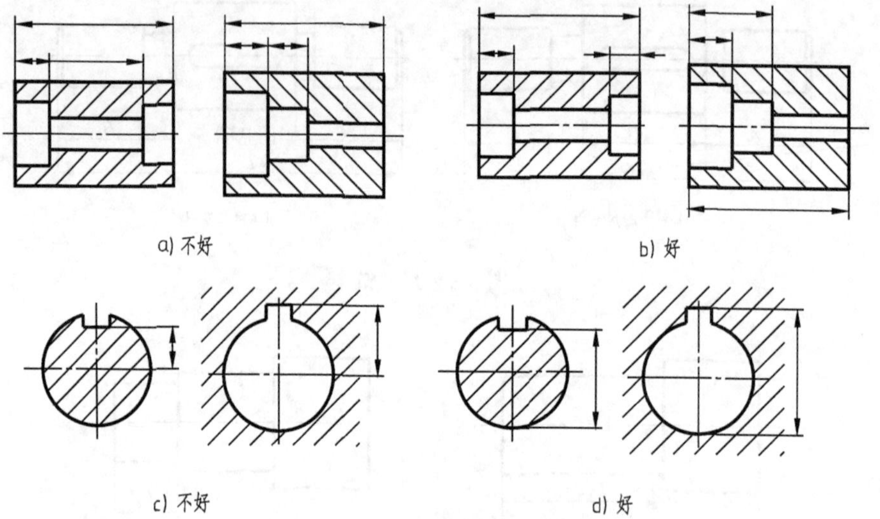

图 8-12 按测量方便与否标注尺寸

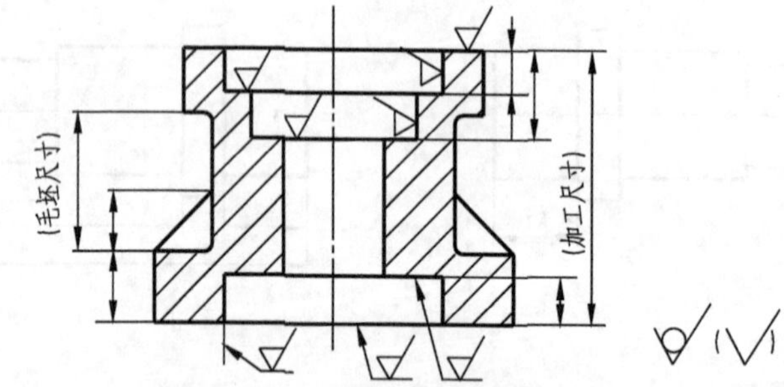

图 8-13 毛坯面和加工面的尺寸

8.3.4 零件上常用典型结构的尺寸标注

倒角、退刀槽、越程槽的尺寸标注见表 8-1。

表 8-1 倒角、退刀槽、越程槽的尺寸标注

倒角	45°倒角的注法	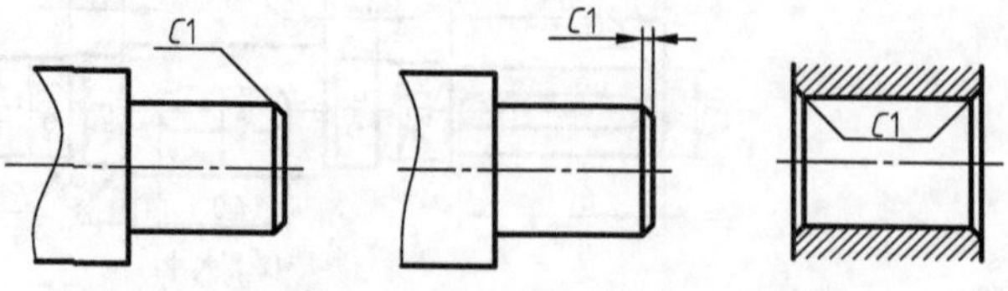
	30°倒角的注法	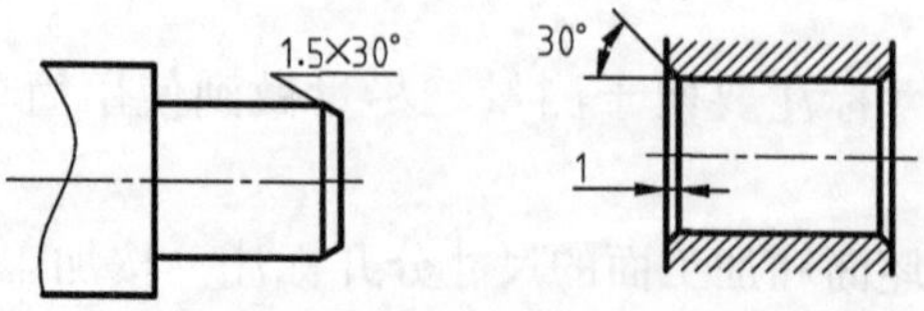

（续）

退刀槽、越程槽的标注	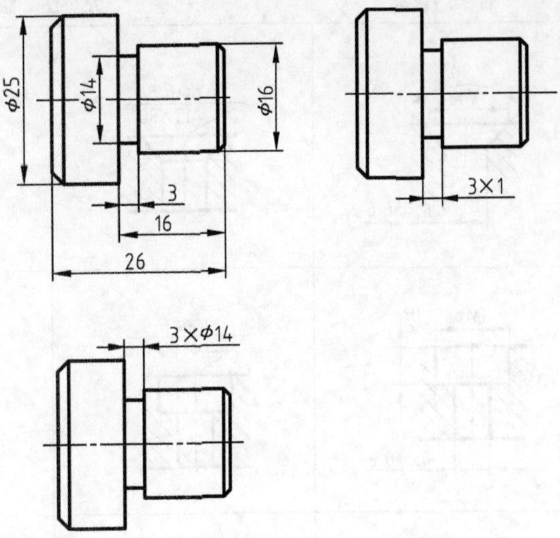

常见光孔、沉孔的尺寸标注见表8-2。

表8-2 常见光孔、沉孔的尺寸标注

类型	普 通 注 法	旁 注 法		说 明
光孔	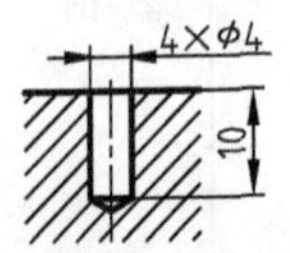	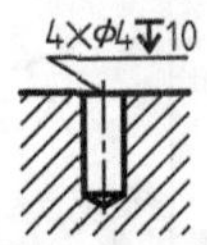	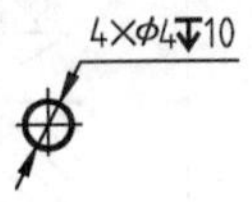	“↧”为深度符号
	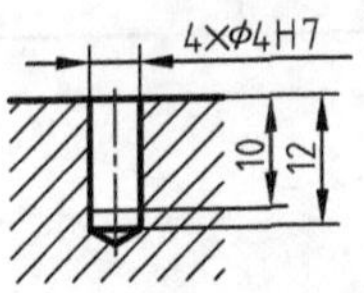	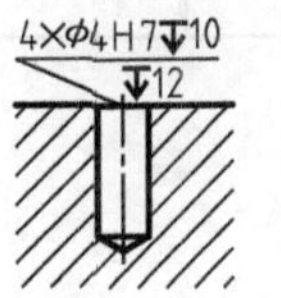	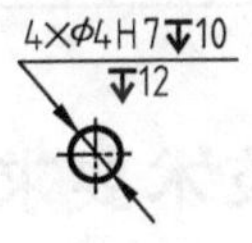	钻孔深度为12，精加工(铰孔)深度为10
	该孔无普通注法，注意ϕ4是与之相配的圆锥销的公称直径(小端直径)			“配作”系指该孔与相邻零件的同位销孔一起加工
锪孔	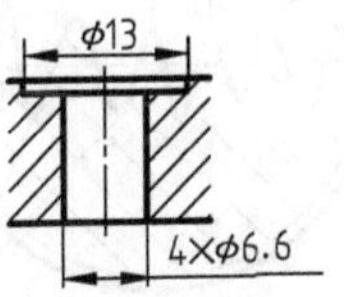	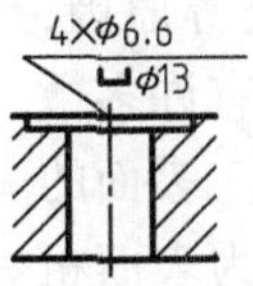	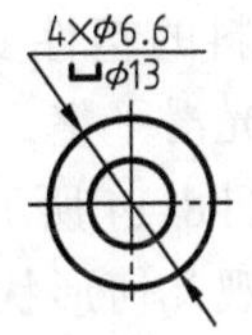	“⌴”为锪平符号，锪平通常只需锪出平面即可，故沉孔深度一般不注

（续）

类型	普通注法	旁注法		说明
沉孔	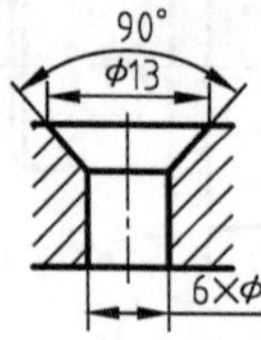	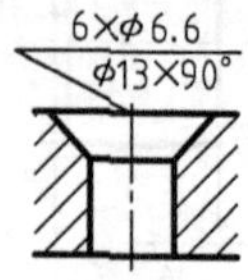	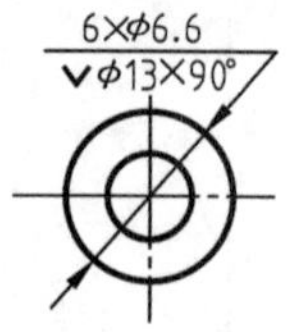	“⌵”为埋头沉孔符号，该孔为安装开槽沉头螺钉所用
	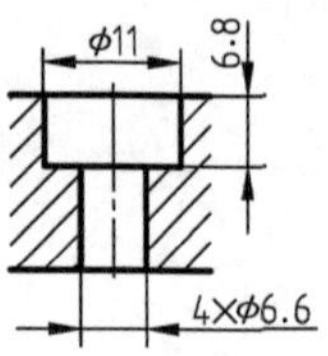	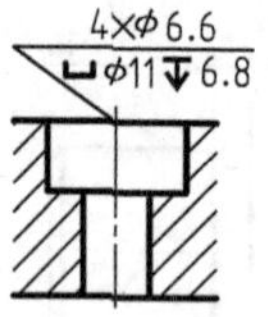	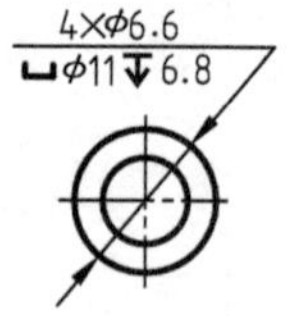	该孔为安装内六角圆柱头螺钉所用，承装头部的孔深应标出
螺纹孔	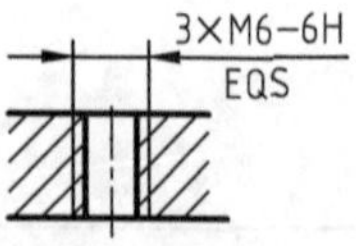	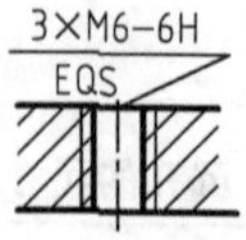	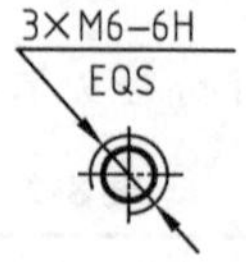	“EQS”为均匀分布的缩写词
	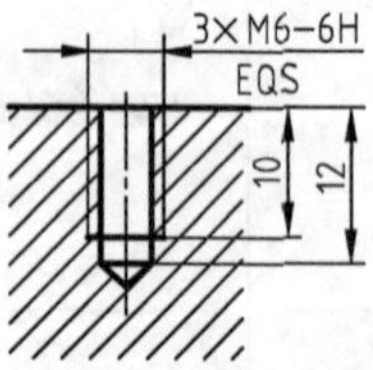	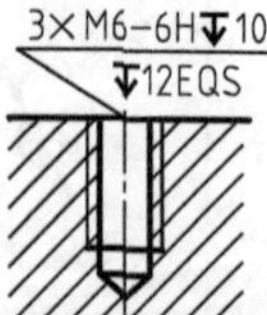	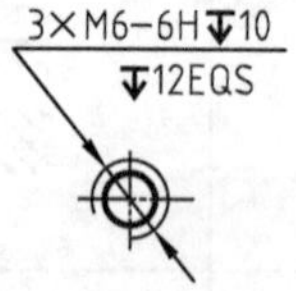	

8.4 零件图中的技术要求

零件图除了用各种表达方法表达零件的形状、用尺寸标注表达零件的大小外，还应该表示出对该零件的质量要求，如表面粗糙度、尺寸公差、形状与位置公差、材料的热处理等，这些要求称之为技术要求。

8.4.1 表面粗糙度（GB/T 3505—2009）

1. 基本概念

由于机床的振动、材料的塑性变形、刀痕等原因，经加工的零件表面看起来光滑平整，但实际上有许多微小的高低不平的峰谷，如图 8-14 所示。零件加工表面的这种较小峰谷所组成的微观几何形状特征，称为表面粗糙度。

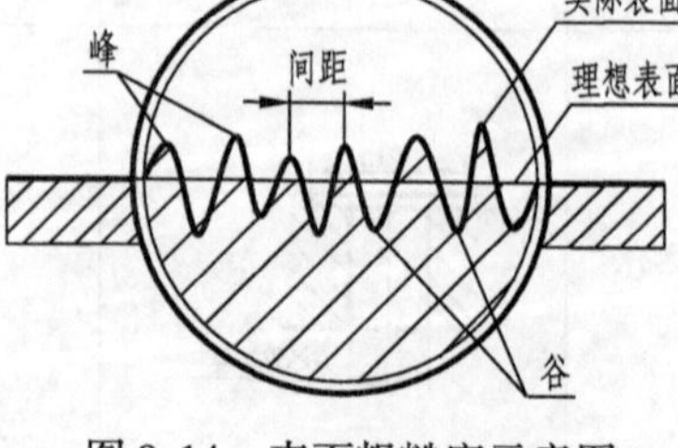

图 8-14 表面粗糙度示意图

表面粗糙度直接影响零件的耐磨性、抗腐蚀性、疲劳强度和配合质量。但是降低表面粗糙度要增加成本，所以应根据零件表面的作用，选择适当的表面粗糙度。

2. 表面粗糙度的评定参数

（1）轮廓算术平均偏差（*Ra*） 在取样长度内轮廓偏距绝对值的算术平均值，为轮廓算术平均偏差，用 *Ra* 表示，如图 8-15 所示，其值为

$$Ra=\frac{1}{n}(|y_1|+|y_2|+|y_3|+\cdots+|y_n|)$$

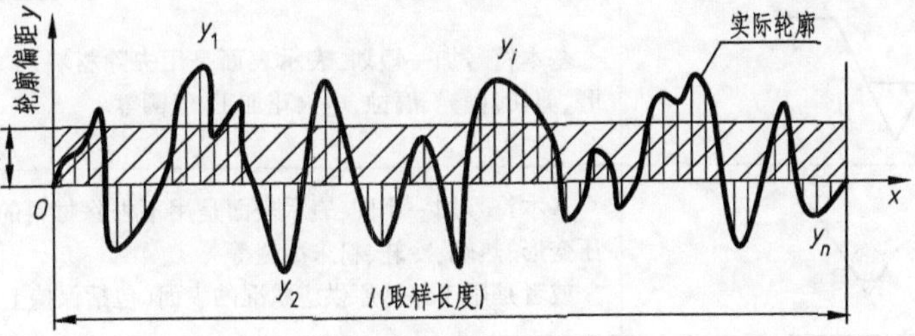

图 8-15 轮廓算术平均偏差（*Ra*）

（2）轮廓最大高度（*Rz*） 在取样长度内，轮廓峰顶线与轮廓谷底线之间的距离，为轮廓最大高度，用 *Rz* 表示，如图 8-16 所示，其值为

$$Rz=Y_{\mathrm{pmax}}+Y_{\mathrm{vmax}}$$

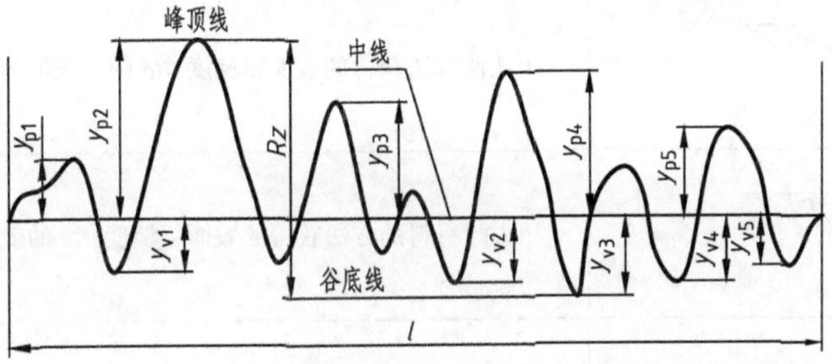

图 8-16 *Rz* 参数

国标中表面粗糙度高度方向的评定参数 *Ra*、*Rz* 的数值是一组系列值，见表 8-3。

表 8-3 *Ra*、*Rz* 的数值 （单位：μm）

Ra	*Rz*	*Ra*	*Rz*
0.012		6.3	6.3
0.025	0.025	12.5	12.5
0.05	0.05	25	25
0.1	0.1	50	50
0.2	0.2	100	100
0.4	0.4		200
0.8	0.8		400
1.6	1.6		800
3.2	3.2		1600

3. 表面粗糙度的标注

图样上表面粗糙度的符号、代号及其意义见表 8-4。

表 8-4 表面粗糙度的符号、代号及其意义

符号与代号		意义及说明
符号		基本符号,表示平面可用任何方法获得。当不加注粗糙度参数值或有关说明(如表面处理、局部热处理状况等)时,仅适用于简化代号标注
	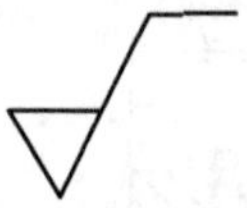	基本符号加一短划,表示表面是用去除材料的方法获得,如车、铣、钻、磨、剪切、抛光、腐蚀、电火花加工、气割等
		基本符号加一小圆,表示表面是用不去除材料的方法获得,如铸、锻、冲压变形、热轧、冷轧、粉末冶金等 或者是用于保持原供应状况的表面(包括保持上道工序的状况)
	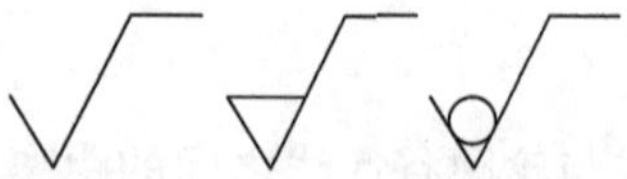	在上述三个符号的长边上均可加一横线,用于标注有关参数和说明
	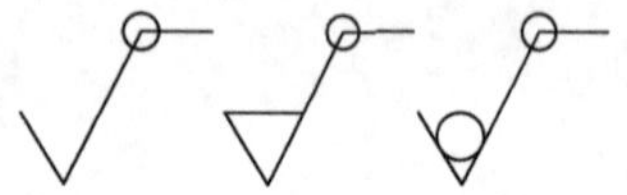	在上述三个符号上均可加一小圆,表示封闭轮廓的所有表面具有相同的表面粗糙度要求
代号	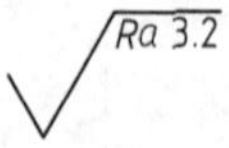	用任何方法获得的表面粗糙度,*Ra* 的上限值为 3.2μm
	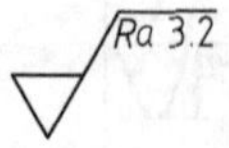	用去除材料的方法获得的表面粗糙度,*Ra* 的上限值为 3.2μm
	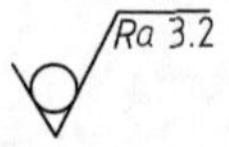	用不去除材料的方法获得的表面粗糙度,*Ra* 的上限值为 3.2μm
	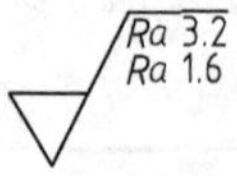	用去除材料的方法获得的表面粗糙度,*Ra* 的上限值为 3.2μm,下限为 1.6μm
	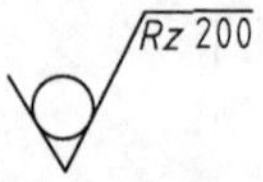	用不去除材料的方法获得的表面粗糙度,*Rz* 的上限值为 200μm

表面粗糙度的画法、有关规定以及在图样上的标注方法见表 8-5。

4. 表面粗糙度的选择

(1) 配合性质相同时，大尺寸零件的表面粗糙度参数值比小尺寸零件的大；公差等级相同时，大尺寸零件的表面粗糙度参数值比小尺寸零件的大，轴比孔的粗糙度参数值小。

表 8-5 表面粗糙度的画法及标注方法

粗糙度代号及符号的比例	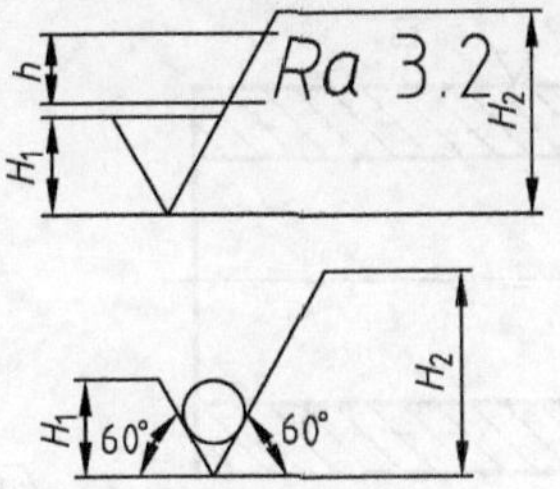	$H_1 = 1.4h$ $H_2 = 2.1H_1$ h = 图上尺寸高度 圆为正三角形的内切圆
规定及说明	符号线宽、数字、字母笔画宽度皆为 $h/10$； 在同一张图上，每一表面一般只标注一次，并尽可能靠近有关的尺寸线	
表面粗糙度数值及其有关规定的注写	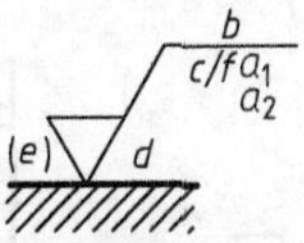	a_1、a_2—粗糙度高度的上限值 b—加工要求、镀覆、涂覆、表面处理或其他说明 c—取样长度(mm)或波纹度(μm) d—加工纹理方向符号 e—加工余量(mm) f—粗糙度间距参数值(mm)或轮廓支承长度率(%)
规定及说明	当需要表明除高度参数以外的其他规定时，可按上图所规定形式标注。其中取样长度 c 一项，如取国标规定与高度参数对应的长度数值时，可省略标注	
标注示例 1	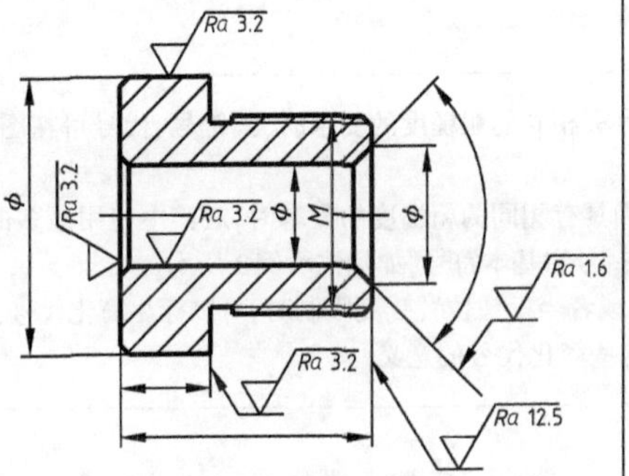	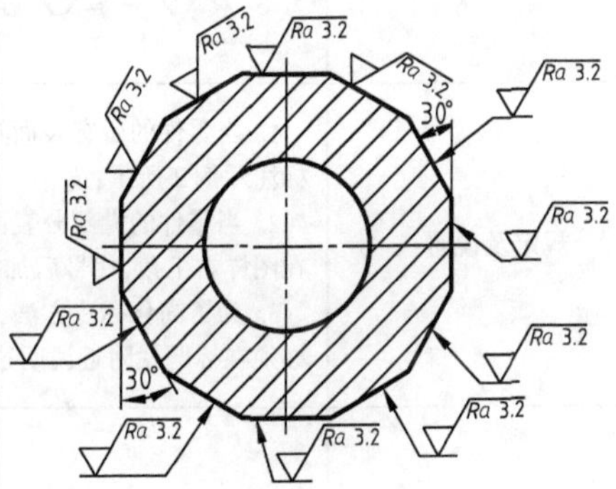
规定及说明	符号的尖端必须指在轮廓线、尺寸界线或其延长线上，如上面左图所示； 表面粗糙度代号中数字及符号的方向按上面右图规定标注	
标注示例 2	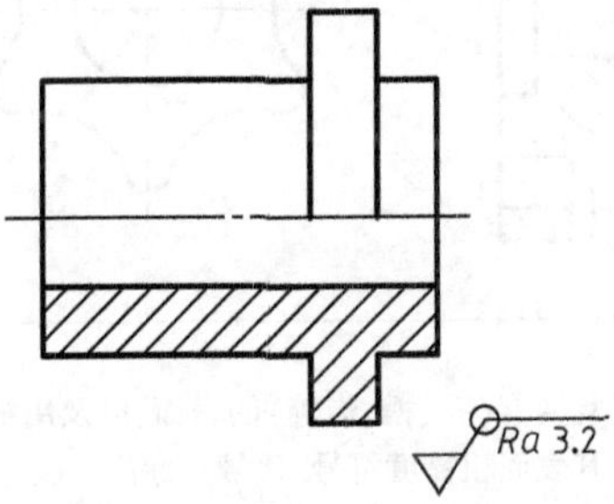	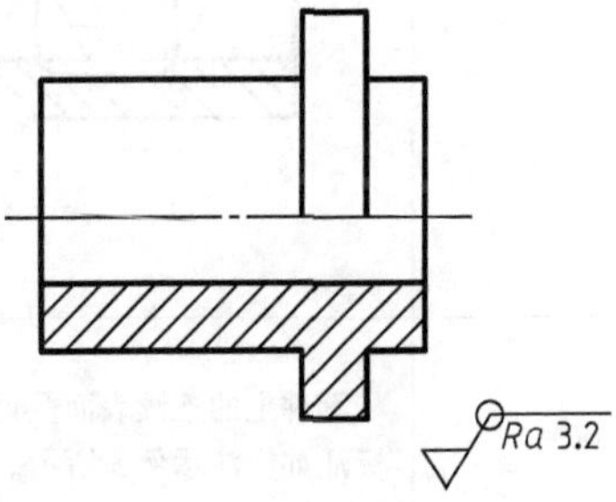

（续）

<table>
<tr><td>标注示例 3</td><td>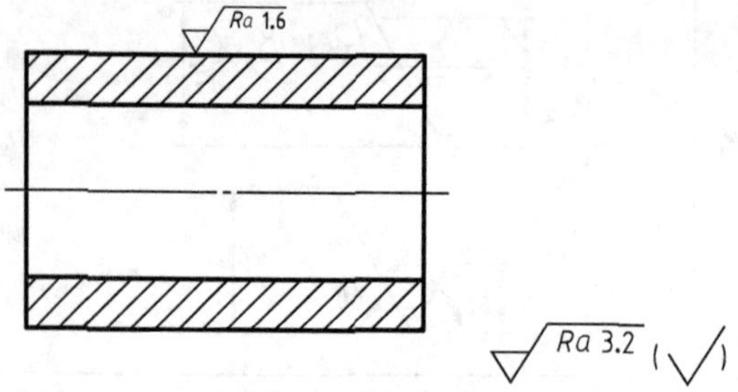
</td></tr>
<tr><td>标注示例 4</td><td>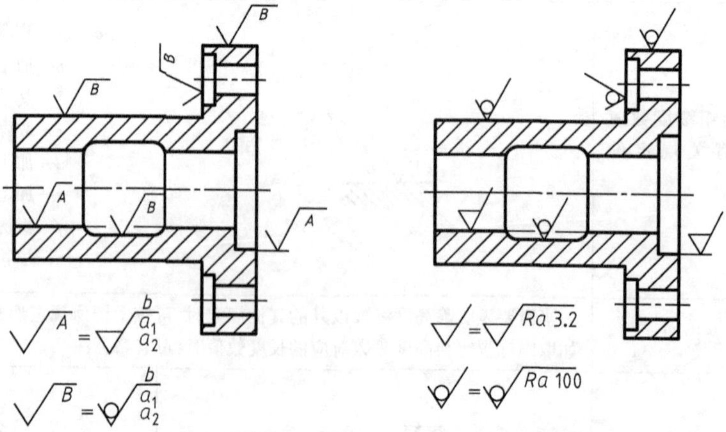
</td></tr>
<tr><td>规定及说明</td><td>1. 当零件的所有表面具有相同的粗糙度的要求时，其符号、代号可在图样右下角统一标注，如标注示例 2 所示；
2. 当零件的大部分表面具有相同的粗糙度的要求时，对其中使用最多的一种代号可统一注写在图样右下角，代号后加括号和基本符号，如标注示例 3 所示；
3. 为了简化标注方法，或者当标注位置受到限制时，可以标注简化代号，如标注示例 4 所示，但必须在标题栏附近说明这些简化代号的意义</td></tr>
<tr><td>标注示例 5</td><td>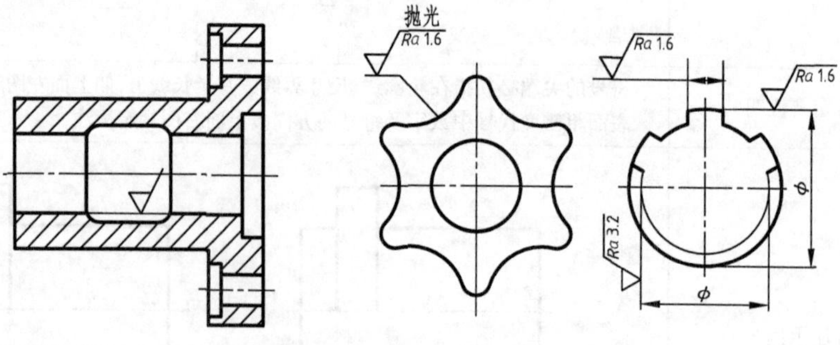
</td></tr>
<tr><td>规定及说明</td><td>零件上的连续表面及重复要素（孔、槽、齿等）的表面，以及用细实线连接不连续的同一表面，其标注如标注示例 5 所示。其表面粗糙度符号、代号只标注一次</td></tr>
</table>

（续）

<table>
<tr><td>标注示例 6</td><td>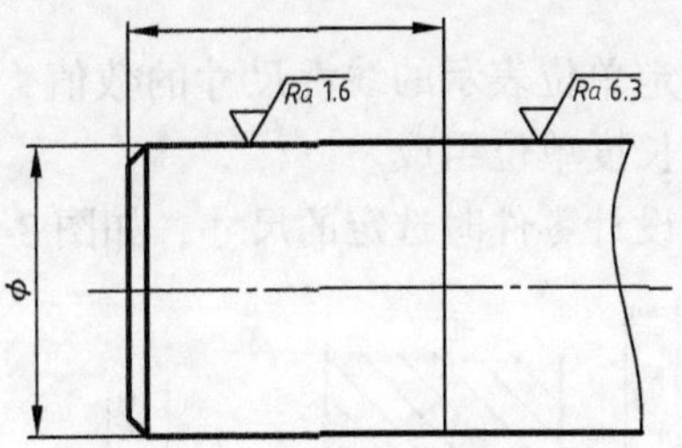
</td></tr>
<tr><td>标注示例 7</td><td>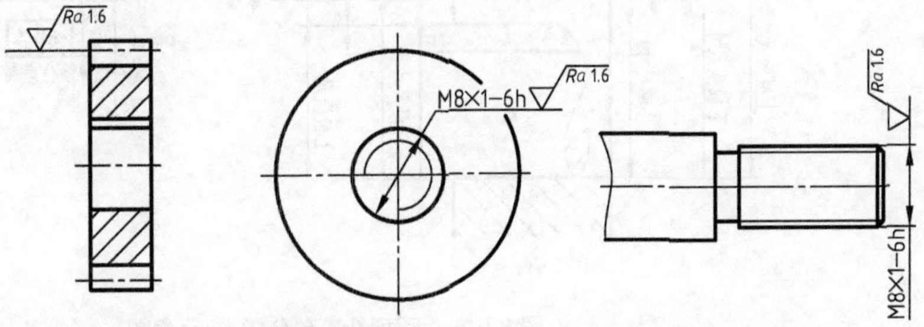
</td></tr>
<tr><td>规定及说明</td><td>同一表面具有不同的表面粗糙度的要求时，须用细实线画出其分界线，并注出相应的表面粗糙度代号和尺寸，如标注示例 6 所示；
齿轮、螺纹等工作表面没有画出齿形时，其表面粗糙度代号可按标注示例 7 所示形式标注</td></tr>
<tr><td>标注示例 8</td><td>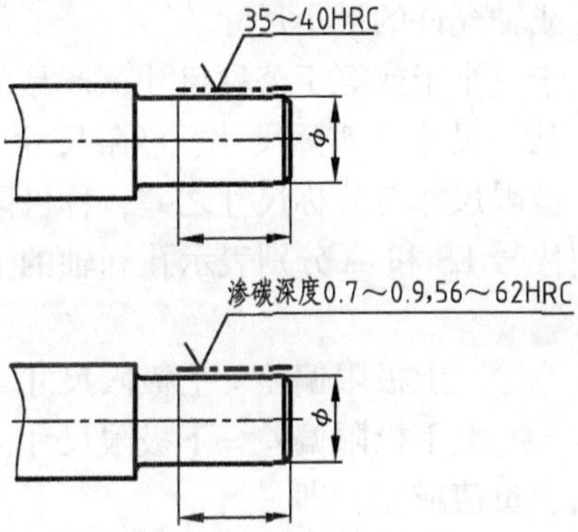
</td></tr>
<tr><td>规定及说明</td><td>如果需要将零件局部热处理或局部镀（涂）覆时，应用粗点划线画出其范围并标注相应的尺寸，也可将其要求注写在表面粗糙度符号长边的横线上，如标注示例 8 所示</td></tr>
</table>

（2）同一零件，工作面应比非工作面表面粗糙度参数值小。

（3）高速及压力大的摩擦面、受循环载荷面及应力集中面，表面粗糙度参数值要小。

（4）在满足零件使用要求的前提下，为降低生产成本，应尽量选用较大的表面粗糙度参数值。

8.4.2 极限与配合

1. 基本概念

（1）零件的互换性 机器在装配时，从一批规格相同的合格零件中任选一件，不经挑选和修配，便能顺利的装到机器上，并能满足使用要求。零件的这种性质称之为零件的互换性。

（2）尺寸　以特定单位表示的线性尺寸的数值，包括长度、宽度、高度、厚度、直径、半径等，它由数值和长度单位组成。

（3）公称尺寸　设计零件时选定的尺寸，如图 8-17 所示。

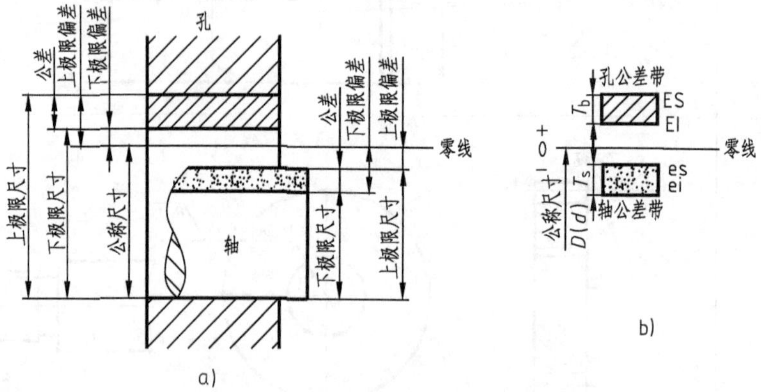

图 8-17　术语图解和公差带示意图

（4）实际尺寸　通过测量获得的孔、轴尺寸。

（5）极限尺寸　一个孔或轴允许尺寸的两个极端。

上极限尺寸：孔或轴允许的最大尺寸。

下极限尺寸：孔或轴允许的最小尺寸。

极限尺寸可以大于、小于或等于公称尺寸，产品的实际尺寸应在极限尺寸范围内。

（6）尺寸偏差　某一尺寸（实际尺寸、极限尺寸）减去公称尺寸所得的代数差。

（7）极限偏差　极限尺寸与公称尺寸之差，称极限偏差。极限偏差分为上极限偏差和下极限偏差，国标中用代号 ES 和 es 分别表示孔和轴的上极限偏差，用 EI 和 ei 分别表示孔和轴的下极限偏差。

$$上极限偏差 = 上极限尺寸 - 公称尺寸$$
$$下极限偏差 = 下极限尺寸 - 公称尺寸$$

偏差可以是正值、负值或零，即

$$实际偏差 = 实际尺寸 - 公称尺寸$$

产品的实际偏差应在上、下极限偏差范围内。

（8）尺寸公差　简称公差，为上极限尺寸与下极限尺寸之差，或上极限偏差与下极限偏差之差。尺寸公差是尺寸允许的变动量，其值恒为正。

（9）公差带　在分析公差时，为了形象的表示公称尺寸、偏差和公差的关系，常画出简图表示。公差带就是在公差带图解中，由代表上极限偏差和下极限偏差或上极限尺寸和下极限尺寸的两条直线所限定的一个区域。它由公差大小（标准公差）和其相对零线的位置（基本偏差）来确定，如图 8-17b 所示。

（10）零线　在极限与配合图解中，表示公称尺寸的一条直线，以其为基准确定偏差，如图 8-17b 所示。

（11）标准公差　在极限与配合中，标准公差是国家标准规定的确定公差带大小的系列公差。标准公差的代号是“IT”，公差等级用阿拉伯数字表示。

标准公差等级分 IT01、IT0、IT1 至 IT18 共 20 级。从 IT01 至 IT18 等级依次降低，而相应的标准公差数值依次增大，示意如下：

IT01、IT0、IT1、IT2、…IT18

←

高　　公差等级　　低

→

小　　公差数值　　大

各级公差的数值可查阅附表 24　标准公差数值。从表中可以看出，同一公差等级，公称尺寸由小到大，其公差值也由小到大；同一公称尺寸，公差等级值由小到大，其公差值也由小到大。因此标准公差数值由公称尺寸和公差等级所确定。

(12) 基本偏差　在极限与配合中，国家标准规定用以确定公差带相对零线位置的极限偏差称为基本偏差，它可以是上极限偏差或下极限偏差，一般为靠近零线的那个偏差，如图 8-18 所示。国家标准对孔和轴分别规定了 28 个基本偏差，以拉丁字母为代号按顺序排列，凡位于零线以上的公差带基本偏差是下极限偏差，位于零线以下的公差带基本偏差是上极限偏差，如图 8-19 所示。

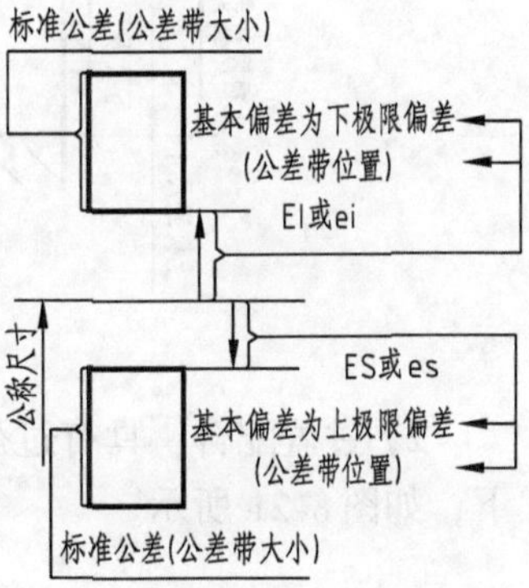

图 8-18　标准公差与基本偏差

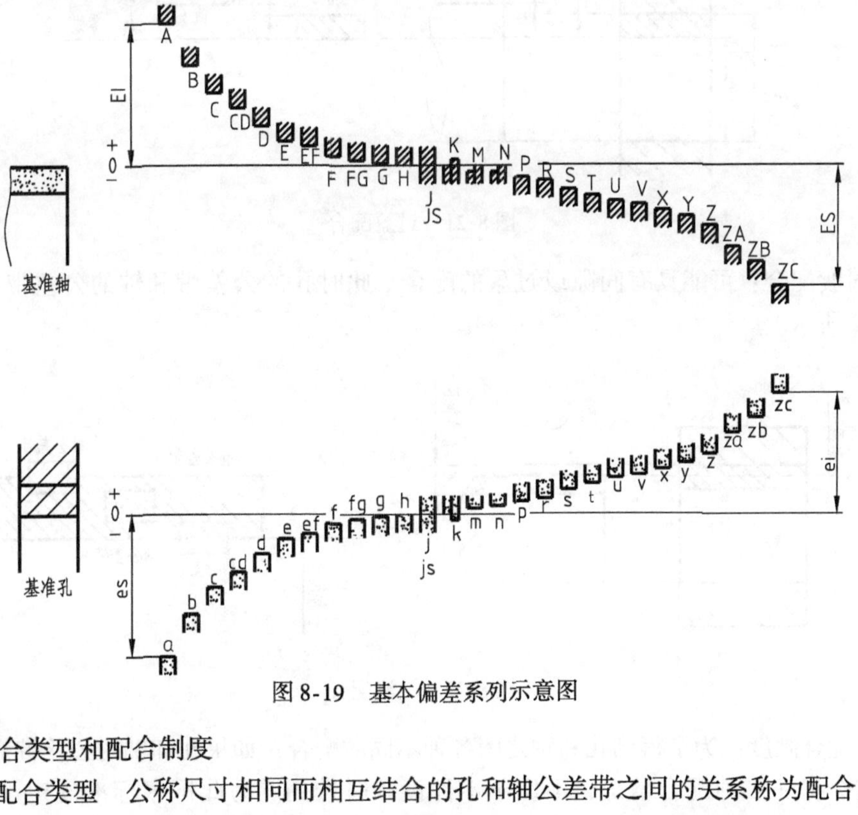

图 8-19　基本偏差系列示意图

2. 配合类型和配合制度

(1) 配合类型　公称尺寸相同而相互结合的孔和轴公差带之间的关系称为配合。由于孔和轴的实际尺寸不同，装配后可能出现“间隙”或“过盈”。孔的尺寸减去相配合轴的尺寸的代数差为正时表现为间隙，为负时表现为过盈。

根据工作状态需要，配合分为三类：

1）间隙配合：具有间隙（含最小间隙为零）的配合。此时孔的公差带在轴的公差带之上，如图 8-20 所示。

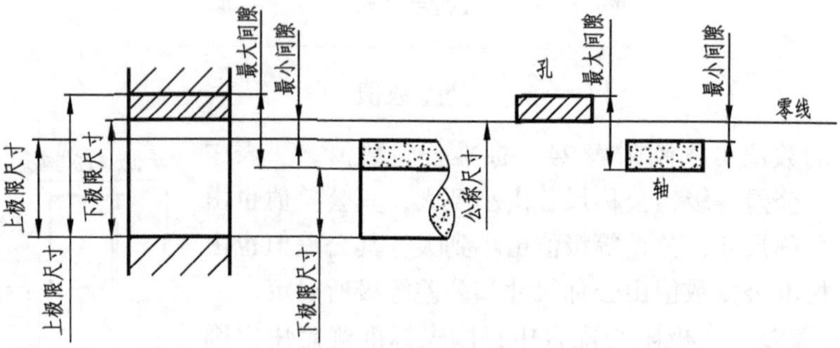

图 8-20　间隙配合

2）过盈配合：具有过盈（含最小过盈为零）的配合。此时孔的公差带在轴的公差带之下，如图 8-21 所示。

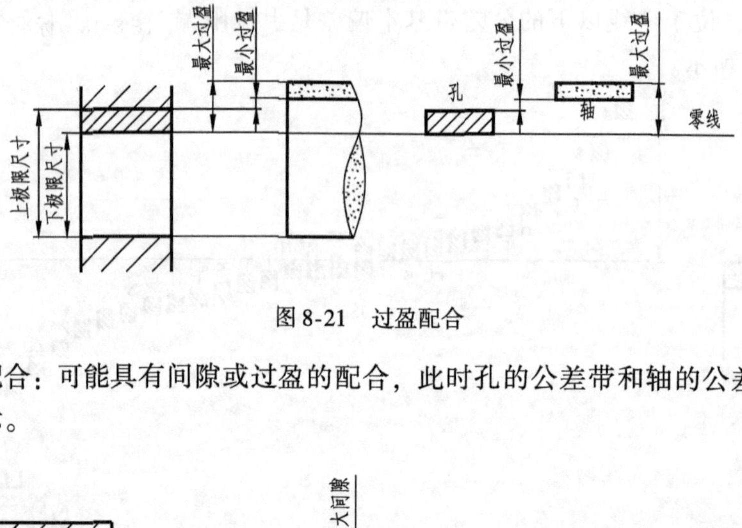

图 8-21　过盈配合

3）过渡配合：可能具有间隙或过盈的配合，此时孔的公差带和轴的公差带相互交迭，如图 8-22 所示。

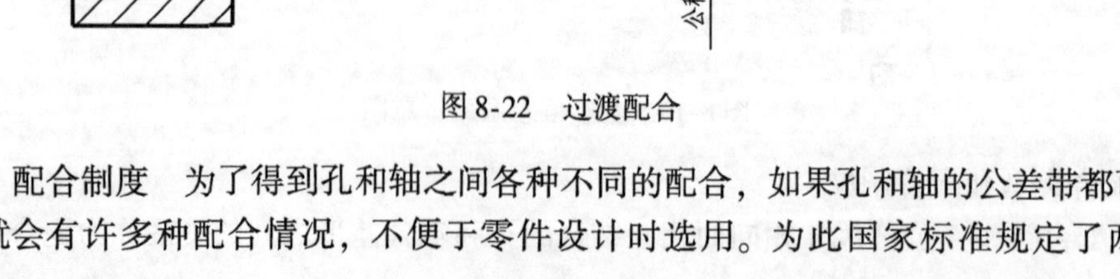

图 8-22　过渡配合

（2）配合制度　为了得到孔和轴之间各种不同的配合，如果孔和轴的公差带都可以任意变动，就会有许多种配合情况，不便于零件设计时选用。为此国家标准规定了两种配合制度：

1）基孔制：基本偏差为一定的孔的公差带与不同基本偏差的轴的公差带形成各种配合的一种配合制度。基孔制的孔称基准孔，基本偏差代号 H，下偏差为 0，如图 8-23 所示。基孔制中，轴的基本偏差从 a ~ h 用于间隙配合，j ~ zc 用于过渡配合或过盈配合。

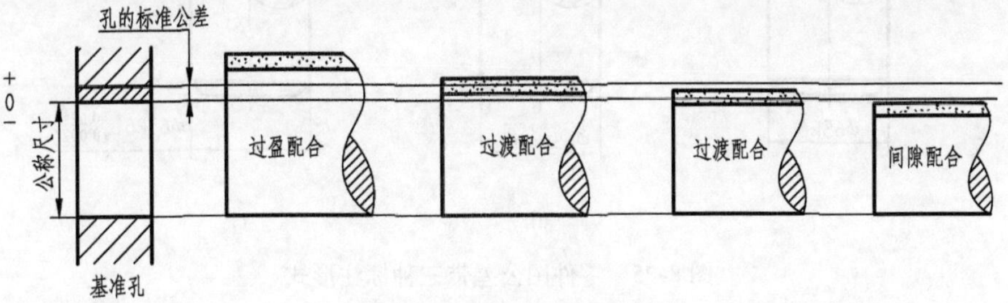

图 8-23 基孔制配合

2）基轴制：基本偏差为一定的轴的公差带与不同基本偏差的孔的公差带形成各种配合的一种配合制度。基轴制的轴称基准轴，基本偏差代号 h，上偏差为 0，如图 8-24 所示。基轴制中，孔的基本偏差从 A ~ H 用于间隙配合，J ~ ZC 用于过渡配合或过盈配合。

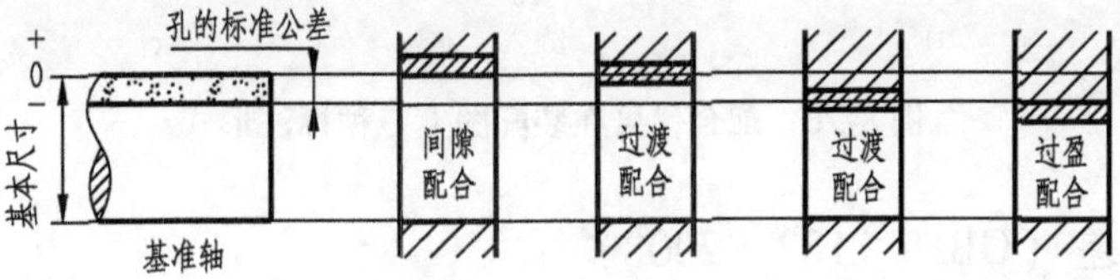

图 8-24 基轴制配合

3. 配合类型的选择

基准制的选择，要从经济角度出发：

（1）一般情况下，优先选用基孔制配合。采用基孔制可以减少定值刀具、量具的品种和数量，降低生产成本。

（2）与标准件或外购件配合时，基准制的选择依标准件或外购件而定。

（3）如轴的外圆不需要加工或同一公称尺寸的轴的各个部分需要安装不同配合的零件，可采用基轴制。基轴制仅用于经济效益明显的场合。

4. 公差与配合的标注

（1）零件图上的标注 在零件图上的标注形式有三种：

1）在孔和轴的公称尺寸的后面标注公差带代号，如图 8-25a 所示，这种标注形式适用于大批量生产。

2）在孔和轴的公称尺寸的后面标注上、下极限偏差值，如图 8-25b 所示，这种标注形式适用于小批量生产。

3）在孔和轴的公称尺寸的后面标注公差带代号和上、下极限偏差值，这时基本偏差数值须加上括号，如图 8-25c 所示，这种标注形式适用于单件生产。

（2）装配图上的标注 在装配图上标注公差与配合时，其代号必须在公称尺寸的右边，用分数形式注出，分子为孔的公差带代号，分母为轴的公差带代号，其标注形式如图 8-26 所示。

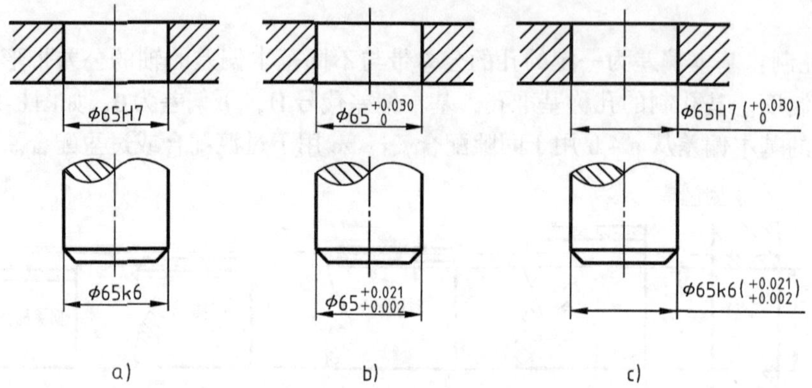

图 8-25　零件图公差带三种标注形式

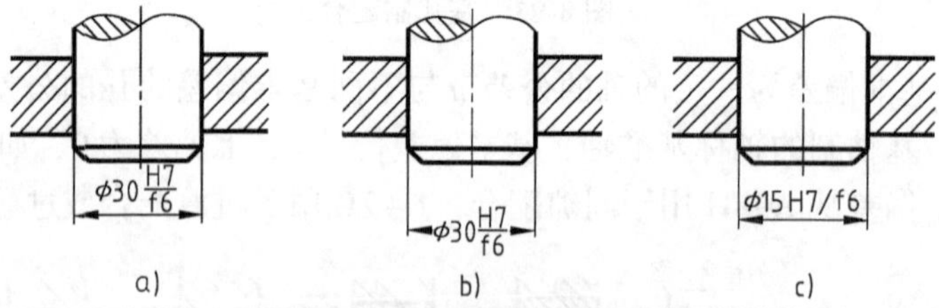

图 8-26　配合代号在装配图上三种标注形式

8.4.3　几何公差（GB/T 1182—2008）

在实际生产中，对精度较高的零件，不仅表面粗糙度、尺寸公差需要得到保证，而且还要保证其几何形状和位置的准确性，这样才能保证零件的使用和装配要求，所以几何公差与表面粗糙度、尺寸公差一样，也是评价产品质量的一项重要技术指标。

1. 基本概念

几何公差，是指零件的实际几何形状和位置相对于理想几何形状和位置的允许变动量。

2. 几何公差的项目及符号

国家标准中规定 14 项几何公差项目，各个项目的名称和符号见表 8-6。

表 8-6　几何公差的项目及符号

公差类型	几何特征	符　号	有无基准要求
形状公差	直线度	—	无
	平面度	▱	无
	圆度	○	无
	圆柱度	⌭	无
形状或位置公差	线轮廓度	⌒	有或无
	面轮廓度	⌓	有或无

（续）

公差类型		几何特征	符 号	有无基准要求
位置公差	定向	平行度	//	有
		垂直度	⊥	有
		倾斜度	∠	有
	定位	位置度	⌖	有或无
		同轴度	◎	有
		对称度	≡	有
	跳动	圆跳动	↗	有
		全跳动	⌰	有

3. 几何公差的标注

(1) 公差框格。几何公差要求在矩形方框内给出，方框由两格或多格组成。框格内从左到右填写以下内容：第一格填写几何公差项目的符号；第二格填写几何公差数值和相关符号；以后的框格填写基准代号的字母及有关符号。框格和带箭头的指引线均用细实线画出，框格应水平或垂直绘制，框格内的字母和数字与图样中尺寸数字的高度相同，框格的高度为字体的高度的两倍，长度可根据需要而定，如图 8-27a 所示。

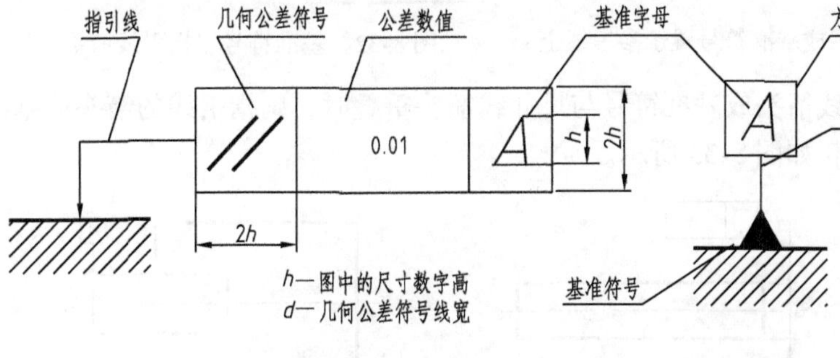

a) 几何公差代号　　b) 基准代号

图 8-27　框格、符号、数字

（2）基准代号。位置公差要有基准，基准代号由基准符号、方框、连线和字母组成，基准符号用黑三角表示，如图 8-27b 所示，方框和连线为细实线，方框的宽度和高度相同，方框内填写大写字母 *A*、*B*、*C*…，其高度与尺寸数字高度相同，方向保持水平，如图 8-28 所示。

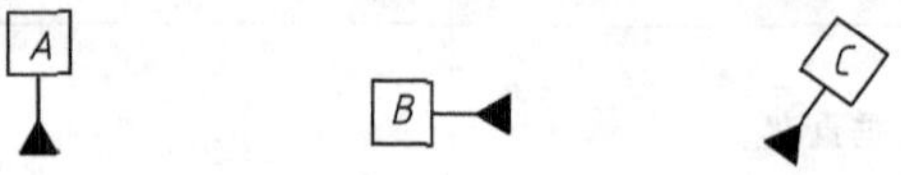

图 8-28　基准代号的各种形式

（3）当被测要素或基准要素为轮廓线或表面时，指引线箭头应垂直地指向被测表面的轮廓线或其延长线上，如图 8-29 所示；基准符号应靠近轮廓线或其引出线标注，而且都应明显与尺寸线错开，如图 8-30 所示；必要时，指引线箭头、基准符号还可以置于带圆点的参考线上，如图 8-31 所示。

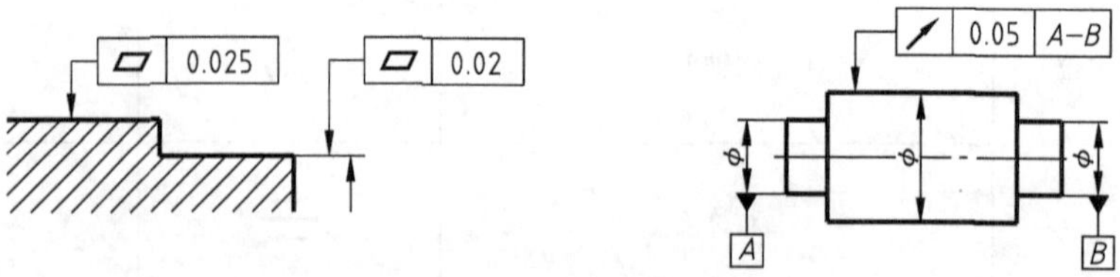

图 8-29　箭头与尺寸线错开

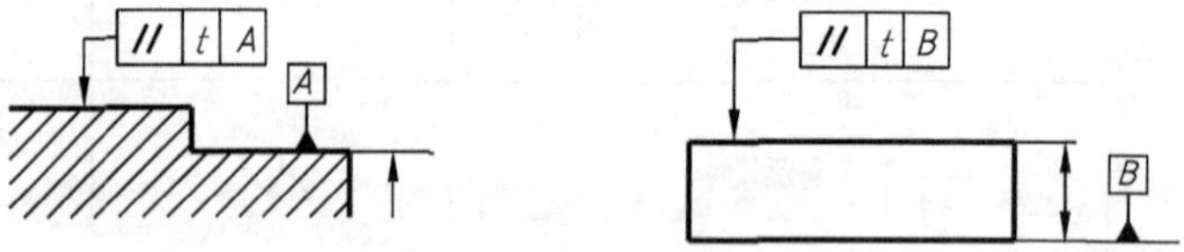

图 8-30　基准符号与尺寸线错开

（4）当被测要素或基准要素为轴线、球心或中心平面时，指引线箭头或基准符号与该要素的尺寸线对齐，如图 8-32 所示。

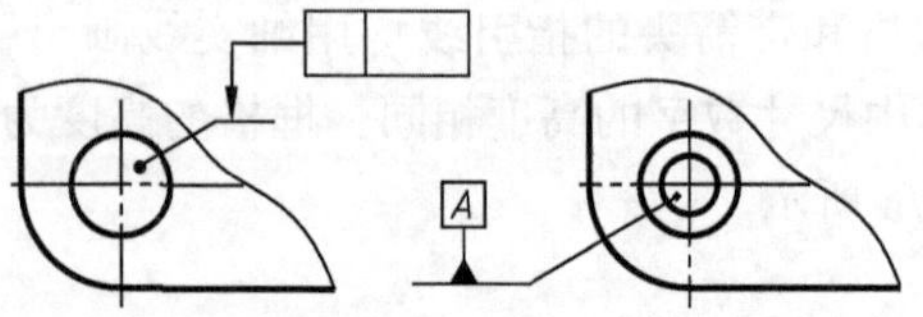

图 8-31　指引线箭头或基准符号置于参考线上

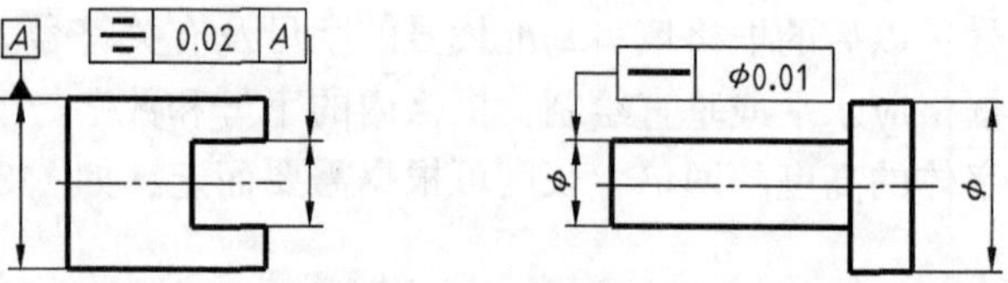

图 8-32　基准符号、指引线箭头与尺寸线对齐

（5）当指引线箭头或基准符号与尺寸线箭头重叠时，则指引线的箭头或基准符号可以代替尺寸线的箭头，如图 8-33 所示。

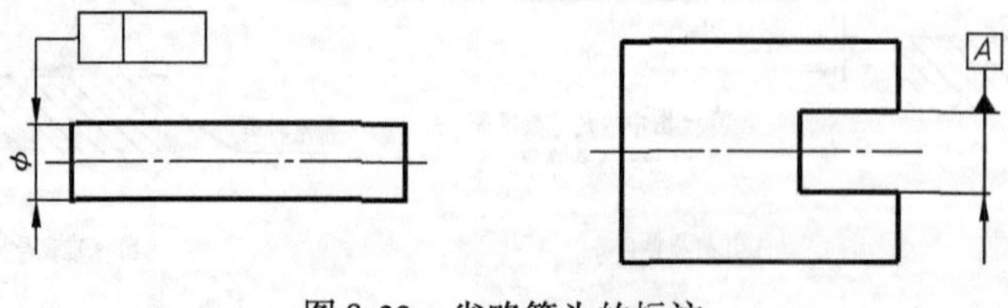

图 8-33　省略箭头的标注

(6) 当同一个被测要素有多项几何公差要求时，可以在一个指引线上画出多个公差框格，如图 8-34 所示。

(7) 若多个被测要素有相同的几何公差要求时，可以从框格引出的指引线上绘制多个指引箭头，分别与被测要素相连，如图 8-35 所示。

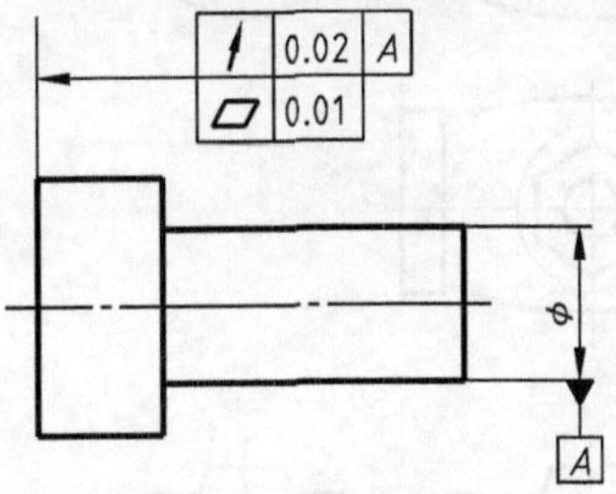

图 8-34 同一个被测要素有多项几何公差要求的标注

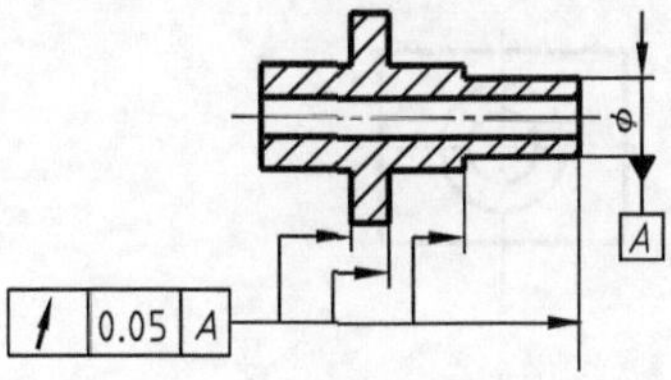

图 8-35 多个被测要素有相同的几何公差的标注

8.5 零件的常见工艺结构

零件的结构除了满足设计要求外，还应方便加工、制造，因此绘制零件图时不但要考虑满足零件的工作性能要求，还应考虑使零件具有良好的工艺性。零件的工艺结构，是由不同的加工方法得到的。机械制造的基本加工方法有：铸造、锻造、机械加工和焊接等。下面主要介绍铸造工艺和机械加工工艺对零件结构的要求。

8.5.1 铸造工艺结构

1. 铸造圆角

为了防止砂型在尖角落砂和浇注时溶液冲坏砂型，以及避免铸件冷却收缩时在尖角处产生裂纹和缩孔，在铸件表面的转角处应做成圆角，如图 8-36 所示。

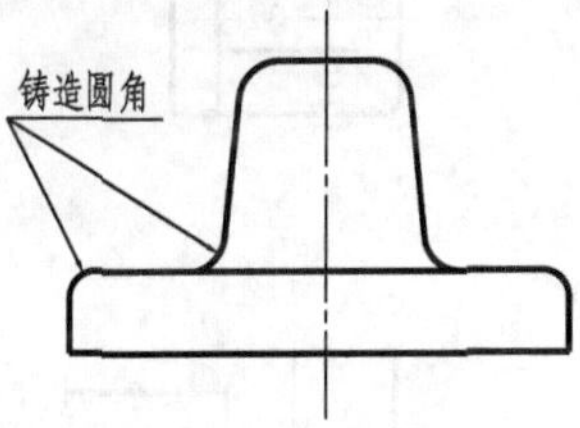

图 8-36 铸造圆角

圆角半径一般取壁厚的 0.2～0.4 倍，同一铸件上圆角半径应尽可能减少种类。铸造圆角在零件图中应该画出，其半径尺寸常集中注写在技术要求中。

由于存在铸造圆角，铸件表面的相贯线就不明显了，为表明相贯关系，常用过渡线表示，过渡线的画法与相贯线的画法一样，按没有圆角情况下求出的相贯线投影，示意地画到理论交点处，如图 8-37 所示，过渡线规定用细实线绘制。

2. 起模斜度

在铸造时，为了便于将模型从砂型中取出，在铸件的内外壁上常沿着起模方向设计一定的斜度，即起模斜度，如图 8-38 所示。一般按 1∶20 选取，也可用角度表示。起模斜度在图上可不画出，必要时在技术要求中注明。

3. 铸件壁厚

为避免铸件因冷却速度不同而产生缩孔或裂纹，铸件壁厚应尽量均匀，或厚薄转弯处逐

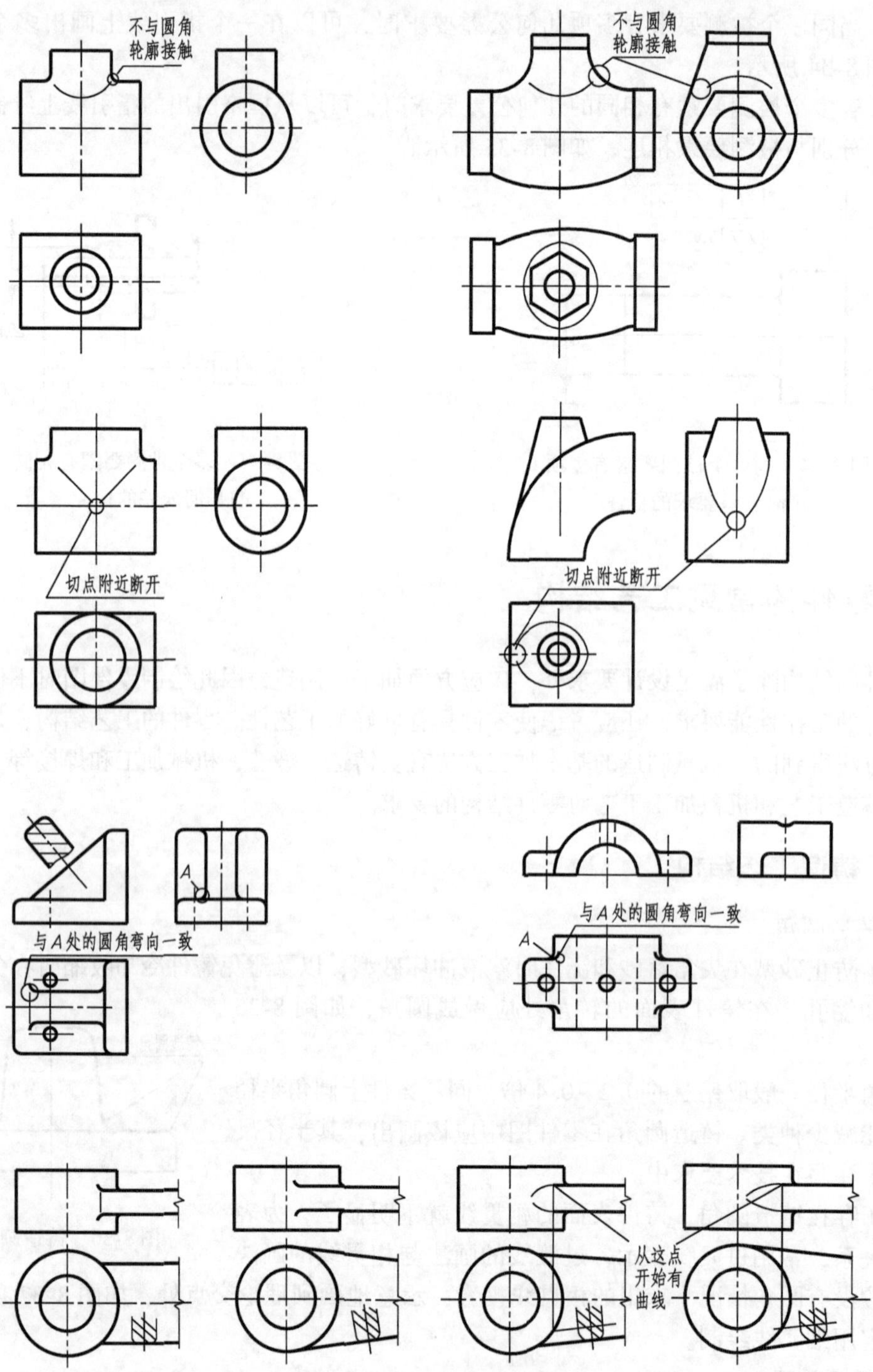

图 8-37 过渡线的画法

渐过渡，如图 8-39 所示。

4. 铸件形状

为便于制模、造型、清理及机械加工，铸件各部分形状应尽量简单，内外壁尽可能平直，减少凸起或分支部分。

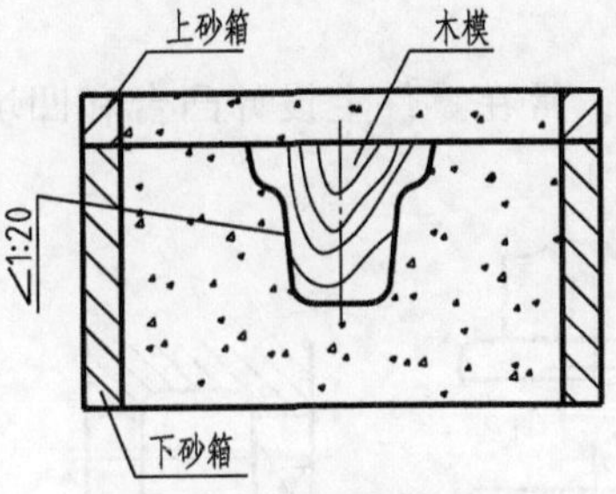

图 8-38 起模斜度

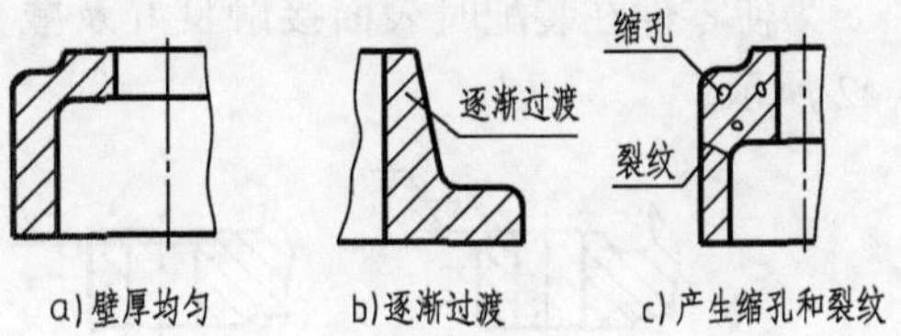

图 8-39 铸件壁厚

8.5.2 机械加工工艺结构

1. 倒角和倒圆

为了去除毛刺、锐边，常在零件的端部制成倒角。阶梯轴和阶梯孔的转角处，为避免应力集中，常用倒圆过渡，如图 8-40 所示。

2. 退刀槽和越程槽

为了在加工螺纹时便于退出刀具或在磨削表面时可越过加工表面，常在被加工表面的末端预先加工出退刀槽或越程槽，如图 8-41 所示。其结构形式及尺寸可根据轴孔直径的大小从相应的标准查出。退刀槽和越程槽的尺寸可按“槽宽×槽深”或“槽宽×直径”的形式标注。当槽的结构比较复杂时，可采用局部放大图标注尺寸。

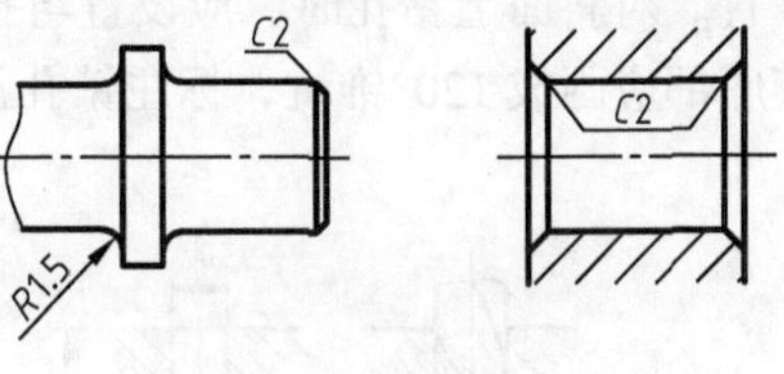

图 8-40 倒角和倒圆

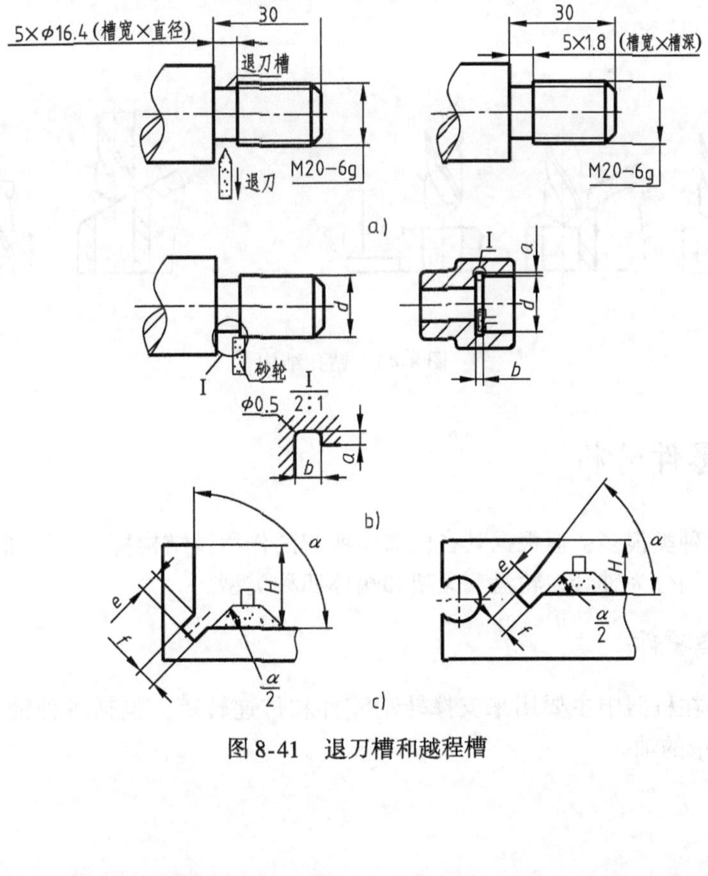

图 8-41 退刀槽和越程槽

3. 凸台和凹坑

为使零件在装配时表面接触良好及减少加工面积，常在零件上设计凸台和凹坑，如图 8-42 所示。

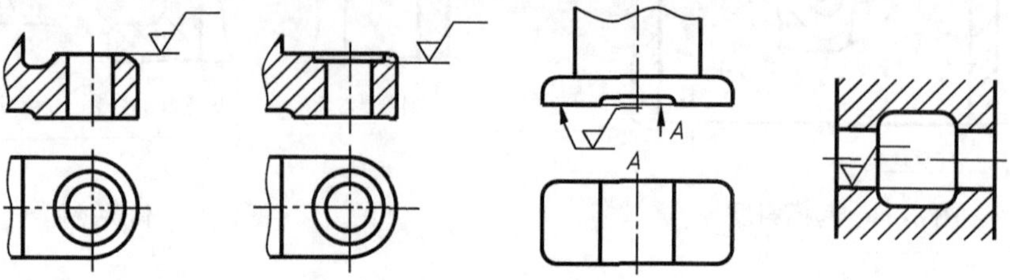

图 8-42　凸台和凹坑

4. 钻孔结构

用钻头钻孔时，为避免钻头因单边受力产生偏斜或折断，要求钻头尽量与被钻孔的端面垂直。对斜面上钻孔时，应设置与孔轴线垂直的凸台和凹坑，如图 8-43 所示。钻不通孔时，其底部应画成 120°锥坑，标注钻孔深度时，不包括锥坑深度。

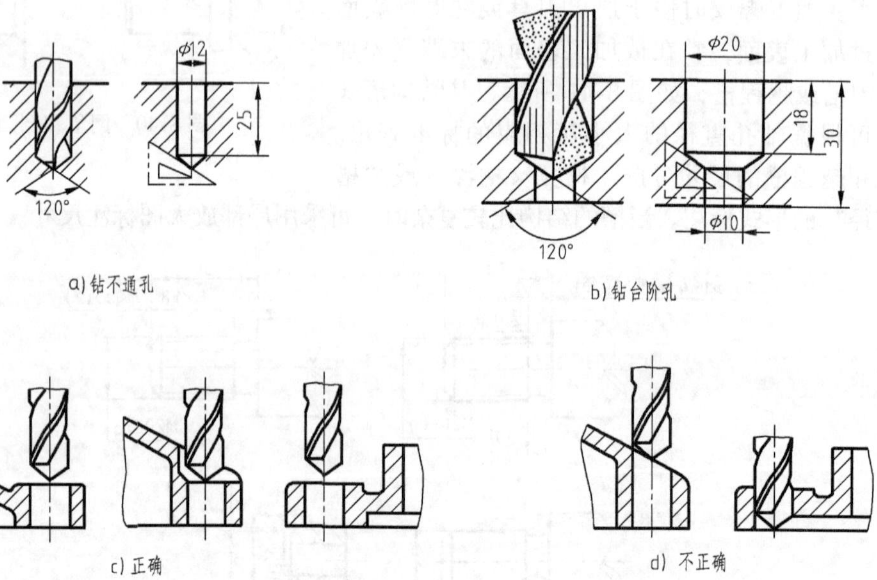

图 8-43　钻孔结构

8.6　典型零件分析

虽然零件的种类很多，但根据其在机器中所起的作用及结构特点、视图表达、尺寸标注等，大致可将它们分为轴套、轮盘、叉架和箱体四种类型。

8.6.1　轴套类零件

轴套类零件在机器中主要用来支撑转动零件和传递转矩，包括各种轴、套筒等，如图 8-1 所示铣刀头中的轴。

1. 结构特点

轴套类零件一般由同轴线、不等轴径的回转体组成，如图 8-2 所示，其长度方向尺寸一般比直径尺寸大，通常有设计、安装、加工等要求。轴上常见的结构有倒角、倒圆、退刀槽、键槽、螺纹、中心孔等。

2. 表达方法

轴套类零件主要在车床或磨床上加工，为便于工人在加工中对照图样，通常选择加工位置（轴线水平放置）作为画主视图的方向。采用一个基本视图——主视图，将轴上各段回转体的相对位置关系和大小表达清楚。对孔及键槽等结构可采用局部剖视图、断面图表示，对细小的结构如退刀槽、倒圆等可用局部放大图来表示，如图 8-2 所示。

3. 尺寸标注

轴套类零件有轴向尺寸和径向尺寸。一般以轴线为径向尺寸基准，以重要加工端面（如图 8-2 零件中左端 ϕ35k6 处的轴承定位面）为轴向尺寸主要基准。为方便加工和测量，常选轴的两个端面和其他定位面作为辅助基准。重要的尺寸一定要直接注出，如安装 V 带轮、刀盘和滚动轴承的轴向尺寸 55、32、23。标准结构（如倒角、退刀槽、键槽、中心孔等）的尺寸要根据相应的标准查表，按规定标注。

4. 技术要求

技术要求依具体工作要求而定。有配合要求的表面及轴向定位面尺寸精度要求高，表面粗糙度低，并有几何公差的要求。轴类零件一般有一定的硬度要求，要做调质或其他热处理。

8.6.2 轮盘类零件

轮类零件主要用于传递动力和转矩，盘类零件主要起支撑、轴向定位及密封等作用。轮盘类零件包括法兰盘、端盖和各种轮子等，如图 8-1 中的端盖、带轮。

1. 结构特点

轮盘类零件一般由同轴线不同直径的回转体或其他几何形状的扁平盘形体组成，它的厚度尺寸比其他两个方向的尺寸要小，如图 8-44 所示。为与其他零件联接，轮盘类零件上常有螺纹孔、光孔、销孔、键槽及凹凸台等结构。

2. 表达方法

对轮盘类零件一般采用两个基本视图，按加工位置放置，以反映厚度方向的一面作为主视图。为表达内部结构，主视图常采用全剖视。另一视图用来表达外形轮廓和槽孔的分布情况。个别细节常用局部剖视图、断面图或局部放大图来表示。在图 8-44 中，主视图按加工位置放置，采用全剖视，表达了端盖的主要结构。左视图用来表达沉孔分布情况。密封槽用局部放大图来表示。

3. 尺寸标注

轮盘类零件的高度方向和宽度方向的主要基准是回转轴线，长度方向的主要基准选择精度要求高的加工面。如图 8-44 中端盖的右端面为长度方向尺寸基准，ϕ80f7 的轴线为径向尺寸基准。

4. 技术要求

有配合要求的内外表面及其轴向定位的端面尺寸精度和表面粗糙度要求高，端面和回转

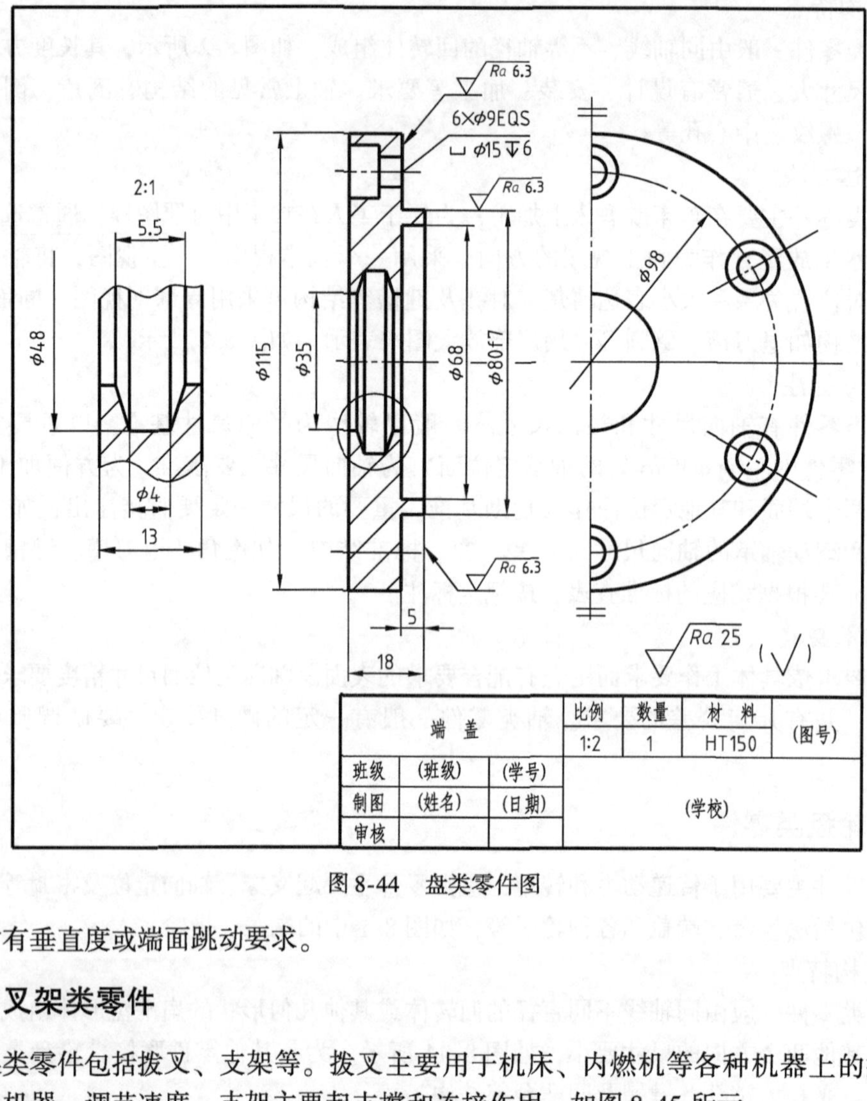

图 8-44 盘类零件图

体轴线常有垂直度或端面跳动要求。

8.6.3 叉架类零件

叉架类零件包括拨叉、支架等。拨叉主要用于机床、内燃机等各种机器上的操纵机构中，操纵机器，调节速度；支架主要起支撑和连接作用，如图 8-45 所示。

1. 结构特点

叉架类零件的结构形状较为复杂，但都是由支撑部分、工作部分和连接部分组成。常用铸造或锻造方法制成毛坯再经机械加工而成。具有铸造或锻造圆角、起模斜度、凸台、凹坑等结构。

2. 表达方法

叉架类零件一般需要两个或两个以上基本视图，以自然位置或工作位置放置。选择最能反映形状特征的方向作为主视图的投射方向，为表达内部结构形状常采用全剖视图或局部剖视图。对于零件上弯曲、倾斜的结构常采用斜视图、斜剖视图、局部视图来表示，连接部分、肋板的断面形状常采用断面图表示。

3. 尺寸标注

长、宽、高三个方向的主要尺寸基准一般为孔的中心线、轴线、对称平面或较大的加工平面。这类零件的定位尺寸较多，要注意保证定位精度。

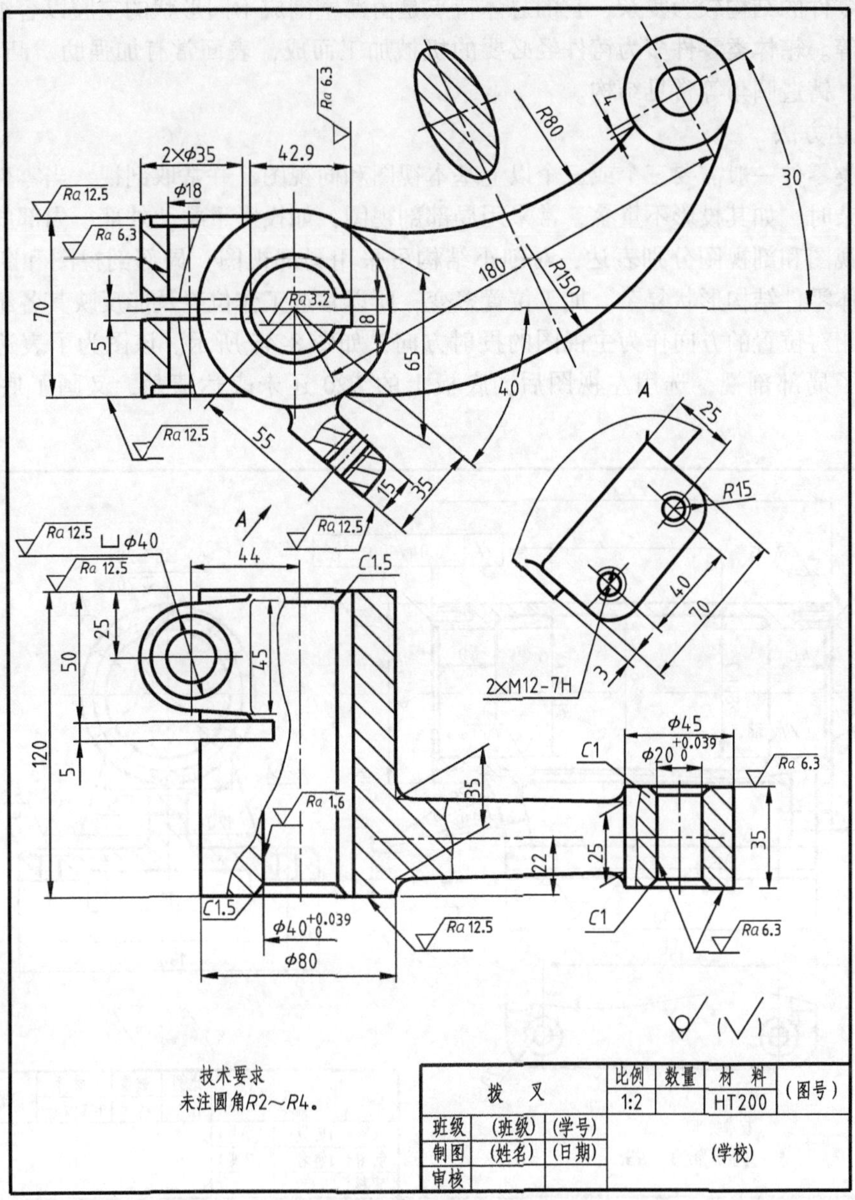

图 8-45 叉架类零件图

4. 技术要求

叉架类零件在表面粗糙度、尺寸公差、几何公差上都没有特殊要求，应根据具体情况而定。

8.6.4 箱体类零件

箱体类零件是机器或部件的主要零件，起支撑、包容、定位和密封等作用，如图 8-1 中的座体。

1. 结构特点

这类零件的结构较为复杂，它的总体特点是由薄壁围成不同形状的空腔以容纳运动零件及油、气等。箱体类零件多为铸件经必要的机械加工而成，表面常有加强肋、凸台、凹坑、起模斜度、铸造圆角等常见结构。

2. 表达方法

箱体类零件一般需要三个或三个以上基本视图和向视图，并常取剖视。当零件内、外结构都较复杂时，如其投影不重叠，常采用局部剖视图；如投影重叠，外部、内部的结构形状就应采用视图和剖视图分别表达；对细小结构可采用局部视图、局部剖视图和断面图来表达。因箱体零件结构形状复杂，加工位置多变，所以常选工作位置及能反映其各组成部分形状特征及相对位置的方向作为主视图的投射方向，如图 8-46 所示。该图为了表达内腔，主视图采用了局部剖视，选用左视图后，底板上的 *R*20 还未表达清楚，又画了底板的局部视图。

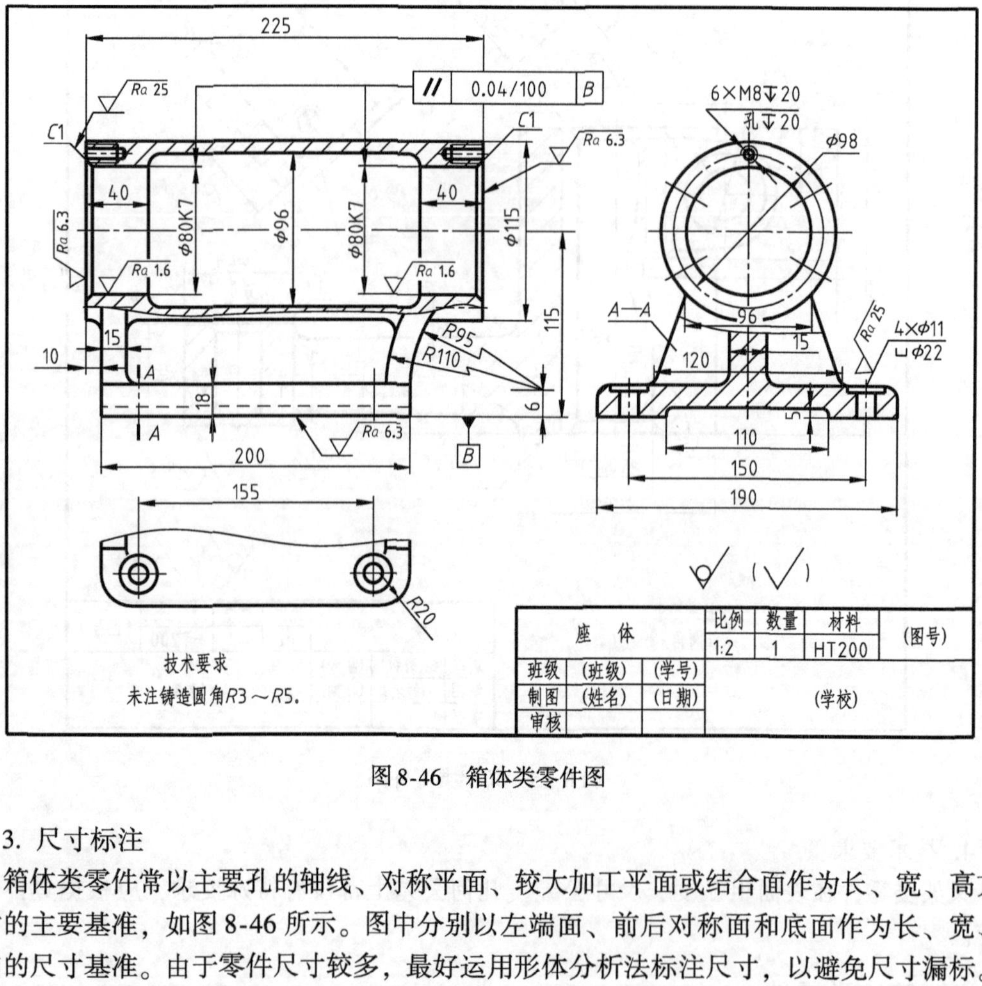

图 8-46 箱体类零件图

3. 尺寸标注

箱体类零件常以主要孔的轴线、对称平面、较大加工平面或结合面作为长、宽、高方向尺寸的主要基准，如图 8-46 所示。图中分别以左端面、前后对称面和底面作为长、宽、高方向的尺寸基准。由于零件尺寸较多，最好运用形体分析法标注尺寸，以避免尺寸漏标。孔与孔之间、孔与端面之间的定位尺寸要直接注出，如图 8-46 中 115 尺寸。

4. 技术要求

重要的箱体孔和配合表面有高的表面粗糙度要求，并应该有尺寸精度和几何公差要求，如图 8-46 中装轴承的 $\phi80$ 孔。

8.7 读零件图的方法和步骤

8.7.1 读图要求

读零件图的基本要求如下：

(1) 了解零件的名称、材料和用途；

(2) 了解零件各组成部分的结构、形状；

(3) 了解零件各部分的大小及其相对位置；

(4) 了解零件的制造方法和技术要求。

8.7.2 读图的方法和步骤

以图8-47为例，说明看零件图的方法和步骤。

1. 看标题栏

从标题栏可以了解零件的名称、材料、比例、数量。联系典型零件的分类特点，初步了解它在机器中的作用和加工方法。如图8-47所示，该零件为减速器箱体，属箱体类零件，在部件中起支撑、安装轴、齿轮等零件的作用，材料为铸铁，须由铸件经机加工而成。

2. 分析表达方案

看图时，首先找出主视图，然后看使用的视图数量，弄清楚各视图的名称、采用的表达方法及所表达的目的。图8-47箱体零件图，采用了三个基本视图、一个*B-B*局部剖视图和一个*C*局部视图。*A-A*全剖视图为主视图，它采用两个平行的平面剖切，表达了输入轴（蜗杆）轴孔ϕ35K7、输出轴轴孔（蜗轮）ϕ48H7、轴孔（中间的孔）三者的位置关系以及凸台的厚度和凸台上螺纹孔的深度等结构关系。左视图为局部剖视图，表达了箱体前后两个轴孔和蜗杆轴孔及右壁上的螺纹孔。未剖切的部分表达了安装孔上的凸台和底板上凹坑结构。俯视图采用局部剖视图，表达了蜗杆轴孔，着重表达了箱壁和底板的形状和安装孔的位置。*B-B*剖视图表达了输出孔凸台的外形。*C*局部视图表达了箱壁左侧两个相连凸台的结构形状和两个轴孔的相对位置关系。

3. 形体分析

运用形体分析法和面形分析法及看剖视图的方法，仔细分析，搞清投影关系并综合想象出零件整体结构形状。

图8-47的减速器箱体，运用形体分析，可将零件大体分为三个部分：底板、箱壁、支承。底板基本形状为长方形，比箱壁宽，有四个联接用通孔，为减少加工面积，底面加工成四个凸台。箱壁是中空的长方体，四面开有五个支承用轴孔。为增强支承强度，用凸台加大了支承宽度。通过以上的分析，整个箱体结构形状就清楚了，如图8-48所示。

4. 尺寸分析

首先找出尺寸基准，从基准出发，找出各部分的定形尺寸和定位尺寸，并分清主要尺寸和次要尺寸，如图8-47所示。

(1) 尺寸基准　底面是高度方向的尺寸基准；蜗轮轴的轴线是长度方向的尺寸基准，左端面为辅助基准。宽度方向以前后基本对称平面作为尺寸基准。

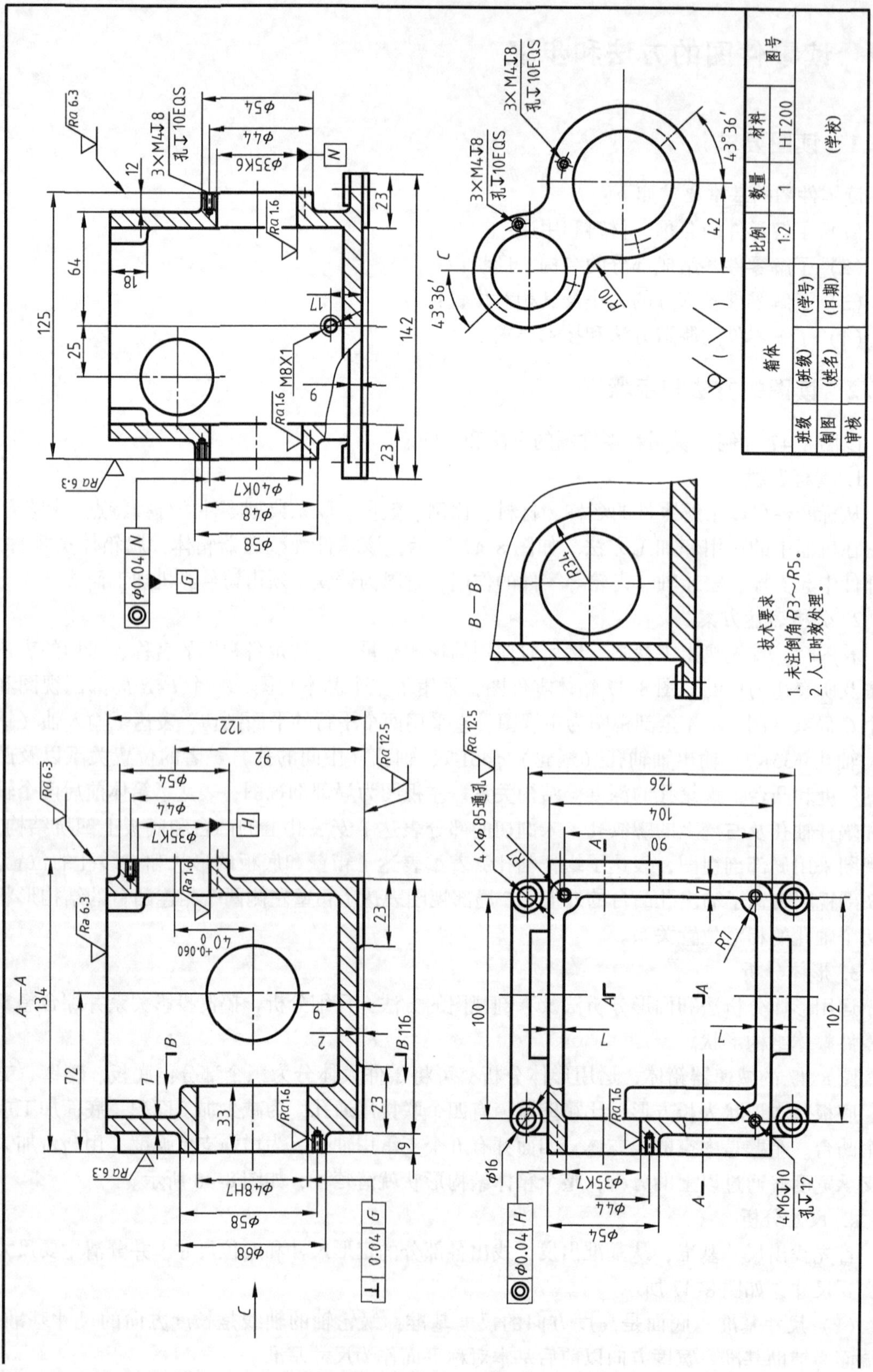

图8-47 减速器箱体零件图

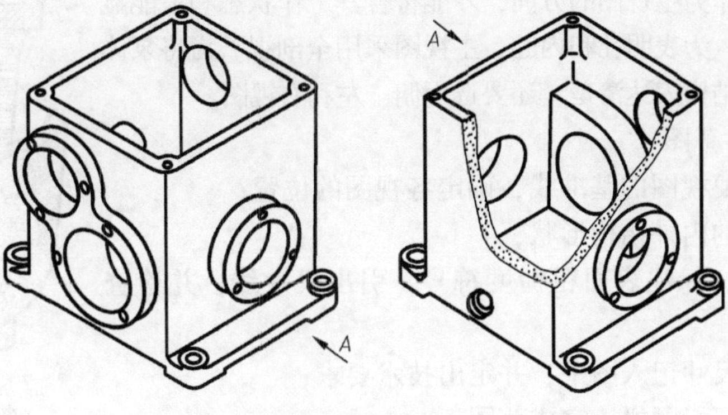

图 8-48 箱体轴测图

(2) 主要尺寸 箱体轴孔直径、有轴孔的定位尺寸、轴孔与基准之间的尺寸均属于箱体的主要尺寸。

5. 看技术要求

根据图上所标注的表面粗糙度、尺寸公差、几何公差及其他技术要求，进一步了解零件的结构特点和作用，依此也可以确定零件的制造方法。

图 8-47 中的技术要求主要集中在支承轴的轴孔，因为这些部位的精度直接影响机器的装配和使用。各轴孔的内径都有配合要求，所以表面粗糙度 Ra 为 1.6μm，尺寸精度要求也较高，并给定了轴孔间几何公差。

综合上述几方面的分析，对这一零件的结构形状特点及其在机器中的作用就会有一个全面的了解。

8.8 零件测绘

零件测绘是根据实际零件，首先徒手画出它的草图，再测量并标注尺寸及技术要求，然后将零件草图经整理画成零件图的过程。零件测绘为设计机器、修配零件和准备配件创造了条件，所以是工程技术人员必须掌握的基本技能。

8.8.1 零件测绘的方法和步骤

1. 画零件草图

零件草图是绘制零件图的依据，它必须具备零件图的全部内容。应作到内容完整、表达全面、图线清晰、比例正确。步骤如下：

(1) 分析零件 了解零件的名称、作用、用途，了解零件的材料和大致的加工方法，认真分析零件的结构形状特点，酝酿合理的表达方案。图 8-49 所示为齿轮油泵的泵体，主要用来支承传动轴，属箱体类零件，上部是支承和包容部分所组成的空腔，下部是安装用底板。

(2) 确定表达方案 通过对零件结构形状分析，确定主视图的安放位置、投射方向及其他视图的数量，选择合适的表达方案，将零件的内外结构形状清楚地表达出来。如图 8-49 所示的泵体，应按箭头所指的方向作为主视图的方向，才能符合其工作状态和最能显示其结构形状特征，为表明孔和内腔，主视图采用全剖视。为将泵体中部和下部的内外结构表达清楚，还要选用俯、左和右视图。

（3）绘制零件草图

1）画出各主要视图的基准线，确定各视图的位置；

2）画出零件的内外结构形状；

3）画剖面线，标注表面粗糙度符号，引出尺寸线，并检查加深图形；

4）将测绘的尺寸记入图中，并定出技术要求；

5）检查、填写标题栏，完成草图。

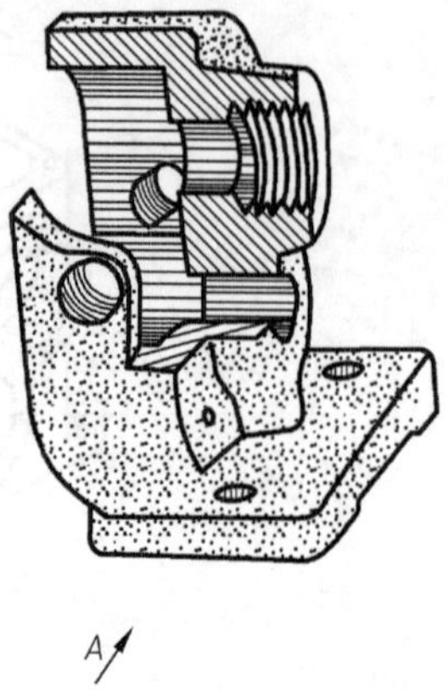

图 8-49 泵体轴测图

2. 测绘零件

零件图上全部尺寸的测绘，应在画完草图之后集中进行，以便提高工作效率，避免尺寸错误和遗漏。

3. 画零件工作图的步骤

零件草图是在现场（车间）测绘的。受测绘的时间限制，有些问题只要表达清楚就可以了，不一定是最完善的。因此，在整理零件工作图时，需要对零件草图再进行审查校核。有些问题需要设计、计算和选用，如表面粗糙度、尺寸公差、几何公差、材料及表面处理等；有些问题需要重新加以考虑，如表达方案的选择、尺寸的标注等。经过复查、补充、修改后，才开始画零件工作图。

（1）对零件草图进行审查校核

1）表达方案是否完整、清晰和简便；

2）零件上的结构形状是否有多、少、损坏等情况；

3）尺寸标注是否清晰、完整、合理；

4）技术要求是否满足零件的性能要求并且经济。

（2）画零件工作图的方法步骤

1）选择比例，根据零件的复杂程度来选择比例，尽量采用 1:1；

2）选择图幅，根据表达方案、比例，选择标准图幅；

3）画图，如图 8-50 所示。

8.8.2 零件的测量方法

测量时，应根据对尺寸精度的要求不同选用不同的测量工具。常用的量具有钢直尺，内、外卡钳等。精密的量具有游标卡尺、千分尺等，还有专用量具，如螺纹规、半径样板等。常见的测量方法如下：

（1）测量直线尺寸（长、宽、高）：一般可用钢直尺或游标卡尺直接测量。

（2）测量回转面的直径：一般可用卡钳、游标卡尺或千分尺测量。

（3）测量壁厚：可用钢直尺测量，也可用深度卡尺测量。

（4）测量孔间距：用游标卡尺、卡钳或钢直尺测量。

（5）测量中心高：用游标卡尺、卡钳或钢直尺测量。

（6）测量圆角：一般用半径样板测量。

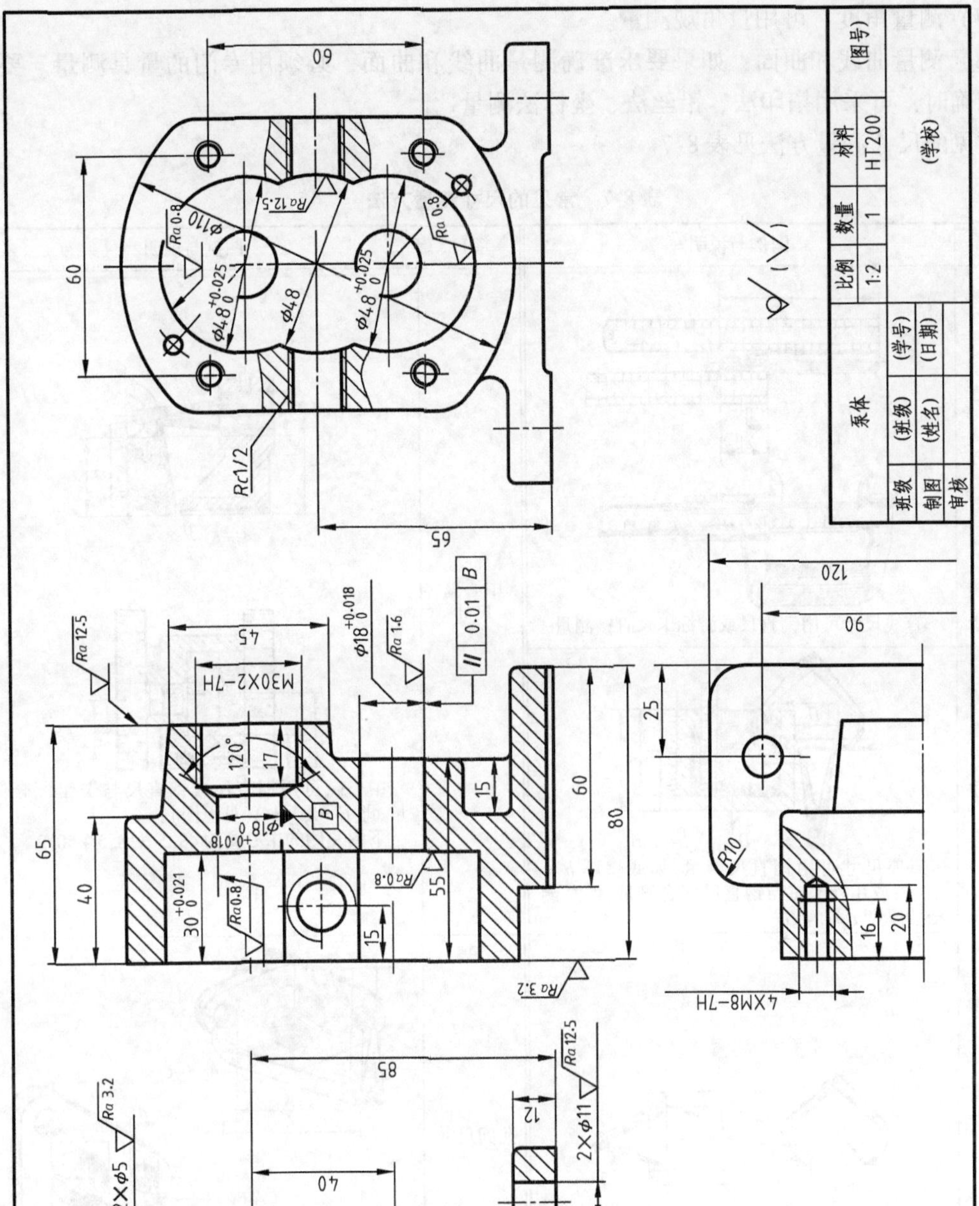
技术要求
未注圆角R2～R3。
泵体
比例 1:2
数量 1
材料 HT200
班级 (班级) (学号)
制图 (姓名) (日期)
审核 (学校)
(图号)
M30X2-7H
4XM8-7H
Rc1/2
2Xφ5
2Xφ11

图 8-50 泵体零件图

（7）测量角度：可用量角规测量。

（8）测量曲线和曲面：如果要求准确测量曲线和曲面，必须用专门的量具测量。要求不太准确时，可采用拓印法、铅丝法、坐标法测量。

常见的尺寸测量方法见表 8-7。

表 8-7 常见的尺寸测量方法

<table>
<tr><th>项目</th><th>图例与说明</th><th>项目</th><th>图例与说明</th></tr>
<tr><td>直线尺寸</td><td>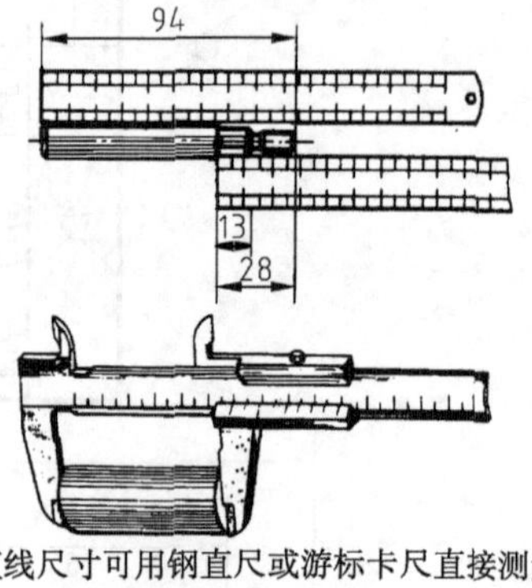

直线尺寸可用钢直尺或游标卡尺直接测量</td><td rowspan="2">中心高尺寸</td><td rowspan="2">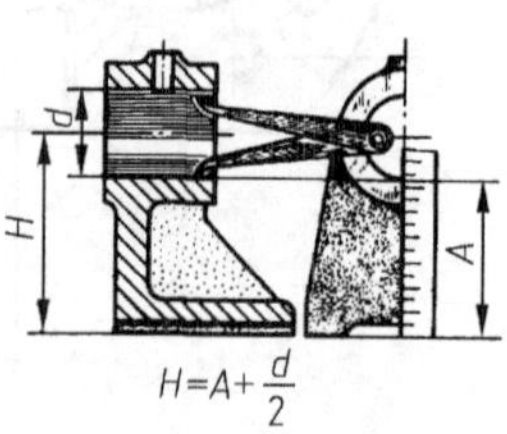

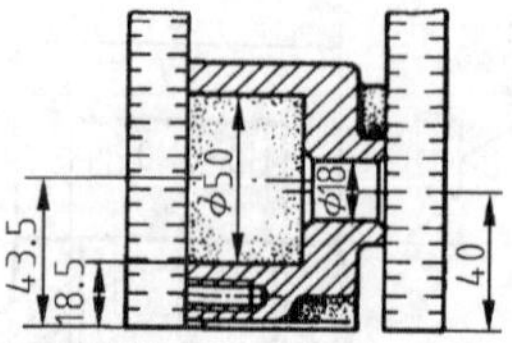

中心高可用钢直尺或钢直尺与卡钳配合测量，即 $H=A+d/2$（见上图）；
下图左侧的中心高为 $43.5=18.5+50/2$</td></tr>
<tr><td>壁厚尺寸</td><td>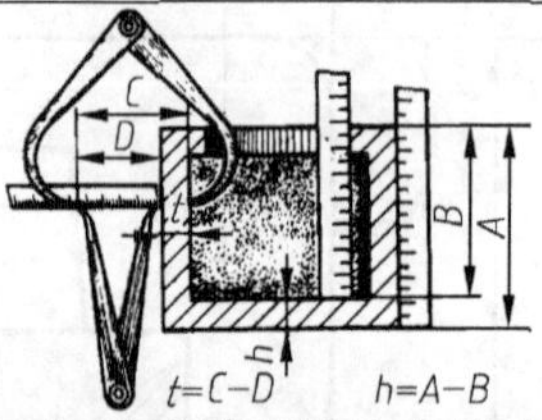

壁厚尺寸可用钢直尺测量，如底壁厚 $h=A-B$；或用外卡钳与钢直尺配合测量，如左侧壁的厚度 $t=C-D$</td></tr>
<tr><td rowspan="2">直径尺寸</td><td rowspan="2">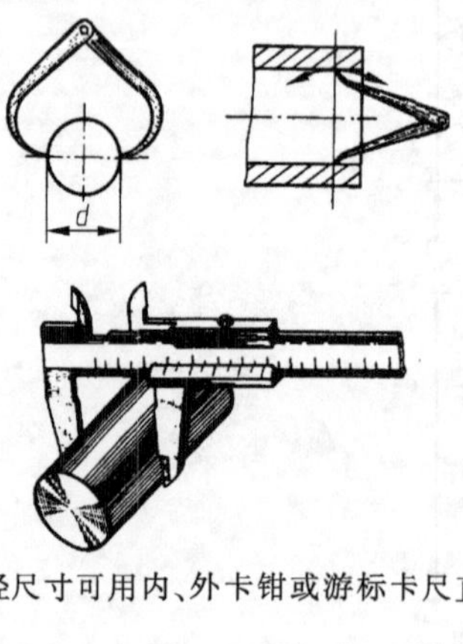

直径尺寸可用内、外卡钳或游标卡尺直接量取</td><td>孔间尺寸</td><td>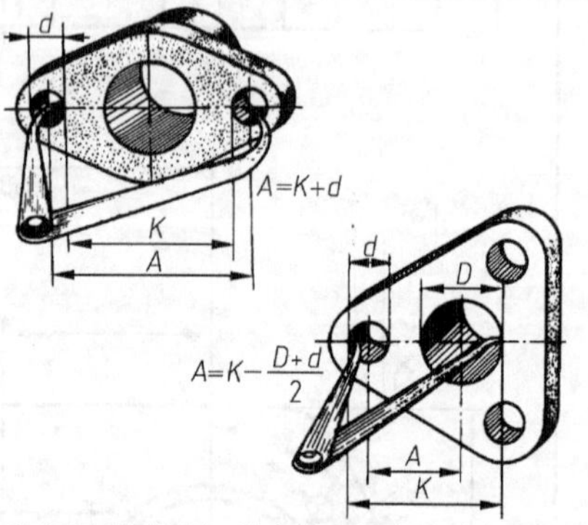

孔间尺寸可用内、外卡钳和钢直尺结合测量</td></tr>
<tr><td>螺距尺寸</td><td>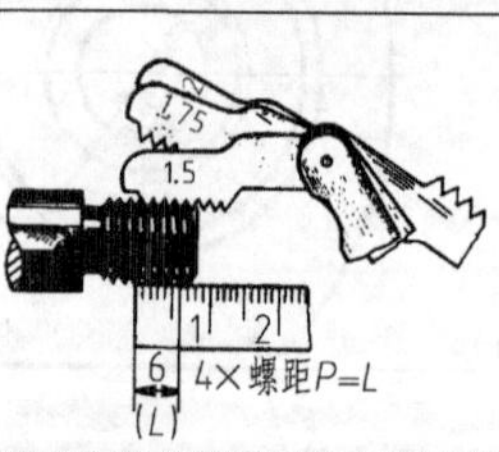

螺纹的螺距应该用螺纹规直接测得（见图的上方），也可用直尺测量（见图的下方）</td></tr>
</table>

(续)

项目	图例与说明	项目	图例与说明
齿顶圆直径	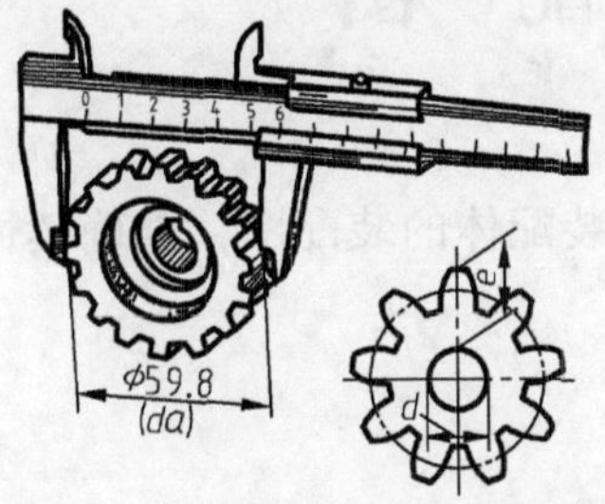 对偶数齿,齿轮的齿顶圆直径可用游标卡尺直接测得(见上图);奇数齿可间接测量(见下图)	曲线曲面的轮廓	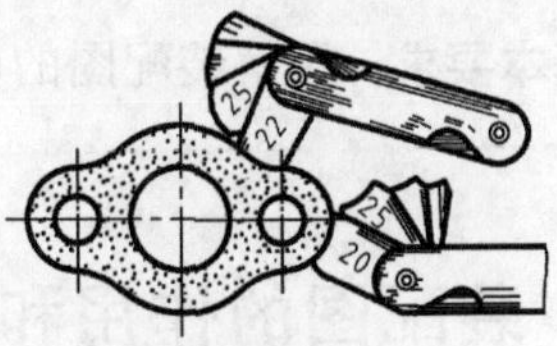 用半径样板测量圆弧的半径
曲面曲线的轮廓	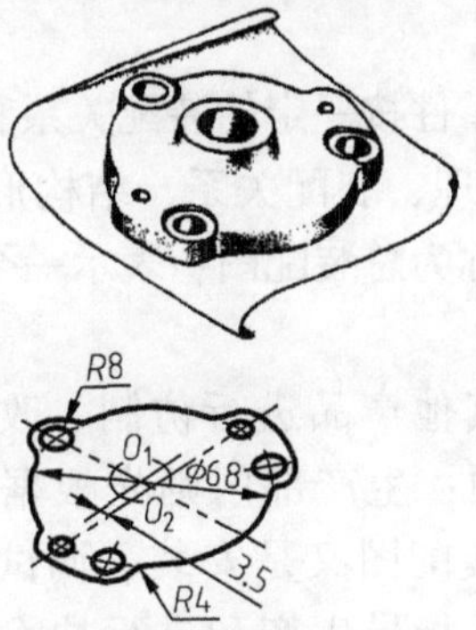 对精确度要求不高的曲面轮廓,可以用拓印法在纸上拓印出它的轮廓形状,然后用几何作图的方法求出各连接圆弧的尺寸和圆心位置,如图中 $\phi68$、$R8$、$R4$ 和 3.5		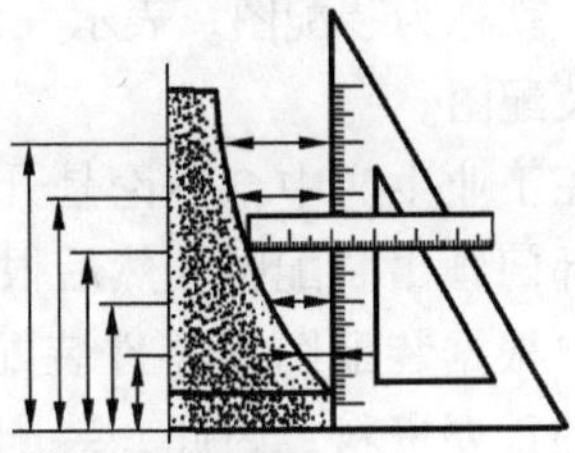 用坐标法测量非圆曲线

第9章　装　配　图

基本要求：了解装配图的内容，能正确的绘制装配体的装配图，准确读懂装配体的装配图。

9.1　装配图的作用和内容

9.1.1　装配图的作用

机器是由若干部件和零件构成，部件是由若干零件按一定的装配关系和技术要求装配而成的。表达机器或部件（统称为装配体）的工作原理、装配关系、结构形状和装配要求的图样，就称为装配图。表示一台完整机器的图样，称为总装配图；表示一个部件的图样称为部件装配图。

在工业生产中，不论是开发新产品，还是对其他产品进行仿制、改造，一般都先由设计部门画出装配图，然后根据装配图画出零件图；生产部门则先根据零件图制造出零件，再根据装配图把零件装配成装配体。此外，装配图又是安装、调试、操作、检修装配体的重要资料。因此，装配图是表达设计思想、指导生产和进行技术交流的重要技术文件。

9.1.2　装配图的内容

图9-1所示为滑动轴承的分解轴测图。图9-2所示为它的装配图。从图中可以看到，一张完整的装配图应包括以下几项内容：

（1）一组视图　用来表达装配体的工作原理、零件间的装配关系及主要零件的结构形状等。

（2）必要的尺寸　标注出表示装配体性能、规格及装配、检验、安装时所需的尺寸。

（3）技术要求　用符号、代号或文字说明装配体在装配、安装、检验、调试、使用和维护等时需遵循的技术指标。

（4）零件序号、明细栏和标题栏　在装配图上，必须对每种零件按顺序编号，并在明细栏中依次填写零件的序号、名称、数量、材料等内容，国标中规定的装配图明细栏格式如图9-3a所示。标题栏一般应注明装配体的名称、图号、绘图比例、装配体的质量，以及设计单位、设计人员、审核人员的签名和签名日期等。制图作业中推荐使用的装配图标题栏和明细栏格式如图9-3b所示。

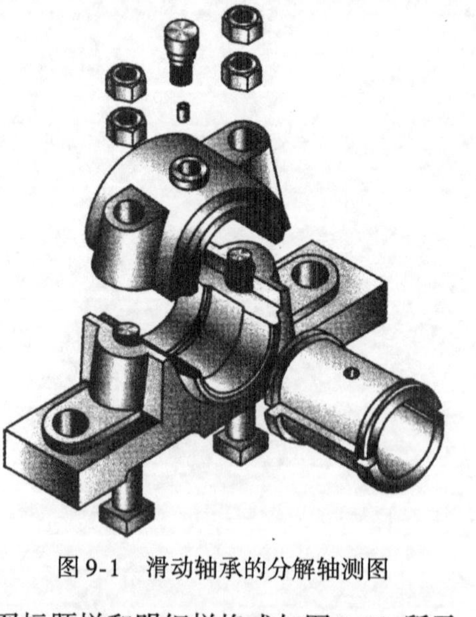

图9-1　滑动轴承的分解轴测图

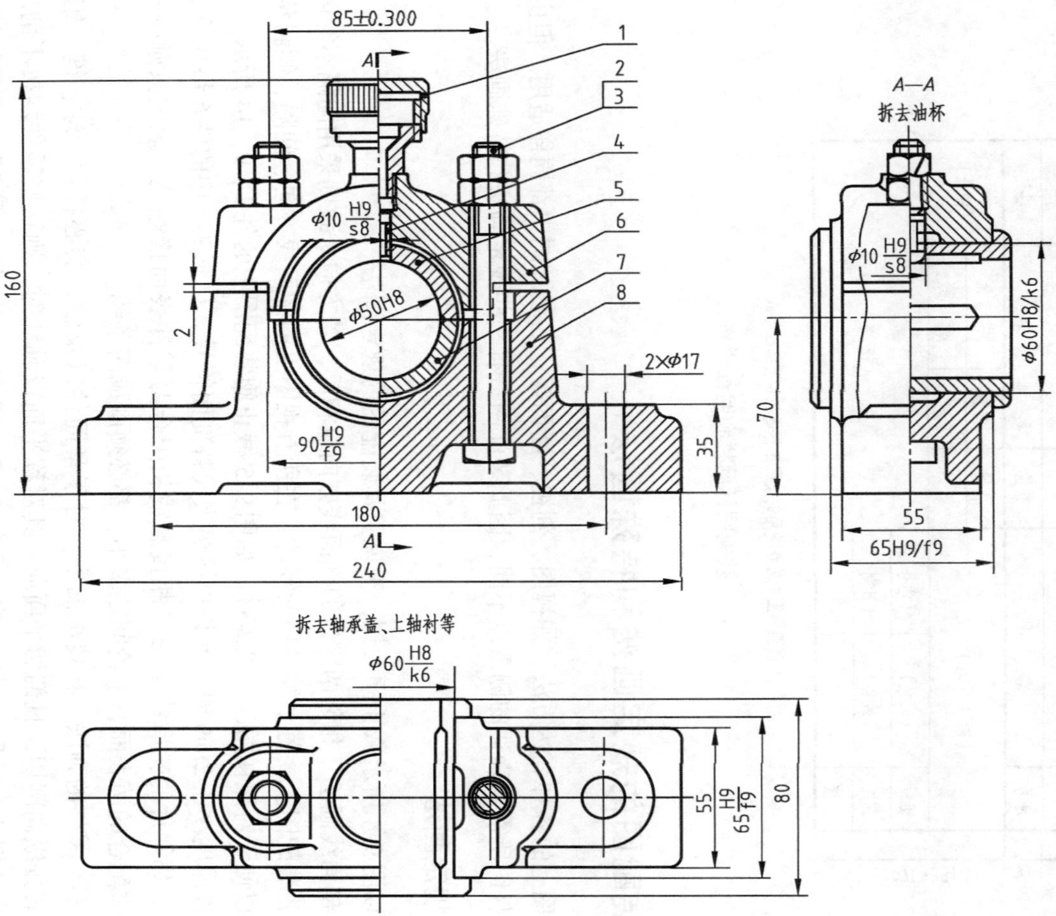

技术要求

1. 轴衬与轴承座、轴承盖间用着色法检查接触情况。下轴衬与轴承座接触面不得小于50%;上轴衬与轴承盖接触面不得小于40%。
2. 装配时 轴承盖与轴承座间加垫片调整,保证轴与轴衬间隙0.05～0.06mm,接触面积在25mm内不少于15～25点。
3. 轴承装配达到上述要求后,加工油孔和油槽。
4. 轴衬最大单位压力$p \leqslant 29.4$MPa。

序号	名称	数量	材料	备注
8	轴承座	1	HT150	
7	下轴衬	1	ZCuAl10Fe3	
6	轴承盖	1	HT150	
5	上轴衬	1	ZCuAl10Fe3	
4	轴衬固定套	1	Q235—A	
3	螺栓M12×130	2		GB/T8—1988
2	螺母M12	4		GB/T6170—2000
1	油杯12	1		GB/T1156—1979

滑动轴承	比例	质量	共 张	01
	1:1		第 张	
班级	(班级)	(学号)	(学校)	
制图	(姓名)	(日期)		
审核				

图 9-2 滑动轴承装配图

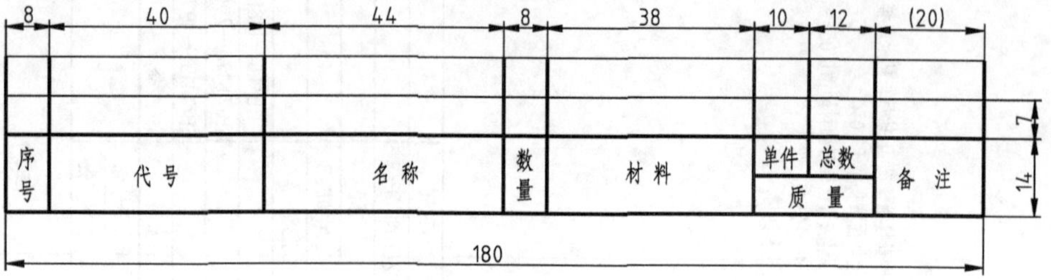

a）国标规定的装配图明细栏格式

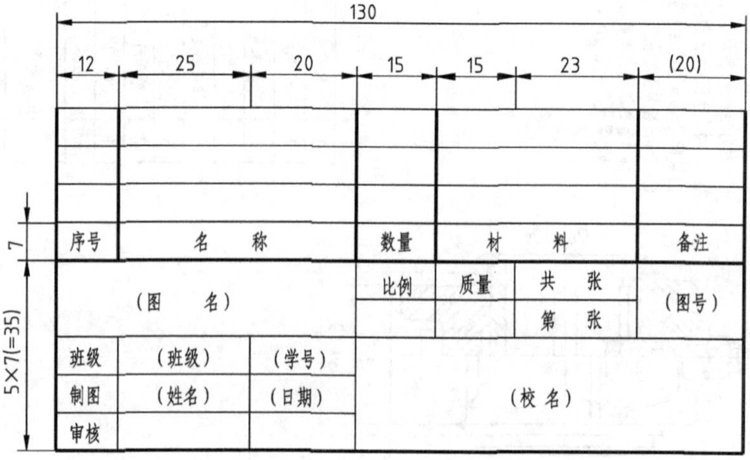

b）制图作业中推荐使用的装配图标题栏和明细栏格式

图 9-3 装配图标题栏和明细栏格式

9.2 装配图的规定画法和特殊画法

零件图上的各种表达方法，如视图、剖视、断面等，在装配图中都同样适用。但由于装配图和零件图所需要表达的侧重点不同，因此装配图另有一些规定画法和特殊画法。

9.2.1 规定画法

下面以图 9-4 所示截止阀为例，来说明其装配图的规定画法。

（1）剖面线画法 相邻两零件的剖面线方向应相反，若方向一致则采用间隔不等区分。

在一张装配图上，每个被剖切的零件，在所有视图上的剖面线方向、间隔、倾斜角度都应一致，以便于对照视图，识别零件。如图 9-5 截止阀装配图中的件 1、9、14 所示。

当零件厚度小于 2mm 时，允许以涂黑来代替剖面符号。如图 9-5 中的件 6 垫片所示。

（2）相邻零件的轮廓线画法 相接触或相配合两零件表面接触处，规定只画一条线；非接触或非配合的两表面，不论间隙多小，都必须画成两条线。

（3）实心零件的画法 在装配图中，对于紧固件以及轴、实心杆件、球、键、销等实心零件，若按纵向剖切，且剖切平面通过其对称平面或轴线时，则这些零件均按不剖绘制，如图 9-2 中的螺栓、螺母，图 9-5 中的零件 5、7、8、10、11。如需要特别表明零件的结构，如凹坑、键槽、销孔等，则可采用局部剖视表示。

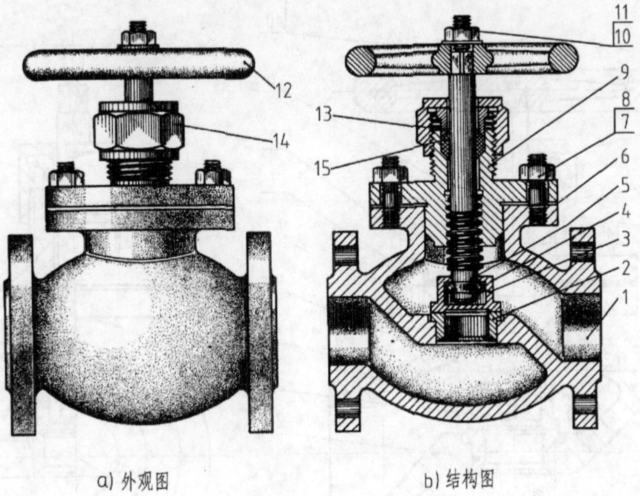

图9-4 截止阀

1—阀体 2—阀座 3—阀盘 4—插销 5—阀杆 6—垫片 7—螺柱 8—螺母
9—阀盖 10—垫圈 11—螺母 12—手轮 13—压盖 14—盖螺母 15—填料

9.2.2 特殊画法

1. 拆卸画法

拆卸画法有如下两种含义：

(1) 沿零件结合面剖切画法 假想沿某些零件的结合面剖切，将剖切平面与观察者之间的零件拆掉后再进行投影。此时在零件结合面上不画剖面线，但被切部分必须画出剖面线。如图9-2中的俯视图所示。

(2) 拆去某些零件后的画法 当装配体上某些常见的较大零件（如手轮），在某个视图上的位置和连接关系等已表达清楚时，为了避免遮盖某些零件的投影，在其他视图上可假想将这些零件拆去不画。如图9-5俯视图中，就拆去了手轮等零件，以使其下方的零件形状表达得更清楚。若拆去的零件需要说明时，可在其视图上方注明“拆去××等”字样。

2. 假想画法

(1) 对部件中某些零件的运动范围和极限位置，可用双点划线画出其轮廓。如图9-6所示，用双点划线画出了车床尾座上手柄的另一个极限位置。也可以用两个尺寸来表示所允许的两个极限位置，如图9-7所示，120～160表示顶针上下的极限位置。

(2) 对于与部件有关但不属于该部件的相邻零、部件，可用双点划线表示其与部件的连接关系，如图9-8中的工件，图9-9中的主轴箱所示。

3. 夸大画法

对薄片零件、细丝弹簧和微小间隙等，若按其实际尺寸在装配图上很难画出或难以明确表示时，可不按比例而采用夸大画法。如图9-5中的垫片，就采用了夸大画法。

4. 展开画法

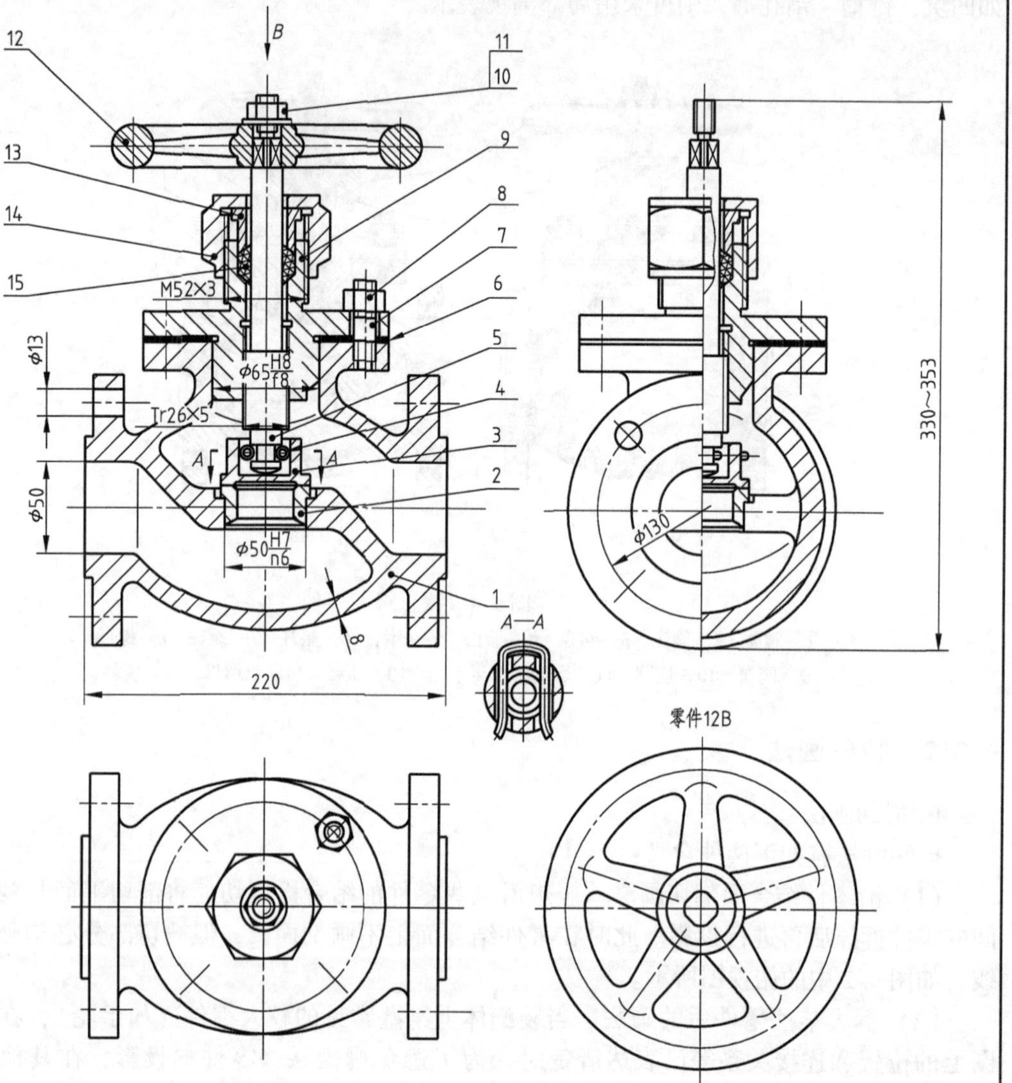

技术要求
1. 常用压力p=1.57MPa。
2.装配后进行水压试验和密封性试验。

序号	名称	数量	材料	备注
15	填料		浸油石棉	
14	盖螺母	1	ZCuSn5Pb5Zn5	
13	压盖	1	ZCuSn5Pb5Zn5	
12	手轮	1	HT150	
11	螺母M12	1		GB/T 6710—2000
10	垫圈12	1		GB/T 971—1994
9	阀盖	1	ZCuSn5Pb5Zn5	
8	螺母M10	4		GB/T 6710—2000
7	螺柱M10×30	4		GB/T 898—1988
6	垫片	1	软钢纸板	QB/T 2200—1996
5	阀杆	1	H96	
4	插销	1	Q215—A	
3	阀盘	1	ZCuSn10Zn2	
2	阀座	1	ZCuSn10Zn2	
1	阀体	1	ZCuAn5Pb5Zn5	

截止阀	比例	质量	共 张	02
	1:2		第 张	
制图			(学校)	
设计				
审核				

图 9-5 截止阀装配图

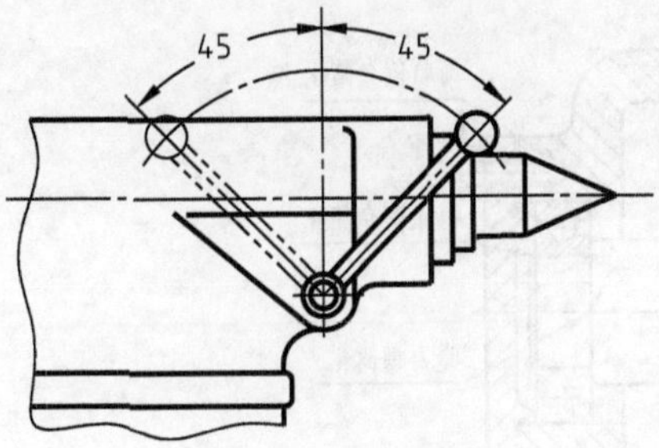

图9-6　车床尾座

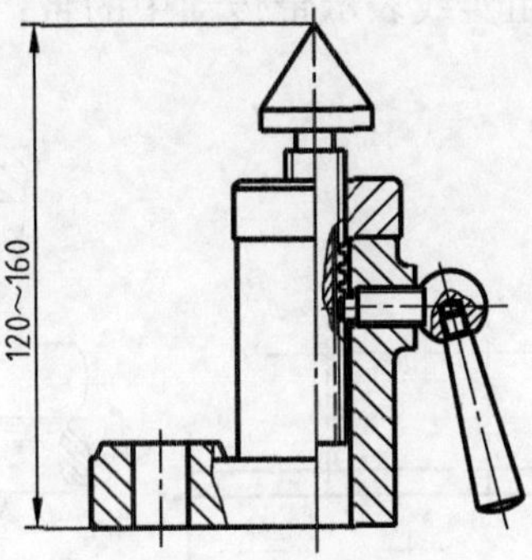

图9-7　划线顶针盘

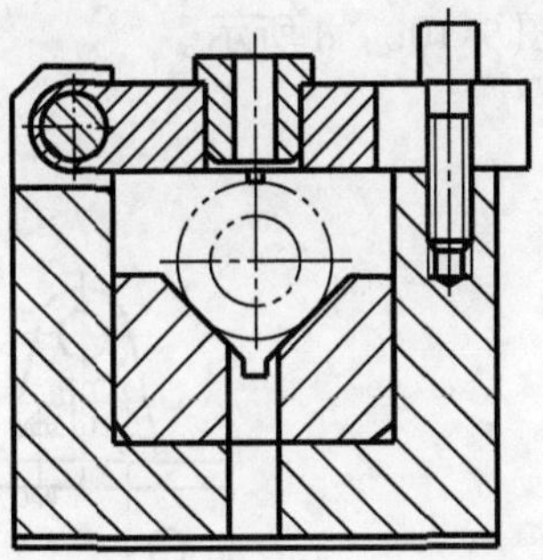

图9-8　夹具中工件的表示法

在传动机构中，为了表示传动关系及各轴的装配关系，可假想用剖切平面按传动顺序沿各轴的轴线剖开，将其展开、摊平后画在同一个平面上（平行于某一投影面），如图9-9所示。

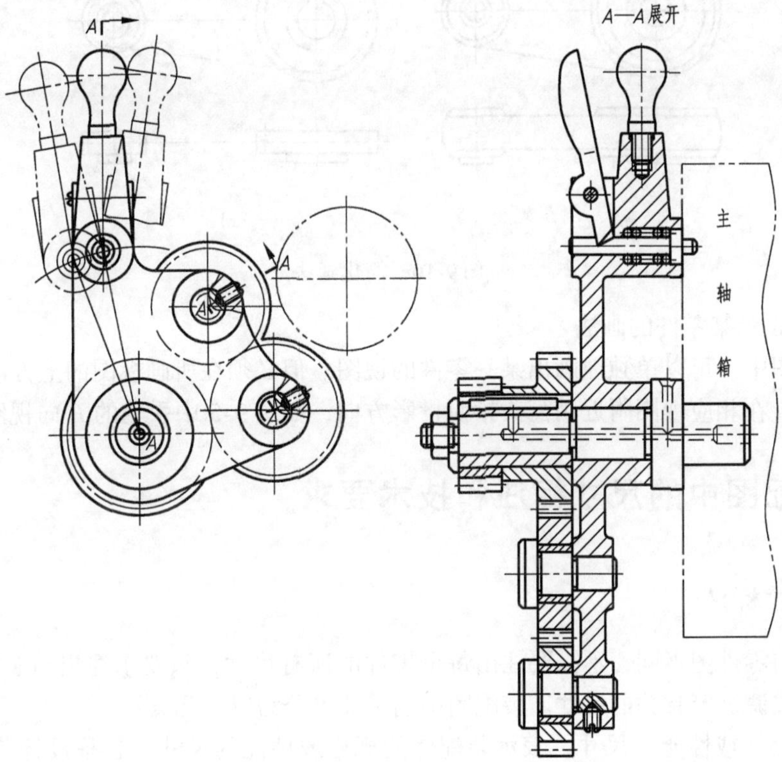

图9-9　展开画法

5. 简化画法

（1）装配图中若干相同的零件组，如螺栓联接等，允许仅详细地画出一组或几组，其余只需用点划线表示其位置即可，如图9-10a、b所示。

（2）在装配图中，零件的某些工艺结构，如倒角、圆角、退刀槽等允许不画，螺栓头部、螺母、滚动轴承均可采用简化画法，如图9-10a、b所示。

（3）在装配图中，可用粗实线表示带传动中的带；用细点划线表示链传动中的链，如图 9-10c、d 所示。

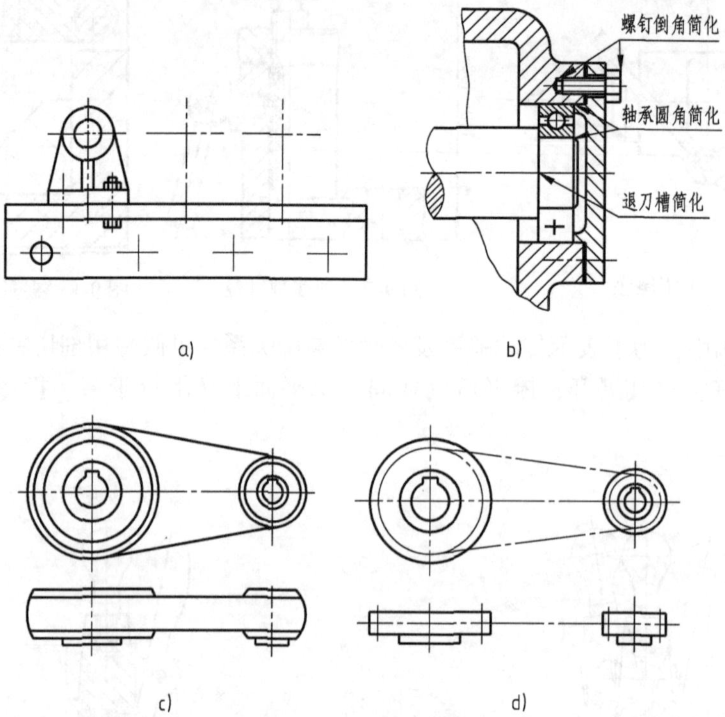

图 9-10　简化画法

6. 单独表示某零件的画法

在装配图中，可以单独地画出某一零件的视图。但必须在所画视图的上方注出该零件的序号或名称，在相应视图附近用箭头指明投影方向，如图 9-5 中手轮的 *B* 向视图。

9.3　装配图中的尺寸标注和技术要求

9.3.1　尺寸标注

装配图与零件图不同，不需要注出每个零件的所有尺寸，只要求注出与装配体的装配、检验、安装或调试等有关的尺寸。装配图中的尺寸可分为以下几类：

（1）规格（或性能）尺寸　表示装配体的规格或性能的尺寸，它是设计装配体的一个重要参数。如图 9-2 中滑动轴承的孔径 $\phi50$，它反映了该部件所支承的轴的直径大小；图 9-5 中截止阀的通孔直径 $\phi50$，表明了管路的通径。

（2）装配尺寸　表示装配体各零件之间装配关系的尺寸，通常有两种情况：

1）配合尺寸：用来表示两个零件之间配合性质的尺寸，如图 9-2 中的 $90\frac{H9}{f9}$和 $\phi10\frac{H9}{s8}$。

2）相对位置尺寸：零件在装配时，需要保证的相对位置尺寸，如两齿轮的中心距、主要轴线到基准面的定位尺寸等。

(3) 安装尺寸　装配体安装到地基或其他机器上时所需的尺寸，如图9-2中的安装孔尺寸 $\phi 17$ 和孔的定位尺寸180等。

(4) 外形尺寸　表示装配体的总长、总宽、总高尺寸，提供了装配体在包装、运输、仓储和安装过程中所占的空间大小，如图9-2中的240、80、160。

(5) 其他重要尺寸　在设计中经过计算或根据某种需要而确定的，但又不属于上述几类尺寸的一些重要尺寸，如图9-5中的 $T_r26\times5$、$M52\times3$ 以及 $330\sim353$ 等。

上述五类尺寸，彼此间往往有某种关联。即有的尺寸往往同时具有几种不同的含义，如图9-2主视图上的240，它既是总体尺寸，又是零件的主要尺寸。此外，一张装配图中，也不一定都要标全这五类尺寸，在标注尺寸时应根据装配体的构造情况，具体分析而定。

9.3.2 技术要求

不同性能的装配体，其技术要求也各不相同。拟订技术要求一般可从以下方面考虑：

(1) 装配要求　装配体在装配过程中需注意的事项，装配后应达到的要求，如精确度、装配间隙、润滑要求等。

(2) 检验要求　对装配体基本性能的检验、试验及操作时的要求。

(3) 使用要求　对装配体在维护、保养、使用时的注意事项及要求。

装配图上的技术要求应根据装配体的具体情况而定，一般用文字注写在明细栏的上方或图样下方的空白处。

9.4 装配图中零部件序号和明细栏

为了便于读图和管理图样，对装配图中各零、部件都必须编写序号，并填写明细栏。明细栏可直接画在装配图标题栏上面，也可另列零、部件明细栏，内容应包含零件的序号、名称、数量、材料及备注等，这样有利于读图时对照查阅，生产中可根据明细栏做好生产准备工作。

9.4.1 零部件序号的编排方法

(1) 一般规则

1) 装配图中所有的零、部件都必须编写序号。规格相同的零件只编一个序号，标准化组件如油杯、滚动轴承、电动机等，可看做一个部件，编一个序号。

2) 装配图中零、部件的序号应与明细栏中的序号一致。

(2) 零、部件序号的通用表示方法，如图9-11所示。

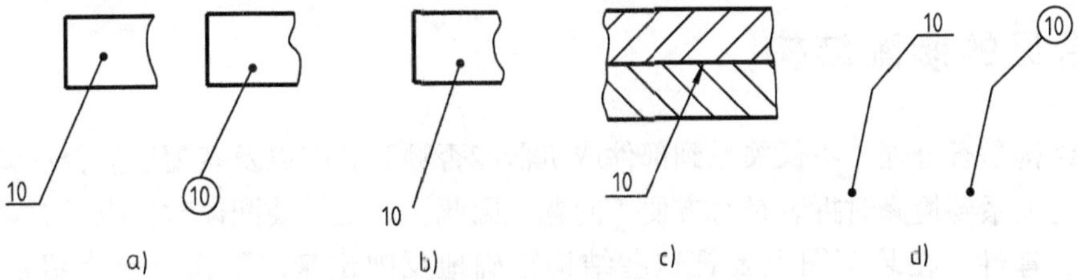

图9-11　序号的形式

1）在所指零、部件的可见轮廓内画一圆点，自圆点画指引线（细实线）。指引线的另一端画出水平细实线或细实线圆，在水平线上或圆内注写序号，序号字高比装配图中所注尺寸数字高度大一号或两号，如图 9-11a 所示。

2）在指引线附近直接注写序号，序号字高比装配图中所注尺寸数字高度大两号，如图 9-11b 所示。

3）若所指部分是很薄的零件或涂黑的剖面，不便于画圆点，则可用箭头代替圆点并指向该部分轮廓，如图 9-11c 所示。

但应注意，同一张装配图中编注序号的形式应一致。

（3）指引线相互不能相交，也不要与剖面线平行。必要时可画成折线，但只允许转折一次，如图 9-11d 所示。对于一组紧固件及装配关系清楚的零件组，可采用公共指引线，如图 9-12 所示。

（4）序号一般应按顺时针或逆时针方向顺次排列整齐。如在整个图上无法连续排列时，应尽量在每个水平或垂直方向顺次排列。

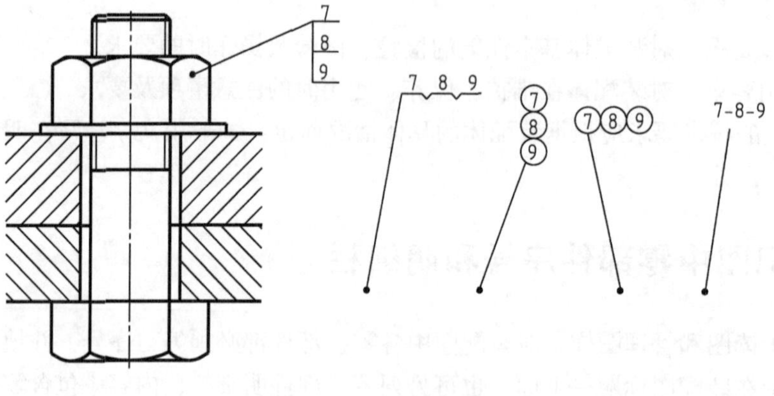

图 9-12 零件组的序号

9.4.2 明细栏

明细栏一般由序号、名称、数量、材料、备注等组成，格式可按 GB/T 10609.2—2009 的规定绘制。也可按实际需要设置内容。学生作业中的明细栏建议采用如图 9-3b 的格式。

明细栏一般配置在装配图中标题栏的上方，按由下而上的顺序填写。当位置不够时，可紧靠在标题栏的左边自下而上延伸。若不能在标题栏的上方配置明细栏时，可作为装配图的续页按 A4 幅面单独给出，但其顺序应是由上而下填写。

9.5 常见的装配结构

装配结构是否合理，不仅关系到部件或机器能否顺利装配以及装配后能否达到预期的性能要求，还关系到检修时拆装是否方便等问题。因此，在设计装配体时，应考虑零件之间装配结构的合理性，在装配图上要把这些结构正确地反映出来。下面简要介绍常见的装配结构。

9.5.1 接触面结构

（1）轴肩面与孔端面相接触时，应将孔边倒角或将轴的根部切槽，以保证轴肩面与孔的端面接触良好，如图9-13所示。

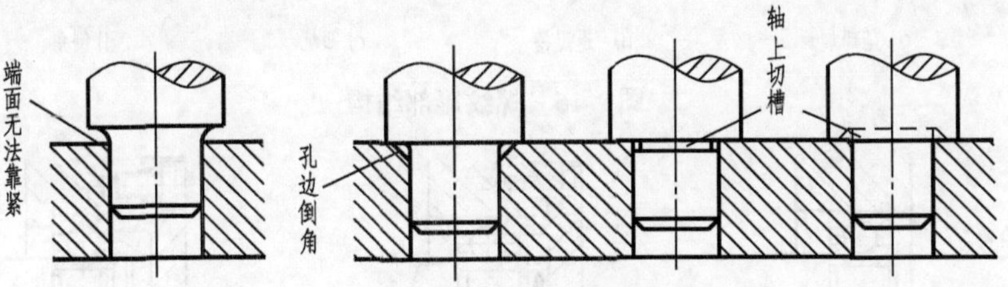

图9-13 轴肩面与孔端面相接触的画法

（2）两零件在同一方向上只能有一组面接触，应尽量避免两组面同时接触。这样，既可保证两面接触良好，又可降低加工要求，图9-14a、b所示是两平面接触的情况，图9-14c所示是两圆柱面接触的情况。

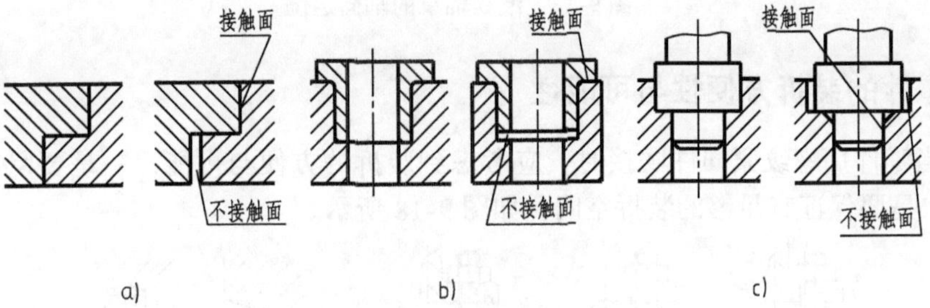

图9-14 接触面画法

（3）在螺栓等紧固件的连接中，被连接件的接触面应制成沉孔或凸台，且需经机械加工，以保证接触良好，如图9-15所示。

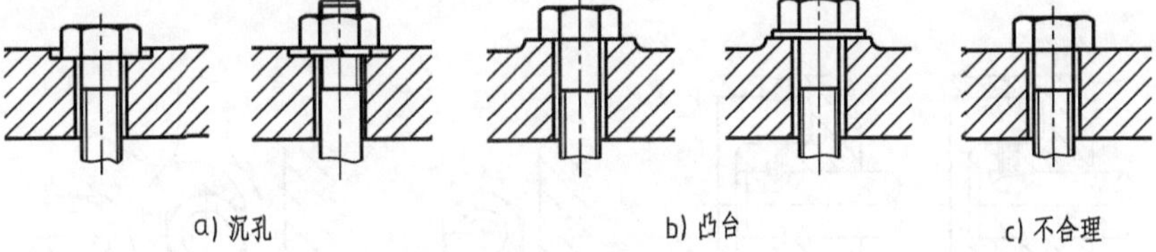

图9-15 紧固件与被联接件接触面的结构

9.5.2 零件的紧固与定位

（1）为了紧固零件，可适当加长螺纹尾部，在螺杆上加工出退刀槽，在螺孔上作出凹坑或倒角，如图9-16所示。

轮毂孔的轴向长度应大于与其配合轴段的长度，以便于紧固，如图9-16a所示。

（2）为防止滚动轴承在运动中产生轴向窜动，可根据需要，对内、外圈采用不同形式的固定，如图9-17所示。

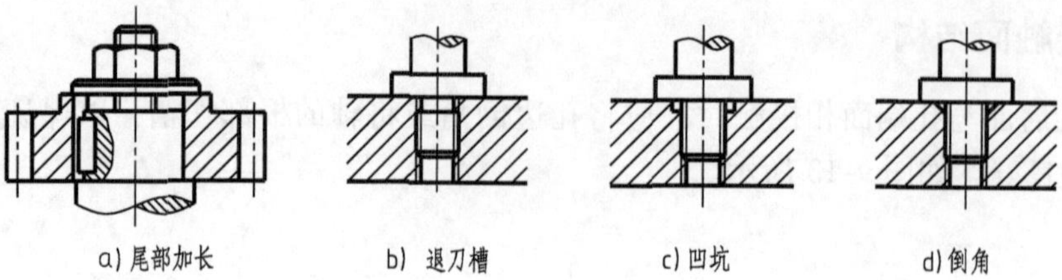

图 9-16　螺纹尾部结构

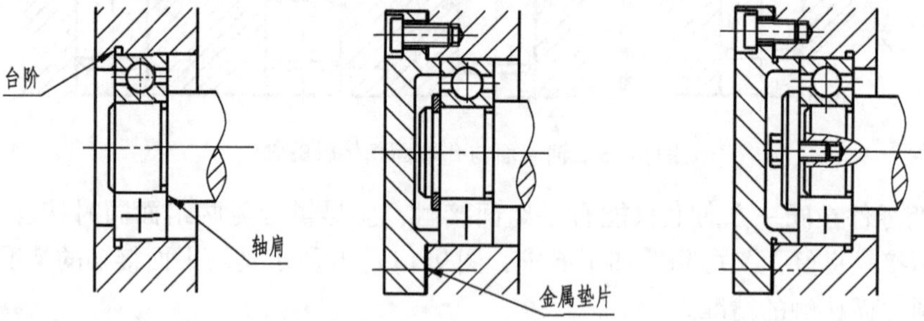

图 9-17　滚动轴承的轴向定位

9.5.3　零件的装拆方便性与可能性

（1）当零件用螺纹紧固件联接时，应考虑到装拆的方便与可能，一是要留出扳手的转动空间，二是要保证有足够的装拆空间，如图 9-18 所示。

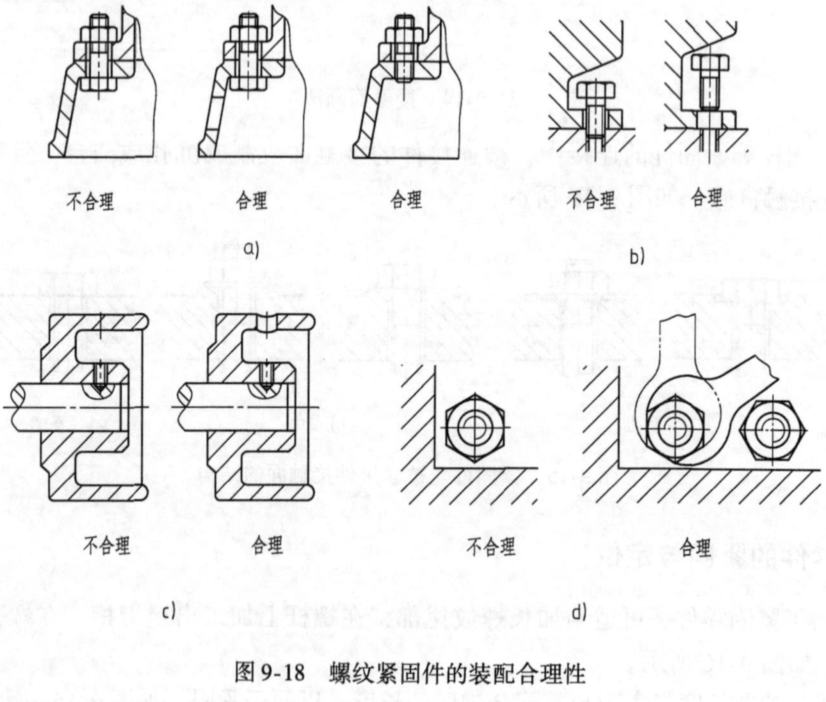

图 9-18　螺纹紧固件的装配合理性

（2）零件在用轴肩或孔肩定位时，应注意维修时装拆的方便与可能，如图 9-19 所示。

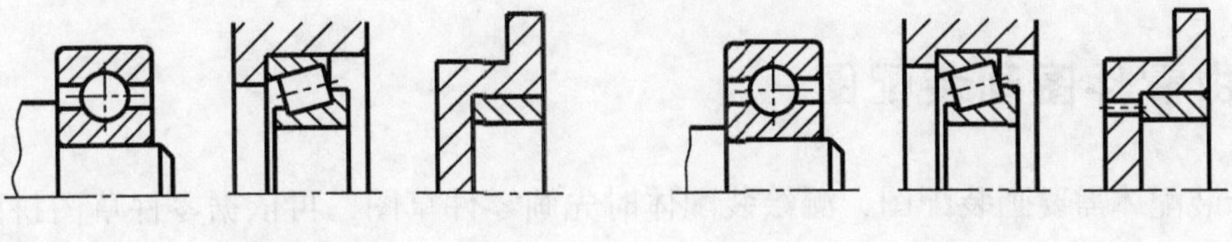

图 9-19 装配结构要便于拆卸

9.5.4 装配体上常见装置

1. 螺纹防松装置

为了避免紧固件由于机器工作时的振动而松开，常需采用螺纹防松装置。常用的防松装置如图 9-20 所示。

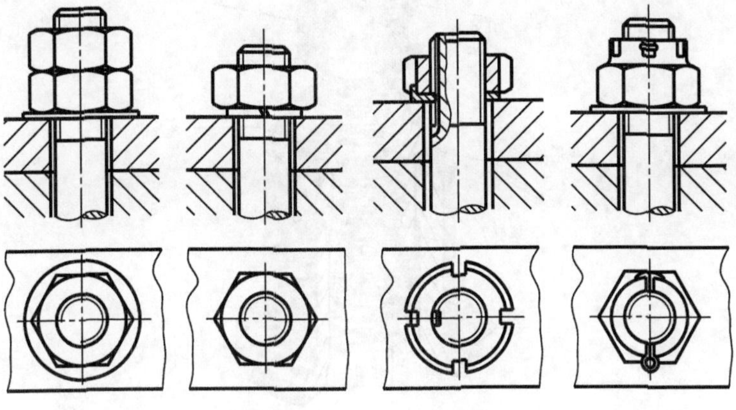

图 9-20 螺纹防松装置

2. 密封装置

为防止机器内部的液体或气体向外渗漏，同时也防止外界的灰尘、杂质等进入机器，常需采用密封装置。常用的密封装置如图 9-21 所示。

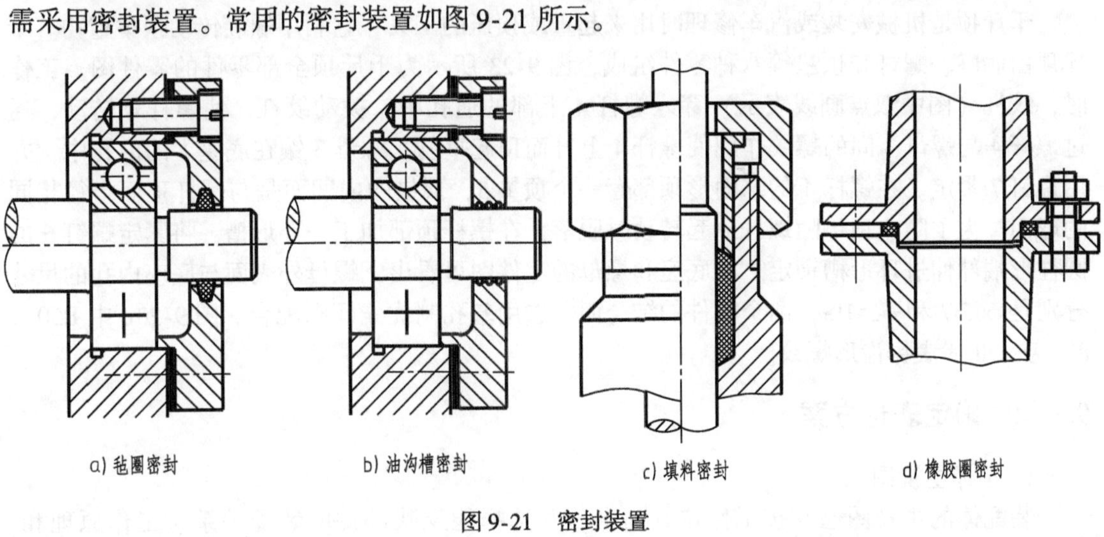

图 9-21 密封装置

9.6 由零件图画装配图

设计装配体需要画装配图，测绘装配体时先画零件草图，再依据零件草图拼画成装配图。画装配图与画零件图的方法步骤类似。画装配图之前，首先要了解装配体的工作原理和零件的种类，每个零件在装配体中的功能和零件间的装配关系等。然后看懂每个零件的零件图，想象出零件的结构形状。下面以图 9-22 所示的千斤顶为例，说明由零件图拼画装配图的方法和步骤。

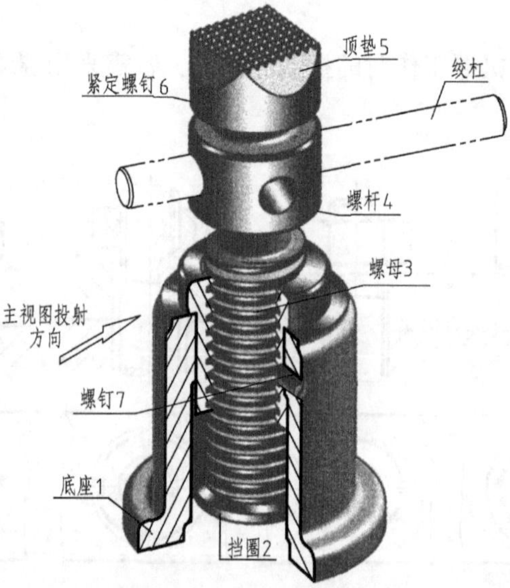

图 9-22　千斤顶轴测图

9.6.1 了解装配体及阅读零件图

千斤顶是机械安装或汽车修理时用来起重或顶压的工具，它利用螺旋传动顶举重物。千斤顶由底座、螺杆和顶垫等八种零件组成，图 9-23 所示为千斤顶全部零件的零件图。工作时，绞杠（图中双点画线表示）穿入螺杆 4 上部的通孔中，拨动绞杠，使螺杆 4 转动，通过螺杆 4 与螺母 3 间的螺纹作用使螺杆 4 上升而顶起重物。螺母 3 镶在底座 1 的内孔中，并用螺钉 7 紧定。在螺杆 4 的球面形顶部套一个顶垫 5，顶垫的内凹面是与螺杆顶面半径相同的球面。为了防止顶垫随螺杆一起转动时脱落，在螺杆顶部加工一环形槽，将紧定螺钉 6 的圆柱形端部伸进环形槽锁定。从底座和螺母的零件图可看出，螺母外表面与底座内孔的尺寸分别是 ϕ65f7 和 ϕ65H8，两个零件的结合面是选用基孔制优先间隙配合。图 9-23c 中 B50 × 8 一项，B 代表锯齿形螺纹。

9.6.2 确定表达方案

1. 选择主视图

装配体的主视图通常按工作位置画出，并选择能反映部件的装配关系、工作原理和

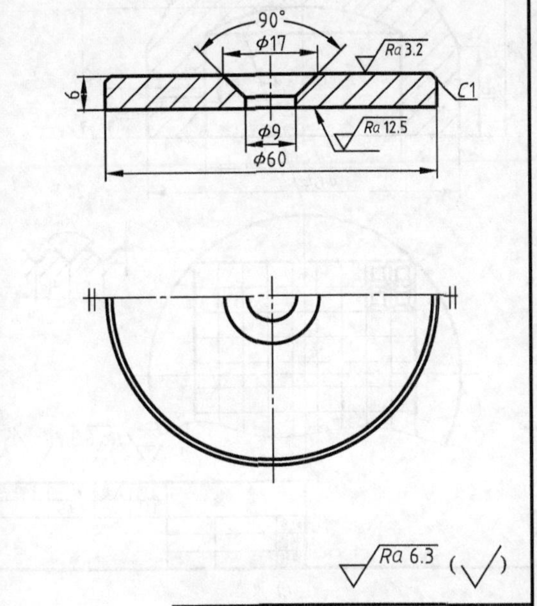

挡 圈		比例	数量	材 料	图 号
		1:1		Q235A	2
班级					
制图					
审核					

a) 挡圈

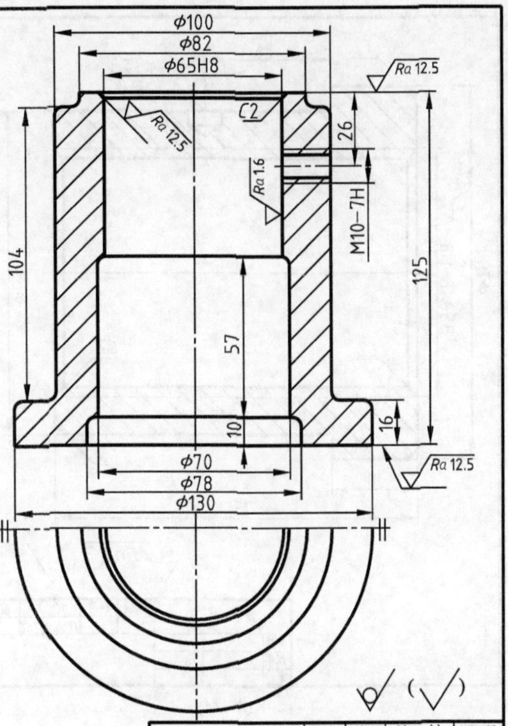

技术要求

未注圆角R3～R5。

底 座		比例	数量	材 料	图 号
		1:2		HT200	1
班级					
制图					
审核					

b) 底座

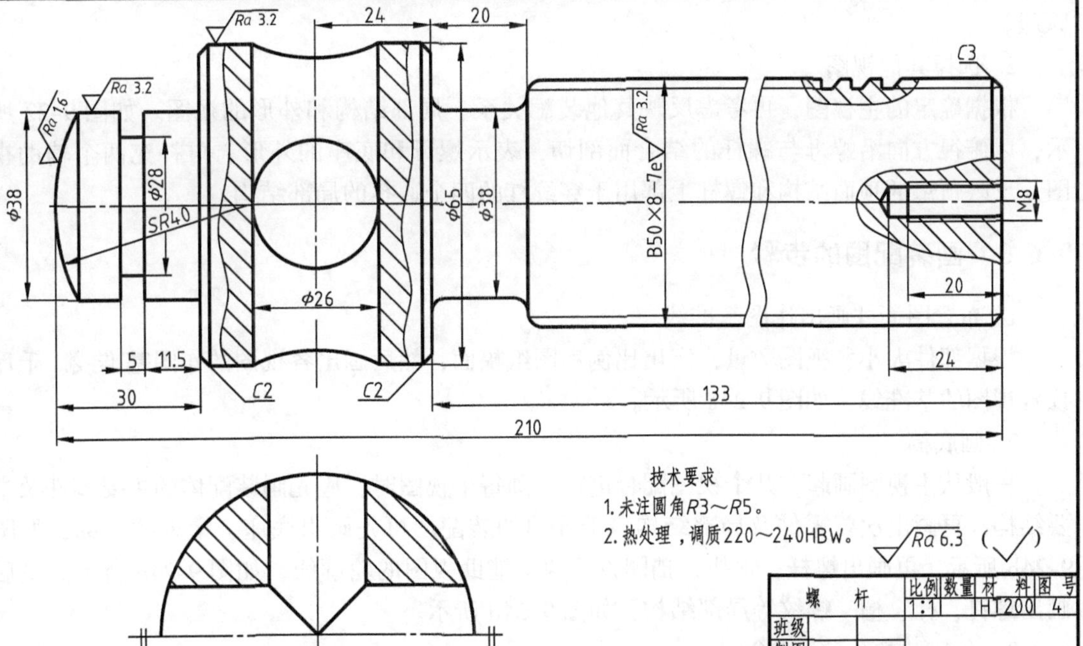

技术要求

1. 未注圆角R3～R5。

2. 热处理，调质220～240HBW。

Ra 6.3 (✓)

螺 杆		比例	数量	材 料	图 号
		1:1		HT200	4
班级					
制图					
审核					

c) 螺杆

图9-23 千斤顶零件图

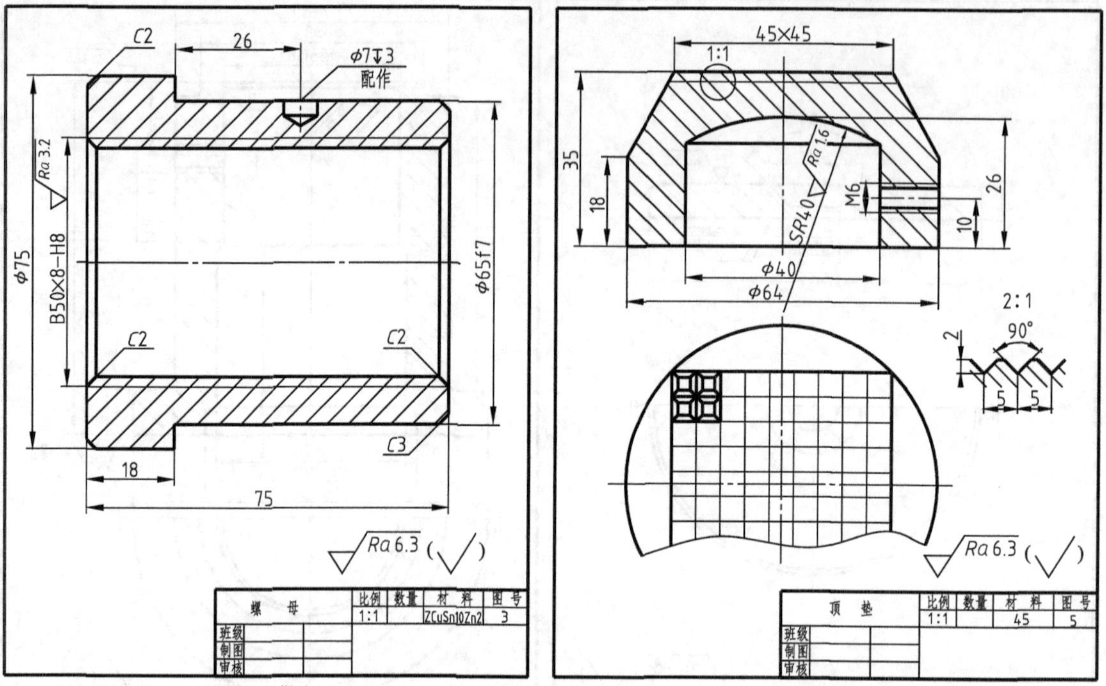

d) 螺母　　e) 顶垫

图 9-23　千斤顶零件图（续）

主要零件的结构特点的方向作为主视图的投射方向。对图 9-22 所示千斤顶，按箭头所示作为主视图的投射方向，并作剖视，可清楚表达各主要零件的结构形状、装配关系及工作原理。

2. 选择其他视图

根据确定的主视图，再考虑反映其他装配关系、局部结构和外形的视图。如图 9-22 所示，以俯视方向沿螺母与螺杆的结合面剖切，表示螺母和底座的外形，再补充两个辅助视图，反映顶垫的顶面结构和螺杆上部用于穿绞杠的四个通孔的局部结构。

9.6.3　画装配图的步骤

1. 布置图面并画出作图基准线

根据部件大小、视图数量，定出比例和图纸幅面，然后画出各视图的作图基准线。千斤顶各视图的基准线，如图 9-24a 所示。

2. 画底稿

一般从主视图画起，几个视图配合进行。画每个视图时，应先画装配体的主要零件及主要结构，再画出次要零件及局部结构，千斤顶的装配图可先画出底座、螺母的轮廓，如图 9-24b 所示。再画出螺杆、顶垫、挡圈以及两个辅助视图的轮廓线，如图 9-24c 所示。最后画出螺钉、孔、槽、螺纹等局部结构，如图 9-24d 所示。

3. 检查、描深、完成全图

检查底稿后，画剖面线，标注尺寸，编排零件序号，填写标题栏、明细栏和技术要求。最后将各类图线按规定描深。图 9-25 所示为千斤顶装配图。

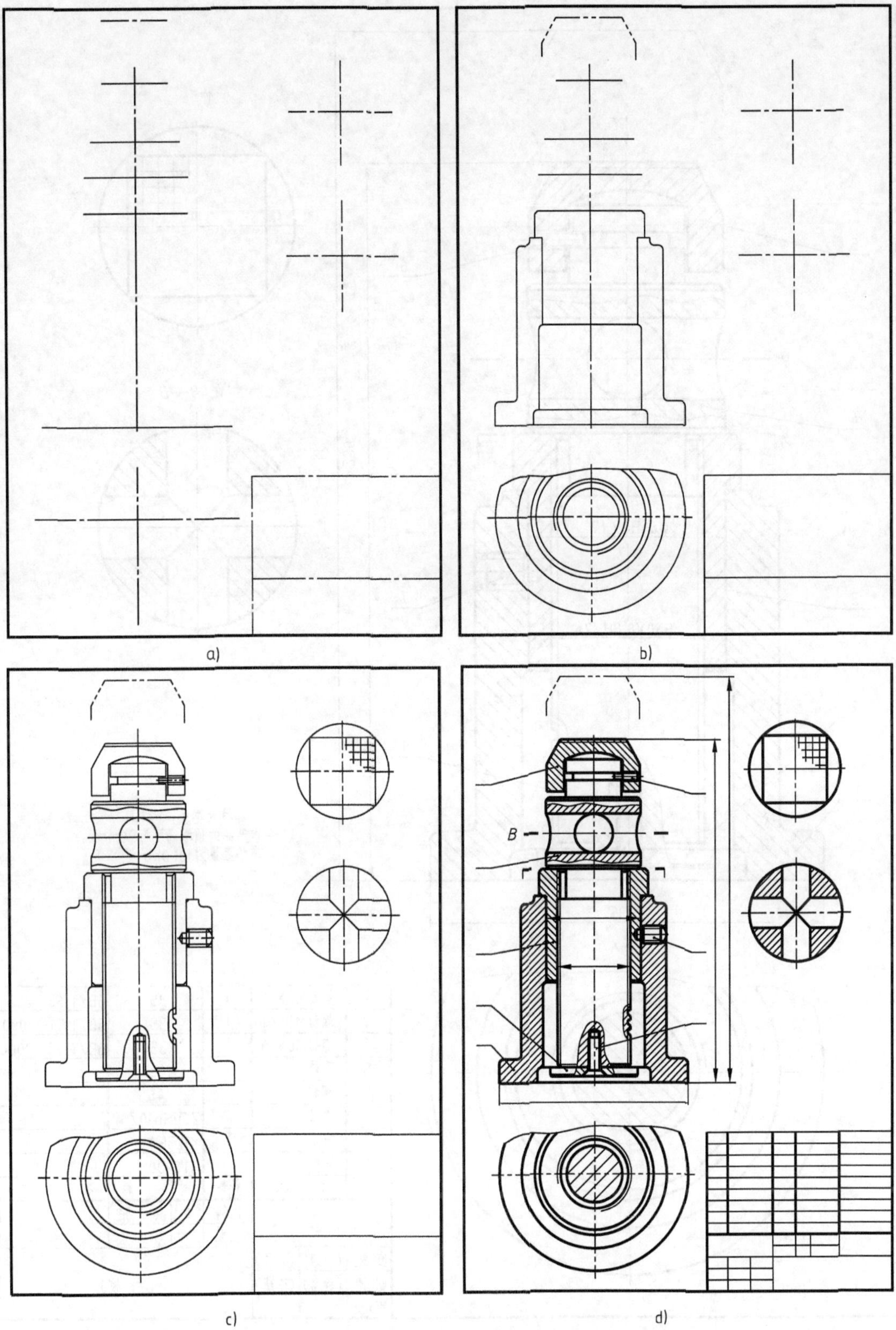

图 9-24 千斤顶装配图画图步骤

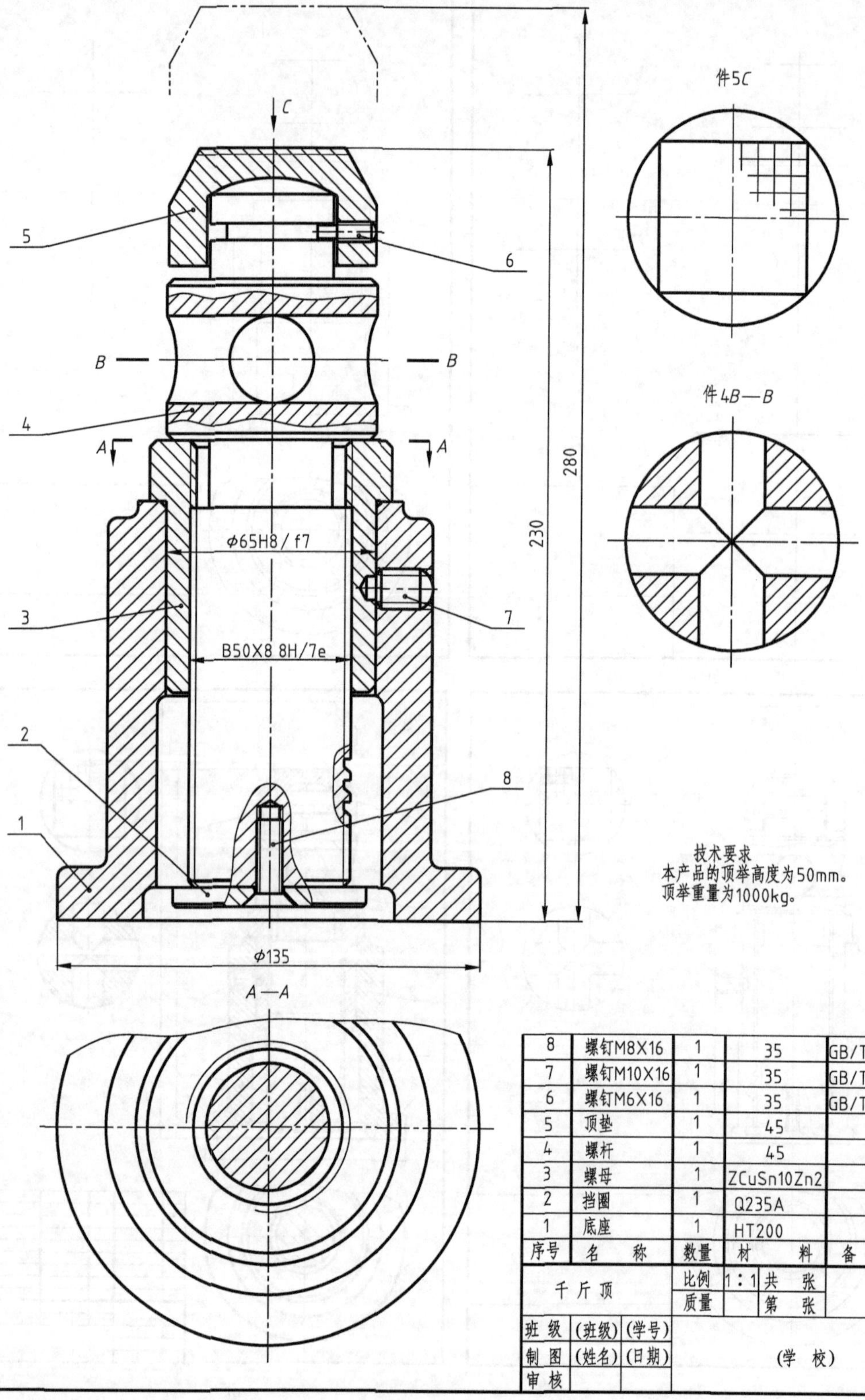

技术要求
本产品的顶举高度为50mm。
顶举重量为1000kg。

序号	名称	数量	材料	备注
8	螺钉M8X16	1	35	GB/T 68—2000
7	螺钉M10X16	1	35	GB/T 71—2000
6	螺钉M6X16	1	35	GB/T 75—2000
5	顶垫	1	45	
4	螺杆	1	45	
3	螺母	1	ZCuSn10Zn2	
2	挡圈	1	Q235A	
1	底座	1	HT200	

千斤顶		比例	1:1	共 张	
		质量		第 张	
班级	(班级)	(学号)	(学校)		
制图	(姓名)	(日期)			
审核					

图9-25 千斤顶装配图

9.7 读装配图和由装配图拆画零件图

9.7.1 读装配图的方法和步骤

在生产过程中，经常要读装配图。例如在设计中，需要依据装配图来设计零件并画出零件图；在装配机器时，要根据装配图来组装部件或机器；在设备维修时，需参照装配图进行拆卸和重装；在技术交流时，需参阅装配图来了解装配体的具体情况等。因此，工程技术人员必须具备读装配图的能力。

1. 读装配图的要求

读装配图的目的是搞清装配体的性能、工作原理、装配关系和各零件的主要结构、作用以及拆装顺序等。

2. 读装配图的一般方法与步骤

图 9-26 所示为机用虎钳装配图，下面以该图为例，说明看装配图的一般方法与步骤。

（1）概括了解　根据标题栏，了解装配体的名称、大致用途；由明细栏了解组成该装配体的零件名称、数量、标准件的规格等，并大致了解装配体的复杂程度；由总体尺寸，了解装配体的大小和所占空间。

图 9-26 所示机用虎钳是机床上一种通用夹紧装置，该虎钳由 11 种零件组成，属于简单装配体。

（2）分析视图　了解各视图、剖视图、断面图的数量，各自的表示意图和它们之间的相互关系，找出视图名称、剖切位置、投影方向，为下一步深入读图作准备。

该虎钳装配图共有五个图形，先从主视图入手，弄清它们之间的投影关系和每个图形所表达的内容。

主视图符合其工作位置，是通过虎钳前后对称面剖切画出的全剖视图，表达了螺杆 6 的装配干线上各零件的装配关系、连接方式和传动关系，同时表达了螺钉 4、螺母 5 和活动钳身 3 的结构以及虎钳的工作原理。

俯视图主要反映机用虎钳的外形，并用局部剖视图表达了护口板 2 和固定钳身 1 的连接方式。

左视图采用半剖视图，剖切平面通过两个安装孔，除了表达固定钳身 1 的外形外，主要补充表达了螺母 5 与活动钳身 3 的连接关系。

局部放大图反映了螺杆 6 的牙型。

移出断面图表达了螺杆头部与扳手（未画出）相接的形状。

（3）分析传动路线及工作原理　一般情况下，直接从图样上分析装配体的传动路线及工作原理。当部件比较复杂时，需参考产品说明书和有关资料。

如图 9-27 所示，旋动螺杆 6，螺母 5 沿螺杆轴线作直线运动，螺母 5 带动活动钳身 3、左护口板 2 移动，从而实现夹紧或放松工件。

（4）分析装配关系　分析清楚零件之间的配合关系、连接方式和接触情况，能够进一步地了解部件整体结构。

从图 9-26 中可以看出，螺杆 6 装在固定钳身 1 的孔中，通过垫圈 11、圆环 8 和销 7 使

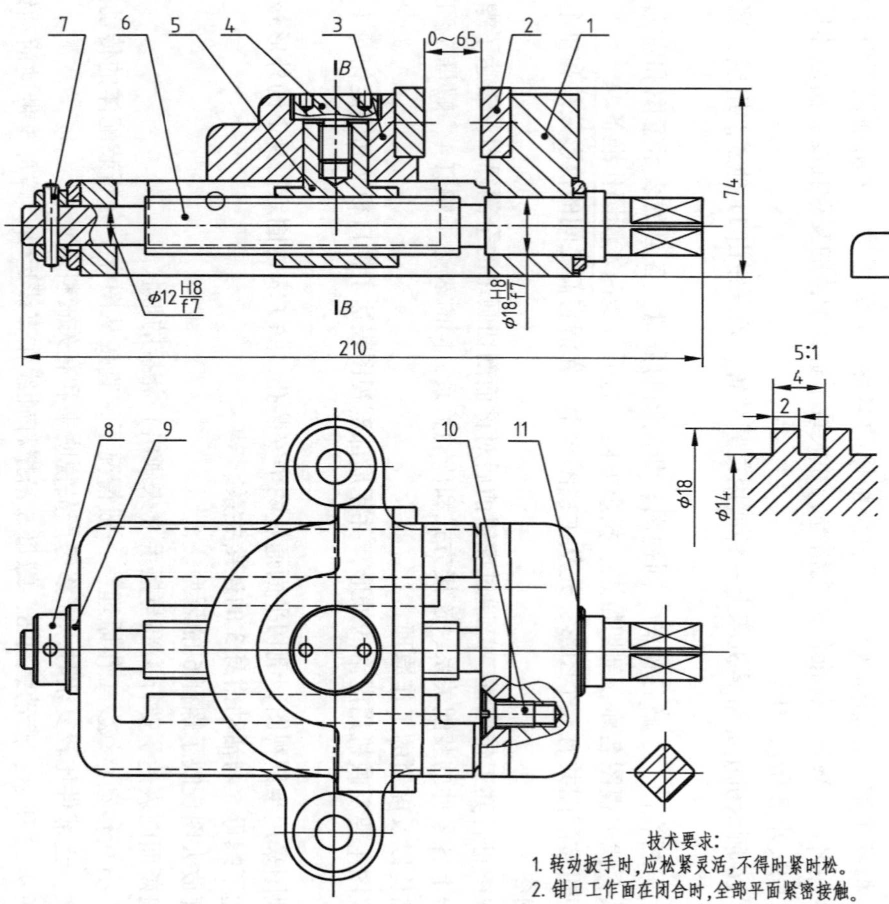

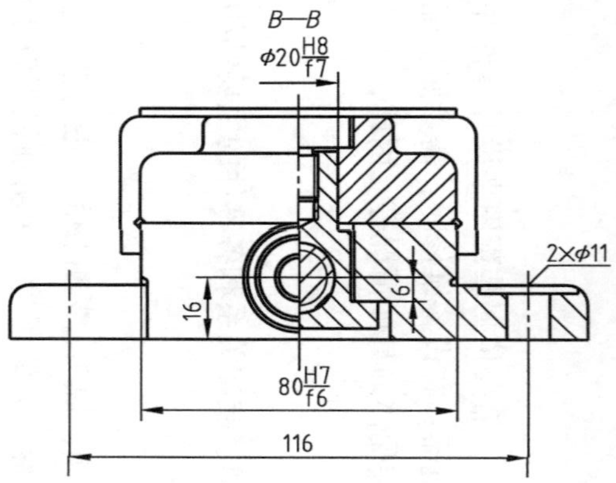

技术要求:
1. 转动扳手时,应松紧灵活,不得时紧时松。
2. 钳口工作面在闭合时,全部平面紧密接触。

序号	名称	数量	材料	备注
11	垫圈	1	Q235	
10	螺钉M8×16	4		GB/T 68—2000
9	垫圈12—140HV	1		GB/T 97.2—2002
8	圆环	1	Q235	
7	圆锥销A4×26	1		GB/T 117—2000
6	螺杆	1	45	
5	螺母	1	35	
4	螺钉	1	Q235	
3	活动钳身	1	HT200	
2	护口板	1	45	
1	固定钳身	1	HT200	

机用虎钳		比例	1:1	共 张	(图号)
		质量		第 张	
班级	(班级)	(学号)	(学校)		
制图	(姓名)	(日期)			
审核					

图 9-26 机用虎钳装配图

螺杆 6 只能旋转但不能沿轴向运动。螺母 5 装在活动钳身 3 的孔中并通过螺钉 4 轻压在固定钳身 1 的下部槽上。活动钳身 3 上的宽 80mm 的通槽与固定钳身 1 上部两侧面配合，以保证活动钳身移动的准确性。活动钳身和固定钳身在钳口部位均用两个螺钉 10 联接护口板，护口板上制有牙纹槽，用以防止夹持工件时打滑。至此，虎钳的工作原理和各零件间的装配关系更加清楚。

(5) 分析零件结构形状　应先在各视图中分离出该零件的范围和对应关系，利用剖面线的倾斜方向和间距、零件的编号、装配图的规定画法和特殊表达方法（如实心轴不剖的规定等），以及借助三角板和分规等查找其投影关系。以主视图为中心，按照先易后难的顺序，先看懂连接件、通用件，再读一般零件。如先读懂螺杆及其两端相关的各零件，再读螺母、螺钉，最后读懂活动钳身及固定钳身。

(6) 分析尺寸　分析装配图每一个尺寸的作用（即五类尺寸），搞清部件的尺寸规格、零件间的配合性质和外形大小等。

如图中 0～65 为性能尺寸，表示钳口的张开度。ϕ12H8/f7 和 ϕ18H8/f7 是螺杆 6 与固定钳身 1 的配合尺寸；80H7/f6 是活动钳身 3 与固定钳身 1 的配合尺寸；ϕ20H8/f7 是螺母 5 与活动钳身 3 的配合尺寸。2×ϕ11 和 116 为安装尺寸。210、74 为总体尺寸。

(7) 综合归纳　在上述分析的基础上，进一步分析装配体的工作原理、装配关系、零件结构形状和作用，以及装拆顺序、安装方法。

图 9-27 所示为机用虎钳轴测图。

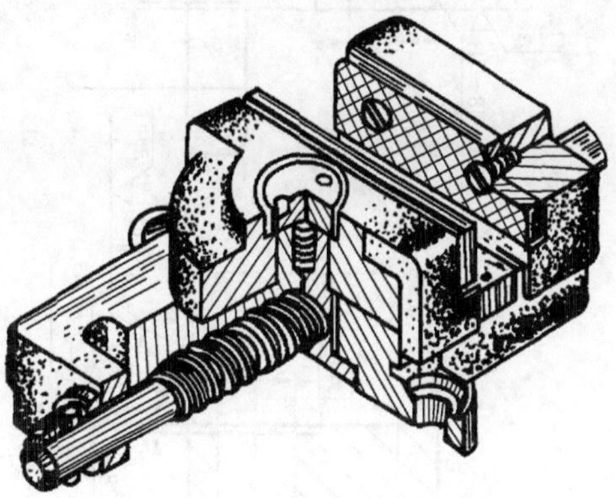

图 9-27　机用虎钳轴测图

9.7.2　由装配图拆画零件图

在设计过程中，根据装配体的使用要求、工作性能先画出装配图，再根据装配图设计零件。由装配图拆画出零件图，简称“拆图”。拆图的过程，也是继续设计零件的过程。拆图时，通常先画主要零件，然后根据装配关系逐一拆画有关零件，以保证各零件的形状、尺寸等能协调一致。由装配图拆画零件图的步骤如下。

1. 分析零件

拆图前，必须认真阅读装配图。全面了解设计意图，分析清楚装配关系、技术要求和各零件的主要结构。如在装配图中，对某些零件的次要结构，并不一定都能表达完全，在拆画零件图时，应根据零件功用补充、完善零件的结构形状。在装配图上，零件的细小工艺结构如倒角、倒圆、起模斜度、退刀槽等等往往被省略，拆图时，应将这些结构补全并标准化。

2. 确定零件的表达方案

拆画零件图时，零件的表达方案应根据零件本身的结构特点重新考虑，不可机械地照抄装配图。如装配体中的轴套类零件，在装配图中可能有各种位置，但画零件图时，通常以轴线水平放置，长度方向为画主视图的方向，以便符合加工位置，便于看图。

3. 零件图上的尺寸标注

由于装配图上的尺寸很少，拆画零件时必须补全尺寸，零件图上的尺寸可用以下方法确定：

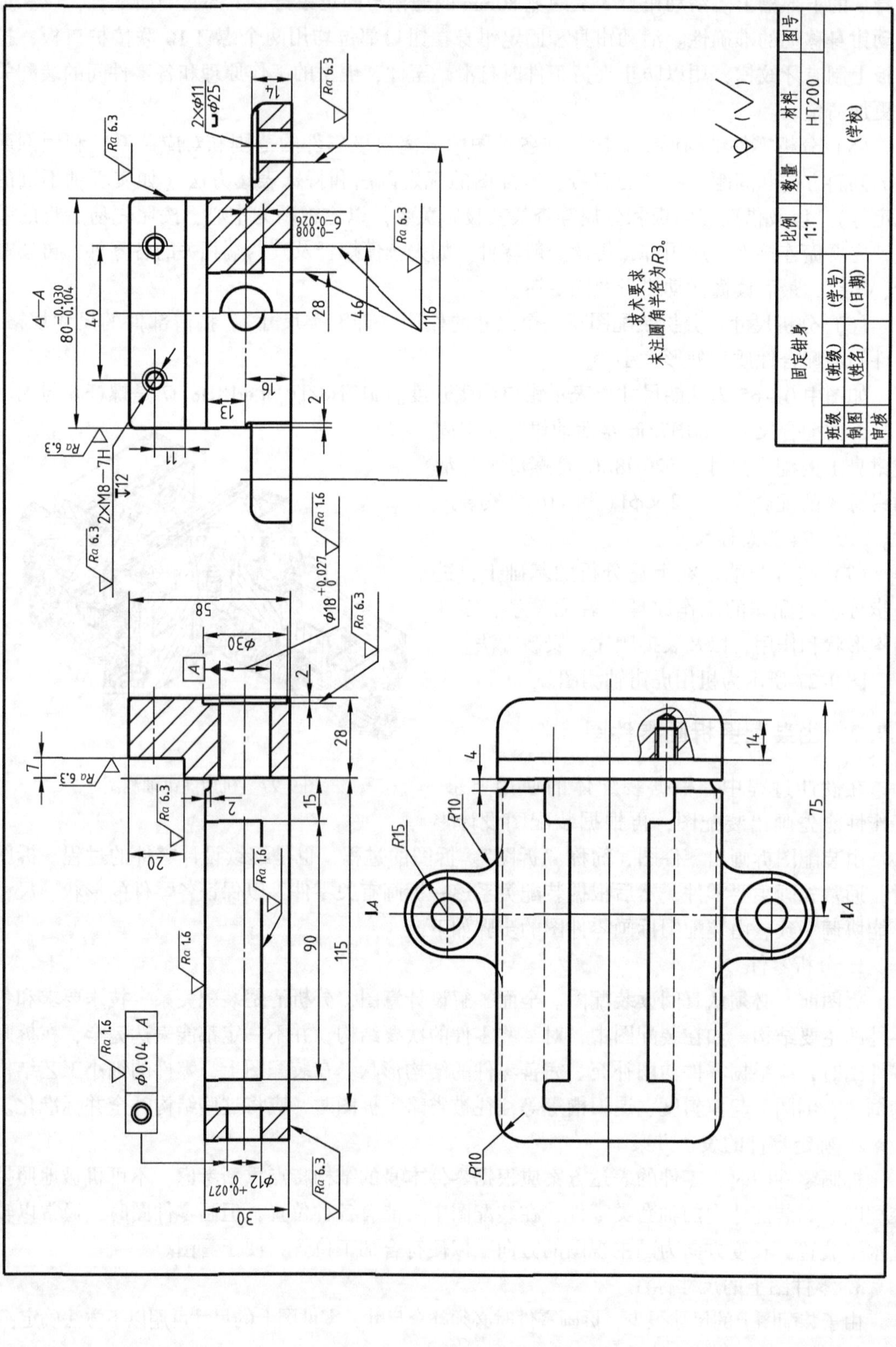

图 9-28 固定钳身零件图

（1）直接抄注装配图上已标出的尺寸 装配图上已注出的零件的尺寸都可以直接抄录到零件图中；装配图上用配合代号注出的尺寸，需查出偏差数值，再注在相应的零件图上。

（2）查手册确定某些尺寸 对零件上的标准结构，如螺栓通孔、销孔、倒角、键槽、退刀槽等，均应从有关标准中查得。

（3）计算某些尺寸数值 某些尺寸可根据装配图所给定的尺寸通过计算而定，如齿轮的分度圆、齿顶圆直径等。

（4）在装配图上按比例量取尺寸 零件上大部分不重要或非配合的尺寸，一般都可以按比例在装配图上直接量取，并将量得的数值取整。

在标注过程中，首先要注意对有装配关系的尺寸协调一致；其次，每个零件应根据它的设计和加工要求选择好尺寸基准，将尺寸注得正确、完整、清晰、合理。

4. 零件图上的技术要求

零件各表面的表面粗糙度，应根据该表面的作用和要求来确定。有配合要求的表面要选择适当的精度及配合类别。根据零件的作用，还可加注其他必要的要求和说明。通常技术要求制定的方法是查阅有关的手册或参考同类型产品的图样加以比较来确定。

图9-28所示为机用虎钳固定钳身的零件图。

9.8 装配体测绘

装配体测绘是根据现有的装配体和零件进行测量，并整理画出零件工作图和装配图的过程。装配体测绘的步骤通常是：了解测绘对象和拆卸装配体；画装配示意图；画零件草图；画装配图；画零件工作图。现以齿轮油泵为例，介绍装配体测绘的方法与步骤。

9.8.1 分析测绘对象

通过观察实物，了解装配体的用途、性能、工作原理、装配关系和结构特点。

如齿轮油泵是机器润滑、供油系统中的一个常用部件，主要由泵体，左、右端盖，运动零件（传动齿轮轴、齿轮轴等），密封零件以及标准件等构成。图9-29所示为齿轮油泵的轴测图。

齿轮油泵的工作原理如图9-30所示，当一对齿轮在泵体内作啮合传动时，啮合区右边轮齿逐渐脱开啮合，空腔体积增大而压力降低，油池内的油在大气压力作用下通过进油口被吸入泵内；而啮合区左边轮齿逐渐进入啮合，空腔体积减小而压力加大，随着齿轮的转动而被齿槽带至左边的油就从出油口排出，经管道送至机器中需要润滑的部位。

凡属泵、阀类部件都要考虑防漏问题。为此，在泵体与泵盖的结合处加入了垫片5，并在传动齿轮轴3的伸出端用填料8、轴套9、压紧螺母10加以密封，如图9-29、图9-31所示。

9.8.2 绘制装配示意图

在初步了解装配体功能的基础上，按一定顺序拆卸零件，通过拆卸可以进一步了解装配

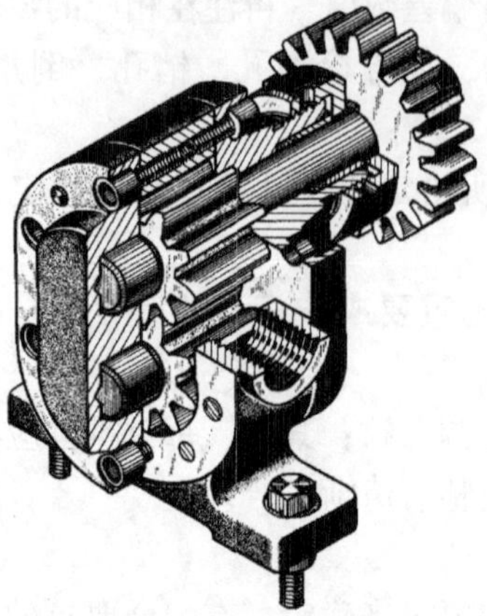

图 9-29　齿轮油泵轴测图

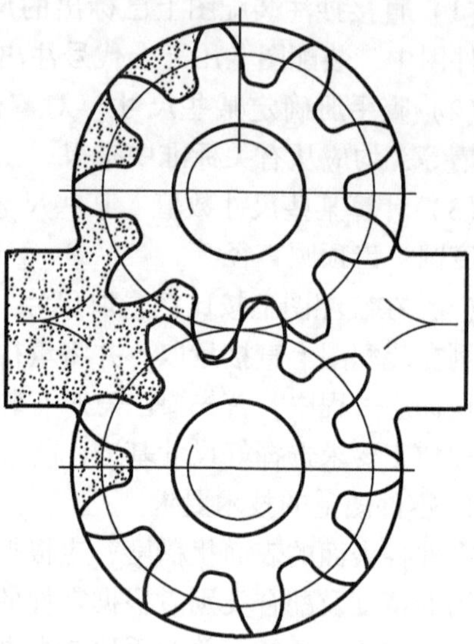

图 9-30　齿轮油泵工作原理

体的结构、工作原理及装配关系。对零件较多的装配体，为便于拆卸后重装和为画装配图提供参考，在拆卸的过程中，应同时画出装配示意图。

在拆卸零件时，为防止丢失和混淆，应将零件进行编号；对不便拆卸的联接、过盈配合的零件尽量不拆，以免损坏零件或影响装配精度；对标准件和非标准件最好分类保管。

装配示意图是用规定符号和较形象的图线绘制的图样，是一种表意性的图示方法，用以记录部件中各零件间的相互位置、连接关系和配合性质，注明零件的名称、数量、编号等。

装配示意图的画法：对一般零件可按其外形和结构特点形象地画出零件的大致轮廓。通常从主要零件和较大的零件入手，按装配顺序和零件的位置逐个画出。画示意图时，可将零件视作透明体，表示可不受前后层次的限制，并尽量把所有零件都集中在一个视图上表达出来，必要时才画出第二个图（应与第一个视图保持投影关系）。

齿轮油泵的装配示意图，如图 9-31 所示。

9.8.3　画零件草图

组成装配体的每一个零件（除标准件外）都应画出草图，零件草图应具备零件图的所有内容，如图 9-32 所示为齿轮油泵右端盖的零件草图。

画零件草图时，应先画视图，再测量标注尺寸。标注尺寸时，尽可能注意到零件间尺寸的协调。标准件可不画草图，但应测量出其规格尺寸，并与标准手册进行核对。

9.8.4　画装配图

根据装配示意图和零件草图，画出装配图。画装配图的过程，是一次检验、校对零件形状、尺寸的过程。草图中的形状和尺寸如有错误或不妥之处，应及时改正，保证使零件之间的装配关系能在装配图上正确地反映出来。

画装配图的方法和步骤，与由零件图画装配图相同，已有详细叙述，这里不再重复。

齿轮油泵装配图，如图 9-33 所示。

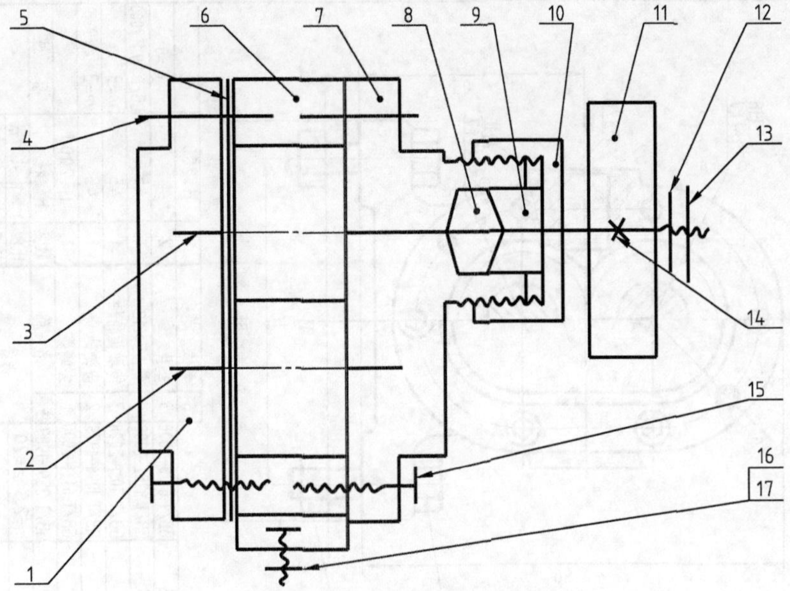

图 9-31 齿轮油泵装配示意图

1—左端盖 2—齿轮轴 3—传动齿轮轴 4—销 5—垫片 6—泵体 7—右端盖 8—填料 9—轴套 10—压紧螺母 11—传动齿轮 12—垫圈 13—螺母 14—键 15—螺钉 16—螺栓 17—螺母

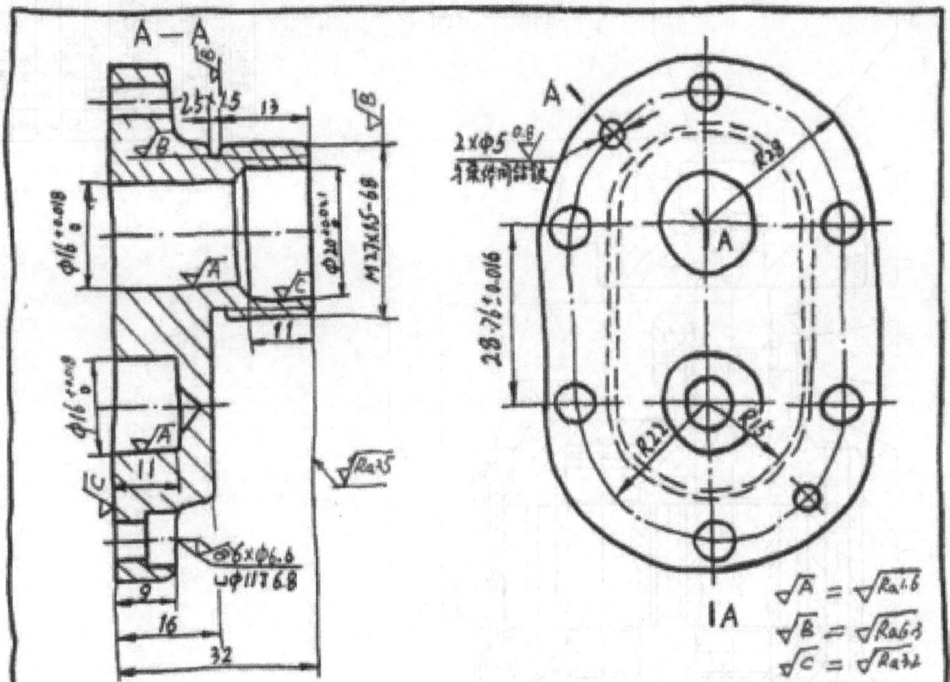

图 9-32 右端盖零件草图

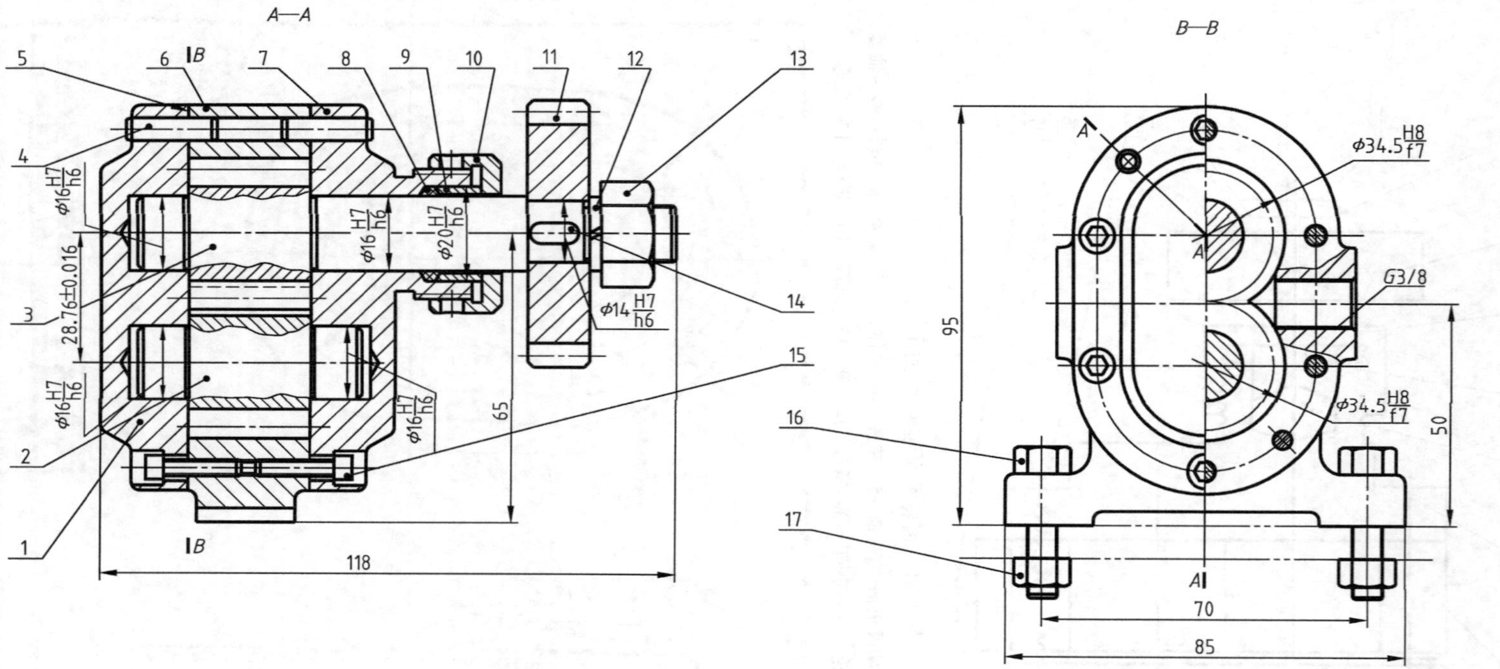

技术要求

1.齿轮安装后，用手转动传动齿轮时，应灵活旋转。

2.两齿轮轮齿的啮合面占齿长的3/4以上。

序号	名称	数量	材料	备注
17	螺母M6	2	Q235	GB/T 6170—2000
16	螺栓M6X30	2	Q235	GB/T 5782—2000
15	螺钉M6X16	12	35	GB/T 70.1—2008
14	键5X10	1	45	GB/T 1096—1979
13	螺母M12X1.5	1	35	GB/T 6171—2000
12	垫圈 12	1	65Mn	GB/T 859—1987
11	传动齿轮	1	45	m=2.5 z=20
10	压紧螺母	1	35	
9	轴套	1	ZCuSn5Pb5Zn5	
8	密封圈	1	橡胶	
7	右端盖	1	HT200	
6	泵体	1	HT200	
5	垫片	2	纸	δ=1
4	销A5X18	4	45	GB/T 119.1—2000
3	传动齿轮轴	1	45	m=3 z=9
2	齿轮轴	1	45	m=3 z=9
1	左端盖	1	HT2000	

齿轮油泵		比例	1:1	共 张
		质量	第 张	03
班级	(班级)	(学号)	(学 校)	
制图	(姓名)	(日期)		
审核				

图 9-33 齿轮油泵装配图

9.8.5 画零件工作图

根据装配图和零件草图绘制出每个非标准零件的零件工作图。画零件工作图不是对零件草图的简单抄画，而是根据装配图，以零件草图为基础，对零件草图的视图表达、尺寸标注等不合理或不够完善之处予以必要的修正。

测绘零、部件时应注意以下问题：

（1）为了不损坏零件，应先研究拆装顺序后再动手拆装。零件拆散后，按拆卸顺序将零件编号，妥善保管以防丢失。

（2）对零件上的制造缺陷如砂眼、缩孔、裂纹以及破旧磨损等，画草图时不应画出。零件上的工艺结构如倒角、退刀槽、越程槽等，应查有关标准确定。

（3）测量尺寸要根据零件的精度要求选用相应的量具。对非主要尺寸，测量后应尽量圆整为整数。对两零件的配合尺寸和互相有联系的尺寸，应在测量后同时填入相应零件的草图中，以避免错漏。

（4）零件的技术要求如表面粗糙度、尺寸公差和几何公差、表面处理以及材料牌号等，可根据零件的作用、工作要求等，参照同类产品的图样和资料类比确定。

附　录

附表 1　普通螺纹（摘自 GB/T 196—2003）　　（单位：mm）

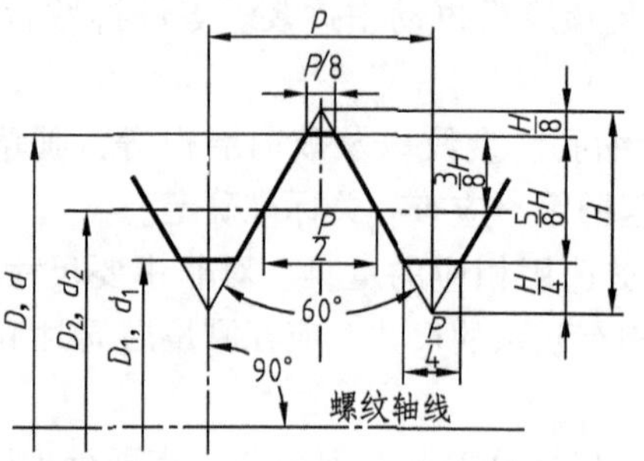

D——内螺纹大径
d——外螺纹大径
D_2——内螺纹中径
d_2——外螺纹中径
D_1——内螺纹小径
d_1——外螺纹小径
P——螺距
H——原始三角形高度

标记示例：
M10-6g（粗牙普通外螺纹、公称直径 $d=10$mm、右旋、中径及大径公差带均为 6g、中等旋合长度）
M10×1LH-6H（细牙普通内螺纹、公称直径 $D=10$mm、螺距 $P=1$mm、左旋、中径及小径公差带均为 6H、中等旋合长度）

公称直径 *D*、*d*			螺距 *P*		粗牙螺纹小径 D_1、d_1
第一系列	第二系列	第三系列	粗牙	细牙	
4	—	—	0.7	0.5	3.242
5	—	—	0.8		4.134
6	—	—	1	0.75、(0.5)	4.917
—	—	7			5.917
8	—	—	1.25	1、0.75、(0.5)	6.647
10	—	—	1.5	1.25、1、0.75、(0.5)	8.376
12	—	—	1.75	1.5、1.25、1、(0.75)、(0.5)	10.106
—	14	—	2		11.835
—	—	15	—	1.5、(1)	*13.376
16	—	—	2	1.5、1、(0.75)、(0.5)	13.835
—	18	—	2.5	2、1.5、1、(0.75)、(0.5)	15.294
20	—	—			17.294
—	22	—			19.294
24	—	—	3	2、1.5、1、(0.75)	20.752
—	—	25	—	2、1.5、(1)	*22.835
—	27	—	3	2、1.5、1、(0.75)	23.752
30	—	—	3.5	(3)、2、1.5、1、(0.75)	26.211
—	33	—		(3)、2、1.5、(1)、(0.75)	29.211
—	—	35	—	1.5	*33.376
36	—	—	4	3、2、1.5、(1)	31.670
—	39	—			34.670

注：1. 优先选用第一系列，其次是第二系列，第三系列尽可能不用。
2. 括号内尺寸尽可能不用。
3. M14×1.25 仅用于火花塞；M35×1.5 仅用于滚动轴承锁紧螺母。
4. 带 * 号的为细牙参数，是对应于第一种细牙螺距的小径尺寸。

附表 2　55°密封与非密封管螺纹（摘自 GB/T 7306—2000、GB/T 7307—2001）

（单位：mm）

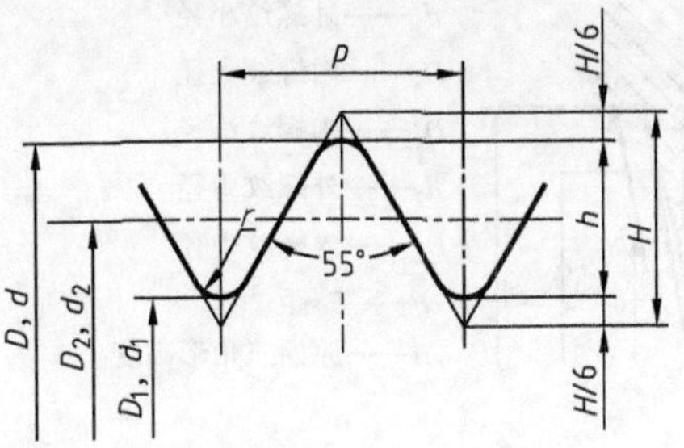

h——牙稿
r——圆弧半径
其余参数含义同附表 1

标记示例：
G1½-LH（尺寸代号 1½，左旋内螺纹）
G1¼-A（尺寸代号 1¼，A 级右旋外螺纹）
G2B-L（尺寸代号 2，B 级左旋外螺纹）

尺寸代号	基面上的直径（GB/T 7306）基本直径（GB/T 7307）			螺距 P /mm	牙高 h /mm	圆弧半径 r /mm	每 25.4mm 内的牙数 n	有效螺纹长度/mm（GB/T 7306）	基准基本长度/mm（GB/T 7306）
	大径 $d=D$ /mm	中径 $d_2=D_2$ /mm	小径 $d_1=D_1$ /mm						
1/16	7.723	7.142	6.561	0.907	0.581	0.125	28	6.5	4.0
1/8	9.728	9.147	8.566						
1/4	13.157	12.301	11.445	1.337	0.856	0.184	19	9.7	6.0
3/8	16.662	15.806	14.950					10.1	6.4
1/2	20.955	19.793	18.631	1.814	1.162	0.249	14	13.2	8.2
3/4	26.441	25.279	24.117					14.5	9.5
1	33.249	31.770	30.291	2.309	1.479	0.317	11	16.8	10.4
1¼	41.910	40.431	28.952					19.1	12.7
1½	47.803	46.324	44.845						
2	59.614	58.135	56.656					23.4	15.9
2½	75.184	73.705	72.226					26.7	17.5
3	87.884	86.405	84.926					29.8	20.6
4	113.030	111.551	110.072					35.8	25.4
5	138.430	136.951	135.472					40.1	28.6
6	163.830	162.351	160.872						

附表 3 梯形螺纹（摘自 GB/T 5796.1～5796.4—2005） （单位：mm）

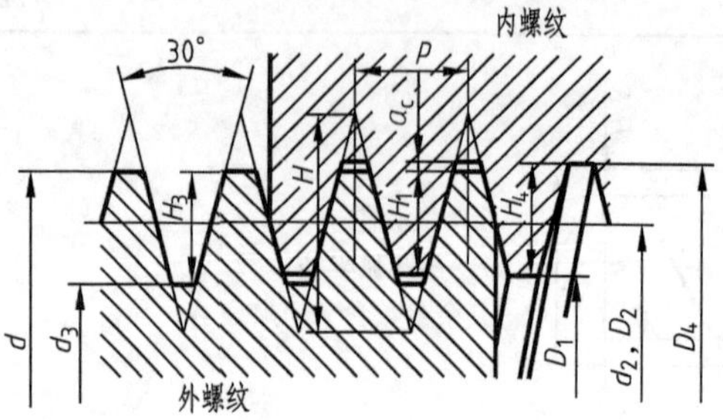

d——外螺纹大径（公称直径）
d_3——外螺纹小径
D_4——内螺纹大径
D_1——内螺纹小径
d_2——外螺纹中径
D_2——内螺纹中径
P——螺距
H——原始三角形高度

标记示例：

Tr40×7-7H（单线梯形内螺纹、公称直径 $d=40$mm、螺距 $P=7$mm、右旋、中径公差带为 7H、中等旋合长度）

Tr60×18（P9）LH-8e-L

（双线梯形外螺纹、公称直径 $d=60$mm、导程 $s=18$mm、螺距 $P=9$mm、左旋、中径公差带为 8e、长旋合长度）

梯形螺纹的基本尺寸

d 公称系列		螺距	中径	大径	小径		d 公称系列		螺距	中径	大径	小径	
第一系列	第二系列	P	$d_2=D_2$	D_4	d_3	D_1	第一系列	第二系列	P	$d_2=D_2$	D_4	d_3	D_1
8	—	1.5	7.25	8.3	6.2	6.5	32	—	6	29.0	33	25	26
—	9	2	8.0	9.5	6.5	7	—	34		31.0	35	27	28
10	—		9.0	10.5	7.5	8	36	—		33.0	37	29	30
—	11		10.0	11.5	8.5	9	—	38	7	34.5	39	30	31
12	—	3	10.5	12.5	8.5	9	40	—		36.5	41	32	33
—	14		12.5	14.5	10.5	11	—	42		38.5	43	34	35
16	—	4	14.0	16.5	11.5	12	44	—		40.5	45	36	37
—	18		16.0	18.5	13.5	14	—	46	8	42.0	47	37	38
20	—		18.0	20.5	15.5	16	48	—		44.0	49	39	40
—	22		19.5	22.5	16.5	17	—	50		46.0	51	41	42
24	—	5	21.5	24.5	18.5	19	52	—		48.0	53	43	44
—	26		23.5	26.5	20.5	21	—	55	9	50.5	56	45	46
28	—		25.5	28.5	22.5	23	60	—		55.5	61	50	51
—	30	6	27.0	31.0	23.0	24	—	65	10	60.0	66	54	55

注：1. 优先选用第一系列的直径。

2. 表中所列的螺距和直径，是优先选择的螺距及与之对应的直径。

附表 4 六角头螺栓（一） （单位：mm）

六角头螺栓-A 和 B 级（摘自 GB/T 5782—2000）

六角头螺栓-细牙-A 和 B 级（摘自 GB/T 5785—2000）

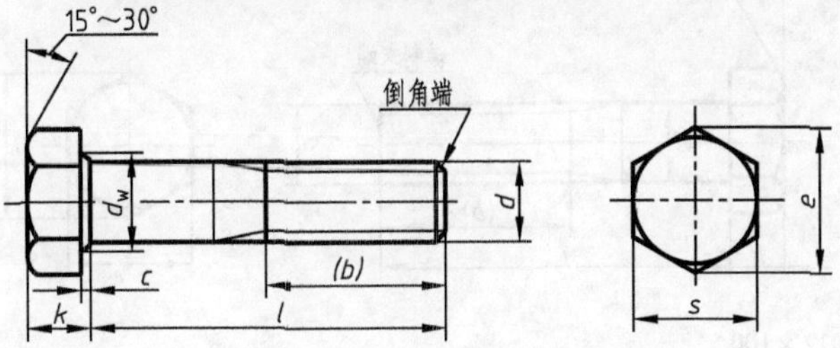

标记示例：

螺栓 GB/T 5782 M12×100

（螺纹规格 d = M12、公称长度 l = 100mm、性能等级为 8.8 级、表面氧化、杆身半螺纹、A 级六角头螺栓）

螺纹规格	d	M4	M5	M6	M8	M10	M12	M16	M20	M24	M30	M36	M42	M48
螺纹规格	P	—	—	—	1	1	1.5	1.5	2	2	2	3	3	3
$b_{参考}$	$l \leqslant 125$	14	16	18	22	26	30	38	46	54	66	78	—	—
$b_{参考}$	$125 < l \leqslant 200$	—	—	—	28	32	36	44	52	60	72	84	96	108
$b_{参考}$	$l > 200$	—	—	—	—	—	—	57	65	73	85	97	109	121
c_{max}		0.4	0.5		0.6			0.8					1	
$k_{公称}$		2.8	3.5	4	5.3	6.4	7.5	10	12.5	15	18.7	22.5	26	30
d_{smax}		4	5	6	8	10	12	16	20	24	30	36	42	48
s_{max} = 公称		7	8	10	13	16	18	24	30	36	46	55	65	75
e_{max}	A	7.66	8.79	11.05	14.38	17.77	20.03	26.75	33.53	39.98	—	—	—	—
e_{max}	B	—	8.63	10.89	14.20	17.59	19.85	26.17	32.95	39.55	50.85	60.79	72.02	82.60
d_{wmax}	A	5.9	6.9	8.9	11.6	14.6	16.6	22.5	28.2	33.6	—	—	—	—
d_{wmax}	B	—	6.7	8.7	11.4	16.4	19.85	22	27.7	33.2	42.7	51.1	60.6	69.4
$l_{范围}$	GB/T 5782	25～40	25～50	30～60	35～80	40～100	45～120	55～160	65～200	80～240	90～300	110～360	130～400	140～400
$l_{范围}$	GB/T 5785											110～300		
$l_{系列}$	GB/T 5782 GB/T 5785	20～65（5 进位）、70～160（10 进位）、180～400（20 进位）												

注：1. P 为螺距。末端按 GB/T 2—2000 规定。

2. 螺纹公差为 6g；机械性能等级为 8.8。

3. 产品等级：

A 级用于 $d \leqslant 24$mm 和 $l \leqslant 10d$ 或 $l \leqslant 150$mm（按较小值）。

B 级用于 $d > 24$mm 和 $l > 10d$ 或 $l > 150$mm（按较小值）。

附表 5 六角头螺栓（二） （单位：mm）

六角头螺栓-C 级(摘自 GB/T 5780—2000)

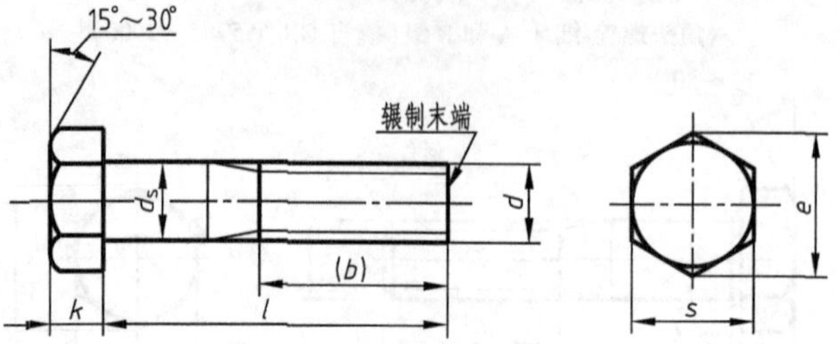

标记示例：

螺栓 GB/T 5780 M12×100

(螺纹规格 d = M12、公称长度 l = 100mm、性能等级为 4.8 级、不经表面处理、杆身半螺纹、C 级六角头螺栓)

螺纹规格 d		M5	M6	M8	M10	M12	M16	M20	M24	M30	M36	M42	M48
$b_{参考}$	$l \leqslant 125$	16	18	22	26	30	38	46	54	66	78	—	—
	$125 < l \leqslant 200$	—	—	28	32	36	44	52	60	72	84	96	108
	$l > 200$	—	—	—	—	—	57	65	73	85	97	109	121
$k_{公称}$		3.5	4	5.3	6.4	7.5	10	12.5	15	18.7	22.5	26	30
s_{max}		8	10	13	16	18	24	30	36	46	55	65	75
e_{max}		8.63	10.9	14.2	17.6	19.9	26.5	33.0	39.6	50.9	60.8	72.0	82.6
d_{smax}		5.48	6.48	8.58	10.6	12.7	16.7	20.8	24.8	30.8	37.0	45.0	49.0
$l_{范围}$		25～50	30～60	35～80	40～100	45～120	55～160	65～200	80～240	90～300	110～300	160～420	180～480
$l_{系列}$		10、12、16、20～50(5 进位)、(55)、60、(65)、70～160(10 进位)、180、220～500(20 进位)											

注：1. 括号内的规格尽可能不用。末端按 GB/T 2—2000 规定。

2. 螺纹公差为 8g；机械性能等级为 4、6、4.8；产品等级为 C。

附表 6 Ⅰ型六角螺母 （单位：mm）

Ⅰ型六角螺母-A 和 B 级(摘自 GB/T 6170—2000)

Ⅰ型六角螺母-细牙-A 和 B 级(摘自 GB/T 6171—2000)

Ⅰ型六角螺母-C 级(摘自 GB/T 41—2000)

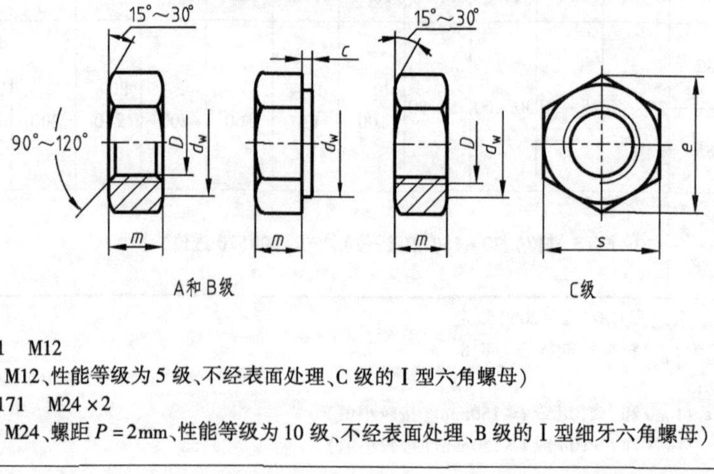

标记示例：

螺母 GB/T 41 M12

(螺纹规格 D = M12、性能等级为 5 级、不经表面处理、C 级的Ⅰ型六角螺母)

螺母 GB/T 6171 M24×2

(螺纹规格 D = M24、螺距 P = 2mm、性能等级为 10 级、不经表面处理、B 级的Ⅰ型细牙六角螺母)

（续）

螺纹规格	d	M4	M5	M6	M8	M10	M12	M16	M20	M24	M30	M36	M42	M48
	P	—	—	—	1	1	1.5	1.5	2	2	2	3	3	3
c		0.4	0.5			0.6				0.8			1	
s_{max}		7	8	10	13	16	18	24	30	36	46	55	65	75
e_{max}	A、B 级	7.66	8.79	11.05	14.38	17.77	20.03	26.75	32.95	39.95	50.85	60.79	72.02	82.6
	C 级	—	8.63	10.89	14.2	17.59	19.85	26.17						
m_{max}	A、B 级	3.2	4.7	5.2	6.8	8.4	10.8	14.8	18	21.5	25.6	31	34	38
	C 级	—	5.6	6.1	7.9	9.5	12.2	15.9	18.7	22.3	26.4	31.5	34.9	38.9
d_{wmax}	A、B 级	5.9	6.9	8.9	11.6	14.6	16.6	22.5	27.7	33.2	42.7	51.1	60.6	69.4
	C 级	—	6.9	8.7	11.5	14.5	16.5	22						

注：1. P 为螺距。

2. A 级用于 $D \leqslant 16$mm 的螺母；B 级用于 $D > 16$mm 的螺母；C 级用于 $D \geqslant 5$mm 的螺母。

3. 螺纹公差：A、B 级为 6H，C 级为 7H。

机械性能等级：A、B 级为 6、8、10 级，C 级为 4、5 级。

附表 7 双头螺柱（摘自 GB/T 897～900—1988） （单位：mm）

$b_m = 1d$(GB/T 897—1988)；$b_m = 1.25d$(GB/T 898—1988)；

$b_m = 1.5d$(GB/T 899—1988)；$b_m = 2d$(GB/T 900—1988)

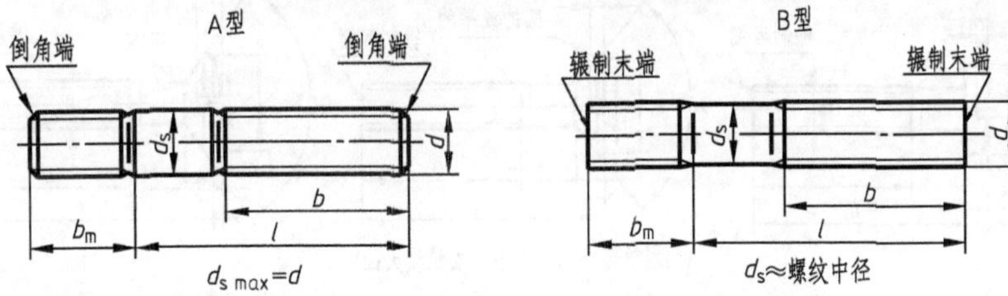

标记示例：

螺柱 GB/T 900—1988 M10×50

（两端均为粗牙普通螺纹、$d = 10$mm、$l = 50$mm、性能等级为 4.8 级、不经表面处理、B 型、$b_m = 2d$ 的双北海螺柱）

螺柱 GB/T 900—1988 AM10-10×1×50

（旋入机体一端为粗牙普通螺纹、旋螺母端为螺距 $P = 1$mm 的细牙普通螺纹、$d = 10$mm、$l = 50$mm、性能等级为 4.8 级、不经表面处理、A 型、$b_m = 2d$ 的双头螺柱）

螺纹规格 d	b_m（旋入机体端长度）				l/b（螺柱长度/旋螺母端长度）
	GB/T 897	GB/T 898	GB/T 899	GB/T 900	
M4	—	—	6	8	$\frac{16 \sim 22}{8}$ $\frac{25 \sim 40}{14}$
M5	5	6	8	10	$\frac{16 \sim 22}{10}$ $\frac{25 \sim 50}{16}$
M6	6	8	10	12	$\frac{20 \sim 22}{10}$ $\frac{25 \sim 30}{14}$ $\frac{32 \sim 75}{18}$
M8	8	10	12	16	$\frac{20 \sim 22}{12}$ $\frac{25 \sim 30}{16}$ $\frac{32 \sim 90}{22}$
M10	10	12	15	20	$\frac{25 \sim 28}{14}$ $\frac{30 \sim 38}{16}$ $\frac{40 \sim 120}{26}$ $\frac{130}{32}$
M12	12	15	18	24	$\frac{25 \sim 30}{16}$ $\frac{32 \sim 40}{20}$ $\frac{45 \sim 120}{30}$ $\frac{130 \sim 180}{36}$
M16	16	20	24	32	$\frac{30 \sim 35}{20}$ $\frac{40 \sim 55}{30}$ $\frac{60 \sim 120}{38}$ $\frac{130 \sim 200}{44}$

（续）

螺纹规格 d	b_m（旋入机体端长度）				l/b（螺柱长度/旋螺母端长度）			
	GB/T 897	GB/T 898	GB/T 899	GB/T 900				
M20	20	25	30	40	$\frac{35\sim40}{25}$	$\frac{45\sim65}{35}$	$\frac{70\sim120}{46}$	$\frac{130\sim200}{52}$
M24	24	30	36	48	$\frac{45\sim50}{30}$	$\frac{55\sim75}{45}$	$\frac{80\sim120}{54}$	$\frac{130\sim200}{60}$
M30	30	38	45	60	$\frac{60\sim65}{40}$	$\frac{70\sim90}{50}$	$\frac{95\sim120}{66}$	$\frac{130\sim200}{72}$
M36	36	45	54	72	$\frac{65\sim75}{45}$	$\frac{80\sim110}{60}$	$\frac{130\sim200}{84}$	$\frac{210\sim300}{97}$
M42	42	52	63	84	$\frac{70\sim80}{50}$	$\frac{85\sim120}{70}$	$\frac{130\sim200}{96}$	$\frac{210\sim300}{109}$
M48	48	60	72	96	$\frac{80\sim90}{60}$	$\frac{95\sim110}{80}$	$\frac{130\sim200}{108}$	$\frac{210\sim300}{121}$
$l_{系列}$	12、(14)、16、(18)、20、(22)、25、(28)、30、(32)、35、(38)、40、45、50、(55)、60、(65)、70、(75)、80、(85)、90、(95)、100~300(10 进位)							

注：1. 尽可能不采用括号内的规格。末端按 GB/T 2—2000 的规定。

2. $b_m=1d$，一般用于钢对钢；$b_m=(1.25\sim1.5)d$，一般用于钢对铸铁；$b_m=2d$，一般用于钢对铝合金。

附表 8　螺钉（一）

（单位：mm）

开槽盘头螺钉（摘自GB/T 67—2000）　　开槽沉头螺钉（摘自GB/T 68—2000）　　开槽半沉头螺钉（摘自GB/T 69—2000）

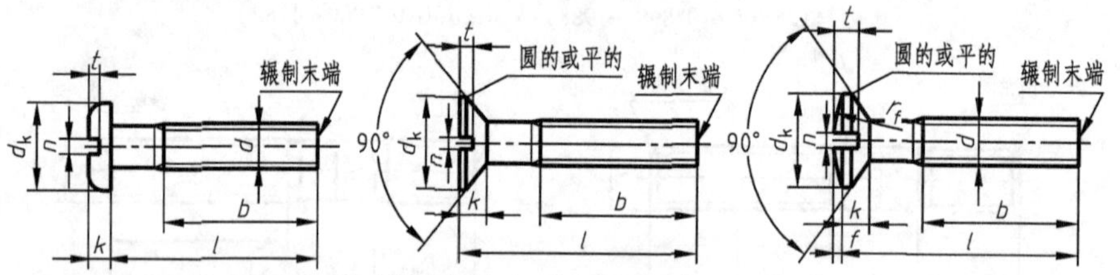

（无螺纹部分杆径≈中径或螺纹大径）

标记示例：

螺钉　GB/T 67　M5×60

（螺纹规格 d=M5、l=60mm、性能等级为 4.8、不经过表面处理的开槽盘头螺钉）

螺纹规格 d		M2	M3	M4	M5	M6	M8	M10
P		0.4	0.5	0.7	0.8	1	1.25	1.5
b_{min}		25		38				
$n_{公称}$		0.5	0.8	1.2		1.6	2	2.5
r_f	GB/T 69	4	6	9.5		12	16.5	19.5
f	GB/T 69	0.5	0.7	1	1.2	1.4	2	2.3
k_{max}	GB/T 67	1.3	1.8	2.4	3	3.6	4.8	6
	GB/T 68 GB/T 69	1.2	1.65	2.7		3.3	4.65	5
d_{kmax}	GB/T 67	4	5.6	8	9.5	12	16	20
	GB/T 68 GB/T 69	3.8	5.5	8.4	9.3	12	16	20
t_{min}	GB/T 67	0.5	0.7	1	1.2	1.4	1.9	2.4
	GB/T 68	0.4	0.6	1	1.1	1.2	1.8	2
	GB/T 69	0.8	1.2	1.6	2	2.4	3.2	3.8
$l_{范围}$	GB/T 67	2.5~20	4~30	5~40	6~50	8~60	10~80	
	GB/T 68 GB/T 69	3~20	5~30	6~40	8~50	8~60		
全螺纹时最大长度	GB/T 67	30		40				
	GB/T 68 GB/T 69			45				
$l_{系列}$	2、2.5、3、4、5、6、8、10、12、(14)、16、20~50(5 进位)、(55)、60、(65)、70、(75)、80							

注：螺纹公差为6g；机械性能等级为4.8、5.8；产品等级为A。

附表 9　螺钉（二）

（单位：mm）

开槽锥端紧定螺钉（摘自GB/T 71—1985）　开槽平端紧定螺钉（摘自GB/T 73—1985）　开槽长圆柱端紧定螺钉（摘自GB/T 75—1985）

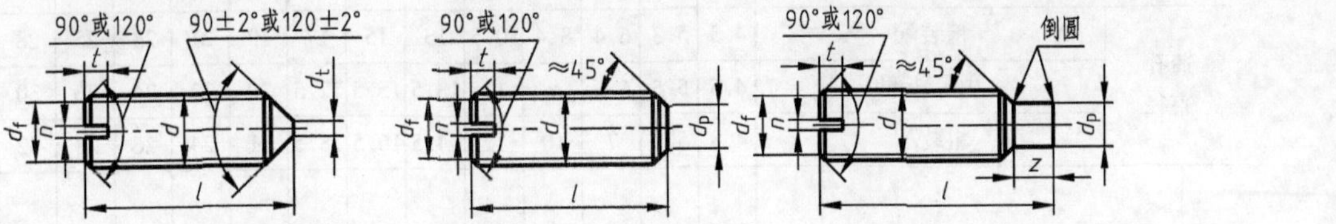

标记示例：

螺钉　GB/T 71　M5×20

（螺纹规格 d = M5、l = 20mm、性能等级为 14H、表面氧化的开槽锥端紧定螺钉）

螺纹规格 d		M2	M3	M4	M5	M6	M8	M10	M12
P		0.4	0.5	0.7	0.8	1	1.25	1.5	1.75
d_f		螺纹小径							
d_{tmax}		0.2	0.3	0.4	0.5	1.5	2	2.5	3
d_{pmax}		1	2	2.5	3.5	4	5.5	7	8.5
$n_{公称}$		0.25	0.4	0.6	0.8	1	1.2	1.6	2
t_{min}		0.84	1.05	1.42	1.63	2	2.5	3	3.6
z_{max}		1.25	1.75	2.25	2.75	3.25	4.3	5.3	6.3
$l_{范围}$	GB/T 71	3~10	4~16	6~20	8~25	8~30	10~40	12~50	14~60
	GB/T 73	2~10	3~16	4~20	5~25	6~30	8~40	10~50	12~60
	GB/T 75	3~10	5~16	6~20	8~25	8~30	10~40	12~50	14~60
$l_{系列}$		2、2.5、3、4、5、6、8、10、12、(14)、16、20、25、30、35、40、45、50、(55)、60							

注：螺纹公差为 6g；机械性能等级为 14H；产品等级为 A。

附表 10　内六角圆柱头螺钉（摘自 GB/T 70.1—2008）

（单位：mm）

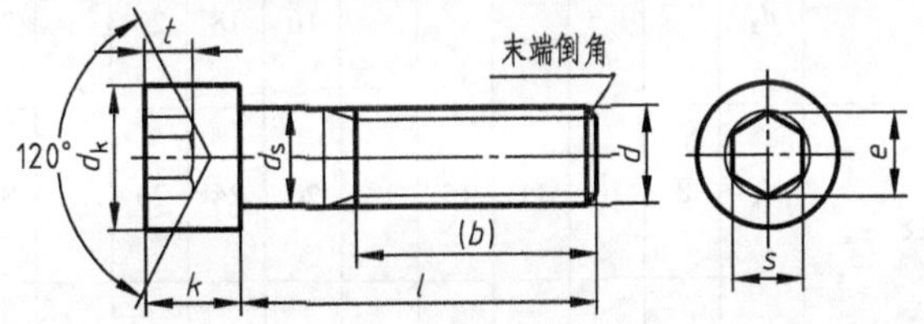

标准示例：

螺钉 GB/T 70.1　M5×20

（螺纹规格 d = M5、公称长度 l = 20mm、性能等级为 8.8 级、表面氧化的内六角圆柱头螺钉）

螺纹规格 d		M4	M5	M6	M8	M10	M12	(M14)	M16	M20	M24	M30	M36
螺距 P		0.7	0.8	1	1.25	1.5	1.75	2	2	2.5	3	3.5	4
$b_{参考}$		20	22	24	28	32	36	40	44	52	60	72	84
d_{kmax}	光滑头部	7	8.5	10	13	16	18	21	24	30	36	45	54
	滚花头部	7.22	8.72	10.22	13.27	16.27	18.27	21.33	24.33	30.33	36.39	45.39	54.46
k_{max}		4	5	6	8	10	12	14	16	20	24	30	36
t_{min}		2	2.5	3	4	5	6	7	8	10	12	15.5	19
$s_{公称}$		3	4	5	6	8	10	12	14	17	19	22	27
e_{min}		3.44	4.58	5.72	6.86	9.15	11.43	13.72	16	19.44	21.73	25.15	30.35
d_{smax}		4	5	6	8	10	12	14	16	20	24	30	36
$l_{范围}$		6~40	8~50	10~60	12~80	16~100	20~120	25~140	25~160	30~200	40~200	45~200	55~200
全螺纹时最大长度		25	25	30	35	40	45	55	55	65	80	90	100
$l_{系列}$		6、8、10、12、(14)、(16)、20~50(5 进位)、(55)、60、(65)、70~160(10 进位)、180、200											

注：1. 括号内的规格尽可能不用。末端按 GB/T 2—2000 规定。

2. 机械性能等级：8.8、12.9。

3. 螺纹公差：机械性能等级 8.8 级时为 6g，12.9 级时为 5g、6g。

4. 产品等级：A。

附表 11　紧固件沉头座尺寸

（摘自 GB/T 152.2—1988、GB/T 152.3—1988、GB/T 152.4—1988）（单位：mm）

螺栓或螺钉直径 d			4	5	6	8	10	12	14	16	18	20	22	24	27	30	36
通孔直径	精装配		4.3	5.3	6.4	8.4	10.5	13	15	17	19	21	23	25	28	31	37
通孔直径	中等装配		4.5	5.5	6.6	9	11	13.5	15.5	17.5	20	22	24	26	30	33	39
通孔直径	粗装配		4.8	5.8	7	10	12	14.5	16.5	18.5	21	24	26	28	32	35	42
用于沉头螺钉	GB/T 152.2—1988 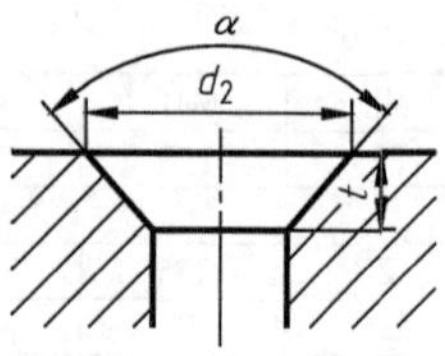	d_2	9.6	10.6	12.8	17.6	20.3	24.4	28.4	32.4		40.4					
		$t\approx$	2.7	2.7	3.3	4.6	5	6	7	8		10					
		α	$90^{\circ}{}^{-2^{\circ}}_{-4^{\circ}}$														
用于圆柱头内六角螺钉	GB/T 152.3—1988 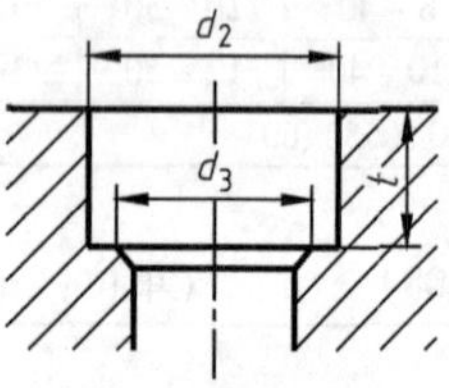	d_2	8	10	11	15	18	20	27	26		33	40	40		48	57
		t	4.6	5.7	6.8	9	11	13	15	17.5		21.5		25.5		32	38
		d_3						16	18	20		24		28		36	42
用于开槽圆柱头螺钉	GB/T 152.3—1988 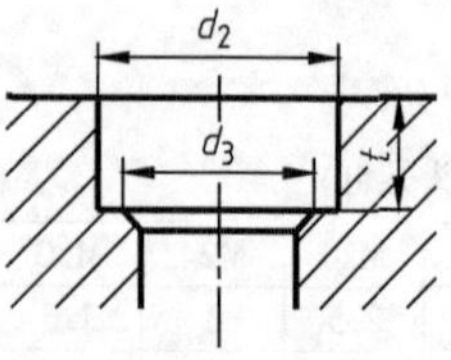	d_2	8	10	11	15	18	20	24	26		33					
		t	3.2	4	4.7	6	7	8	9	10.5		12.5					
		d_3						16	18	20		24					
用于六角头螺栓带垫圈螺母	GB/T 152.4—1988 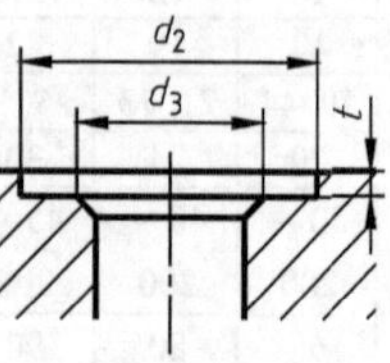	d_2	10	11	13	18	22	26	30	33	36	40	43	48	53	61	71
		t	只要能制出与通孔轴线垂直的圆平面即可														
		d_3						16	18	20	22	24	26	28	33	36	42

注：1. 表中的螺栓或螺钉直径 d，即螺纹规格 Md 的公称直径 d。

2. 通孔直径摘自 GB/T 5277—1985。

3. GB/T 152.4—1988 适用于垫圈 GB/T 848—2002、GB/T 97.2—2002、GB/T 97.1—2002。

附表 12　平垫圈　　（单位：mm）

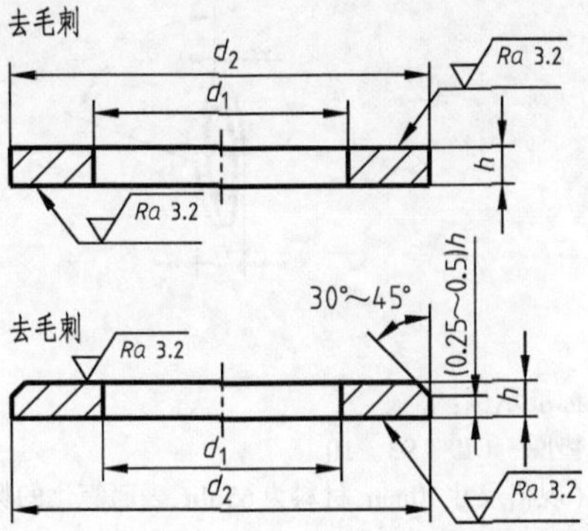

小垫圈-A 级（摘自 GB/T 848—2002）
平垫圈-A 级（摘自 GB/T 97.1—2002）
平垫圈　倒角型-A 级（摘自 GB/T 97.2—2002）
平垫圈-C 级（摘自 GB/T 95—2002）
大垫圈-A 和 C 级（摘自 GB/T 96—2002）
特大垫圈-C 级（摘自 GB/T 5287—2002）
标记示例：
垫圈　GB/T 95　8
（标准系列、公称尺寸 d = 8mm、性能等级为 100HV 级、不经表面处理的平垫圈）
垫圈　GB/T 97.2　8
（标准系列、公称尺寸 d = 8mm，性能等级为 A140 级、倒角型、不经表面处理的平垫圈）

公称尺寸（螺纹规格）d	标准系列 GB/T 95（C 级）			标准系列 GB/T 97.1（A 级）			标准系列 GB/T 97.2（A 级）			特大系列 GB/T 5287（C 级）			大系列 GB/T 96（A 和 C 级）			小系列 GB/T 848（A 级）		
	$d_{1\min}$	$d_{2\max}$	h	$d_{1\min}$	$d_{2\max}$	h	$d_{1\min}$	$d_{2\max}$	h	$d_{1\min}$	$d_{2\max}$	h	$d_{1\min}$	$d_{2\max}$	h	$d_{1\min}$	$d_{2\max}$	h
4	—	—	—	4.3	9	0.8	—	—	—	—	—	—	4.3	12	1	4.3	8	0.5
5	5.5	10	1	5.3	10	1	5.3	10	1	5.5	18	2	5.3	15	1.2	5.3	9	1
6	6.6	12	1.6	6.4	12	1.6	6.4	12	1.6	6.6	22		6.4	18	1.6	6.4	11	1.6
8	9	16		8.4	16		8.4	16		9	28	3	8.4	24	2	8.4	15	
10	11	20	2	10.5	20	2	10.5	20	2	11	34		10.5	30	2.5	10.5	18	
12	13.5	24	2.5	13	24	2.5	13	24	2.5	13.5	44	4	13	37	3	13	20	2
14	15.5	28		15	28		15	28		15.5	50		15	44		15	24	2.5
16	17.5	30	3	17	30	3	17	30	3	17.5	56	5	17	50		17	28	
20	22	37		21	37		21	37		22	72	6	22	60	4	21	34	3
24	26	44	4	25	44	4	25	44	4	26	85		26	72	5	25	39	4
30	33	56		31	56		31	56		33	105		33	92	6	31	50	
36	39	66	5	37	66	5	37	66	5	39	125	8	39	110	8	37	60	5
*42	45	78	8	—	—	—	—	—	—	—	—	—	45	125	10	—	—	—
*48	52	92		—	—	—	—	—	—	—	—	—	52	145		—	—	—

注：1. A 级适用于精装配系列，C 级适用于中等装配系列。
2. C 级垫圈没有 $Ra3.2$ 和毛刺的要求。
3. GB/T 848—2002 主要用于圆柱头螺钉，其他用于标准的六角螺柱、螺母和螺钉。
4. * 为尚未列入相应产品标准的规格。

附表 13 标准型弹簧垫圈（摘自 GB/T 93—1987） （单位：mm）

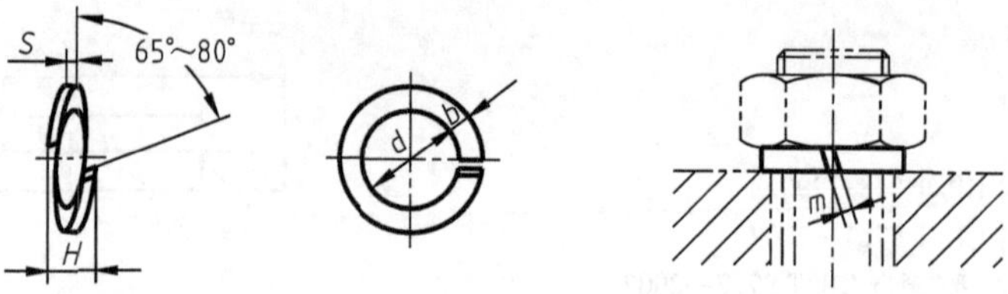

标准示例：
垫圈 GB/T 93 10
（规格尺寸 10mm、材料为 65Mn、表面氧化的标准型弹簧垫圈）

规格(螺纹大径)	4	5	6	8	10	12	16	20	24	30	36	42	48
d_{min}	4.1	5.1	6.1	8.1	10.2	12.2	16.2	20.2	24.5	30.5	36.5	42.5	48.5
$S=b_{公称}$	1.1	1.3	1.6	2.1	2.6	3.1	4.1	5	6	7.5	9	10.5	12
$m\leqslant$	0.55	0.65	0.8	1.05	1.3	1.55	2.05	2.5	3	3.75	4.5	5.25	6
H_{max}	2.75	3.25	4	5.25	6.5	7.75	10.25	12.5	15	18.75	22.5	26.5	30

注：m 应大于零。

附表 14 圆柱销（不淬硬钢和奥氏体不锈钢）（摘自 GB/T 119.1—2000）

（单位：mm）

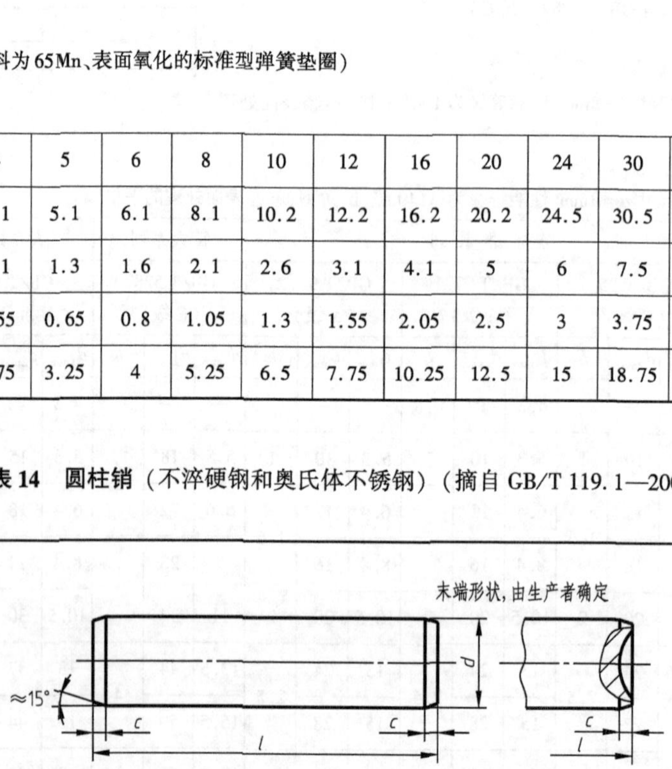

标记示例：
销 GB/T 119.1 6m6 ×30
（公称直径 d = 6mm、公差为 m6、公称长度 l = 30mm、材料为钢、不经表面处理的圆柱销）
销 GB/T 119.1 10m6 ×90 A1
（公称直径 d = 10mm、公差为 m6、公称长度 l = 90mm，材料为 A1 组奥氏体不锈钢、表面简单处理的圆柱销）

$d_{公称}$ m6/h8	2	3	4	5	6	8	10	12	16	20	25
$c\approx$	0.35	0.5	0.63	0.8	1.2	1.6	2	2.5	3	3.5	4
$l_{范围}$	6~20	8~30	8~40	10~50	12~60	14~80	18~85	22~140	26~180	35~200	50~200
$l_{系列}$	2、3、4、5、6~32(2 进位)、35~100(5 进位)、≥120(按 20 递增)										

附表 15　圆锥销（摘自 GB/T 117—2000）　（单位：mm）

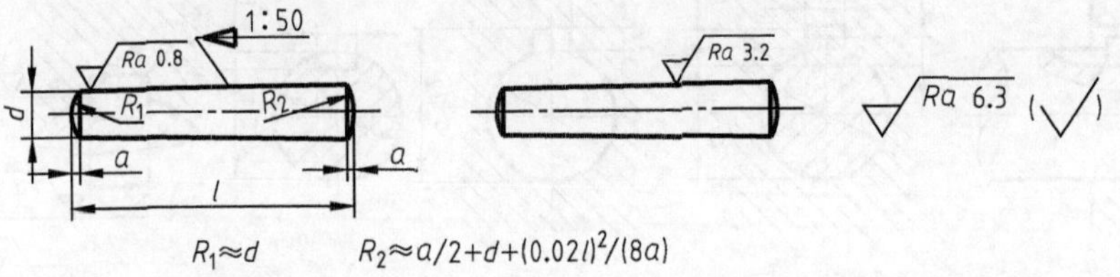

标记示例：
销　GB/T 117　10×60
（公称直径 d=10mm、长度 l=60mm、材料为 35 钢、热处理硬度 28～38HRC、表面氧化处理的 A 型圆锥销）

$d_{公称}$	2	3	4	5	6	8	10	12	16	20	25
$a\approx$	0.25	0.4	0.5	0.63	0.8	1.0	1.2	1.6	2.0	2.5	3.0
$l_{范围}$	10～35	12～45	14～55	18～60	22～90	22～120	26～160	32～180	40～200	45～200	50～200
$l_{系列}$	2、3、4、5、6～32(2 进位)、35～100(5 进位)、120～200(20 进位)										

附表 16　开口销（摘自 GB/T 91—2000）　（单位：mm）

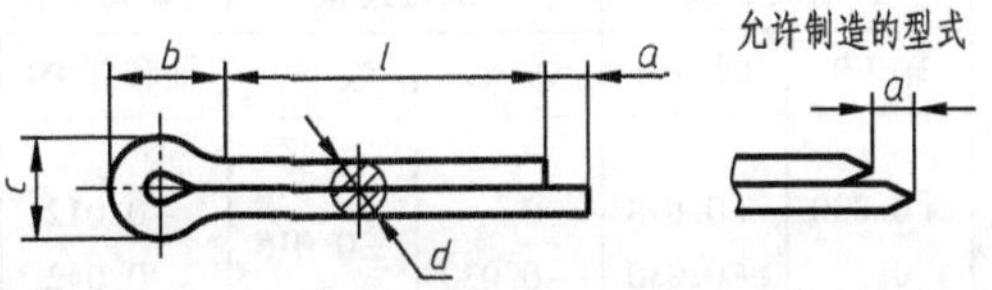

标记示例：
销　GB/T 91　5×50
（公称直径 d=5mm、长度 l=50mm、材料为低碳钢、不经表面处理的开口销）

d	公称	0.8	1	1.2	1.6	2	2.5	3.2	4	5	6.3	8	10	12
	最大	0.7	0.9	1	1.4	1.8	2.3	2.9	3.7	4.6	5.9	7.5	9.5	11.4
	最小	0.6	0.8	0.9	1.3	1.7	2.1	2.7	3.5	4.4	5.7	7.3	9.3	11.1
c_{max}		1.4	1.8	2	2.8	3.6	4.6	5.8	7.4	9.2	11.8	15	19	24.8
b		2.4	3	3	3.2	4	5	6.4	8	10	12.6	16	20	26
a_{max}		1.6		2.5				3.2	4				6.3	
$l_{范围}$		5～16	6～20	8～26	8～32	10～40	12～50	14～65	18～80	22～100	30～120	40～160	45～200	70～200
$l_{系列}$		4、5、6～32(2 进位)、36、40～100(5 进位)、120～200(20 进位)												

注：销孔的公称直径等于 $d_{公称}$，d_{min}≤销的直径≤d_{max}。

附表 17 普通平键及键槽（摘自 GB/T 1095 ~ 1096—2003） （单位：mm）

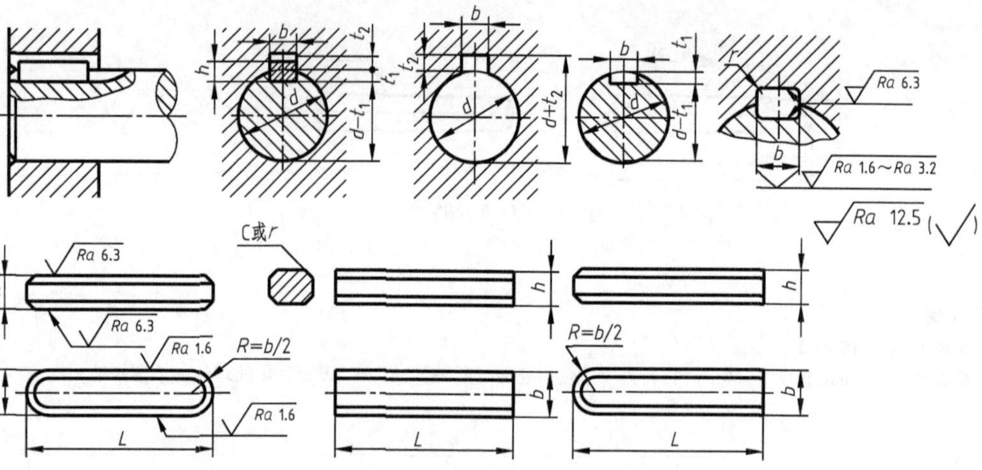

标记示例：

键 16×10×100 GB/T 1096 （圆头普通平键、$b=16$mm、$h=10$mm、$L=100$mm）

键 B16×10×100 GB/T 1096 （平头普通平键、$b=16$mm、$h=10$mm、$L=100$mm）

键 C16×10×100 GB/T 1096 （单圆头普通平键、$b=16$mm、$h=10$mm、$L=100$mm）

轴	键		键槽											
公称直径 d	公称尺寸 $b\times h$ (h9)	长度 L (h11)	宽度 b						深度				半径 r	
			公称尺寸 b	极限偏差					轴 t_1		毂 t_2			
				较松键连接		一般键连接		较紧键连接	公称尺寸	极限偏差	公称尺寸	极限偏差		
				轴 H9	毂 D10	轴 N9	毂 JS9	轴和毂 P9					最大	最小
>10~12	4×4	8~45	4	+0.030 0	+0.078 +0.030	0 -0.030	±0.015	-0.012 -0.042	2.5	+0.1 0	1.8	+0.1 0	0.08	0.16
>12~17	5×5	10~56	5						3.0		2.3			
>17~22	6×6	14~70	6						3.5		2.8		0.16	0.25
>22~30	8×7	18~90	8	+0.036 0	+0.098 +0.040	0 -0.036	±0.018	-0.015 -0.051	4.0	+0.2 0	3.3	+0.2 0		
>30~38	10×8	22~110	10						5.0		3.3			
>38~44	12×8	28~140	12	+0.043 0	+0.120 +0.050	0 -0.043	±0.022	-0.018 -0.061	5.0		3.3			
>44~50	14×9	36~160	14						5.5		3.8		0.25	0.40
>50~58	16×10	45~180	16						6.0		4.3			
>58~65	18×11	50~200	18						7.0		4.4			
>65~75	20×12	56~220	20	+0.052 0	+0.149 +0.065	0 -0.052	±0.026	-0.022 -0.074	7.5		4.9			
>75~85	22×14	63~250	22						9.0		5.4			
>85~95	25×14	70~280	25						9.0		5.4		0.40	0.60
>95~110	28×16	80~320	28						10		6.4			

注：1. $(d-t)$ 和 $(d+t)$ 两个组合尺寸的极限偏差，按相应的 t 和 t_1 的极限偏差选取，但 $(d-t)$ 极限偏差应取负号（-）。

2. L 系列：6~22（2 进位）、25、28、32、36、40、45、50、56、63、70、80、90、100、110、125、140、160、180、200、220、250、280、320、360、400、450、500。

3. 键 b 的极限偏差为 h9，键 h 的极限偏差为 h11，键长 L 的极限偏差为 h14。

附表 18 滚动轴承

（单位：mm）

深沟球轴承
（摘自 GB/T 276—1994）

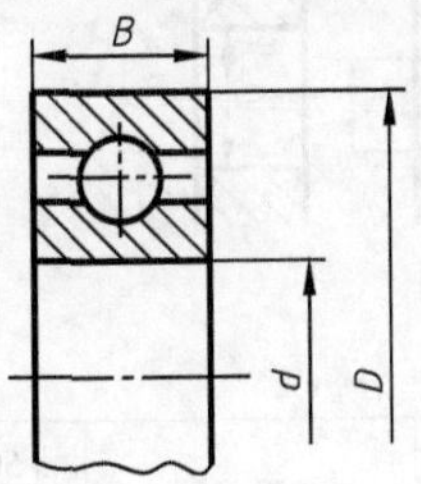

标记示例：
滚动轴承
6310 GB/T 276—1994

轴承型号	尺寸 d	D	B
尺寸系列[(0)2]			
6202	15	35	11
6203	17	40	12
6204	20	47	14
6205	25	52	15
6206	30	62	16
6207	35	72	17
6208	40	80	18
6209	45	85	19
6210	50	90	20
6211	55	100	21
6212	60	110	22
尺寸系列[(0)3]			
6302	15	42	13
6303	17	47	14
6304	20	52	15
6305	25	62	17
6306	30	72	19
6307	35	80	21
6308	40	90	23
6309	45	100	25
6310	50	110	27
6311	55	120	29
6312	60	130	31

圆锥滚子轴承
（摘自 GB/T 297—1994）

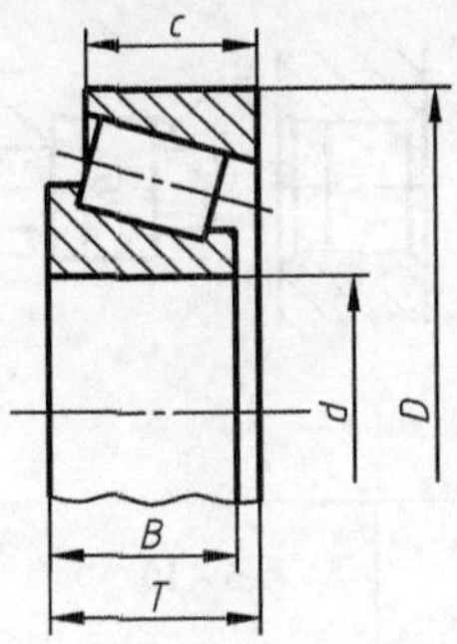

标记示例：
滚动轴承 30212 GB/T 297—1994

轴承型号	尺寸 d	D	B	c	T
尺寸系列[2]					
30203	17	40	12	11	13.25
30204	20	47	14	12	15.25
30205	25	52	15	13	16.25
30206	30	62	16	14	17.25
30207	35	72	17	15	18.25
30208	40	80	18	16	19.75
30209	45	85	19	16	20.75
30210	50	90	20	17	21.75
30211	55	100	21	18	22.75
30212	60	110	22	19	23.75
30213	65	120	23	20	24.75
尺寸系列[03]					
30302	15	42	13	11	14.25
30303	17	47	14	12	15.25
30304	20	52	15	13	16.25
30305	25	62	17	15	18.25
30306	30	72	19	16	20.75
30307	35	80	21	18	22.75
30308	40	90	23	20	25.25
30309	45	100	25	22	27.25
30310	50	110	27	23	29.25
30311	55	120	29	25	31.50
30312	60	130	31	26	33.50

推力球轴承
（摘自 GB/T 301—1995）

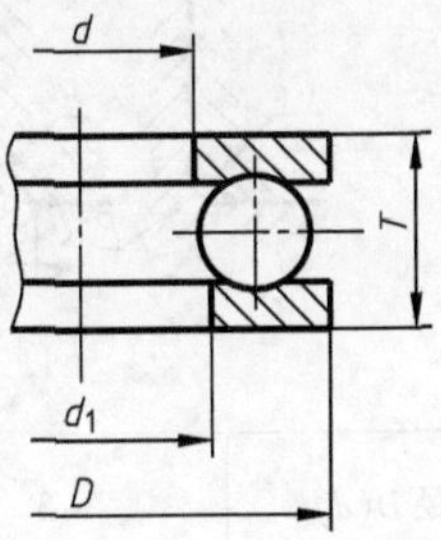

标记示例：
滚动轴承 51305 GB/T 301—1995

轴承型号	尺寸 d	D	T	d_1
尺寸系列[12]				
51202	15	32	12	17
51203	17	35	12	19
51204	20	40	14	22
51205	25	47	15	27
51206	30	52	16	32
51207	35	62	18	37
51208	40	68	19	42
51209	45	73	20	47
51210	50	78	22	52
51211	55	90	25	57
51212	60	95	26	62
尺寸系列[13]				
51304	20	47	18	22
51305	25	52	18	27
51306	30	60	21	32
51307	35	68	24	37
51308	40	78	26	42
51309	45	85	28	47
51310	50	95	31	52
51311	55	105	35	57
51312	60	110	35	62
51313	65	115	36	67
51314	70	125	40	72

注：圆括号中的尺寸系列代号在轴承代号中省略。

附表 19 倒角和倒圆（摘自 GB/T 6403.4—2008） （单位：mm）

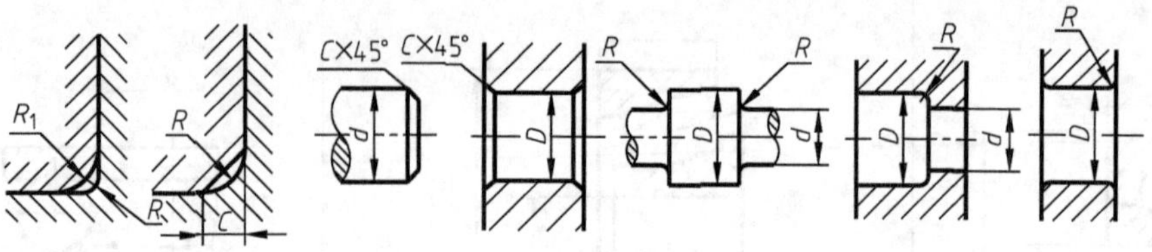

直径 $D(d)$	~3		>3~6		>6~10		>10~18	>18~30	>30~50		>50~80
R、R_1	0.1	0.2	0.3	0.4	0.5	0.6	0.8	10	1.2	1.6	2.0
$C<0.85R_1$	—	0.1	0.1	0.2	0.2	0.3	0.4	0.5	0.6	0.8	1.0
直径 $D(d)$	>80~120	>120~180	>180~250	>250~320	>320~400	>400~500	>500~630	>630~800	>800~1000	>1000~1250	>1250~1600
R、R_1	2.5	3.0	4.0	5.0	6.0	8.0	10	12	16	20	25
$C<0.85R_1$	1.2	1.6	2.0	2.5	3.0	4.0	5.0	6.0	8.0	10	12

附表 20 砂轮越程槽（摘自 GB/T 6403.5—2008） （单位：mm）

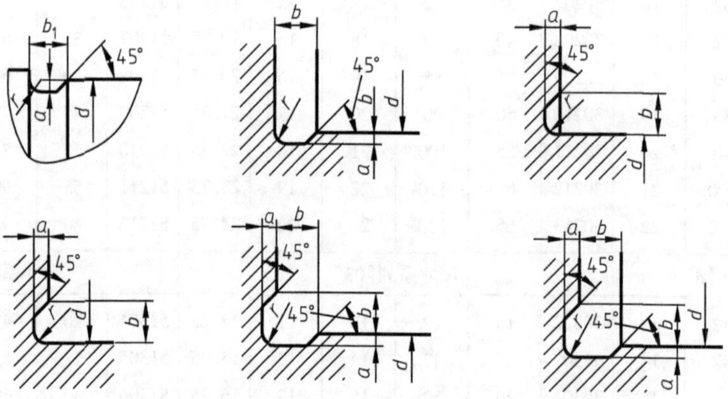

d	~10			>10~50		>50~100		>100	
b_1	0.6	1.0	1.6	2.0	3.0	4.0	5.0	8.0	10
b	2.0	3.0		4.0		5.0			
a	0.1	0.2		0.3	0.4		0.6	0.8	1.2
r	0.2	0.5		0.8	1.0		1.6	2.0	3.0

附表 21　中心孔（GB/T 145—2001）及中心孔表示法（GB/T 4459.5—1999）

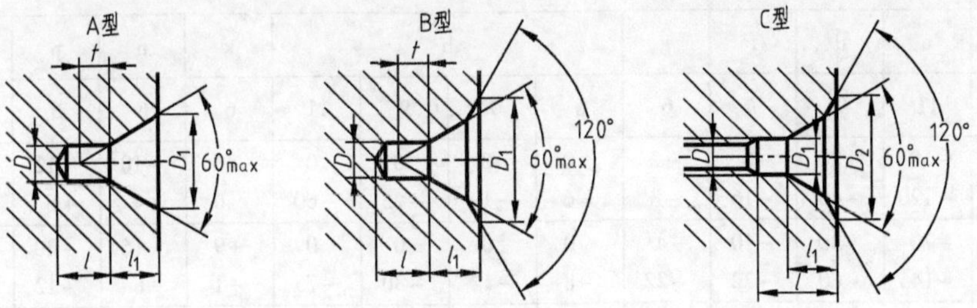

中心孔尺寸　　（单位：mm）

A、B 型							C 型				
D	A 型			B 型			D	D_1	D_2	l	参考
	D_1	参考		D_1	参考						
		l_1	t		l_1	t					l_1
2.00	4.25	1.95	1.8	6.30	2.54	1.8					
2.50	5.30	2.42	2.2	8.00	3.20	2.2					
3.15	6.70	3.07	2.8	10.00	4.03	2.8	M3	3.2	5.8	2.6	1.8
4.00	8.50	3.90	3.5	12.50	5.05	3.5	M4	4.3	7.4	3.2	2.1
(5.00)	10.60	4.85	4.4	16.00	6.41	4.4	M5	5.3	8.8	4.0	2.4
6.30	13.20	5.98	5.5	18.00	7.36	5.5	M6	6.4	10.5	5.0	2.8
(8.00)	17.00	7.79	7.0	22.40	9.36	7.0	M8	8.4	13.2	6.0	3.3
10.00	21.20	9.70	8.7	28.00	11.66	8.7	M10	10.5	16.3	7.5	3.8

注：1. 尺寸 l 取决于中心钻的长度，此值不应小于 t 值（对 A 型、B 型）。
2. 括号内的尺寸尽量不采用。
3. R 型中心孔未列入。

中心孔表示法

要　求	符　号	标注示例	说　明
在完工的零件上要求保留中心孔	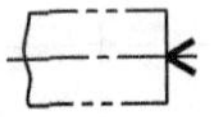		采用 B 型中心孔 $D=2.5mm, D_1=8mm$ 在完工的零件上要求保留
在完工的零件上可以保留中心孔	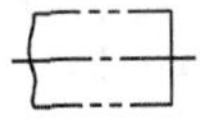	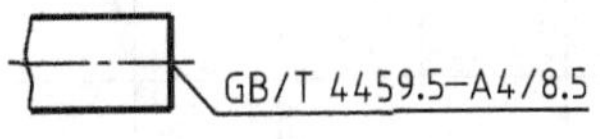	采用 A 型中心孔 $D=4mm, D_1=8.5mm$ 在完工的零件上是否保留都可以
在完工的零件上不允许保留中心孔	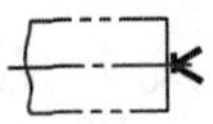	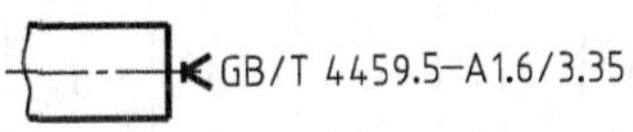	采用 A 型中心孔 $D=1.6mm, D_1=3.35mm$ 在完工的零件上不允许保留

附表 22 优先配合中轴的极限偏差（摘自 GB/T 1800.2—2009） （单位：μm）

公称尺寸/mm		公差带												
		c	d	f	g	h				k	n	p	s	u
大于	至	11	9	7	6	6	7	9	11	6	6	6	6	6
—	3	-60 -120	-20 -45	-6 -16	-2 -8	0 -6	0 -10	0 -25	0 -60	+6 0	+10 +4	+12 +6	+20 +14	+24 +18
3	6	-70 -145	-30 -60	-10 -22	-4 -22	0 -8	0 -12	0 -30	0 -75	+9 +1	+16 +8	+20 +12	+27 +19	+31 +23
6	10	-80 -170	-40 -76	-13 -28	-5 -14	0 -9	0 -15	0 -36	0 -90	+10 +1	+19 +10	+24 +15	+32 +23	+37 +28
10	14	-95	-50	-16	-6	0	0	0	0	+12	+23	+29	+39	+44
14	18	-205	-93	-34	-17	-11	-18	-43	-110	+1	+12	+18	+28	+33
18	24	-110 -240	-65 -117	-20 -41	-7 -20	0 -13	0 -21	0 -52	0 -130	+15 +2	+28 +15	+35 +22	+48 +35	+54 +41
24	30													+61 +48
30	40	-120 -280	-80 -142	-25 -50	-9 -25	0 -16	0 -25	0 -62	0 -160	+18 +2	+33 +17	+42 +26	+59 +43	+76 +60
40	50	-130 -290												+86 +70
50	65	-140 -330	-100 -174	-30 -60	-10 -29	0 -19	0 -30	0 -74	0 -190	+21 +2	+39 +20	+51 +32	+72 +53	+106 +87
65	80	-150 -340											+78 +59	+121 +102
80	100	-170 -390	-120 -207	-36 -71	-12 -34	0 -22	0 -35	0 -87	0 -220	+25 +3	+45 +23	+59 +37	+93 +71	+146 +124
100	120	-180 -400											+101 +79	+166 +144
120	140	-200 -450	-145 -245	-43 -83	-14 -39	0 -25	0 -40	0 -100	0 -250	+28 +3	+52 +27	+68 +43	+117 +92	+195 +170
140	160	-210 -460											+125 +100	+215 +190
160	180	-230 -480											+133 +108	+235 +210
180	200	-240 -530	-170 -285	-50 -96	-15 -44	0 -29	0 -46	0 -115	0 -290	+33 +4	+60 +31	+79 +50	+151 +122	+265 +236
200	225	-260 -550											+159 +130	+287 +258
225	250	-280 -570											+169 +140	+313 +284
250	280	-300 -620	-190 -320	-56 -108	-17 -49	0 -32	0 -52	0 -130	0 -320	+36 +4	+66 +34	+88 +56	+190 +158	+347 +315
280	315	-330 -650											+202 +170	+382 +350
315	355	-360 -720	-210 -350	-62 -119	-18 -54	0 -36	0 -57	0 -140	0 -360	+40 +4	+73 +37	+98 +62	+226 +190	+426 +390
355	400	-400 -760											+244 +208	+471 +435

附表 23　优先配合中孔的极限偏差（摘自 GB/T 1800.2—2009）　（单位：μm）

公称尺寸/mm		公差带												
		C	D	F	G	H				K	N	P	S	U
大于	至	11	9	8	7	7	8	9	11	7	7	7	7	7
—	3	+120 +60	+45 +20	+20 +6	+12 +2	+10 0	+14 0	+25 0	+60 0	0 -10	-4 -14	-6 -16	-14 -24	-18 -28
3	6	+145 +70	+60 +30	+28 +10	+16 +4	+12 0	+18 0	+30 0	+75 0	+3 -9	-4 -16	-8 -20	-15 -27	-19 -31
6	10	+170 +80	+76 +40	+35 +13	+20 +5	+15 0	+22 0	+36 0	+90 0	+5 -10	-4 -19	-9 -24	-17 -32	-22 -37
10 14	14 18	+205 +95	+93 +50	+43 +16	+24 +6	+18 0	+27 0	+43 0	+110 0	+6 -12	-5 -23	-11 -29	-21 -39	-26 -44
18	24	+240 +110	+117 +65	+53 +20	+28 +7	+21 0	+33 0	+52 0	+130 0	+6 -15	-7 -28	-14 -35	-27 -48	-33 -54
24	30													-40 -61
30	40	+280 +120	+142 +80	+64 +25	+34 +9	+25 0	+39 0	+62 0	+160 0	+7 -18	-8 -33	-17 -42	-34 -59	-51 -76
40	50	+290 +130												-61 -86
50	65	+330 +140	+174 +100	+76 +30	+40 +10	+30 0	+46 0	+74 0	+190 0	+9 -21	-9 -39	-21 -51	-42 -72	-76 -106
65	80	+340 +150											-48 -78	-91 -121
80	100	+390 +170	+207 +120	+90 +36	+47 +12	+35 0	+54 0	+87 0	+220 0	+10 -25	-10 -45	-24 -59	-58 -93	-111 -146
100	120	+400 +180											-66 -101	-131 -166
120	140	+450 +200	+245 +145	+106 +43	+54 +14	+40 0	+63 0	+100 0	+250 0	+12 -28	-12 -52	-28 -68	-77 -117	-155 -195
140	160	+460 +210											-85 -125	-175 -215
160	180	+480 +230											-93 -133	-195 -235
180	200	+530 +240	+285 +170	+122 +50	+61 +15	+46 0	+72 0	+115 0	+290 0	+13 -33	-14 -60	-33 -79	-105 -151	-219 -265
200	225	+550 +260											-113 -159	-241 -287
225	250	+570 +280											-123 -169	-267 -313
250	280	+620 +300	+320 +190	+137 +56	+69 +17	+52 0	+81 0	+130 0	+320 0	+16 -36	-15 -66	-36 -88	-138 -190	-295 -347
280	315	+650 +330											-150 -202	-330 -382
315	355	+720 +360	+350 +210	+151 +62	+75 +18	+57 0	+89 0	+140 0	+360 0	+17 -40	-16 -73	-41 -98	-169 -226	-369 -426
355	400	+760 +400											-187 -244	-414 -471

附表 24 标准公差数值（摘自 GB/T 1800.2—2009）

公称尺寸/mm		公差等级																			
		IT01	IT0	IT1	IT2	IT3	IT4	IT5	IT6	IT7	IT8	IT9	IT10	IT11	IT12	IT13	IT14	IT15	IT16	IT17	IT18
大于	至	μm													mm						
—	3	0.3	0.5	0.8	1.2	2	3	4	6	10	14	25	40	60	0.10	0.14	0.25	0.40	0.60	1.0	1.4
3	6	0.4	0.6	1	1.5	2.5	4	5	8	12	18	30	48	75	0.12	0.18	0.30	0.48	0.75	1.2	1.8
6	10	0.4	0.6	1	1.5	2.5	4	6	9	15	22	36	58	90	0.15	0.22	0.36	0.58	0.90	1.5	2.2
10	18	0.5	0.8	1.2	2	3	5	8	11	18	27	43	70	110	0.18	0.27	0.43	0.70	1.10	1.8	2.7
18	30	0.6	1	1.5	2.5	4	6	9	13	21	33	52	84	130	0.21	0.33	0.52	0.84	1.30	2.1	3.3
30	50	0.6	1	1.5	2.5	4	7	11	16	25	39	62	100	160	0.25	0.39	0.62	1.00	1.60	2.5	3.9
50	80	0.8	1.2	2	3	5	8	13	19	30	46	74	120	190	0.30	0.46	0.74	1.20	1.90	3.0	4.6
80	120	1	1.5	2.5	4	6	10	15	22	35	54	87	140	220	0.35	0.54	0.87	1.40	2.20	3.5	5.4
120	180	1.2	2	3.5	5	8	12	18	25	40	63	100	160	250	0.40	0.63	1.00	1.60	2.50	4.0	6.3
180	250	2	3	4.5	7	10	14	20	29	46	72	115	185	290	0.46	0.72	1.15	1.85	2.90	4.6	7.2
250	315	2.5	4	6	8	12	16	23	32	52	81	130	210	320	0.52	0.81	1.30	2.10	3.20	5.2	8.1
315	400	3	5	7	9	13	18	25	36	57	89	140	230	360	0.57	0.89	1.40	2.30	3.60	5.7	8.9
400	500	4	6	8	10	15	20	27	40	63	97	155	250	400	0.63	0.97	1.55	2.50	4.00	6.3	9.7

参考文献

［1］ 张先虎．机械制图与微机绘图［M］．北京：机械工业出版社，1997.

［2］ 金大鹰．机械制图［M］．北京：机械工业出版社，2005.

［3］ 李世兰．工程与微机制图基础［M］．北京：学苑出版社，2001.

［4］ 吕素霞，何文平．现代机械制图［M］．北京：机械工业出版社，2005.

［5］ 钱可强．机械制图［M］．北京：高等教育出版社，2008.

［6］ 王其昌．机械制图［M］．北京：机械工业出版社，1996.

［7］ 刘力．机械制图［M］．北京：高等教育出版社，2004.

［8］ 刘小年．机械制图［M］．北京：高等教育出版社，2009.

［9］ 史艳红．机械制图［M］．郑州：河南科学技术出版社，2006.

［10］ 王成刚．工程图学简明教程［M］．武汉：武汉理工大学出版社，2005.

［11］ 刘家平．机械制图［M］．西安：西安电子科技大学出版社，2006.